Die US-amerikanische Stadt im Wandel

Barbara Hahn

Die US-amerikanische Stadt im Wandel

2. Auflage

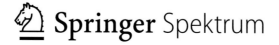

Barbara Hahn
Institut für Geographie und Geologie
Universität Würzburg
Würzburg, Deutschland

ISBN 978-3-662-69930-0   ISBN 978-3-662-69931-7   (eBook)
https://doi.org/10.1007/978-3-662-69931-7

Die Deutsche Nationalbibliothek verzeichnet diese Publikation in der Deutschen Nationalbibliografie; detaillierte bibliografische Daten sind im Internet über ▶ https://portal.dnb.de abrufbar.

Einbandabbildung: Mit freundlicher Genehmigung von Barbara Hahn

Planung/Lektorat: Simon Shah-Rohlfs
Springer Spektrum ist ein Imprint der eingetragenen Gesellschaft Springer-Verlag GmbH, DE und ist ein Teil von Springer Nature.
Die Anschrift der Gesellschaft ist: Heidelberger Platz 3, 14197 Berlin, Germany

Inhaltsverzeichnis

1	**Die US-amerikanische Stadt als Gegenstand der Forschung**	1
1.1	**Die Stadt in Zahlen**	5
1.1.1	Bevölkerungsentwicklung seit 1950	6
1.1.2	Ethnische Gliederung	9
2	**Aufstieg und Bedeutungsverlust der Stadt**	13
2.1	**Phasen der Stadtentwicklung**	14
2.1.1	Vorindustrielle Städte	14
2.1.2	Industriestädte	15
2.1.3	Postfordistische Städte	17
2.1.4	Postmoderne Städte	18
2.1.5	Postpandemische Städte	19
2.2	**Der suburbane Raum**	21
2.2.1	Standardisierung	22
2.2.2	Staatliche Unterstützung	23
2.2.3	Zunehmende Suburbanisierung	24
2.2.4	Suburbane Welten und Lebensstil	27
2.2.5	Heterogene *suburbs*	27
2.2.6	Industrie und Dienstleister im suburbanen Raum	29
2.2.7	*Urban villages, edge cities, edgeless cities* und *aerotropolis*	31
2.3	**Sprawl**	32
2.3.1	Gegenmaßnahmen	34
2.3.2	New Urbanism	35
2.3.3	*Sprawl* contra *anti-sprawl*	37
2.4	**Wachsende Städte**	38
2.4.1	Herausforderungen wachsender Städte	39
2.5	**Schrumpfende Städte**	40
2.5.1	Gegenmaßnahmen	43
2.5.2	Leerstände, Brachflächen und *land banks*	44
3	**Rahmenbedingungen der Stadtentwicklung**	47
3.1	**Neoliberalismus und** *urban governance*	48
3.2	**Bürgermeister**	49
3.3	**Globalisierung**	50
3.4	**Verletzlichkeit**	51
3.5	**Stadtplanung**	53
3.5.1	Wachsender Einfluss privater Investoren	56
3.5.2	Stadterneuerung contra Stadterhaltung	56
3.6	**Transport und Verkehr**	61
3.6.1	Nachteile des Individualverkehrs	62
3.6.2	Wohnstandort und Verkehrsmittelwahl	63
3.7	**Grüne Städte für Amerika**	64
3.7.1	High Line Park in Manhattan	67
3.7.2	Community gardens	68
4	**Reurbanisierung und Restrukturierung**	71
4.1	**Global Cities**	73
4.1.1	New York	74
4.1.2	Chicago	76
4.1.3	Los Angeles	78
4.1.4	Washington, D.C.	79
4.1.5	Ausblick	80

4.2	**Smart cities**	80
4.2.1	Einfluss neuer Technologien	81
4.3	**Kreative Städte**	82
4.3.1	Kreative Klasse	84
4.3.2	Kritik	85
4.4	**Konsumenten- und Touristenstädte**	86
4.4.1	Kongresstourismus	89
4.4.2	Attraktionen	90
4.5	**Downtowns**	92
4.5.1	Bedeutungsverlust und Verfall	92
4.5.2	Einwohnerentwicklung und Bewohner	93
4.5.3	Revitalisierung	95
4.5.4	Megastrukturen	98
4.5.5	Paradigmenwechsel	100
4.5.6	Sportstadien und *Entertainment Districts*	101
4.5.7	Saubere Downtowns	102
4.5.8	Business Improvement Districts	104
4.5.9	Waterfronts	105
4.5.10	Hochhäuser	107
4.5.11	Innerstädtischer Wohnraum	109
4.5.12	Architektur der Aufmerksamkeit	112
4.5.13	Aufenthaltsqualität	113
4.5.14	Einzelhandel	115
4.5.15	Übergangszone	119
4.6	**Segregation**	121
4.6.1	Ethnische Segregation	121
4.6.2	Sozioökonomische Segregation	125
4.6.3	Demografische Segregation	127
4.6.4	Segregation in jüngerer Zeit	127
4.7	**Gentrification**	129
4.7.1	Gentrifier	132
4.7.2	Öffentliche Förderung	134
4.7.3	Bewertung	135
4.8	**Privatisierung**	136
4.8.1	Shopping Center	138
4.8.2	Innerstädtische Plätze	138
4.8.3	Obdachlose ohne Bürgerrechte	140
4.8.4	Gated communities	142
5	**Ausgewählte Beispiele**	147
5.1	**Los Angeles. Der neue Prototyp der nordamerikanischen Stadt?**	149
5.1.1	Chicago School	149
5.1.2	Los Angeles School of Urbanism	151
5.1.3	Ausblick	155
5.2	**Lower Manhattan nach dem 11. September** 2001	156
5.2.1	Zerstörung	156
5.2.2	Wiederaufbau	159
5.2.3	Ausblick	163
5.3	**Chicago. Von der Industrie- zur Konsumentenstadt**	163
5.3.1	Stadtumbau	164
5.3.2	Millennium Park	167
5.3.3	Reurbanisierung	167
5.4	**Boston und das „Big Dig"-Projekt**	171
5.4.1	Central Artery	172
5.4.2	Realisierung	173
5.4.3	Bewertung	174

5.5   **Detroit. Eine dem Untergang geweihte Stadt?** 174

5.5.1   Stadt des Automobils 175

5.5.2   Bevölkerung und Bausubstanz. 177

5.5.3   Revitalisierungsbemühungen 180

5.5.4   Ausblick... 184

5.6   **Miami: Wirtschaftlicher Aufschwung einer polarisierten Stadt** 184

5.6.1   Bevölkerungsstruktur 185

5.6.2   Postindustrielle *global city* 187

5.6.3   Tourismus 188

5.6.4   Zukunftsaussichten 190

5.7   **Atlanta. Der suburbane Raum als Standort von Dienstleistungen** 190

5.7.1   Aufschwung zum Dienstleistungszentrum 190

5.7.2   Dezentralisierung.. 192

5.7.3   Stadtzentrum... 195

5.8   **New Orleans nach Hurrikan „Katrina"** 196

5.8.1   Hurrikan „Katrina".. 197

5.8.2   Wiederaufbau 200

5.8.3   Downtown 204

5.8.4   Bewertung 204

5.9   **Phoenix – Ein Paradies für Senioren?** 205

5.9.1   Sun City.. 205

5.9.2   Sun City als Vorbild 208

5.9.3   Kritik.. 210

5.10   **Seattle: Hightech-Standort am Pazifik** 210

5.10.1   Aufstieg zur Hightech-Region 211

5.10.2   Diversifizierung... 212

5.10.3   Ausblick.. 215

5.11   **Las Vegas zwischen Hyperrealität und bitterer Wirklichkeit** 216

5.11.1   Hyperreale Welten 218

5.11.2   Elend 222

5.11.3   Ausblick.. 223

6   **Die Zukunft der amerikanischen Stadt** 225

         Serviceteil

         Literatur 230

         Stichwortverzeichnis 241

Abkürzungsverzeichnis

Abkürzungen

BID	*Business improvement district*
BRT	Bus Rapid Transit Line
CBD	*Central business district*
CDGB	*Community development block grant*
CID	*Common interest development*
CMSA	*Consolidated metropolitan statistical area*
CSA	*Combined statistical area*
EPA	Environment Protection Agency
FAR	*Floor area ratio*
FEMA	Federal Emergency Management Agency
FHA	Federal Housing Administration
FHWA	Federal Highway Administration
FIRE	*Finance, insurance, real estate*
FTAA	Free Trade Area of the Americas
HOA	Federal Housing Administration
MA	*Metropolitan area*
M.I.T.	Massachusetts Institute of Technology
MSA	*Metropolitan statistical area*
NAACP	National Association for the Advancement of Colored People
NGO	Nichtregierungsorganisation
NRHP	National Register of Historic Places
NYCHA	New York City Housing Authority
PMSA	*Primary metropolitan statistical area*
POPS	*Privately owned public spaces*
SCHOA	Sun City Home Owners Association
TAMI	Technology, advertising, media, information
UAW	United Auto Workers
UC	*Urban cluster*
UGB	*Urban growth boundary*
VTA	Valley Transit Authority

US-Bundesstaaten

AK	Alaska
AL	Alabama
AR	Arkansas
AZ	Arizona
CA	Kalifornien
CO	Colorado
CT	Connecticut
DE	Delaware
FL	Florida
GA	Georgia
HI	Hawaii
IA	Iowa
ID	Idaho
IL	Illinois
IN	Indiana
KS	Kansas
KY	Kentucky
LA	Louisiana
MA	Massachusetts
MD	Maryland
ME	Maine
MI	Michigan
MN	Minnesota
MO	Missouri
MS	Mississippi
MT	Montana
NC	North Carolina
ND	North Dakota
NE	Nebraska
NH	New Hampshire
NJ	New Jersey
NM	New Mexico
NV	Nevada
NY	New York
OH	Ohio
OK	Oklahoma
OR	Oregon
PA	Pennsylvania
RI	Rhode Island
SC	South Carolina
SD	South Dakota
TN	Tennessee
TX	Texas
UT	Utah
VA	Virginia
VT	Vermont
WA	Washington
WI	Wisconsin
WV	West Virginia
WY	Wyoming

Abbildungsverzeichnis

Abb. 1.1   Begriffe zu Stadt und suburbanem Raum 4
Abb. 1.2   Werbung für den *census* auf dem karibischen Karneval im New Yorker
           Stadtteil Brooklyn.. 5
Abb. 1.3   **a** Die zehn größten Städte 1950; **b** Bevölkerungsentwicklung
           der zehn größten Städte 1950; **c** Die zehn größten Städte 2020;
           d Bevölkerungsentwicklung der zehn größten Städte 2020
           (Datengrundlage ▶ www.census.gov).......................... 8
Abb. 1.4   Metro New York: Relative Bevölkerungsentwicklung 2000–2020
           (Datengrundlage Cox 2011b, Kartengrundlage ▶ www.census.gov)......... 10
Abb. 1.5   Die Chinatown in San Francisco ist ein beliebter Treffpunkt von
           Asiaten und Touristen....................................... 11
Abb. 1.6   Ethnische Zusammensetzung der Bevölkerung ausgewählter Städte
           2020 (Datengrundlage ▶ www.census.gov)....................... 11
Abb. 2.1   Joseph Manigault House in Charleston, SC, errichtet 1803. Vor der
           Industrialisierung waren die Plantagenbesitzer der Südstaaten die
           wohlhabendsten Amerikaner 15
Abb. 2.2   Ein früheres Stahlwerk nahe der Innenstadt von Birmingham dient
           heute als Museum.. 16
Abb. 2.3   Der New Yorker Central Park erfreut sich zu jeder Jahreszeit großer
           Beliebtheit 17
Abb. 2.4   Riverside Street Map (Rand McNally 1998, adaptiert nach CyberToast
           Web Design and Hosting)..................................... 22
Abb. 2.5   Bau einer *master planned community* in Las Vegas 23
Abb. 2.6   Bau eines *balloon frame house* im suburbanen Raum Atlantas 24
Abb. 2.7   Typisches Wohnhaus im suburbanen Raum........................ 25
Abb. 2.8   Flächenfressendes Shopping Center in Greater Miami............... 30
Abb. 2.9   Blick vom Willis Tower in Chicago über die zersiedelte Stadtlandschaft 33
Abb. 2.10 Zersiedelung des Raumes (adaptiert nach Knox und McCarthy 2012,
           S. 110) 33
Abb. 2.11 Kleinteiliges multifunktionales Gebäude unweit des Zentrums von
           Austin 36
Abb. 2.12 Kentlands im suburbanen Raum von Washington, D.C 37
Abb. 2.13 Wachsende Städte (Datengrundlage ▶ www.census.gov)............. 39
Abb. 2.14 San Diego 41
Abb. 2.15 Schrumpfende Städte (Datengrundlage ▶ www.census.gov)........... 42
Abb. 2.16 Das bekannteste Haus in Detroits Heidelberg Street................ 44
Abb. 3.1   Die Überwachung des Öffentlichen Raums ist in den USA
           allgegenwärtig... 49
Abb. 3.2   Auf einem Festival in Charleston, SC, wird mit den Bildern von
           Todesopfern über die Drogenkrise in den USA informiert, der 2023
           mehr als 100.000 Menschen zum Opfer fielen 53
Abb. 3.3   Historische Gebäude mit Neubau in Washington, D.C. 54
Abb. 3.4   Celebration in Florida wurde in den 1990er-Jahren von der Walt
           Disney Company geplant und gebaut. Heute leben rund 11.000
           Menschen in der privaten Siedlung........................... 57
Abb. 3.5   Der Washington Square wurde ab den 1830er Jahren zu einem
           bevorzugten Standort wohlhabender New Yorker.................. 58
Abb. 3.6   Die Broome Street sollte in den 1960er-Jahren zur Schnellstraße
           umgebaut werden 59
Abb. 3.7   Greenwich Village Historic District (adaptiert nach ▶ www.nyc.gov/
           landmarks) 60
Abb. 3.8   Stadterhalt östlich der Union Station in Washington, D.C............. 61

Abb. 3.9   Abstellplatz für *ZipCars*   63
Abb. 3.10   Selbst in Manhattan sind inzwischen viele Fahrradspuren angelegt
             worden und das Rad ist zu einem beliebten Fortbewegungsmittel
             geworden   63
Abb. 3.11   In Washington, D.C., wurde 2016 das erste Teilstück einer neuen
             Straßenbahn eröffnet   65
Abb. 3.12   In einem Park wird über die korrekte Mülltrennung informiert   67
Abb. 3.13   High Line Park in New York   68
Abb. 3.14   Der samstags geöffnete Detroit Eastern Market liegt am Rand der
             Innenstadt und wird auch von *urban gardens* beliefert. Er wird er
             gerne von den Bewohnern des suburbanen Raums besucht.   70
Abb. 4.1   Headquarter der 100 umsatzstärksten Unternehmen der USA
             (Stand April 2022) (Datengrundlage ▶ www.fortune.com)   74
Abb. 4.2   Gebäude der New York Times in der 41st Street, eine der global
             bedeutendsten Zeitungen   75
Abb. 4.3   Die New York Stock Exchange ist die globale Leitbörse.   77
Abb. 4.4   Chicago ist das Zentrum des Mittleren Westes. Im Hintergrund ist der
             Willis Tower (früher Sears Tower) zu sehen   77
Abb. 4.5   Universal Film Studios   78
Abb. 4.6   Das Kapitol in Washington, D.C.   79
Abb. 4.7   In Washington, D.C., fordern viele Interessenvertreter ihre Rechte ein.
             Hier demonstrieren Ärzte vor dem Kapitol für bessere Bedingungen
             im Gesundheitssystem.   80
Abb. 4.8   Stanford University und Blick über Palo Alto   83
Abb. 4.9   Headquarter von Cisco Systems im Silicon Valley.   83
Abb. 4.10   Kunst oder Kitsch? Diese aufblasbare Puppe verhöhnt den
             Kapitalismus in Manhattan   85
Abb. 4.11   Waikiki (Hawaii) ist einer der beliebtesten Ferienorte der USA. Im
             Vordergrund das pinkfarbene Royal Hawaiin Hotel, das bereits 1927
             eröffnet wurde   86
Abb. 4.12   Navy Pier in Chicago, ein beliebtes Ausflugsziel am Rand der
             Innenstadt von Chicago   88
Abb. 4.13   Straßencafé auf Chicagos North Side mit Rolls Royce   89
Abb. 4.14   Der Union Square in San Francisco verliert mit der geplanten
             Schließung von Macy's 2024 an
             Attraktivität   90
Abb. 4.15   **a** Washington Mutual Tower (adaptiert nach Cullingworth und Caves
             2008, S. 113); **b** Luftrechtübertragung und Bonusetagen (adaptiert
             nach New York City, Department of City Planning 2013; Stichwort:
             Air Rights)   97
Abb. 4.16   Government Center in Boston   99
Abb. 4.17   Renaissance Center in Detroit   100
Abb. 4.18   Ford Field in Detroit. Die Football Arena im Zentrum Detroits wird
             auch von den Suburbaniten in großer Zahl besucht   101
Abb. 4.19   Teile des Times Square sind heute von Autos befreit und ein beliebter
             Aufenthaltsort   104
Abb. 4.20   Inner Harbor von Baltimore. Der vordere Pavillon soll abgerissen und
             durch ein Hochhaus ersetzt werden, was sehr umstritten ist   107
Abb. 4.21   Die höchsten Wolkenkratzer der USA (Stand 2023) (Datengrundlage
             ▶ www.ctbuh.org)   109
Abb. 4.22   Die neuen Wohnhochhäuser in der 57th Street haben die Skyline
             Manhattans verändert, hier vom Central Park aus gesehen   110
Abb. 4.23   Loftgebäude in SoHo, genutzt durch einen teuren Lebensmittelladen
             und eine Galerie   111
Abb. 4.24   Walt Disney Hall in Los Angeles   112
Abb. 4.25   Neugestaltete Uferzone des Anacostia River in Washington, D.C.   115

Abb. 4.26   Blick vom St. Louis Arch auf Innenstadt und Gateway Mall 116
Abb. 4.27   **a,b** Gateway Center in Salt Lake City (a) adaptiert nach Unterlagen
             der Centerverwaltung 117
Abb. 4.28   *Farmers market* im Zentrum von Boston 119
Abb. 4.29   Übergangszone am Rand der Downtown von Seattle 120
Abb. 4.30   Straßenband schwarzer Musiker in Washington, D.C. 122
Abb. 4.31   Einfamilienhaus in Palmer Woods 123
Abb. 4.32   Fillmore District in San Francisco (Lai 2012, Fig. 2; stark verändert) 124
Abb. 4.33   Vermarktung von Japantown in San Francisco 125
Abb. 4.34   Immobilien für Superreiche 126
Abb. 4.35   Index of Dissimilarity der schwarzen, hispanischen und asiatischen
             Bevölkerung 1980 bis 2050 (adaptiert nach Logan und Stults 2022,
             S. 2, Abb. 1) 128
Abb. 4.36   Einsetzende *gentrification* im Stadtzentrum von Philadelphia. 129
Abb. 4.37   *Gentrification* in Chicago (adaptiert nach Conzen und Dahmann 2006,
             S. 9) 131
Abb. 4.38   Galerie im Meat Packing District. 132
Abb. 4.39   The Castro in San Francisco. 133
Abb. 4.40   Mission District in San Francisco 135
Abb. 4.41   Filmaufnahmen am Pershing Square in Los Angeles 137
Abb. 4.42   Bryant Park in Manhattan 139
Abb. 4.43   Obdachloser bei bitterer Kälte auf der luxuriösen Michigan Avenue in
             Chicago 140
Abb. 4.44   Alternatives Café in Haight-Ashbury. 141
Abb. 4.45   Luxuriöse *gated community* in Scottsdale (Greater Phoenix) 143
Abb. 4.46   Einfache *gated community* in Atlanta. 144
Abb. 5.1   Stadtmodelle der *Chicago School* (adaptiert nach Dear 2005, Abb. 2) 150
Abb. 5.2   Blick aus der obersten Etage des Bonaventure Hotel über die
             zersiedelte Stadt 152
Abb. 5.3   Bunker Hill in Los Angeles. 154
Abb. 5.4   *Los Angeles School of Urbanism* (adaptiert nach Dear 2005, Abb. 4) 155
Abb. 5.5   World Trade Center in New York (Adaptiert nach Pries 2002, Abb. 2). 157
Abb. 5.6   Die Hudson Yards auf der West Side wurden auf einer Plattform
             über den Gleisen für die Abstellung von Pendlerzügen errichtet. Im
             Zentrum ist das umstrittene Kunstwerk The Vessel zu sehen 158
Abb. 5.7   One World Trade Center. 160
Abb. 5.8   National September 11 Memorial 162
Abb. 5.9   Chicago 163
Abb. 5.10   Die Hochbahn umschließt das alte Zentrum von Chicago, das daher
             als *Loop* bezeichnet wird. 164
Abb. 5.11   Blick vom Willis Tower in Richtung North Side 166
Abb. 5.12   Attraktionen in der Innenstadt von Chicago (Entwurf der Verfasserin
             auf der Grundlage von Plänen für Touristen) 167
Abb. 5.13   „Cloud Gate" im Millennium Park. Hier spiegeln sich die
             Umstehenden sowie die benachbarten Hochhäuser. 168
Abb. 5.14   Crown Fountain im Millennium Park. Auf die Türme werden Bilder
             projiziert, und im Sommer fließt Wasser von den Türmen auf den
             Zwischenraum. 169
Abb. 5.15   Trump Tower, Hotels und Apartments neben dem Wrigley Building 170
Abb. 5.16   Quincy Market 172
Abb. 5.17   Blick über die Back Bay (Boston). 173
Abb. 5.18   Boston: *The Big Dig* (adaptiert nach Unterlagen der Stadt Boston). 175
Abb. 5.19   Die Zakim Bridge gilt als neues Wahrzeichen der Stadt Boston 176
Abb. 5.20   Die aufgeständerte Central Artery verlief früher im Vordergrund des
             Bildes. Nach Abriss der Hochstraße erwachte das North End zu
             neuem Leben. 177

Abb. 5.21   Fordfabrik in Highland Park. Hier wurde 1913 das Fließband erfunden   178

Abb. 5.22   Verfallene Wohnhäuser in Detroit   179

Abb. 5.23   Frisch sanierte Häuser im Zentrum von Detroit   180

Abb. 5.24   Gemarkung Detroit im Vergleich zu anderen Städten. (Adaptiert nach
Gallagher 2010, S. 30)   181

Abb. 5.25   Compuserve-Gebäude in der Innenstadt von Detroit   182

Abb. 5.26   Ethnische und sozioökonomische Zusammensetzung der Bevölkerung
in Greater Miami 2020 (Daten- und Kartengrundlage
▶ www.census.gov)   186

Abb. 5.27   Wandgemälde in Little Havanna   187

Abb. 5.28   Art-déco-Gebäude in Miami Beach   189

Abb. 5.29   Die BeltLine überwindet Hindernisse und wird sehr gut von der
Bevölkerung angenommen   192

Abb. 5.30   Das multifunktionale Ponce de Leon an der BeltLine war von 1926 bis
1987 ein Lager des Versandhauses von Sears, Roebuck and Co. und
erfreut sich seit der Neueröffnung 2014 großer Beliebtheit   193

Abb. 5.31   Shopping Center in der Atlanta *10-county region* (Daten- und
Kartengrundlage ▶ www.census.gov)   195

Abb. 5.32   Relief von New Orleans (Mit freundlicher Genehmigung der
Louisiana State University. © Louisiana State University. All rights
reserved)   198

Abb. 5.33   Überflutung durch Hurrikan „Katrina". (Adaptiert nach New York
Times 3.9.2005; Hahn 2005b, Abb. 1)   199

Abb. 5.34   Zerstörte Wohnhäuser in New Orleans   199

Abb. 5.35   Unbeschädigtes Haus im Garden District (März 2006)   200

Abb. 5.36   Der Jackson Square ist das historische und touristische Zentrum des
French Quarter   202

Abb. 5.37   Demographische Struktur der *Phoenix metropolitan area* 2020
(Daten- und Kartengrundlage ▶ www.census.gov)   206

Abb. 5.38   Seniorengerechter Bungalow in Sun City   207

Abb. 5.39   Einer der zahlreichen Swimmingpools in Sun City   208

Abb. 5.40   In Atlanta bitten Schilder in der Nähe von Seniorenheimen Autofahrer
um Rücksicht   209

Abb. 5.41   Enge Verzahnung von Stadt und Wasser in Seattle   211

Abb. 5.42   Puget-Sound-Region (Kartengrundlage ▶ www.census.gov)   212

Abb. 5.43   Einer der ersten Starbucks in Seattle   214

Abb. 5.44   Aufgeständerter Alaskan Way Viaduct, der bis vor wenigen Jahren das
Stadtbild beeinträchtigt hat und den Zugang zum Wasser erschwerte   215

Abb. 5.45   Tunnelbau in Seattle (adaptiert nach Unterlagen der Stadt Seattle)   216

Abb. 5.46   Greater Las Vegas (Kartengrundlage ▶ www.census.gov)   218

Abb. 5.47   Blick über Greater Las Vegas   219

Abb. 5.48   Hotel New York-New York am Strip von Las Vegas   220

Abb. 5.49   Das multifunktionale City Center wurde Ende 2009 eröffnet   221

Abb. 5.50   The Sphere wurde 2023 eröffnet und ist die neueste Attraktion von
Las Vegas   222

Die US-amerikanische Stadt als Gegenstand der Forschung

Inhaltsverzeichnis

1.1 Die Stadt in Zahlen – 5

1.1.1 Bevölkerungsentwicklung seit 1950 – 6

1.1.2 Ethnische Gliederung – 9

1

Städte sind einem steten Wandel unterworfen. Die europäischen Städte, von denen nicht wenige bereits im Mittelalter gegründet wurden, haben in ihrer Geschichte mehrere Phasen des Aufschwungs und Abschwungs erlebt. Gleichzeitig veränderte sich das Städtesystem, das alle Beziehungen zwischen den Städten wie materielle und immaterielle Ströme umfasst. In den USA sind die Städte erst ab dem 18. Jahrhundert an der Ostküste und teils sehr viel später in den restlichen Landesteilen entstanden. In vielen Fällen wurde Mitte des 20. Jahrhunderts der Aufschwung von einem abrupten Abschwung abgelöst, dessen Ende noch ungewiss ist. Zur gleichen Zeit traten andere Städte erst in die Wachstumsphase ein, die immer noch andauert. Prosperierenden Städten stehen heute Städte mit einer völlig desaströsen Entwicklung gegenüber.

Mit der Industrialisierung erlebten viele US-amerikanische Städte im 19. Jahrhundert einen enormen Bevölkerungsanstieg; einige zählten nur wenige Jahrzehnte nach der Gründung bereits mehr als eine Million Einwohner. Die meisten Städte, die den Aufschwung der Textil- oder Schwerindustrie zu verdanken hatten, verzeichneten als Folge von Deindustrialisierung und Suburbanisierung in den vergangenen Jahrzehnten einen starken Bevölkerungsrückgang, während andere den Strukturwandel vergleichsweise gut vollzogen haben. Im Süden und Westen des Landes sind viele Städte erst im Verlauf des 20. Jahrhundert gegründet worden und ähnlich schnell gewachsen wie die Industriestädte im 19. Jahrhundert. Motor der Entwicklung waren jetzt der aufstrebende Dienstleistungssektor oder die Hightech-Industrie, die eine grundlegende Veränderung des Städtesystems in nur einem halben Jahrhundert zur Folge hatten. Da die neueren Städte erst gegründet wurden, als der Pkw bereits zum Massentransportmittel geworden war, unterscheiden sie sich in vielerlei Hinsicht von den älteren Städten. Unabhängig vom Zeitpunkt ihrer Gründung wurden aber alle Städte in den vergangenen Jahrzehnten von Suburbanisierung, Dezentralisierung, Fragmentierung, Globalisierung, Privatisierung, *gentrification* und Verfallserscheinungen zumindest in Teilbereichen geprägt. Mit diesen Prozessen war ein Funktionswandel verbunden.

Eine antiurbane Haltung war in den USA immer stark verbreitet. Aber angesichts der gravierenden Probleme der Städte, die Mitte des 20. Jahrhunderts immer offensichtlicher wurden, und der sprunghaft angestiegenen Bevölkerungsverluste veröffentlichte der langjährige Leiter der New Yorker Stadtplanung Robert Moses bereits 1962 einen Aufsatz mit dem Titel *Are Cities Dead?*. Da Moses mehrere Jahrzehnte für die bauliche Entwicklung New Yorks verantwortlich gewesen war, verneinte er die Frage nach dem Ende der Stadt zwar erwartungsgemäß, aber wirklich konsensfähig war diese Meinung nicht. Eine von Präsident Jimmy Carter (1977–1981) eingesetzte Kommission kam sogar zu dem Ergebnis, dass der Niedergang der Städte nicht mehr aufzuhalten sei (Lees et al. 2008, S. xvii). Entleerung und Bedeutungsverlust der Städte wurden sogar durch die Politik begünstigt. Billiges Benzin, Subventionen für den Bau und Unterhalt von Highways, Steuererleichterungen für Hauseigentümer und bessere Schulen förderten das Wohnen im suburbanen Raum auf Kosten der Steuerzahler und der städtischen Mieter. Als die Zeichen der Globalisierung immer deutlicher wurden und sich der Wandel der Kommunikationsmöglichkeiten langsam abzeichnete, erhielt der Gedanke an eine Auflösung der Städte neue Nahrung. Warum in einer dicht bebauten und ökologisch stark belasteten Stadt wohnen, wenn man auch in landschaftlich reizvoller Umgebung leben kann?

Heute besteht kein Zweifel daran, dass die US-amerikanische Stadt keineswegs tot ist. Selbst Städte, die noch in den 1980er-Jahren große Verfallserscheinungen zeigten und kaum noch an eine positive Entwicklung glauben ließen, sind kaum wiederzuerkennen. Stadtviertel, um die man vor nicht allzu langer Zeit noch einen großen Bogen gemacht hat, sind zu begehrten Adressen geworden. Hinter gepflegten Vorgärten sind renovierte Fassaden zu erkennen, in Baulücken wurden neue Wohnhäuser errichtet, und an den Straßenkreuzungen lädt ein Starbucks zum Verweilen ein. Wo noch vor kurzem ungepflegte Wohnhochhäuser standen, die in den 1950er- bis 1970er-Jahren im Rahmen des sozialen Wohnungsbaus errichtet worden waren, sind Parks, Shopping Center, vielleicht aber auch nur unansehnliche Brachflächen zu finden. In den Innenstädten flanieren Touristen wie Einheimische an den sanierten See- und Flussufern, die lange durch Industrieanlagen geprägt waren, und es werden neue Büro- und Wohnhochhäuser, Museen, Sportstadien und Einkaufszentren errichtet. Neue gut verdienende und konsumorientierte Urbaniten erobern die Städte zusehends und nutzen sie anders als früher die Industriearbeiter. Der Abwärtstrend scheint gebrochen: Es geht wieder aufwärts mit der US-amerikanischen Stadt. Das ist allerdings nur die halbe Wahrheit. Denn während viele Städte eine Revitalisierung erleben, die noch in den 1990er-Jahren undenkbar war, geht es mit anderen Städten nach wie vor bergab. Die Bevölkerung ist weiterhin rückläufig, verfallene Industrieanlagen, abbruchreife Wohnhäuser, leere Bürogebäude und ungepflegte Brachflächen lassen kaum an einen baldigen Aufschwung glauben. Die weiße Mittel- und Oberschicht hat diese Städte längst verlassen. Die früheren Wohnstandorte der Arbeiter sind durch Armut und leider auch oft durch Kriminalität und Drogenhandel geprägt. Da die Steuereinnahmen niedrig sind, ist der Handlungsspielraum begrenzt.

Insgesamt zeichnet sich dennoch ein Paradigmenwechsel ab, denn der Wert der Städte wird zunehmend erkannt oder zumindest diskutiert. Die Zeitschrift Scientific American hat im September 2011 in einem Themenheft die Zukunft der Stadt als durchaus rosig dargestellt. Die Städte werden als umweltfreundlich, innovativ und effizient dargestellt. Die Stadtbewohner gelten als kreativer und in einem weit größeren Maß für das wirtschaftliche Wachstum des Landes verantwortlich als die Bewohner des suburbanen oder des ländlichen Raums. Der ökologische Fußabdruck eines Städters ist vergleichsweise klein, da er seltener mit dem eigenen Pkw fährt und häufiger zu Fuß geht oder öffentliche Verkehrsmittel nutzt. Städte sind äußerst produktiv. Wenn sich die Bevölkerung verdoppelt, nehmen die Löhne und die Zahl der Patente pro Kopf um 15 % zu. Hierbei ist es egal, ob die Einwohnerzahl von 40.000 auf 80.000 oder von vier auf acht Mio. ansteigt. Von Vorteil ist auch, dass bei einen Bevölkerungswachstum die Infrastruktur wie die Länge der Straßen und Versorgungsleitungen oder die Zahl der Tankstellen nicht im gleichen Maß zunehmen. Je mehr Menschen in einer Stadt wohnen, desto effizienter wird die Infrastruktur genutzt (Bettencourt und West 2011, S. 52).

Während sich die Städte einerseits wieder einer größeren Beliebtheit erfreuen, hält die Zersiedelung des suburbanen Raums uneingeschränkt an. Ein Europäer, der zum ersten Mal über den Großraum Los Angeles, Houston oder Atlanta fliegt, sieht mit Erstaunen einen nicht endenden Flickenteppich aus unterschiedlichen Nutzungen, die scheinbar zufällig nebeneinanderliegen, aber stets durch breite Straßen getrennt sind. Die Städte ufern immer mehr aus. Dieses Gefühl stellt sich auch ein, wenn man die Stadtlandschaften mit dem Auto erkundet. Jetzt sieht man außerdem, dass der suburbane Raum keinesfalls so homogen oder langweilig ist, wie häufig behauptet wird, denn beim Bau neuer Wohnsiedlungen, Industrieanlagen, Büros oder Shopping Center wurden teils neue Konzepte umgesetzt. Immer ist die US-amerikanische Stadt aber eine fragmentierte und segmentierte Stadt. Äußerst wohlhabenden Stadtteilen stehen völlig heruntergekommene Viertel gegenüber, für deren Zukunft wenig Hoffnung besteht. Aber wer weiß?

Erstmals seit einem halben Jahrhundert ist 2009 mit dem aus Chicago stammenden Barack Obama ein Großstädter Präsident der Vereinigten Staaten geworden. Die Regierung Obama verkündete im Rahmen der Amtseinführung, dass der Ausbau der städtischen Infrastruktur und die Verbesserung der Bildungseinrichtungen wichtige Ziele der kommenden Jahre seien. In der Vergangenheit hat sich allerdings wiederholt gezeigt, dass Programme und Geld aus Washington die Revitalisierung der Städte zwar unterstützen können, der Erfolg aber letztlich von den Akteuren vor Ort abhängt. Leider konnte auch nicht so viel Geld wie anfangs geplant für den Stadtumbau zur Verfügung

gestellt werden, da die Umstrukturierung der ins Strudeln geratenen amerikanischen Wirtschaft unter Präsident Obama Vorrang hatte. Auch unter Präsident Donald Trump (2017 – 2021) und Joseph Biden, der im Januar 2021 zum 46. Präsidenten der Vereinigten Staaten vereidigt wurde, sind keine großen Programme zur Stadterneuerung aufgelegt worden. Die bundesstaatlichen Maßnahmen konzentrieren sich überwiegend auf die zeitlich begrenzte Unterstützung von Bedürftigen durch Steuererleichterung beim Kauf eines Eigenheims oder auf Mietzuschüsse sowie die Hilfe nach Naturkatastrophen und die Unterbringung von Obdachlosen oder Flüchtlingen. Der im August 2022 verabschiedete Inflation Reduction Act legt einen Schwerpunkt auf den Klima- und Umweltschutz und unterstützt z.B. den Kauf von Elektroautos finanziell. Mittel- bis langfristig wird die Luftqualität in den Städten so verbessert werden (The White House 2023, ▶ www.hud.gov). Die US-amerikanischen Städte sind nur aus der Ferne alle gleich, tatsächlich unterscheiden sie sich in vielerlei Hinsicht voneinander. Fest steht, dass sie sich in den vergangenen Jahrzehnten alle verändert haben, wenn auch sehr unterschiedlich. Außerdem haben sich die Kernstädte und der suburbane Raum einander angenähert. Eine klare hierarchische Ordnung, die sich in den Begriffen *urban, suburban, exurban* und *rural* (ländlich) ausdrückte, gibt es nicht mehr (Lang 2003, S. 29). Geographen, Planer, Politiker und Journalisten haben unterschiedliche Trends ausgemacht, über die keine Einigkeit besteht und die sich nicht mit herkömmlichen Begriffen beschreiben lassen (◘ Abb. 1.1). Jede Gruppe wie auch viele Einzelpersonen haben ein eigenes Vokabular entwickelt, um die neuen Prozesse zu veranschaulichen oder diese für alle Ewigkeit mit dem eigenen Namen zu verbinden. Es ist müßig, die einzelnen Begriffe genau zu definieren und abzugrenzen, da sie von einzelnen Autoren sehr unterschiedlich gebraucht werden. Im Folgenden finden daher nur solche Begriffe Verwendung, über deren Definition weitgehend Konsens besteht, die sich im allgemeinen Sprachgebrauch durchgesetzt haben oder die in der wissenschaftlichen Literatur wiederholt diskutiert worden sind.

In diesem Buch steht die Frage nach den wichtigsten Prozessen und der divergierenden Entwicklung einzelner Städte bzw. Stadtteile im Mittelpunkt: Warum war ein Teil der amerikanischen Städte bzw. einzelner Teilbereiche der Stadt stärker von der Deindustrialisierung betroffen als andere? Warum haben in den vergangenen Jahren einige Städte eine positive Entwicklung erfahren, während anderenorts die in den 1950er-Jahren einsetzende Abwärtsspirale scheinbar nicht zu stoppen ist? Warum sind bestimmte Städte oder Stadtviertel nach Jahren des Verfalls wieder für Bewohner und Besucher attraktiv, während andere nach wie vor gemieden werden? Ist mit dem Aufwärtstrend ein Funktionswandel einhergegangen

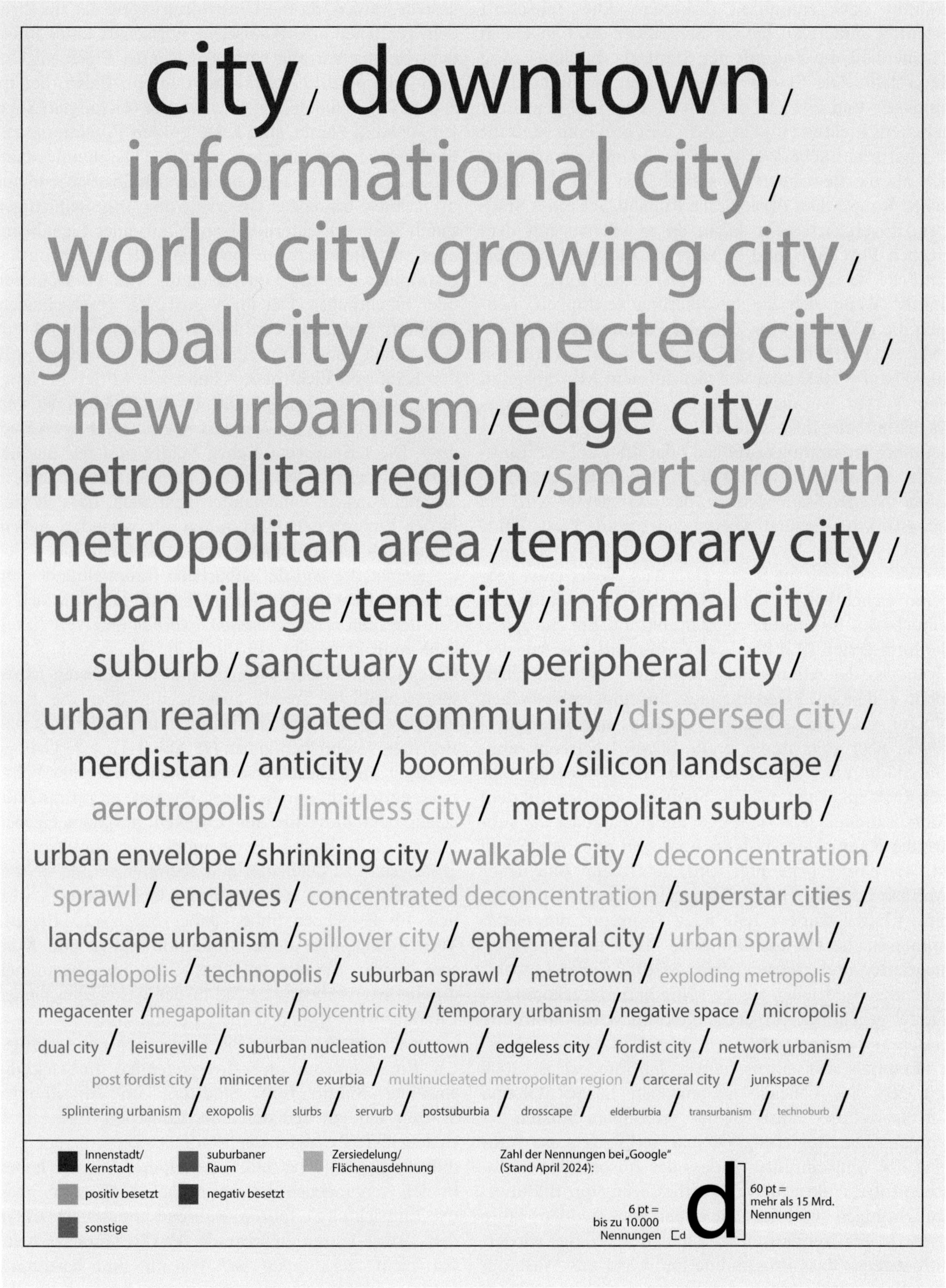

1

city, downtown,
informational city,
world city, growing city,
global city, connected city,
new urbanism, edge city,
metropolitan region, smart growth,
metropolitan area, temporary city,
urban village, tent city, informal city,
suburb, sanctuary city, peripheral city,
urban realm, gated community, dispersed city,
nerdistan, anticity, boomburb, silicon landscape,
aerotropolis, limitless city, metropolitan suburb,
urban envelope, shrinking city, walkable City, deconcentration,
sprawl, enclaves, concentrated deconcentration, superstar cities,
landscape urbanism, spillover city, ephemeral city, urban sprawl,
megalopolis, technopolis, suburban sprawl, metrotown, exploding metropolis,
megacenter, megapolitan city, polycentric city, temporary urbanism, negative space, micropolis,
dual city, leisureville, suburban nucleation, outtown, edgeless city, fordist city, network urbanism,
post fordist city, minicenter, exurbia, multinucleated metropolitan region, carceral city, junkspace,
splintering urbanism, exopolis, slurbs, servurb, postsuburbia, drosscape, elderburbia, transurbanism, technoburb,

■	Innenstadt/ Kernstadt	■	suburbaner Raum	■	Zersiedelung/ Flächenausdehnung	Zahl der Nennungen bei „Google" (Stand April 2024):
■	positiv besetzt	■	negativ besetzt			
■	sonstige					

6 pt = bis zu 10.000 Nennungen ⊏d

d 60 pt = mehr als 15 Mrd. Nennungen

■ **Abb. 1.1**   Begriffe zu Stadt und suburbanem Raum

oderhaben die Städte ihre früheren Funktionen wieder-
beleben können? Warum hat sich die Bevölkerung einiger Städte im Süden und Westen des Landes innerhalb weniger Jahrzehnte vervielfacht, während andere
Städte in diesen Regionen weit langsamer gewachsen
sind? Wie haben sich die Städte verändert und wie sind
die Veränderungen zu bewerten? Welche Gruppen der
Bevölkerung profitieren von positiven Veränderungen?
Gibt es auch Verlierer, und wer sind sie? Diese und viele
andere spannende Fragen gilt es im Folgenden zu be-
antworten. Obwohl der Fokus des Buches eindeutig auf
den Kernstädten und insbesondere auf deren zentralen
Bereichen liegt, darf der suburbane Raum, ohne den
die US-amerikanische Stadt nicht denkbar ist, nicht
vernachlässigt werden.

1.1 Die Stadt in Zahlen

In den USA gibt es keine Einwohnermeldeämter, die
Daten zu der in einer Stadt oder Region lebenden Bevölkerung sammeln. Volkszählungen, die seit 1790

alle zehn Jahre durchgeführt werden, gleichen dieses Manko aus. Der *census* ist in den USA weit weniger umstritten als in Deutschland und wird stets mit
einem großen Werbeaufwand und von umfangreichen
Presseberichten begleitet (◻ Abb. 1.2). Stichtag der
letzten Volkszählung war der 1. April 2020. Alle fünf
Jahre, also jeweils in Jahren, die mit einer Zwei oder
Sieben enden, werden ebenfalls vom U.S. Bureau of
the Census Daten zu den Verwaltungsstrukturen aller
Bundesstaaten erhoben. Ein Blick in diese Statistiken zeigt, dass die USA nicht nur in 50 Bundesstaaten,
sondern darüber hinaus in 3242 *counties,* rund 36.000
Gemeinden unterschiedlicher Rechtsform und weitere ca. 50.000 Verwaltungsbezirke für besondere Aufgaben untergliedert sind. Zu Letzteren gehören gut
13.000 Schulbezirke sowie Bezirke für die Wasserversorgung des Landes (Daten für 2022, ▶ www.cen-
sus.gov). Die Grenzen der Verwaltungsbezirke für besondere Aufgaben sind nicht deckungsgleich mit den
Gemeindegrenzen. Ein Schulbezirk kann mehrere Gemeinden sowie gemeindefreies Land umfassen. Gleichzeitig können größere Städte mehreren Schuldistrikten

◻ **Abb. 1.2** Werbung für den *census* auf dem karibischen Karneval im New Yorker Stadtteil Brooklyn

1

zugeordnet sein. Die starke Zersplitterung der öffentlichen Aufgaben ist ein wesentlicher Grund dafür, dass die großen *metropolitan areas* (s. u.) nur eingeschränkt regierbar sind. Außerdem ist es nicht immer einfach, das umfangreiche statistische Material richtig zuzuordnen. Positiv ist aber, dass in den USA alle vom U.S. Census Bureau erhobenen Daten als Allgemeingut betrachtet werden und im Internet frei abrufbar sind (▶ www.census.gov).

In den USA werden Gemeinden *incorporated* und somit zur Stadt erhoben, wenn sie eine bestimmte Einwohnerzahl und -dichte erreicht haben. Die Werte variieren von Bundesstaat zu Bundesstaat und wurden im Lauf der Zeit mehrfach verändert. Neue Städte erhalten das Recht, einen eigenen Bürgermeister und andere Amtsträger zu wählen und lokale Abgaben wie Verkaufssteuern und Grundsteuern festzulegen. Gleichzeitig müssen sie bestimmte Aufgaben wie die Finanzierung, Leitung und Überwachung der lokalen Schulen, der Müllabfuhr, Feuerwehr und Polizei übernehmen, die zuvor von den *counties* (Landkreisen) ausgeübt wurden. Städten mit abnehmender Bevölkerung kann der Titel wieder entzogen werden, wenn eine bestimmte Einwohnerzahl und -dichte unterschritten und die Erfüllung der kommunalen Aufgaben nicht mehr gewährleistet ist.

Das U.S. Bureau of the Census hat die Definition *„urban"* (städtisch) wiederholt modifiziert. Bis 1950 klassifizierte man die Bevölkerung aller *incorporated* Gemeinden mit mehr als 2500 Einwohnern als städtisch. Aufgrund älterer Rechte wurde zudem die Bevölkerung einiger kleinerer Gemeinden Neuenglands berücksichtigt. Mehrfach wurden die Abgrenzungen leicht verändert. Um im *census* 2020 als städtisch klassifiziert zu werden, mussten Gemeinden über wenigstens 5000 Einwohner oder 2000 Wohneinheiten verfügen und im Zentrum wenigstens eine Dichte von 1275 Wohneinheiten pro *square mile* aufweisen (O'Toole 2023a). Da die Einwohnerdichte außerhalb der Städte mit fortschreitender Suburbanisierung zunahm, wurde 1950 der Begriff *„urbanized area"* (urbanisierter Raum) eingeführt. In den folgenden Jahrzehnten erlaubte der Einsatz geographischer Informationssysteme eine verfeinerte Berechnung der Bevölkerungsdichte. Das Konzept der urbanisierten Räume wurde zwar beibehalten, diese setzen sich heute aber aus dicht besiedelten Regionen mit einer Bevölkerung ab 50.000 und *urban clusters* (UCs) mit mindestens 2500 Einwohnern, die ebenfalls dicht besiedelt sind, zusammen (U.S. Census Bureau 2011a, b, S. 3). Auch wenn sich die Daten aufgrund modifizierter Erfassungsmethoden nicht exakt miteinander vergleichen lassen, besteht kein Zweifel daran, dass der Anteil der in städtischen Räumen lebenden Bevölkerung in den USA kontinuierlich zugenommen hat. 1920 lebten erstmals etwas mehr als die Hälfte aller Amerikaner in urbanisierten Räumen, 1990 waren es rund drei Viertel und 2010 bereits 80,7 %, aufgrund der veränderten Definition von „urban" (s. o.) 2020 aber nur noch 80,0 %. Von 1950 bis 2010 ist die Zahl der Städte mit mindestens einer Million Einwohner von fünf auf zehn gestiegen. Da Chicago und Philadelphia viele Einwohner verloren haben und sich die amerikanische Bevölkerung gleichzeitig mehr als verdoppelt hat, ist der Anteil derjenigen, die in Millionenstädten leben, von 11,5 % auf 8,5 % gesunken. Die Zahl der Städte mit mehr als 100.000 Einwohnern, die bei uns als Großstädte bezeichnet werden, ist von 106 auf 323 deutlich gestiegen (U.S. Census Bureau: Statistical Abstract 1960, 1991 und 2011; U.S. Census Bureau 2012, 2020, ▶ www.census.gov).

Die gut 70.000 *census tracts* sind die kleinste räumliche Einheit, für die Daten erhoben werden. Um eine bessere Vergleichbarkeit der zeitlichen Entwicklung zu ermöglichen, sollten sie nicht zu oft verändert werden, was aufgrund von Einwohnerverlusten oder -gewinnen aber nicht immer sinnvoll ist. Es wird eine durchschnittliche Größe von rund 4000 Einwohnern angestrebt. Steigt der Wert auf mehr als 8000, wird der *census tract* geteilt. Wenn die Zahl der Einwohner auf weniger als 1200 sinkt, wird dieser an einen benachbarten *census tract* angegliedert (U.S. Census Bureau, Geographic Products Branch 2023). Die meisten *census tracts* sind sozioökonomisch und baulich homogene Viertel und bilden einzelne *neighborhoods*. Allerdings werden oft reine Wohnviertel und die angrenzenden Durchgangsstraßen mit einer abweichenden Bevölkerungsstruktur gemeinsam in einem *census tract* abgebildet. US-amerikanische Städte setzen sich aus einer großen Zahl sehr unterschiedlicher *neighborhoods* zusammen. *Neighborhoods* sind weitgehend homogene Viertel mit einer dominierenden Ethnie sowie einem ähnlichen Einkommen und Lebensstil der Bewohner. Von benachbarten *neighborhoods* mit einer abweichenden sozioökonomischen Struktur unterscheiden sie sich meist auf den ersten Blick durch andere Grundstücksgrößen oder Bausubstanz, einen unterschiedlichen Pflegezustand der Häuser und eine divergierende Flächennutzung. Außerdem gibt es in jeder Stadt *neighborhoods*, die in den vergangenen Jahren eine negative Entwicklung erlebt haben, während sich andere äußerst positiv entwickeln konnten.

1.1.1 Bevölkerungsentwicklung seit 1950

Das Jahr 1950 stellt einen Wendepunkt in der Geschichte der US-amerikanischen Stadt dar. Viele Städte im altindustrialisierten Nordosten des Landes erreichten damals ihren Einwohnerhöchststand, während die Städte im Süden und Westen in den folgenden Jahrzehnten große Bevölkerungsgewinne verzeichneten.

Aufgrund der positiven Bevölkerungsentwicklung und des wirtschaftlichen Aufschwungs dieser Regionen werden sie zusammenfassend in Anlehnung an das meist gute Wetter als *sunbelt* und der altindustrialisierte Nordosten, der im Winter sehr niedrige Temperaturen aufweist, als *frostbelt* bezeichnet. Die Klimaanlage, die in zunächst noch primitiver Form in den 1930er-Jahren erfunden worden war, leistete eine wichtige Voraussetzung für ein angenehmes Leben und Arbeiten und somit den Bevölkerungsanstieg in den Städten im heißen Süden und trockenen Westen des Landes. Das feuchtheiße Klima Miamis oder die hohen Temperaturen der Wüstenstädte Las Vegas oder Phoenix wurden erst in den 1950er-Jahren erträglich (Konig 1982, S. 22). New York City konnte die Stellung als größte Stadt der USA behaupten und erreichte im Jahr 2020 mit 8,804 Mio. Einwohnern einen historischen Höchststand. Mit einer Zunahme von rund 630.000 Einwohnern oder 7,7 % seit 2010 schien die Krise der 1970er- und 1980er-Jahre mit großen Bevölkerungsverlusten endgültig überwunden zu sein. Allerdings haben auf dem Höhepunkt der Corona-Pandemie viele Menschen die Stadt verlassen. Laut Fortschreibung der Daten lebten am 01. Juli 2023 nur noch 8,26 Mio. Menschen in New York City (▶ www.census.gov). Man hatte gehofft, dass mit dem Ende der Pandemie ab 2022 wieder mehr Menschen nach New York ziehen oder zurückkehren würden. Die Trendwende setzte aber nicht ein. Von Mitte 2022 bis Mitte 2023 hatten weitere 78.000 Menschen die Stadt am Hudson River verlassen. Während insbesondere die Bronx hohe Verluste verzeichnete, hatte Manhattan 2022 knapp 3000 und 2023 mehr als 16.000 Bewohner gewonnen. Die Stadt New York bezweifelt allerdings die Richtigkeit der Daten der Fortschreibung. Seit Frühjahr 2022 seien 180.000 Flüchtlinge in die Stadt gekommen, von denen viele geblieben seien. Die städtischen Behörden unterstellen, dass diese nicht ausreichend vom Bureau of the Census in Washington, D. C., berücksichtigt worden seien (New York Times 14.03.2024). Keine andere US-amerikanische Stadt hat in der Pandemie annähernd so viele Einwohner verloren wie New York City. Es bleibt abzuwarten, wie sich die Zu- und Fortzüge bis zum nächsten offiziellen *census* im Jahr 2030 entwickeln werden. In den 1980er-Jahren hatte Los Angeles Chicago überholt und war zur zweitgrößten Stadt des Landes aufgestiegen. In neuerer Zeit hat sich das Bevölkerungswachstum von Los Angeles allerdings abgeschwächt. 2010 zählte die Stadt zwar 97.000 mehr Einwohner als zehn Jahre zuvor und bis 2020 kamen weitere 106.000 Menschen hinzu, aber in jeder vorausgegangenen Dekade seit 1910 hatte Los Angeles mehr Einwohner gewonnen. Die Städte Chicago, Philadelphia, Detroit, Baltimore, Cleveland, St. Louis, Washington, D.C., und Boston hatten 1950 ihren Einwohnerhöchststand; Detroit, Cleveland und St. Louis verloren zwischen 1950 und 2010 sogar deutlich mehr als die Hälfte der Einwohner. Die Verluste sind aufgrund von Abwanderungen in den suburbanen Raum und in den *sunbelt* erfolgt und wurden kaum durch Phasen des Aufschwungs unterbrochen. In Chicago folgte dem Höchststand im Jahr 1950 mit 3,6 Mio. Einwohnern ein rasanter Rückgang im Zuge der Deindustrialisierung. Da seit 1990 jeder *census* um die 2,7 Mio. Einwohner gezählt hat, scheint der negative Trend gestoppt zu sein. Boston (+ 77.000), Philadelphia (+ 86.000) und insbesondere Washington, D.C. (+ 99.000) haben 2020 eine deutliche größere Bevölkerung gehabt als im Jahr 2000; ob diese Entwicklung von Dauer sein wird, bleibt abzuwarten. 2020 gehörten mit New York, Los Angeles, Chicago und Philadelphia nur noch vier der einwohnerstärksten Städte des Jahres 1950 zu den zehn größten Städten der USA. Das in Texas gelegene Houston überholte in den 1980er-Jahren Philadelphia und ist seitdem viertgrößte Stadt. Auch die anderen Neuzugänge Phoenix, San Antonio, San Diego, Dallas und San Jose auf der Liste der zehn größten Städte liegen im *sunbelt*. Phoenix und San Jose konnten innerhalb von nur 60 Jahren die Zahl der Einwohner sogar mehr als verzehnfachen (◘ Abb. 1.3).

Ähnlich haben viele der kleineren Städte im Nordosten der USA in den vergangenen Dekaden Einwohner verloren, während in den meisten Städten im Süden und Westen des Landes die Bevölkerung stark angewachsen ist. Insgesamt verlief die Entwicklung der Städte in den vergangenen Dekaden sehr unterschiedlich. Einer großen Zahl schrumpfender Städte im Nordosten stehen viele sehr schnell wachsende Städte im Süden und Westen des Landes gegenüber. Ausnahmen gibt es allerdings im Nordosten im Umland der großen Städte, wo viele Gemeinden aufgrund von Suburbanisierung sehr gewachsen sind. Außerdem haben einige Städte des *sunbelt,* die früh eine Industrialisierung erlebten, Einwohner verloren. Dieses gilt z. B. für den früheren Stahlstandort Birmingham in Alabama, dessen Bevölkerung seit 1950 um rund ein Drittel auf 200.000 im Jahr 2020 geschrumpft ist (U.S. Census Bureau 2012 und 2011, 2020, ▶ www.census.gov). Die Verlagerung des Bevölkerungsschwerpunkts vom Nordosten zum Süden und Westen des Landes wirkt sich auch auf die politische Landkarte der USA aus. Das Repräsentantenhaus des Kongresses hat 435 stimmberechtigte Mitglieder. Die Sitze werden nach regionalem Proporz vergeben. 1960 standen dem Staat New York 45 Sitze, Texas 24 Sitze und Florida 10 Sitze zu. 2024 darf New York nur noch 28 Abgeordnete, Texas und Florida aber 40 bzw. 30 Abgeordnete stellen (Kotkin 2022a).

In jüngerer Zeit haben sich die Trends der vergangenen Jahrzehnte verfestigt. Im *census* 1990 haben erstmals *metropolitan areas* (MAs) die frühere Unterscheidung in MSAs *(metropolitan statistical areas),*

1

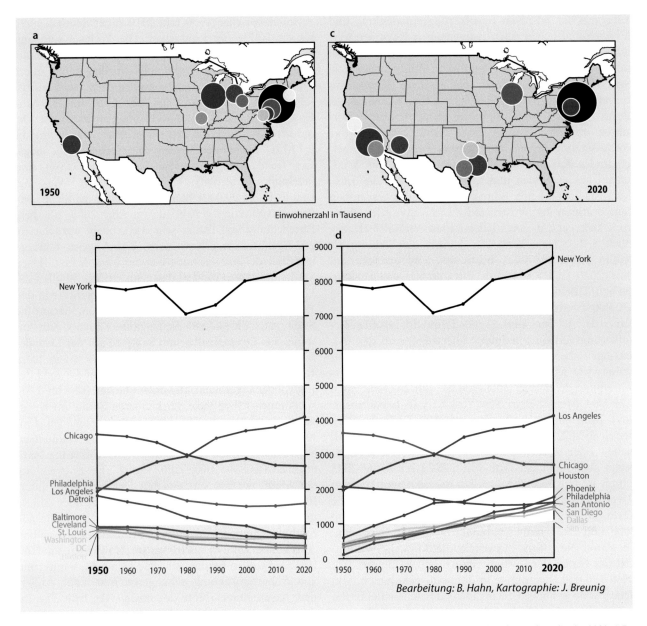

□ **Abb. 1.3**   **a** Die zehn größten Städte 1950; **b** Bevölkerungsentwicklung der zehn größten Städte 1950; **c** Die zehn größten Städte 2020; **d** Bevölkerungsentwicklung der zehn größten Städte 2020 (Datengrundlage ▶ www.census.gov)

CMSAs *(consolidated metropolitan statistical areas)* und PMSAs *(primary metropolitan statistical areas)* abgelöst und zu einer Vereinfachung bei der Klassifizierung von Raumordnungskategorien beigetragen. Die Abgrenzung der MAs erfolgt aufgrund rund 2000 verschiedener Indikatoren und ist nur von Experten nachvollziehbar. Vereinfacht ausgedrückt setzen sich die MAs aus Kernstädten und aus dem funktional eng verflochtenen Umland, das als suburbaner Raum bezeichnet wird, zusammen. Die MAs können eine oder mehrere Kernstädte haben und entsprechen weitgehend den Verdichtungsräumen der deutschen Raumordnung. Alle Regionen außerhalb der MAs werden als *rural* (ländlich) bezeichnet (Ratcliffe et al. 2016). Die Zahl

der MAs mit mehr als einer Million Einwohner ist von 2010 bis 2020 von 51 auf 56 angewachsen. Hier lebten zum Zeitpunkt des letzten *census* rund 189 Mio. Menschen oder 57 % (2010: 56 %) der US-amerikanischen Bevölkerung. Abgesehen von Seattle lagen die zehn Städte mit dem größten Zuwachs alle im Sunbelt. Die MA Austin ist mit 33 % am stärksten gewachsen, gefolgt von den MAs Raleigh, Orlando, Nashville, Houston und Dallas-Fort Worth, die alle mehr als 20 % zulegen konnten. Die 56 größten MAs sind alle aufgrund der hohen Zuwächse im suburbanen Raum gewachsen, der teils sogar große Bevölkerungsverluste der Kernstädte wie im Falle Detroits ausgleichen konnte. Die *Suburbs* an der äußeren Grenze der MAs haben besonders hohe Zuwachsraten verzeichnen können (Cox 2021a; 2022a).

In den 1990er-Jahren hatten die Kernstädte mit 15,4 % zum Wachstum der MAs beigetragen. Da dies seit Jahrzehnten der höchste Wert war, hatten viele Politiker und Wissenschaftler auf eine Renaissance der Kernstadt und einen langsamen Bedeutungsverlust des suburbanen Raums gehofft. Die Hoffnungen haben sich nicht realisiert, denn seit 2000 war das Wachstum der Kernstädte weit geringer als in der letzten Dekade vor der Jahrhundertwende. Anders als lange angenommen, bevorzugen auch die jüngeren US-Amerikaner ein Leben im suburbanen Raum. Die sogenannte Generation Z (geboren zwischen 1982 und 2003) ist zwar ethnisch sehr heterogen, spricht sich aber in Befragungen sehr eindeutig für ein Leben im suburbanen Raum aus. Dieser Trend wurde wahrscheinlich durch die COVID-19-Pandemie beschleunigt (OToole 2023c; Winograd und Hais 2017). Das Wachstum vieler Städte und MAs beruht nicht auf einer hohen Geburtenrate der ortsansässigen Bevölkerung, sondern ist auf Zuwanderung überwiegend aus anderen Städten oder MAs sowie aus dem Ausland zurückzuführen. Land-Stadt-Wanderungen sind kaum noch von Bedeutung. Analog sind Abwanderungen verantwortlich für die rückläufigen Einwohnerzahlen in den Städten (Brake und Herfert 2012, S. 13).

In den meisten MAs sind die Bevölkerungsgewinne im äußersten suburbanen Ring seit Jahrzehnten am größten. Dieser Trend hält immer noch an. Die MA Chicago-Naperville-Joliet, die sich über 14 *counties* in den drei Bundesstaaten Illinois, Indiana und Wisconsin erstreckt, ist von 2010 bis 2020 nur sehr moderat von 9,46 Mio. auf 9,62 Mio. Einwohner gewachsen. Heute leben nur noch rund 28 % der Bevölkerung in der Kernstadt. Einige *counties,* die direkt an Chicago grenzen, haben sich in den vergangenen Jahren sogar leicht negativ entwickelt. Dagegen ist die Zahl der Einwohner im kernstadtfernen Kendall *county* in Illinois im gleichen Zeitraum von ca. 114.000 auf 131.000 oder um 13 % gewachsen. In der vorausgegangenen Dekade hatte sich die Bevölkerung hier sogar mehr als verdoppelt und war zeitweise das am schnellsten wachsende *county* der USA (▶ www.census.gov). New York City und das Umland der Stadt sind von 2010 bis 2020 um knapp 10 % auf 20,1 Mio. Einwohner angewachsen und bilden die mit Abstand größte *metropolitan area* der USA. Die fünf *counties* New York (Manhattan), Bronx, Queens, Kings (Brooklyn) und Richmond (Staten Island), die hier als *boroughs* bezeichnet werden, bilden New York City, das um gut 629.000 auf 8,8 Mio. Einwohner stark angewachsen ist und sich somit der zuvor weit höheren Wachstumsrate des suburbanen Raums angenähert hat (▢ Abb. 1.4). Brooklyn wuchs mit 10,9 % auf 2,7 Mio. Einwohner. Wäre Brooklyn eine eigene Stadt, würde sie die viertgrößte der

USA sein, da hier nur noch rund 20.000 weniger Menschen leben als in dem drittgrößten Chicago. Staten Island, das durch einen suburbanen Charakter geprägt ist, verzeichnete eine um 11,7 % größere Bevölkerung. Die Einwohnerzahl Manhattans ist um knapp 160.000 (10,2 %) auf 1,7 Mio. Einwohner angestiegen; dieser Wert lag aber immer noch weit unter dem Höchststand, der 1910 mit 2,32 Mio. Einwohnern erreicht worden war. Das Wachstum der 18 *counties* im suburbanen Raum war sehr uneinheitlich, aber in den beiden stadtfernen *counties* Pike und Ocean mit 26,4 bzw. 24,7 % mit Abstand am höchsten (▶ www.census.gov).

1.1.2 Ethnische Gliederung

Einwanderer in die USA siedelten sich bis weit in das 20. Jahrhundert bevorzugt in den großen Städten an, da diese die besten Chancen auf einen Arbeitsplatz boten. Häufig haben sich zeitweise viele Einwanderer aus einem bestimmten Land in einer Stadt niedergelassen. In Boston sind in der Zeit der Kartoffelkrise Mitte des 19. Jahrhunderts viele Iren mit dem Schiff angekommen, die zu arm waren, um an andere Standorte weiterzufahren, während die Schlachthöfe von Chicago viele Osteuropäer anzogen. San Francisco war während des Goldrausches Mitte des 19. Jahrhunderts bevorzugtes Ziel der Chinesen (▢ Abb. 1.5). Die Nachkommen der Einwanderer des 19. Jahrhunderts besitzen seit Jahrzehnten einen amerikanischen Pass oder sind in andere Regionen des Landes weitergezogen. Andere Städte waren bevorzugtes Ziel der Zuwanderung von Schwarzen aus dem Süden der USA. Das galt insbesondere für Detroit, wo die Automobilindustrie als Magnet wirkte.

2020 waren 13,6 % der Bevölkerung der USA im Ausland geboren. In den *gateway cities* New York und Los Angeles galt dieses für weit mehr als ein Drittel und in San Jose sogar für mehr als 40 % der Bevölkerung. In San Diego war rund ein Viertel im Ausland geboren und in Chicago rund ein Fünftel. Besonders niedrig war die Rate mit nur 5,6 % verständlicherweise in dem altindustrialisierten und seit Jahrzehnten stark schrumpfendem Detroit; es erstaunt allerdings, dass der Wert in der Boomstadt Atlanta mit 8,3 % kaum höher ist. In den vergangenen Jahrzehnten sind insbesondere *hispanics,* die weißer oder schwarzer Hautfarbe sein können, in die USA eingewandert, d. h. Menschen aus Mexiko, der Karibik sowie Mittel- und Südamerika. 2020 bezeichneten sich 19,1 % aller in den USA Lebenden Menschen als *hispanics.* Ihr Anteil ist in den meisten Städten aufgrund des großen Angebots für unqualifizierte Arbeiter weit höher als im suburbanen oder ländlichen Raum. Interessant ist, dass in dem direkt an der mexikanischen Grenze gelegenen San Diego nur 25 % der Einwohner *hispanics* sind. Das

1

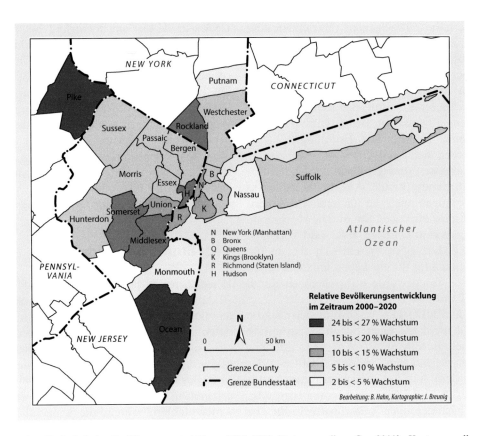

☐ Abb. 1.4   Metro New York: Relative Bevölkerungsentwicklung 2000–2020 (Datengrundlage Cox 2011b, Kartengrundlage ▶ www.census. gov)

gilt ebenso für Denver, New York und Chicago, für Atlanta aber nur für 5 % und in Los Angeles fast für die Hälfte der Einwohner (☐ Abb. 1.6).

Der suburbane Raum wurde lange von weißen Amerikanern der Mittel- und Oberschicht dominiert. Dieses Muster hat sich in den vergangenen Jahrzehnten verändert. Mit zunehmender Assimilation verließen die Angehörigen der Minderheiten in der zweiten oder dritten Generation die Kernstädte und zogen in den surburbanen Raum, wo sie sich nicht gleichmäßig verteilen, sondern auf bestimmte Standorte konzentrieren. Außerdem siedeln sich immer mehr Einwanderer der ersten Generation sofort außerhalb der Kernstädte an, wobei Standorte mit vielen Arbeitsplätzen, an denen bereits eine große Zahl von Angehörigen der eigenen Ethnie lebt, bevorzugt werden. Li (2009) hat für die drei östlich von Los Angeles gelegenen Gemeinden Monterey Park (61.000 Einw.), Alhambra (83.000 Einw.) und Arcadia (57.000 Einw.) (Daten für 2020), in denen mehr als die Hälfte der Einwohner asiatischer, insbesondere chinesischer Herkunft ist, den Begriff ethnoburb geprägt. Chinesen sind erstmals in großer Zahl nach den Unruhen in Watts, einem Stadtteil von Los Angeles, im Jahr 1965 in den suburbanen Raum

umgezogen, wo sie sich auf die drei genannten Orte konzentrierten. Seit den 1980er-Jahren haben sich viele chinesische Neueinwanderer sofort hier angesiedelt. Der Anteil der Asiaten erreicht in Monterey Park inzwischen einen Spitzenwert von 65,1 % (USA: 6,3 %). *Ethnoburbs* sind Li (2009) zufolge multiethnische Gemeinden im suburbanen Raum, in denen eine einzelne Ethnie stark dominiert, aber nicht unbedingt die Hälfte der Bevölkerung stellen muss. Sie ermöglichen Angehörigen von Ethnien, die in den USA eine Minderheit stellen, einen wirtschaftlichen Aufschwung, ohne sich den Werten der amerikanischen (weißen, nicht-hispanischen) Mehrheitsgesellschaft anpassen zu müssen. Li (2009, S. 172) zufolge müssen die *ethnoburbs* im Gegensatz zu Ghettos auf freiwilliger Basis entstanden sein. Ein *ethnoburb* ist nach dieser Definition auch die in der MA Detroit gelegene Stadt Dearborn (2020: 110.000 Einwohner), wo sich die Konzernzentrale und eine große Produktionsstätte der Ford Motor Company befinden. 38 % der Bevölkerung Dearborns sind arabischen Ursprungs (▶ www.census.gov). In Dearborn steht die größte Moschee des Landes und ist mit dem Arab American National Museum das einzige Museum dieser Ethnie in den USA. *Ethnoburbs* sind

Abb. 1.5 Die Chinatown in San Francisco ist ein beliebter Treffpunkt von Asiaten und Touristen

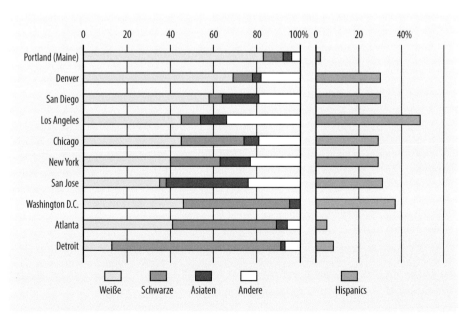

Abb. 1.6 Ethnische Zusammensetzung der Bevölkerung ausgewählter Städte 2020 (Datengrundlage ▶ www.census.gov)

keine Ausnahme mehr, denn inzwischen stellen in zahlreichen suburbanen Gemeinden Schwarze oder *hispanics* die mit Abstand größte Gruppe. Die *ethnoburbs* sind häufig aufgrund sozialer und wirtschaftlicher Restrukturierungsprozesse entstanden. Im Norden der MA Miami sind in vielen Gemeinden die Schwarzen in der Überzahl, während westlich der Kernstadt die *hispanics* dominieren (Abb. 5.26). Zumindest in den Gemeinden mit einem großen Anteil schwarzer Bevölkerung dürfte der Wohnstandort auf Verdrängungsprozesse zurückzuführen sein. Nach der Definition von Li (2009) handelt es sich nicht um *ethnoburbs*. Ob diese Unterscheidung sinnvoll ist, ist eine andere Frage.

Aufstieg und Bedeutungsverlust der Stadt

Inhaltsverzeichnis

2.1   **Phasen der Stadtentwicklung – 14**
2.1.1   Vorindustrielle Städte – 14
2.1.2   Industriestädte – 15
2.1.3   Postfordistische Städte – 17
2.1.4   Postmoderne Städte – 18
2.1.5   Postpandemische Städte – 19

2.2   **Der suburbane Raum – 21**
2.2.1   Standardisierung – 22
2.2.2   Staatliche Unterstützung – 23
2.2.3   Zunehmende Suburbanisierung – 24
2.2.4   Suburbane Welten und Lebensstil – 27
2.2.5   Heterogene *suburbs* – 27
2.2.6   Industrie und Dienstleister im suburbanen Raum – 29
2.2.7   *Urban villages, edge cities, edgeless cities* und *aerotropolis* – 31

2.3   **Sprawl – 32**
2.3.1   Gegenmaßnahmen – 34
2.3.2   New Urbanism – 35
2.3.3   *Sprawl* contra *anti-sprawl* – 37

2.4   **Wachsende Städte – 38**
2.4.1   Herausforderungen wachsender Städte – 39

2.5   **Schrumpfende Städte – 40**
2.5.1   Gegenmaßnahmen – 43
2.5.2   Leerstände, Brachflächen und *land banks* – 44

2

2.1 Phasen der Stadtentwicklung

Die amerikanischen Städte sind in unterschiedlichen Phasen gegründet worden, die sich in Grund- und Aufriss und Funktion widerspiegeln. Man kann grob unterscheiden zwischen den an der Ostküste gelegenen Städten, die in der vorindustriellen Zeit gegründet worden sind, den Städten im Mittleren Westen, die aufgrund der Industrialisierung binnen weniger Jahrzehnte zu Großstädten herangewachsen sind, und den Städten im Süden und Westen des Landes, die teils erst im 20. Jahrhundert gegründet wurden und deren intensives Wachstum in der postfordistischen Phase stattgefunden hat. In den vergangenen Jahrzehnten sind alle Städte gleichermaßen von globalen Restrukturierungsprozessen beeinflusst worden. Ein Teil der Städte hat inzwischen die durch die Deindustrialisierung hervorgerufene Krise überwunden, während in anderen Städten die Zahl der Einwohner immer noch rückläufig ist und kein Ausgleich für den Verlust der Industriearbeitsplätze geschaffen werden konnte. Die Bausubstanz dieser Städte ist durch starke Verfallsprozesse geprägt, während in den zuerst genannten Städten die Zeichen des Aufschwungs insbesondere in den Innenstädten deutlich sichtbar sind.

2.1.1 Vorindustrielle Städte

Die frühen Städte Nordamerikas sind nach dem Vorbild europäischer Städte errichtet worden, spiegeln aber die Ideale und Ideen der unterschiedlichen Einwanderergruppen, die den nordamerikanischen Kontinent besiedelt haben, wider. Die Spanier haben Städte mit einem quadratischen Platz und die Briten mit einem Anger angelegt, die bis heute im Zentrum von Santa Fé oder Boston überdauert haben. Andere Städte wie New York erhielten in der Anfangsphase einen unregelmäßigen Grundriss, der noch immer die Straßenzüge südlich der Wall Street prägt. Im 17. Jahrhundert wurden die ersten Städte im Schachbrettgrundriss angelegt, der sich bald flächendeckend durchsetzte, da er schnell umzusetzen war. Außerdem erleichterte er den Erwerb oder Verkauf von Grundstücken an nicht anwesende Investoren oder zukünftige Siedler. Bevorzugte Standorte der frühen Siedlungen waren Buchten oder Flussmündungen an der Ostküste, die einen Zugang zum Hinterland garantierten, oder im Binnenland die Ufer von Flüssen oder Seen, die als Verkehrsweg und Lieferant für das im Produktionsprozess benötigte Wasser dienten. An den Ufern entstanden Lagerhäuser, Mühlen, Umschlageinrichtungen und in der Nähe die Wohnungen für die Hafenarbeiter sowie Viertel mit Handwerkern, Gewerbetreibenden, Kneipen und anderen Amüsierbetrieben. Der Schachbrettgrundriss wurde

auch dann konsequent eingehalten, wenn er aus Gründen der Topographie eigentlich völlig ungeeignet war. Die steilen Hügel der Stadt San Francisco mit ihren in der Falllinie verlaufenden Straßen stellen für Fußgänger und den Straßenverkehr eine große Herausforderung dar (Cullingworth und Caves 2008, S. 52–53; Muller 2010, S. 304–313; ◘ Abb. 2.1).

Der amerikanischen Gesellschaft liegt der Glaube an ein kapitalistisches Wirtschaftssystem und eine liberale Sozialphilosophie zugrunde. Der feste Glaube an die Freiheit des Einzelnen, an Chancengleichheit und das ungehinderte Streben nach Gewinn haben sich in vielfältiger Weise auf die Vision und Realität der nordamerikanischen Stadt ausgewirkt. Erfolgreiche Geschäftsleute, wohlhabende Grundstücksbesitzer und andere gut situierte Bürger haben die Geschicke und öffentlichen Angelegenheiten einer Stadt bestimmt. Man glaubte, dass eine Stadt wie ein Wirtschaftsunternehmen zu führen sei und ein erfolgreiches Handeln allen dienen würde. Dem Erwerb von Land wurde große Bedeutung beigemessen, da dieses bestens als Spekulationsobjekt geeignet war. Land wurde zu einer Ware und eröffnete die Möglichkeit, den persönlichen Besitz zu vergrößern. Die Eigentümer der Grundstücke konnten fast uneingeschränkt über deren Nutzung entscheiden; Ausnahmen gab es nur bei Gefährdung der öffentlichen Ordnung und Sicherheit. Die Grundstücke waren am teuersten in den zentralen Bereichen der Stadt, und die Preise sanken mit wachsender Entfernung zum Zentrum. Zwei- bis viergeschossige Häuserzeilen, über die nur die Kirchtürme oder die Masten der im Hafen liegenden Segelschiffe emporragten, prägten das Stadtbild. Als sich die Städte ausdehnten, entstanden räumlich differenzierte Nutzungen und bildeten sich Viertel. Einzelhandel, Handwerk, Banken oder andere Funktionen konzentrierten sich in bestimmten Teilbereichen der Stadt (Muller 2010, S. 304–307; Schneider-Sliwa 2005, S. 62, 75).

Obwohl das Leben in der Stadt viele Vorteile bot, stellte sich schon früh eine antiurbane Haltung ein. Präsident Thomas Jefferson (1801–1809) beschrieb große Städte als die Gesundheit, Moral und Freiheit des Menschen gefährdend (Brief an Benjamin Rush, zitiert in Owen 2009, S. 19). Das Werk des Naturphilosophen Henry David Thoreau (1817–1862) spiegelt die antiurbane Einstellung der Amerikaner wider. Der Harvard-Absolvent konnte aufgrund der damaligen Rezession keine Anstellung finden und zog sich für gut zwei Jahre in eine Hütte in die Wälder nahe Concord in New Hampshire zurück. In seinem Roman *Walden,* der noch heute viel gelesen wird, glorifiziert er das unschuldige Leben in der Natur, auch wenn er es nicht für alle empfiehlt. Bei genauerer Betrachtung befand sich die Hütte allerdings näher dem Zentrum Concords als der wahren Wildnis. Der 1892 gegründete Sierra Club

◘ Abb. 2.1   Joseph Manigault House in Charleston, SC, errichtet 1803. Vor der Industrialisierung waren die Plantagenbesitzer der Süd-staaten die wohlhabendsten Amerikaner

sah das Stadtleben als giftig für Leib und Seele an, und der 1916 ins Leben gerufene National Park Service wollte mit den Nationalparks ein Korrektiv für die unheilvollen Städte bieten (Conzen 2017; Owen 2009, S. 18–19; Thoreau 1854).

2.1.2 Industriestädte

Die USA traten nach dem Ende des Bürgerkriegs (1861–1865) in die Industrialisierung ein, die in den vorausgegangenen Jahrzehnten durch den Bau der Eisenbahn vorbereitet worden war (◘ Abb. 2.2). Mit dem Ausbau des Verkehrsnetzes war der Transport von Gütern immer weniger an die Wasserwege gebunden, die daher als Standort für die Anlage neuer Städte an Bedeutung verloren. Der Nordosten war bis Mitte des 20. Jahrhunderts der industrielle Kernraum des Landes. Die Städte waren gleichermaßen Ziel von Immigranten aus Europa und von Zuzüglern aus den Südstaaten und verdoppelten ihre Einwohnerzahl teils binnen einer Dekade. In der ersten Hälfte des 20. Jahrhunderts befanden sich rund 70 % aller Arbeitsplätze im sekundären Sektor in dem sogenannten *manufacturing belt* (Berry 1980, S. 3–5). Mit dem Bau größerer Produktionsstätten verlagerte die Industrie ihre Standorte entlang der Eisenbahnlinien und es entstanden Korridore industrieller Nutzung, die sich weit in das Umland der Städte erstreckten. Im frühen

20. Jahrhundert entwickelte sich allmählich ein Massenmarkt für Autos, Maschinen und Verbrauchsgegenstände, und in die Fabriken strömten täglich Tausende von Arbeitern. Die Fabriken waren umgeben von Parkplätzen, Eisenbahn- und Straßenbahnschienen, Amüsiervierteln und wenig attraktiven Arbeitervierteln. Die Umwelt wurde nicht geschont; Industrieabfälle entsorgte man unkontrolliert auf Halden oder kippte sie in Flüsse. Giftige Emissionen gelangten ungefiltert in die Luft, ohne Rücksicht auf benachbarte Wohnviertel, in denen die Arbeiter und Immigranten lebten. Um die Wende zum 20. Jahrhundert beschäftigten sich zunehmend private Organisationen mit der Verbesserung der Wohnverhältnisse, der sanitären Verhältnisse und der sozialen und medizinischen Dienstleistungen. Die Kommunen bauten die Kanalisation aus und erließen Baugesetze (Muller 2010, S. 312–313, 324). Derweil bevorzugte die wohlhabendere Bevölkerung Wohnstandorte fernab der Fabriken oder zog in den suburbanen Raum, wo schon Ende des 19. Jahrhunderts in der Nähe der neuen Bahnhöfe Wohnsiedlungen angelegt wurden.

In den Innenstädten liefen zunächst die Pferdebahnlinien und später die Trassen der Eisenbahnen oder U-Bahnen zusammen. Hier entstanden große Bürogebäude und repräsentative Bahnhöfe, die Pendler aus dem Umland und Reisende in die Städte brachten. Hotels, teure Restaurants, elegante Theater, Lichtspielhäuser und billige Etablissements wurden für die Unterhaltung von Reisenden und Einheimischen gebaut (Muller 2010,

2

◘ Abb. 2.2   Ein früheres Stahlwerk nahe der Innenstadt von Birmingham dient heute als Museum

S. 309). Da die höchsten Renditen im Zentrum der Städte erzielt wurden, galt es, die Grundstücke möglichst gut zu nutzen. Der Bau von Hochhäusern schien fast unvermeidlich. Die Erfindung des (sicheren) Aufzugs und der Stahlbauweise waren wichtige Voraussetzungen für den Bau von Hochhäusern. Elisha Otis war zwar nicht der Erfinder des Aufzugs, hatte aber 1853 auf der New Yorker Weltausstellung erstmals einen Fahrstuhl mit einer Sicherheitsbremse vorgestellt. Die Nutzfläche eines nur kleinen Grundstücks konnte jetzt um ein Vielfaches erhöht und der Bodenwert gesteigert werden. Chicago war 1871 größtenteils abgebrannt und bot gute Möglichkeiten für den Bau neuer hoher Gebäude, aber die Nachfrage nach Nutzfläche war in New York weit größer. Eines der ersten mit 119 m wirklich hohen Gebäude, das ausschließlich durch ein Stahlskelett gestützt wurde, war das 1899 fertiggestellte Park Row Building in New York (Glaeser 2011a, 140). Das 1908 fertiggestellte Singer Building in Lower Manhattan war mit 186 m das erste mehr als 150 m hohe Gebäude weltweit. Nur ein Jahr später wurde es durch den Metropolitan Life Tower (213 m) und 1913 durch das Woolworth Building (241 m) als höchstes Gebäude der Welt abgelöst. Letzteres trug diesen Titel bis zur Eröffnung des Bank of Manhattan Building (319 m) im Jahr 1930, das nur wenig Monate später vom Chrysler Building (319 m) abgelöst wurde, das wiederum 1931 vom Empire State Building (381 m) ausgestochen wurde. Die Wirtschaftskrise der frühen 1930er-Jahre setzte dem Wettbewerb um das höchste Gebäude ein vorläufiges Ende. Binnen weniger Jahrzehnte hatte sich die Skyline der nordamerikanischen Stadt für immer verändert (CTBUH 2011, S. 55).

Der Wert der Parks, die während der Zeit der Industrialisierung angelegt worden sind, darf nicht unterschätzt werden, denn die frühe Anlage der Grünanlagen verhinderte eine spätere Bebauung und schuf grüne „Lungen" in oder nahe der dicht bebauten Zentren. Vielen Städten galt der 1859 in New York im Stil des englischen Landschaftsparks eröffnete Central Park als Vorbild (◘ Abb. 2.3). Der Central Park war von den Landschaftsarchitekten Frederic Law Olmsted und Calvert Vaux angelegt worden, die städtischen Grünflächen eine große Bedeutung für die Gesundheit und

den sozialen Zusammenhalt der Bevölkerung beimaßen. Ähnlich berühmt ist der 1870 eröffnete Golden Gate Park in San Francisco. Einige Städte wie Boston, Buffalo, Chicago und San Francisco haben im 19. Jahrhundert ein ganzes System von Parkanlagen, die durch Boulevards miteinander vernetzt wurden, angelegt (Muller 2010, S. 324). Im Industriezeitalter häuften einige wenige wie die Familien Astor (Immobilien), Carnegie (Stahl), Guggenheim (Bergbau), Rockefeller (Öl) oder Vanderbilt (Eisenbahn) riesige Vermögen an, entwickelten aber gleichzeitig ein Mäzenatentum, von dem die US-amerikanische Gesellschaft bis heute profitiert. Carnegie hat den Bau von Hunderten Bibliotheken initiiert und finanziell gefördert, während andere Universitäten, Krankenhäuser und Museum gegründet haben, die heute noch ihre Namen tragen und zu den besten der Welt gehören (Gerhard und Gamerith 2017, S. 129–130). Einen weiteren Attraktivitätsgewinn erhielten viele Städte infolge der City Beautiful-Bewegung, die in Zusammenhang mit der World Columbian Exposition im Jahr 1893 in Chicago entstanden ist. Der Architekt Daniel Burnham hatte für

die Weltausstellung die White City mit monumentalen Gebäuden errichtet, die wenige Jahre später fast restlos abbrannte. Gleichzeitig bildete sich eine Reformbewegung mit dem Ziel, die schlechten Wohnverhältnisse und andere Übel der Städte zu beseitigen. Burnham entwarf den *Chicago Plan of 1909,* in dessen Mittelpunkt große Boulevards und eine attraktive Gestaltung des Ufers des Lake Michigan standen. Andere Städte wie Cleveland, Detroit und Washington, D.C., haben wichtige Impulse des Burnham-Plans übernommen (Miller 1997, S. 549–551).

2.1.3 Postfordistische Städte

Mitte der 1950er-Jahre geriet die US-amerikanische Stadt in eine Krise, die sich nicht monokausal erklären lässt. Die Städte im *manufacturing belt* wurden mit neuen Herausforderungen konfrontiert, die der Deindustrialisierung und veränderten Produktionsprozessen geschuldet waren. Die Industriestädte waren durch riesige Fabriken geprägt gewesen, in denen vergleichsweise schlecht ausgebildete Arbeiter monotonen Tätigkeiten nachgingen und standardisierte Produkte herstellten. Eine Anpassung an postfordistische Produktionsprozesse war unter diesen Bedingungen kaum möglich. Als äußerst schädlich erwies sich zudem der Einfluss der Gewerkschaften, die seit der Wende vom 19. zum 20. Jahrhundert im Osten der USA entstanden waren. 1935 wurde der *National Labour Relations Act* verabschiedet, der die Kündigung streikender Arbeiter erschwerte und die Bildung von *closed shops,* d. h. Fabriken, in denen alle Arbeiter gewerkschaftlich organisiert sein mussten, ermöglichte. Die Gewerkschaften konnten hohe Löhne in der Textil-, Stahl- und Automobilindustrie durchsetzen, die allerdings zu einer Verlagerung der Produktion in andere Regionen führten. Hierzu hat auch der 1947 verabschiedete *Taft-Hartley Act* beigetragen, der es den Bundesstaaten erlaubte, Gesetze gegen die Einrichtung von *closed shops* zu erlassen. Viele Südstaaten machten von dieser Möglichkeit Gebrauch und schufen so eine wichtige Voraussetzung für den Erhalt niedriger Löhne und spätere Industrieansiedlungen (Glaeser 2011a, S. 42, 50–51). Gleichzeitig kam es auf der Mikroebene zu Standortverlagerungen. Unter der Dezentralisierung innerhalb der städtischen Räume haben besonders die Innenstädte gelitten. Im suburbanen Raum entstanden Einkaufszentren und Bürogebäude in großer Zahl, während der Einzelhandel und andere Dienstleistungen in den Downtowns einen Bedeutungsverlust erfuhren. Die Industrie verlagerte ebenfalls ihre Standorte in den suburbanen Raum, denn mit dem Ausbau des Schnellstraßennetzes und angesichts sinkender Transportkosten war die Lage an einem Wasserweg nicht mehr wichtig (Berger 2007, S. 47).

In den 1950er- und 1960er-Jahren litten die Kernstädte unter den Rassenunruhen, da die Schwarzen nicht mehr bereit waren, die Benachteiligungen und die Gewalt durch weiße Polizisten hinzunehmen. In vielen Städten kam es zu gewaltsamen Auseinandersetzungen und Straßenschlachten mit vielen Toten. Geschäfte wurden zerstört und geplündert, und die betroffenen Viertel glichen Kriegsschauplätzen. Selbst nach der Verabschiedung des *Civil Rights Acts*1964, der die Diskriminierung rassischer, ethnischer, religiöser oder anderer Minderheiten untersagte, klangen die Ausschreitungen zunächst nur langsam ab. Die Städte entwickelten sich zu scheinbar rechtslosen und äußerst gefährlichen Räumen, wozu die Politiker beigetragen hatten. Bereits zu Beginn des 20. Jahrhunderts waren die verfehlte Politik vieler Städte, die Bestechlichkeit von Politikern und Polizei und die unzureichende Bekämpfung der Kriminalität beklagt worden (Steffens 1904). Die Mordrate war in den USA seit den 1930er-Jahren bis 1960 stark gefallen und dann wieder angestiegen. In New York City vervierfachte sie sich zwischen 1960 und 1975, als sie mit 22 Morden je

100.000 Einwohnern einen traurigen Rekord erreichte (Glaeser 2011a, S. 108). Gleichzeitig verstärkten soziale Unruhen und eine schlechte Politik den Niedergang der Städte. Einen Höhepunkt erlebte die Krise, als New York 1975 nicht mehr die Löhne der städtischen Angestellten zahlen konnte. Im letzten Moment sagte die Bundesregierung eine finanzielle Unterstützung zu und wendete so den finanziellen Bankrott der Stadt ab. Weltweit wurden Bilder von Müllbergen in den Straßen New Yorks ausgestrahlt. Die nordamerikanische Stadt hatte einen global sichtbaren Tiefpunkt erreicht.

Die Kernstädte verloren immer mehr Arbeitsplätze, und die Steuereinnahmen sanken, weil sich die Mittel- und Oberschicht sowie die Unternehmen in den suburbanen Raum verlagerten. Der Anteil der Armen und Minderheiten nahm zu, der Wohnungsbestand alterte, die Infrastruktur verfiel und öffentliche Dienstleistungen wurden reduziert, wovon besonders die Schulen betroffen waren. Gleichzeitig kündigten der Bau von Museen, Hotels und Kongresszentren, die Restaurierung historischer Gebäude und eine steigende Nachfrage nach Wohnraum in den Innenstädten bereits zu Beginn der 1980er-Jahre eine Trendwende an, über deren Nachhaltigkeit zum damaligen Zeitpunkt aber nur spekuliert werden konnte (Conzen 1983, S. 149).

2.1.4 Postmoderne Städte

Während sich die Städte des *manufacturing belt* ab den 1950er-Jahren in einer Abwärtsspirale befanden, erlebten viele Städte im Süden und Westen des Landes in der zweiten Hälfte des 20. Jahrhunderts einen immensen Anstieg der Bevölkerung und Bedeutungsgewinn. Auslöser waren die Ansiedlung neuer Industrien, Investitionen in Militär und Raumfahrt und der Zuzug von Menschen aus dem Nordosten oder aus Mexiko und Mittelamerika. Gleichzeitig gelang einem Teil der altindustrialisierten Städte der Umstieg auf wissensintensive Dienstleistungen, während andere Städte den Niedergang nicht aufhalten konnten.

Beeinflusst durch globale Restrukturierungsprozesse hat sich die US-amerikanische Stadt von einer Industriestadt zu einer postmodernen Stadt entwickelt. Das Industriezeitalter war durch weitgehend einheitliche Löhne geprägt, und ein beruflicher Aufstieg war fast ausschließlich innerhalb eines Unternehmens möglich. Die Unternehmen standen in Konkurrenz zu lokalen oder allenfalls nationalen Unternehmen, während sich die Konkurrenten in der postindustriellen Gesellschaft auf der ganzen Welt befinden können. Neue Formen der Kommunikation, sinkende Frachtraten und die Liberalisierung des Welthandels ermöglichten die Entstehung globaler Wertschöpfungsketten. Nicht selten werden heute die Komponenten eines fertigen Produktes in einer Vielzahl von Ländern gefertigt.

Der Arbeiter in Chicago steht nicht mehr in Konkurrenz zu Arbeitern im benachbarten Gary, in New York oder Baltimore, sondern zu Arbeitern in China, Indien oder Vietnam. Mit den Anforderungen sind die Löhne für hoch qualifizierte Arbeiter gestiegen; aber es stehen weniger Arbeitsplätze für schlecht Qualifizierte in der Industrie zur Verfügung (Clark et al. 2002, S. 504). Der Rückgang wurde durch einen Anstieg von Arbeitsplätzen in den Dienstleistungen ausgeglichen, wo sich ebenfalls Beschäftigte mit sehr hohen Gehältern, die z. B. in der Finanzbranche erzielt werden, und solche mit prekären Arbeitsverhältnissen im Niedriglohnbereich, wie sie die Fast-Food-Industrie oder das Hotelgewerbe bieten, gegenüberstehen.

Während die Industriestadt an verkehrsgünstige Lagen und gute naturräumliche Bedingungen gebunden war, sind in der postmodernen Ära Orte mit ungünstigen Voraussetzungen, die vor wenigen Jahrzehnten nur wenige Tausend Einwohner zählten, zu Großstädten mit Hunderttausenden Einwohnern aufgestiegen, wie die Entwicklungen der Wüstenstädte Phoenix oder Las Vegas zeigen. Ein Teil der aufstrebenden Städte wie San Jose im Silicon Valley haben kaum noch ein erkennbares Zentrum. Aber auch die Städte im *manufacturing belt* haben eine Dezentralisierung aller Funktionen erlebt. Gleichzeitig haben Prozesse wie *gentrification*, Privatisierung und Globalisierung zu nachhaltigen Veränderungen geführt. Die postmoderne Stadt ist eine chaotische Stadt, die durch spektakuläre Events oder Architektur globale Aufmerksamkeit erzielen möchte. Sie wird wie ein Wirtschaftsunternehmen geführt, das eine globale Elite, globales Kapital und internationale Touristen anzuziehen sucht. Dienstleistungen und hier vor allem die Telekommunikation und die Finanzbranche sind die führenden Wirtschaftszweige in Städten, in denen der Konsum wichtiger als die Produktion ist. Da nicht alle Bewohner von dieser Entwicklung profitieren, ist die postmoderne Stadt eine fragmentierte und polarisierte Stadt, die sich ähnlich einem Patchwork aus einer großen Zahl isolierter Viertel zusammensetzt (Gratz und Mintz 1998, S. 33–34).

2.1.5 Postpandemische Städte

Die Corona-Pandemie hat gut 1,1 Mio. US-Amerikaner das Leben gekostet. In der Stadt New York wurde am 1. März 2020 der erste offizielle Corona-Kranke registriert; bis Ende des Monats waren es rund 30.000. Gleichzeitig näherte sich die Zahl der Todesopfer auf 2000 und erhöhte sich bis Oktober 2023 auf mehr als 45.000 (▶ www.usafacts.org). Wir erinnern uns alle an die Bilder, die den verwaisten Times Square, die Kühlwagen vor den Krankenhäusern für die vielen Leichen und die Massengräber für die Toten zeigten. Da die Bevölkerungsdichte

in New York größer als in jeder anderen Stadt der USA ist, verwunderte es nicht, dass die Stadt am Hudson besonders hart getroffen wurde. Wer konnte, verließ New York. Dieses war besonders den Wohlhabenden möglich, die in ihre Ferienwohnsitze oder zu Verwandten oder Freunden in Kleinstädten oder auf dem Land zogen. Die Ortungen mobiler Telefone und Nachsendeanträge bei der Post haben gezeigt, dass zwischen dem 1. März und dem 1. Mai 2020 rund 420.000 Personen den Wohnort wechselten. Wohlhabende Viertel wie die Upper East Side, das West Village, Soho oder Brooklyn Heights wurden von bis zu 40 % der Bewohner verlassen (New York Times 01.05.20). Allerdings sind die meisten mit dem Rückgang der Krankheitsfälle wieder nach New York zurückgekehrt.

Schon bald beschäftigten sich Reporter und Wissenschaftler mit der Frage, ob und welche Auswirkungen die Pandemie auf die zukünftige Entwicklung von Städten haben würde. Allerdings ist der zeitliche Abstand zur Pandemie immer noch zu kurz, um die mittel- und langfristigen Effekte beurteilen zu können, und ob es jemals gerechtfertigt sein wird, von einer postpandemischen Stadt zu sprechen, ist ungewiss. Kurzfristige Auswirkungen auf die US-amerikanische Stadt lassen sich jedoch eindeutig belegen. Insbesondere größere Städte haben in der Pandemie Einwohner verloren, deren Zahl die der Todesfälle weit überschritten hat. Laut Fortschreibung des U.S. Census Bureau ist die Zahl der Einwohner in New York City vom 1. April 2020 (Stichtag letzte Volkszählung) bis zum 1. Juli 2023 von 8,8 Mio. auf 8,26 Mio. Menschen gesunken. Insgesamt hat die Bevölkerung in den 88 Städten mit mehr als 250.000 Einwohnern von Juli 2020 bis Juli 2021 um 1 % abgenommen. Die größten Einbußen erlitten New York, San Francisco, Washington, D.C., und Boston (Frey 2022a). Zu den 88 Städten gehörten aber auch solche wie Detroit oder St. Louis, deren Bevölkerung auch ohne Pandemie seit vielen Jahren rückläufig ist. Außerdem fehlen die vielen Toten in den Statistiken, und während der Pandemie sind vergleichsweise wenige Menschen in die USA eingewandert. Die Abwanderung aus den großen Städten ist also geringer, als es auf den ersten Blick scheint. Das Census Bureau hat zudem in einer neueren Untersuchung festgestellt, dass viele Städte zwischen Juli 2021 und Juli 2022 wieder Einwohner gewonnen haben. In diesem Zeitraum haben sich die Werte in neun der zehn Städte mit mehr als einer Million Einwohner positiv entwickelt. Dieses gilt auch für 31 der 37 Städte mit mehr als 500.000 Bewohnern (Frey 2023). Es scheint, dass der durch die Pandemie verursachte Rückgang der städtischen Bevölkerung nur von kurzer Dauer war. Diejenigen, die den großen Städten den Rücken gekehrt haben, sind bevorzugt in kleinere Kommunen mit einer geringeren Bevölkerungsdichte gezogen (Cox 2023b). Bereits vor der Pandemie haben viele US-Amerikaner ganz oder an einigen Tagen der Woche im Home Office gearbeitet. Die Zahlen hierzu schwanken allerdings stark. Dem Bureau of Labour Statistics zufolge arbeiteten 2019 rund 84 % aller Arbeitnehmer außerhalb des eigenen Wohnstandorts, während das Meinungsforschungsinstitut Gallup ermittelt hat, dass 2016 rund 43 % aller Beschäftigten zumindest zeitweise nicht im Büro gearbeitet hat. Im Mai 2020 arbeiteten zusätzlich rund 49 Mio. Amerikaner überwiegend in gutbezahlten Jobs im Home Office, während viele Arbeiter in schlechtbezahlten Beschäftigungsverhältnissen, wie Kellner, Friseure oder Putzkräfte, monatelang arbeitslos waren (Glaeser und Cutler 2021, S. 223–228). Wohl nie zuvor sind die sozialen Ungleichheiten stärker zutage getreten als während der Pandemie. Obwohl viele Unternehmen ihre Arbeitskräfte inzwischen zunehmend drängen, wieder an den Arbeitsplatz zurückzukehren, arbeiteten im Frühjahr 2023 immer noch 43,2 % aller Beschäftigten, zumindest zeitweise, zu Hause (Cox 2023a). Aufgrund hoher Leerstandsraten in den innerstädtischen Büros wird es in der nahen Zukunft nicht viele Neubauten in diesem Sektor geben (Kotkin 2022b). Sollten die leeren Büros aber in Wohnungen umgewandelt oder Büro- durch Wohngebäude ersetzt werden, könnten die Innenstädte für Bewohner attraktiver werden.

Wer nicht im Büro arbeitet, nutzt auch nicht den Öffentlichen Nahverkehr (ÖPNV), der in den USA ohnedies nur in den großen Städten von Bedeutung ist. Vor der Pandemie waren 60 % aller Fahrten zum Arbeitsplatz mit dem ÖPNV auf die sieben größten *downtowns* (New York City, Chicago, Philadelphia, San Francisco, Boston, Washington, Seattle) konzentriert (Cox 2023a). Nachdem der Nahverkehr zeitweise fast völlig eingestellt worden war, erreichte er auch im September 2022 erst wieder ein Volumen von 66,6 % des Aufkommens im September 2019 (Cox 2023d). Die Beschäftigten der *downtowns* arbeiten nicht nur an diesem zentralen Standort, sondern nutzen dort auch die Restaurants und Geschäfte, die seit Beginn der Pandemie große Umsatzeinbußen erlitten haben. Hinzu kommt, dass seit März 2020 sehr viel mehr als zuvor im Internet eingekauft wird, entweder weil Geschäfte geschlossen waren oder die Kunden sich beim Einkauf nicht infizieren wollten. Amazon gilt als größter Gewinner der Pandemie. Im ersten Jahr nach Ausbruch von Corona verzeichnete der weltweit größte Online-Händler ein Umsatzplus von 44 % und eine Verdoppelung seines Gewinns (Fortune Magazine 18.10.21, Neue Zürcher Zeitung 30.04.21). Diese rasante Entwicklung konnte zwar in den folgenden Jahren nicht aufrechterhalten werden, aber die Umsätze des stationären Einzelhandels erholten sich auch nach Ende der Pandemie kaum. Teils hat aber auch ein Verdrängungswettbewerb stattgefunden. Während der Einzelhandel in Manhattan große Einbußen hin-

nehmen musste, hat er sich im benachbarten Brooklyn positiv entwickelt (Kotkin 2023).

Den *downtowns* fehlen nach wie vor viele Beschäftigte und Kunden. Im April 2023 war die Nutzung von Handys in New York um 22 % und in San Francisco sogar um 69 % geringer als vor der Pandemie (Cox 2023a). Die Innenstädte haben eindeutig an Attraktivität verloren. Der Trend zur Heimarbeit war bereits vor 2020 deutlich zu erkennen; der Ausbruch der Pandemie wirkte als Brandbeschleuniger. Ob sich aber tatsächlich ein Paradigmenwechsel von der postmodernen zur postpandemischen Stadt vollzogen hat, kann erst in ein oder zwei Jahrzehnten abschließend beurteilt werden.

> ## Sanctuary Cities: Schutz für *undocumented immigrants*
>
> In den USA leben rund 11 Mio. Migranten ohne legalen Aufenthaltsstatus, die als *undocumented immigrants* (undokumentierte Einwanderer) bezeichnet werden, und täglich werden es mehr. Bereits Ende der 1970er-Jahre haben sich die ersten US-amerikanischen Städte mit der Absicht, illegale Migranten unter einen besonderen Schutzstatus zu stellen, zu *sanctuary cities* (Zufluchtsstädte) erklärt. Die Bewegung nahm als Folge der Attentate vom 9. September 2001 Fahrt auf, da die staatlichen Behörden jetzt verstärkt mit Abschiebungen drohten. Viele *undocumented immigrants* hielten sich bereits seit Jahren in den USA auf und leisteten in der städtischen Ökonomie einen wichtigen Beitrag als preiswerte Arbeitskräfte. *Sanctuary cities* schützen die Illegalen vor drohender Abschiebung und stellen sich so gegen die staatliche Einwanderungspolitik. Außerdem erleichtern sie den Illegalen in einem gewissen Maße Zugang zu Gesundheitsdienstleistungen und Wohnungen (Scherr und Hofmann 2024). Aktuell stellen 167 Städte und *counties* die *undocumented immigrants* unter Schutz (Stand 12.04.2024), darunter mit New York, Los Angeles und Chicago die größten Städte des Landes. Es verwundert nicht, dass mit nur wenigen Ausnahmen wie New Orleans, LA, und Jackson, MS, fast alle *sanctuary cities* und *counties* in traditionell demokratisch regierten Bundesstaaten zu finden sind (Center for Immigration Studies 2024).
>
> In neuester Zeit wächst in einigen Städten wie New York und Chicago, die besonders viele Migranten anziehen, Widerstand gegen den Status als *sanctuary city*. Mehr und mehr Menschen überqueren illegal die Südgrenze der USA, was zu einer völligen Überlastung der Grenzstädte führt. Seit Frühjahr 2023 lässt der Gouverneur von Texas die Migranten mit Bussen an andere Orte und hier bevorzugt in *sanctuary cities* bringen. In New York City sind bis Frühjahr 2024 rund 180.000 Migranten, darunter viele

Venezolaner angekommen, die nicht auf bestehende Netzwerke zurückgreifen können und der Fürsorge zum Opfer fallen. Die Stadt ist laut Gesetz seit 1981 verpflichtet, jedem, der es wünscht, ein Bett zur Verfügung zu stellen *(right to shelter)*. Da nicht genügend Plätze in Notunterkünften zur Verfügung stehen, mietet New York auch Hotels an. Im Mai 2024 war jedes fünfte Hotel der Stadt von *undocumented immigrants* belegt. In den verbleibenden Hotels, die noch Touristen beherbergen, steigen gleichzeitig die Zimmerpreise in exorbitante Höhen (New York Times 25.05.24). Bürgermeister Adams beziffert die Kosten für die Anmietung von Hotels, Obdachlosenunterkünften und Verpflegung der Flüchtlinge auf jährlich 12 Mrd. US$ und hatte schon im Herbst 2023 den Notstand ausgerufen. Im Frühjahr 2024 wurde das *right to shelter* überarbeitet. Alleinstehende müssen nur noch 30 Tage von der Stadt untergebracht werden; für Familien hat sich nichts geändert (New York Times 06.12.23, 15.03.24). In Chicago sind zwischen Frühjahr 2022 und Frühjahr 2024 rund 37.000 Flüchtlinge angekommen. Obwohl hier nie ein mit New York vergleichbarer Anspruch auf eine Unterkunft bestand, wurden ständig mehr als 10.000 Flüchtlinge in *shelters* untergebracht. Im Frühjahr 2024 wurde in Chicago ebenfalls die maximale Aufenthaltsdauer in den *shelter* zeitlich begrenzt (Chicago Tribune 19.03.2024). Da Obdachlosenunterkünfte teils unhygienisch, unsicher oder sogar gefährlich sind, schlafen alleinstehende Männer in New York und in Chicago oft auf der Straße, was Anwohnern und Besuchern ein Gefühl der Unsicherheit vermittelt. Los Angeles ist aufgrund der Nähe zur Grenze bereits seit Jahren Ziel vieler Migranten aus Mexiko und Zentralamerika. In der größten Stadt Kaliforniens gibt es bei der Betreuung der Zuzügler weniger Probleme als in New York oder Chicago, denn diese können in Kalifornien auf bestehende Netzwerke zurückgreifen und kommen häufig bei Freunden oder Verwandten unter, die bereits lange in den USA leben (New York Times 19.09.23).

2.2 Der suburbane Raum

Der suburbane Raum besteht aus den politisch selbstständigen Gemeinden und gemeindefreien Gebieten, die von den *counties* verwaltet werden. Außerdem gibt es Enklaven, die innerhalb der Kernstädte liegen und definitorisch zu den *suburbs* gezählt, aber oft nicht als solche wahrgenommen werden. Beispiele sind Beverly Hills oder Highland Park, die innerhalb der Gemarkungen von Los Angeles bzw. Detroit liegen.

Seit den 1950er-Jahren haben sich drei Viertel des Bevölkerungszuwachses der USA auf den suburbanen Raum konzentriert (Kotkin 2001, S. 1), in dem heute rund 60 % aller Amerikaner leben (▶ www.census.gov). Von 2010 bis 2020 entstanden rund 80 % aller neuen Arbeitsplätze in den *suburbs*, wo auch die mit Abstand meisten Patente erteilt wurden (Kotkin 2022b). Angesichts dieser Zuwachsraten stellen die *suburbs* auf den ersten Blick eine außerordentliche Erfolgsgeschichte dar. Allerdings sind sie heute genauso unterschiedlich wie die Kernstädte und haben sich diesen in vielerlei Hinsicht angepasst. Viele Probleme der Kernstädte gibt es ebenfalls im suburbanen Raum, und die Suburbanisierung wird zunehmend kritisch betrachtet. Einerseits verkörpern die *suburbs* Ideale im Sinne eines arkadischen Utopias, andererseits sind sie das Ergebnis eines endlosen Angebots billigen Baulandes, preiswerter Transportmöglichkeiten sowie lascher Vorgaben durch Planung und Verwaltung (Knox 2005, S. 33).

Form und Funktion der *suburbs* lassen sich nur aus ihrer geschichtliche Entwicklung heraus verstehen. Kompakte Städte, in denen sich Gewerbe, Handel und Wohnhäuser auf einer kleinen Fläche drängten, hat es in den USA nur für kurze Zeit und fast ausschließlich im früh besiedelten Nordosten des Landes gegeben. Angesichts der schlechten Wohnverhältnisse, der großen Bevölkerungsdichte, des Schmutzes und oft auch des Gestanks in den Städten entwickelten viele Einwanderer schon früh anti-urbane Gefühle (Muller 2010, S. 319). Der technische Fortschritt hat bereits zwischen 1815 und 1875 einen Wandel der amerikanischen Stadt eingeleitet. Die Einführung von mit Dampf betriebenen Fähren, von Pferden gezogenen Bussen, Pendlerzügen und Kabelbahnen ermöglichte eine flächenhafte Ausdehnung der Stadt. Mit dem Ausbau der Eisenbahn, die die Möglichkeit schuf, täglich mit dem Zug zum Arbeitsplatz zu fahren, entstanden an der Peripherie der Städte in der zweiten Hälfte des 19. Jahrhunderts zahlreiche neue *suburbs*. Insbesondere im Umland der schnell wachsenden Städte Chicago und New York wurden *streetcar suburbs* entlang der radial verlaufenden Bahnlinien, die von den großen Städten in das Umland gebaut wurden, angelegt. Da ein Fußweg von mehr als 1,6 km zur nächsten Haltestelle als nicht mehr zumutbar galt, baute man die *suburbs* bevorzugt in der Nähe der Bahnhöfe (Knox und McCarthy 2012, S. 67–68; Jackson 1985, S. 20 u. S. 92–97; Saunders 2020).

Die frühen *suburbs* stellten ein Gegenmodell zu der mit vielen Übeln behafteten Industriestadt dar und waren idealisierte Rückzugsorte der Wohlhabenden. Gleichzeitig entwickelte sich der suburbane Raum zu einem Konsumgut, dessen Wert wie der jedes anderen Handelsgutes durch Angebot und Nachfrage bestimmt wurde (Hanlon 2010, S. 15; Knox 2005, S. 35). Bereits im 19. Jahrhundert setzte sich die Praxis durch, das zur Verfügung stehende Land in *subdivisions* unterschiedlicher Größe zu unterteilen und an Investoren zu

2

verkaufen, die als *developer* die neuen Sielungen planten und anlegten (Cullingworth und Caves 2008, S. 118; Jackson 1985, S. 135). Schon bald wich man vom Schachbrettgrundriss ab, da er im suburbanen Raum als wenig attraktiv galt, wenn wohlhabende Käufer angezogen werden sollten. In den Orange Mountains von New Jersey erwarb der *developer* Llewellyn S. Haskell ab 1852 Land mit einem spektakulären Blick auf New York, um dort durch den Landschaftsarchitekten Alexander J. Davis eine Siedlung, die die natürliche Schönheit der Landschaft widerspiegeln sollte, für wohlhabende New Yorker anlegen zu lassen. Die leicht geschwungenen Straßen zeichneten die natürliche Landschaft nach und verliehen der Siedlung einen pastoralen Charakter. Erstmals wurde ein *house pattern book* (Musterbuch) mit genauen Angaben zum Stil der zu errichtenden Häuser als Anleitung für potenzielle Bauherren publiziert. Vorgesehen waren z. B. Häuser im Stil italienischer Villen oder Schweizer Chalets. Bekannter als Llewellyn Park wurde allerdings der 1868 von dem bekannten Landschaftsarchitekten Frederick Law Olmstead 16 km westlich des Zentrums von Chicago geplante *suburb* Riverside (◘ Abb. 2.4). Riverside war der erste Haltepunkt einer neuen Eisenbahnstrecke im suburbanen Raum. Für Olmsted waren die *suburbs* keine Zufluchtsorte, die vor den Missständen der Städte schützen sollten, sondern eine Synthese aus Stadt und Wildnis. An der Peripherie der Städte sollten frei stehende Häuser eingebettet in eine natürliche Umgebung entstehen, und die Bewohner sollten gleichzeitig die Vorzüge der Stadt genießen können. Das parkartig angelegte Riverside mit den großzügig bemessenen Grundstücken und villenartigen Wohnhäusern gilt als erste wahre *master planned community* der USA (Knox und McCarthy 2012, S. 78–81; Jackson 1985, S. 76–79; Chicago Historical Society 2004, Stichwort: Riverside, IL).

2.2.1 Standardisierung

Das Konzept der *master planned community*, bei der ein *developer* Grundriss und Flächennutzung einer *neighborhood* oder einer ganzen Siedlung entwirft, hat sich in den folgenden Jahrzehnten bei der Erschließung des suburbanen Raums durchgesetzt (◘ Abb. 2.5). Es zeigte sich schnell, dass man mit dem Erwerb von Bauland, der Entwicklung von Siedlungen und dem anschließenden Verkauf einzelner bebauter oder unbebauter Grundstücke genauso viel verdienen konnte wie mit der Produktion von Industriegütern oder dem Warenhandel. Von 1880 bis 1882 hat Samuel Eberly Gross aus Chicago in 150 *subdivisions* 40.000 Grundstücke erschlossen, 16 Städte angelegt und mehr als 7000 Wohnhäuser gebaut und verkauft. Typischer ist allerdings, dass ein *developer* mit einer größeren Zahl von Subunternehmern arbeitet. Sam Bass Warner hat zwischen 1870 und 1900 in Roxbury, West Roxbury und Dorchester im Umland von Boston rund 25.000 Wohnhäuser durch Subunternehmer bauen lassen, von denen aber keiner mehr als 3 % aller Häuser errichten ließ. In Kansas City baute Jesse Clyde Nichols zwischen 1906 und 1953 rund 10 % aller in dieser Zeit errichteten Häuser. Außerdem legte er südwestlich der Stadt mit County Club District einen 26 km² großen *suburb* für rund 35.000 Bewohner an. Die neue Gemeinde wurde in Anlehnung an die europäische Gartenstadtidee und die amerikanische City Beautiful-Bewegung mit vielen Freiflächen angelegt (Jackson 1985, S. 135–136 u. 177).

Der schnelle Bau der neuen *suburbs* wäre ohne das *balloon frame house*, bei dem zunächst ein Holzgerüst bestehend aus dünnen Leisten errichtet und anschließend die Wände in das Gerüst gehängt werden, nicht möglich gewesen (◘ Abb. 2.6). Der Bau dieser Häuser ist preiswert, schnell und es werden keine großen Kenntnisse benötigt. Die Bauweise wurde wahrscheinlich bereits zu Kolonialzeiten vereinzelt genutzt, setzte sich aber erst im 1833 gegründeten Chicago durch, von wo sie schnell ihren Siegeszug durch Amerika antrat. Während sich die teuren Steinhäuser nur Wohlhabende leisten konnten, waren die einfacher gebauten Holzhäuser für die Mittelschicht ebenfalls erschwinglich (Jackson 1985, S. 124–126; Chicago Historical Society 2004, Stichwort: *balloon frame house*).

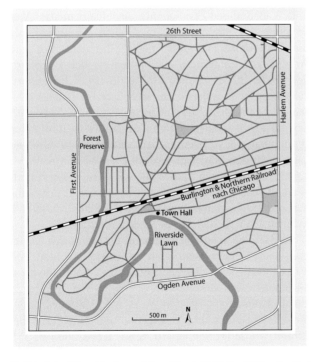

◘ **Abb. 2.4** Riverside Street Map (Rand McNally 1998, adaptiert nach CyberToast Web Design and Hosting)

◘ Abb. 2.5   Bau einer *master planned community* in Las Vegas

2.2.2 Staatliche Unterstützung

Nach der Wende zum 20. Jahrhundert beflügelten der technische Fortschritt, der Ausbau des Straßennetzes und des Nahverkehrs und bald auch staatliche Programme die Suburbanisierung. 1913 führte Henry Ford in Detroit die Fließbandfertigung für den Bau seines *Model T* ein und senkte die Produktionskosten um ein Vielfaches. Der private Pkw entwickelte sich zu einem Massentransportmittel, das den individuellen Transport an jeden Ort des städtischen Umlands und die Erschließung der Flächen zwischen den Eisenbahnlinien ermöglichte. 1908 hatte der Staat New York den ersten Teil seines Parkway-Systems eröffnet, um den Bewohner des Umlands einen schnellen Zugang zur Stadt New York zu gewährleisten. Die Bundesregierung unterstützte im ganzen Land den Bau asphaltierter Straßen organisatorisch und finanziell durch die Verabschiedung des *Federal Road Act* von 1916 und des *Federal Highway Act* von 1921, der 75 Mio. US\$ für diese Aufgabe bereitstellte (Glaeser 2011a, S. 173). Die Einführung des Telefons in privaten Haushalten ermöglichte es, jederzeit mit Verwandten oder Freunden an anderen Orten zu kommunizieren (Kotkin 2001, S. 3). Die unkontrollierte Zersiedelung des städtischen Umlands war nicht mehr aufzuhalten. Auch

die Mittelklasse konnte jetzt den Traum realisieren, ihre Kinder in einer ländlichen Idylle aufwachsen zu sehen (Muller 2010, S. 319). Gleichzeitig setzte die völlige Entzauberung der letzten noch vorhandenen utopischen Ideale ein. Stadtmenschen zogen in Landhäuser im suburbanen Raum, ohne das gewohnte städtische Leben aufgeben zu wollen. Immer seltener entwickelten angesehene Architekten und Planer neue Hausformen oder Grundrisse. Die Vorstädte wurden zunehmend zu Kopien bereits vorhandener *suburbs,* deren äußeres Erscheinungsbild durch die finanziellen Möglichkeiten seiner Bewohner bestimmt war. Die Wohlhabenden konnten sich in große Villen an geschwungenen und baumbestandenen Alleen zurückziehen, während sich die Mittelschicht mit kleinen Häusern und Grundstücken in Siedlungen mit Schachbrettgrundriss begnügen musste. An unterschiedlichen Standorten entstanden (fast) identische *suburbs,* und die einstigen *utopias* wurden zu gesichtslosen *suptopias*(Knox 2005, S. 35; Rybczynski 1996, S. 173–196).

Gegen Ende des Ersten Weltkriegs wurden die ersten staatlichen Programme zur Förderung des Erwerbs von Eigenheimen verabschiedet, die aber wenig erfolgreich waren. Großer Handlungsbedarf bestand erst, als in Folge des Bankencrashs von 1929 die amerikanische Wirtschaft und die Bauindustrie zusammenbrachen.

◧ **Abb. 2.6**   Bau eines *balloon frame house* im suburbanen Raum Atlantas

Zwischen 1928 und 1933 fiel der Bau von Wohnhäusern um 95 %. Gleichzeitig sank der Verkaufspreis der Häuser. Immer mehr Bürger konnten ihre Kredite nicht mehr bedienen, und die Zahl der Zwangsversteigerungen nahm zu. 1933 unterzeichnete Präsident Roosevelt (1933–1945) ein Gesetz, das Eigentümer vor Zwangsversteigerungen schützen sollte, und ein Jahr später wurde die Federal Housing Administration (FHA) mit dem Ziel gegründet, die hohe Arbeitslosigkeit abzubauen und den Hausbau anzukurbeln. Die FHA führte Mechanismen zur Absicherung von Hypotheken ein, die die nötige Anzahlung von zuvor rund 50 % auf 10 % des Hauspreises reduzierten. Außerdem wurden die Laufzeiten der Hypotheken verlängert. Die monatlich zu zahlenden Raten wurden niedriger, und die Zahl der Zwangsversteigerungen sank. Da die Raten oft unter den Mietpreisen lagen, war es billiger ein Haus zu bauen als zu mieten. Es setzte eine Massenbewegung von Weißen in den suburbanen Raum ein, denn nur sie hatten Zugang zu den preiswerten Hypotheken. Die FHA förderte somit nicht nur die Suburbanisierung und die Entleerung der Kernstädte, sondern auch die ethnische Segregation. Nur in wenigen Ausnahmefällen waren um 1900 erste *suburbs* für Industriearbeiter und für Bewohner mit schwarzer Hautfarbe errichtet worden. 1944 verabschiedete die Regierung den *Servicemen's Readjustment Act*, der als *G. I. Bill of Rights* bekannt wurde und 16 Mio. heimkehrenden Soldaten den Erwerb eines Hauses ohne Anzahlung ermöglichen sollte (Beauregard 2006, 78–80, 107; Hanlon 2010, S. 3–15; Jackson 1985, S. 192–206). Gleichzeitig vergrößerte sich die Distanz zwischen Wohnort und Arbeitsplatz. Außerdem ermöglichte es der private Pkw, einen Arbeitsplatz in einem anderen *suburb* zu haben. Bereits 1934 pendelte jeder achte Familienvorstand nicht mehr in die Kernstadt, sondern in einen anderen *suburb* (Jackson 1985, S. 182). Das Automobil hat zweifellos den Bewegungsradius der Besitzer vergrößert. Nachteilig war allerdings, dass die privaten Fahrzeuge immer mehr Flächen für Straßen und zum Parken benötigten (Glaeser 2011a, S. 177).

2.2.3 Zunehmende Suburbanisierung

In der ersten Hälfte des 20. Jahrhunderts hat sich das Einfamilienhaus eindeutig als bevorzugte Wohnform durchgesetzt. Von den sechs Mio. Wohneinheiten, die zwischen 1922 und 1929 gebaut worden sind, waren mehr als die Hälfte Einfamilienhäuser, die wiederum überwiegend im suburbanen Raum entstanden (Rybczynski 1996, S. 175) (◧ Abb. 2.7). In dieser Zeit sind die *suburbs* doppelt so schnell gewachsen wie die Kernstädte (Kotkin 2001, S. 3). Nirgendwo scheint der Amerikanische Traum, der 1931 erstmals von Truslow Adams geprägt und definiert wurde, besser verkörpert zu sein als in den *suburbs,* in denen jeder in einem eigenen Haus auf einem großen Grundstück in einer glücklichen Familie zu leben hofft. Der Amerikanische Traum hat sich tief in das amerikanische Bewusstsein

◻ **Abb. 2.7** Typisches Wohnhaus im suburbanen Raum

eingegraben und verkörpert die Suche nach einem besseren und gerechteren Leben, in dem jeder gleich ist und alle identische Aufstiegschancen haben (Beauregard 2006, S. 142; Hanlon 2010, S. 1).

Das neu gegründete Advisory Committee on City Planning and Zoning in Washington, D.C., verabschiedete 1926 ein Gesetz, das die Planungshoheit und Kompetenzen der Gemeinden bei der Flächenausweisung (*zoning*) sowie die Aufstellung der Masterpläne, die mit deutschen Flächennutzungs- und Bebauungsplänen vergleichbar sind, regelte. Auf der Grundlage dieses Rahmengesetzes erließen die Einzelstaaten in den folgenden Jahren ihre eigenen Gesetze zur Verabschiedung von Masterplänen. *Zoning* entwickelte sich zum effektivsten Instrument der Entwicklung des suburbanen Raumes. Lokale Politiker und Planer berechnen das Verhältnis von Wohnbauflächen zu anderen Nutzungen und können so verlässlich die zukünftigen Steuereinnahmen kalkulieren. Über die Größe der Baugrundstücke wird bis zum heutigen Tag Einfluss auf die zukünftige Sozialstruktur der Gemeinden genommen. Große Grundstücke garantierten den Bau großer und teurer Häuser und hohe Einnahmen aus den Grundsteuern, die in den USA neben der Verkaufssteuer einen großen Anteil an den kommunalen Steuereinnahmen haben (Freund 2007, S. 217).

Während des Zweiten Weltkriegs wurde die steuerliche Abschreibung für den Bau von Wohnhäusern, nicht aber für deren Sanierung erhöht. Es war jetzt oft weit günstiger, ein neues Haus zu bauen, als ein altes zu reparieren. Die Idylle des ländlichen Raums wurde wiederentdeckt, denn dieser versprach ein sicheres Leben abseits des Schmutzes und der Gefahren der Großstadt. Von 1940 bis 1980 stieg die Eigentumsquote von rund 40 % auf zwei Drittel an. 2018 lebten im suburbanen Raum 70 % der Haushalte in Eigenheimen (2000: 73 %); in den Kernstädten waren es

53 % (2000: 55 %). Auch hier zeigen sich Unterschiede bei den einzelnen ethnischen Gruppen. In den *metropolitan areas* leben 71 % der Weißen, aber nur 59 % der Asiaten, 43 % der Hispanics und 38 % der Schwarzen im eigenen Heim (Kotkin 2017; ► www.census.gov). Die Preise für Einfamilienhäuser sind im suburbanen Raum seit der Jahrhundertwende von durchschnittlich 270.000 US$ auf 330.000. US-Dollar und in den Kernstädten weit stärker von 275.000 US$ auf 402.000 US$ im Jahr 2018 gestiegen. Allerdings gibt es große regionale Unterschiede (Fry 2020, S. 17). Die neuen Häuser wurden bevorzugt an der Peripherie gebaut, wo die Bodenpreise niedrig waren. Das Wachstum kleiner Gemeinden und der Rückzug in den ländlichen Raum an der äußeren Peripherie der *metropolitan areas* bezeichnet man als *counter-urbanisation*. Immer mehr neue Wohnsiedlungen entstehen sogar in *exurbia*, d. h. in einer landwirtschaftlichen Umgebung ohne städtische Annehmlichkeiten. 2020 hat die Zuwanderung in der Peripherie um 37 % zugelegt, und die Hauspreise sind hier doppelt so stark gestiegen wie im nationalen Durchschnitt (Kotkin 2022a). Die aufgegebenen Häuser in den Kernstädten wurden von Einkommensschwächeren und Immigranten bezogen. Da die Zahl der neuen Wohneinheiten in vielen Jahren weit über dem Bevölkerungszuwachs lag, wurden Häuser, die in einem sehr schlechten Zustand waren, nicht wieder bezogen und ganze *neighborhoods* aufgegeben (Census 2010; Berry 1980; Conzen 1983, S. 143; Kotkin 2001, S. 4).

Nach dem Zweiten Weltkrieg setzte sich in den USA der Massenkonsum auf allen Ebenen durch. Immer mehr Menschen identifizierten sich über Konsumartikel wie Kleidung und Autos, und der Lebensstil manifestierte sich in bestimmten Konsummustern. Nichts war für die (vermeintliche) Aufwertung des eigenen Status geeigneter als das Leben in einem teuren Haus in einer wohlhabenden *neighborhood* im suburbanen Raum (Knox 2005, S. 36). Die zunehmende Standardisierung bei der Anlage neuer Siedlungen und dem Hausbau senkte die Kosten und ließ das eigene Haus im suburbanen Raum zu einem Massenkonsumgut wie jedes andere werden. Kein Investor war so erfolgreich bei der Reduzierung der Baukosten durch Standardisierung wie der New Yorker William Levitt. Da Levitt z. B. keine Gewerkschaftsmitglieder einstellte, musste er die Häuser nicht, wie von den Gewerkschaften gefordert, manuell streichen lassen, sondern konnte Sprühfarbe nutzen. Zwischen 1947 und 1951 wurde auf Long Island im US-Bundesstaat New York Levittown auf einer Fläche von 18 km^2 mit knapp 17.500 Einfamilienhäusern für 82.000 Bewohner gebaut, die mit einem Preis von weniger als 8000 US$ (65.000 US$ in Preisen von 2009) für die untere Mittelschicht erschwinglich waren.

2

Architekturkritiker beklagten zwar die monotone Bauweise, aber damals galten die Häuser als komfortabel. In den vergangenen Jahrzehnten haben die meisten Bewohner von Levittown ihre Häuser um- oder angebaut, und 2007, als die Siedlung ihren 60. Geburtstag feierte, wurde hier kaum ein Haus für weniger als 350.000 US$ verkauft und war somit für die ursprüngliche Zielgruppe nicht mehr bezahlbar. Das Census Bureau bezifferte den Wert der Häuser in Levittown, die zu 94 % von den Eigentümern bewohnt werden, 2024 sogar mit 445.779 US$ (Bruegmann 2005, S. 43; Hanlon 2010, S. 2–4; Short 2007, S. 34–35; ▶ www.census.gov).

Gefördert durch den weiteren Ausbau des Straßennetzes, staatliche Förderprogramme, eine verbesserte steuerliche Abschreibung für Investitionen im suburbanen Raum, hohe Kriminalitätsraten und Rassenunruhen sowie schlechte Schulen in den Kernstädten setzte ab den 1950er-Jahren eine Massenbewegung in den suburbanen Raum ein. Der 1964 verabschiedete *Civil Rights Act* sicherte allen Minderheiten die gleichen Rechte wie den Weißen und förderte die Suburbanisierung. Um die Chancengleichheit für die Kinder aller Ethnien zu gewährleisten und insbesondere die intellektuelle Isolation der Ghettos der schwarzen Bevölkerung aufzuheben, wurden die Schüler mit Bussen zu Schulen außerhalb der eigenen Nachbarschaft gebracht. Da viele Eltern befürchteten, dass die schwarzen Schüler das Niveau der Schulen senken würden, und da ein Transport über die Grenzen der Schuldistrikte nicht erlaubt war, zogen viele Weiße in den suburbanen Raum. Diese Entwicklung wurde als *white flight* bezeichnet. Erst seit den 1980er-Jahren zogen die Angehörigen ethnischer Minderheiten zunächst zögerlich und dann immer häufiger von den Kernstädten in das Umland der Städte. Gleichzeitig wählten Neueinwanderer zunehmend die *suburbs* als ersten Wohnsitz (Fishman 1987, S. 183; Glaeser 2011a, S. 90).

Bereits im 19. Jahrhundert waren die ersten *homeowner associations* (HOA) gegründet worden, die sich in den 1960er-Jahren auf breiter Front durchsetzten. Alle späteren Bewohner einer *master planned community* müssen noch vor dem Kauf der Grundstücke oder Immobilien den HOAs beitreten. Nach der Fertigstellung werden die Siedlungen durch die Eigentümer selbst als *common interest developments* (CIDs) (Gemeinschaftseigentum) verwaltet, ein Teil dieser *neighborhoods* wird als *gated communities* angelegt und nur über eine einzige Straße erschlossen. Ähnlich den in Deutschland bekannten Teilungserklärungen und Gemeinschaftsordnungen in Wohnhäusern mit Eigentumswohnungen regeln die CIDs die Eigentumsverhältnisse und die Finanzierung des Gemeinschaftseigentums sowie die Rechte und Pflichten der Bewohner verbindlich. Sie sind allerdings sehr viel weitreichender, als dieses in Deutschland üblicherweise der Fall ist. Die

HOAs können festgelegen, dass keine Autos in den Einfahrten parken dürfen, die Garagentore stets zu schließen sind, alle Vorhänge blau sein und Blumen im Vorgarten rot blühen müssen, dass das Aufhängen von Wäsche im Garten verboten ist und Spielgeräte im Freien aus Holz sein müssen. Darüber hinaus organisieren sie oft eigenständig die Müllabfuhr oder die Straßenreinigung sowie die Überwachung der *neighborhoods* und entlasten so die kommunalen Kassen. Eine *master planned community* wird für eine bestimmte Zielgruppe oder genauer Einkommensklasse geplant. Wohlhabende Käufer werden durch große Grundstücke mit großen Häusern angezogen, während man *subdivisions* für die weniger finanzkräftigen Käufer in viele kleine Grundstücke unterteilt. Um Kosten zu sparen, wird im Extremfall nur ein einziger Haustyp in einer *neighborhhood* gebaut. Seit 1948 ist es nicht mehr möglich, Angehörige bestimmter Ethnien auszuschließen, aber es darf ein Mindestalter für die Bewohner festgelegt werden, was eine wichtige Grundlage für den Bau von Seniorensiedlungen darstellt. HOAs und CIDs haben die Segregation und Fragmentierung der amerikanischen Stadtlandschaft gefördert. Paradoxerweise sehen die Amerikaner die Freiheit als ihr höchstes Gut an, unterwerfen sich aber gleichzeitig freiwillig strikten Regeln des Zusammenlebens und setzen die durch die Verfassung und späteren Zusätze garantierten Grundrechte so außer Kraft (Lichtenberger 1999, 32 f.; McKenzie 1994, 18–38; Rybczynski 1996, S. 182).

Eigenen Angaben zufolge ist heute der Texaner D. R. Horton der größte *developer* von Wohnimmobilien in den USA. Er hat seit der Gründung des Unternehmens 1978 mehr als eine Million Wohneinheiten in 33 Bundesstaaten gebaut und wächst durch Zukäufe von Konkurrenten kontinuierlich. Allein im Geschäftsjahr Juli 2022 bis Juli 2023 wurden 83.000 Einheiten fertiggestellt (▶ www.DRHorton.com). *Master planned communities,* die in den vergangenen Jahren besondere Aufmerksamkeit erregt haben, waren das durch die Disney Company in Florida errichtete Celebration und die ebenfalls in Florida angelegte Siedlung Ave Maria durch den Gründer von Domino's Pizza. Den Mittelpunkt von Ave Maria bildet eine katholische Kirche, um die alle anderen Gebäude, darunter eine katholische Universität, errichtet wurden. Ave Maria soll ein Leben auf der Grundlage katholischer Werte ermöglichen. Da es in den USA nicht möglich ist, Menschen aufgrund ihrer Religionszugehörigkeit auszuschließen, darf Andersgläubigen der Zuzug aber nicht verwehrt werden, falls sie es wirklich möchten. 2007 war der Bau von 11.000 Wohneinheiten für 25.000 Einwohner in den nächsten zehn Jahren geplant. Der Erfolg will sich aber nicht so recht einstellen. Das Census Bureau zählte 2020 nur 6242 Einwohner (▶ www.ave-maria.com; ▶ www.census.com).

2.2.4 Suburbane Welten und Lebensstil

In den vergangenen Jahrzehnten ist die ursprüngliche Idee eines utopischen Lebens im suburbanen Raum in neuer Form wieder auferstanden. Idealisierte Welten werden simuliert und nicht selten hinter Mauern bei gleichzeitig vollständiger Regulierung aller Lebensbereiche realisiert. Die Menschen sind nur über Verträge miteinander verbunden, ansonsten gibt es keine sozialen Beziehungen zu den Nachbarn und es fehlt jederlei Verantwortung für die Gemeinschaft (Knox 2005, 37). Namen wie „King Farm" wecken die Assoziation an ein Leben in der Natur, selbst wenn die Farm für den Bau der austauschbaren *neighborhood* zerstört wurde. In King Farm unweit von Washington, D.C., sind alle naturnahen Elemente wie kleine Bäche gezähmt und erinnern eher an englische Landschaftsparks als an eine wilde Natur. Wohnhäuser knüpfen an historische Vorbilder an und werden im Stil des *colonial revival* oder Tudor gebaut. Die Namen der *master planned communities* wie die ihrer Teilbereiche dienen in erster Linie der Vermarktung (Gerhard und Warnke 2007). *Master planned communities* tragen oft Namen wie Vineyards Fields, Old Farm Road oder Heritage Hills, die eine Anknüpfung an historische Orte vortäuschen, wie es sie an dem betreffenden Standort in der Regel aber nie gegeben hat (Gratz und Mintz 1998, S. 139). Die überdimensionierten Wohnhäuser in vielen Siedlungen werden für die kapitalkräftigen Aufsteiger der *new economy* gebaut, die es als selbstverständlich erachten, in *neighborhoods* mit allen nur erdenklichen Annehmlichkeiten bei gleichzeitiger Verbannung aller Unannehmlichkeiten wie Kriminalität, Verfall und Verkehr zu leben. Die Größe neu gebauter Einfamilienhäuser ist seit 1970 gestiegen und erreichte 2015 mit durchschnittlich 229 m² einen vorläufigen Höhepunkt. Seitdem ist dieser Wert leicht rückläufig auf 211 m² Wohnfläche im Jahr 2021, da auch in den USA die Kosten für Heizung und Klimaanlagen stark gestiegen sind. Knapp 40 % der Häuser hatten wenigstens vier Schlafzimmer, obwohl auch in den USA die Familien kleiner werden (▶ www.census.gov). Knox (2005) bezeichnet die Häuser des suburbanen Raums mit ihren riesigen Eingangshallen und überdimensionierten Räumen als vulgär und die *neighborhoods,* in denen diese Häuser konzentriert sind, als *vulgaria*, während Kotkin (2001, S. 144) den Begriff *nerdistan* in Anlehnung an die hier lebenden *nerds* (sozial-isolierte Computerenthusiasten) vorzieht.

Mit wachsender Entfernung zur Kernstadt nehmen die Grundstückspreise ab. Eine Folge ist, dass Richtung äußere Peripherie die einzelnen Parzellen immer größer werden (Jackson 1985, S. 7). Die *metropolitan areas* sind über Jahrzehnte in die Fläche gewachsen, und es besteht kaum Zweifel daran, dass dieser Prozess weiter anhält. Oft gilt es einfach auszuharren und zu warten, bis die Siedlungsentwicklung bis zum eigenen Land vorangeschritten ist und der Wert der Grundstücke steigt. Mike Davis (1992a, S. 153–164) beschreibt eindrucksvoll den Preisanstieg für Land und Immobilien in nur kurzer Zeit im Zuge der Entwicklung von Organe County in der MA Los Angeles. Die Eigentümer des Baulands und die *homeowner associations* sind Davis zufolge die eigentlichen Herrscher über eine Region, denn sie bestimmen Preise, die Nutzung des Landes und an wen es verkauft wird. Die Suburbanisierung der äußeren Peripherie erhält zusätzliche Dynamik durch den ständigen Ausbau des Schnellstraßennetzes. Baum-Snow (2010, S. 8) zufolge führt jede neue Autobahn, die vom Zentrum einer *metropolitan area* in den suburbanen Raum gebaut wird, zu einem Bevölkerungsverlust von 18 % in der Kernstadt. Je weiter man sich vom Zentrum in Richtung Peripherie entfernt, umso größer wird die Abhängigkeit vom Automobil. Den breiten Straßen fehlten oft jederlei Fußgängerübergänge, und in den Wohnsiedlungen wurden keine Bürgersteige angelegt. Geschäfte und Shopping Center sind von Dutzenden, Hunderten oder sogar Tausenden Parkplätzen umgeben, während Restaurants, Banken, Apotheken oder Reinigungen einen Drive-in-Service anbieten (Muller 2010, S. 323). Das Zufußgehen ist im suburbanen Raum nicht vorgesehen. Die Erwachsenen fahren mit dem Auto, und die Kinder werden von den *soccer mums* zu Freunden oder zum Sport und mit Bussen in die Schulen gefahren. Während in Deutschland Bürgersteige eine Selbstverständlichkeit sind, wird ihr Wert in den USA ernsthaft diskutiert. Menschen, die im suburbanen Raum in Straßen mit Bürgersteigen wohnen, gehen zwar etwas häufiger zu Fuß, aber es konnten keine größeren sozialen Aktivitäten oder Treffen mit Nachbarn nachgewiesen werden als in Siedlungen ohne Bürgersteig, also sind die Bürgersteige überflüssig (Abrams 2021).

Der suburbane Raum wurde lange als Utopia wahrgenommen, in dem sich der amerikanische Traum scheinbar mühelos verwirklichen lässt. Seit Jahrzehnten wird allerdings zunehmend Kritik an dieser Lebenswelt geübt. Diese galt schon früh der Sterilität und bald auch der grenzenlosen Zersiedelung der Landschaft, der architektonischen Einförmigkeit und dem *urban sprawl,* der Privatisierung und der damit verbundenen Vernachlässigung des öffentlichen Raums (Basten 2017, S. 143).

2.2.5 Heterogene *suburbs*

Einerseits sind die meisten *master planned communities* heute vollkommen gesichtslos und austauschbar, andererseits sind die *suburbs* immer heterogener geworden. Ein Teil der *suburbs* ist stark industrialisiert, während andere fast ausschließlich durch die Wohnfunktion geprägt sind. Aber auch diese *suburbs* können sich stark unterscheiden. In nicht wenigen *suburbs* wie nördlich von Chicago oder in Westchester County westlich von New York City konzentrieren sich die Superreichen. Andere *suburbs* sind durch Arbeitsplatzverluste, das Abwandern von Bevölkerung und einen Verfall der Bausubstanz gezeichnet. Dieses gilt z. B. für Camden, das Philadelphia gegenüber auf der anderen Seite des Delaware River liegt, und East St. Louis, das auf dem Ostufer des Mississippi der Stadt St. Louis gegenüberliegt. Diese beiden Gemeinden gehören seit vielen Jahren zu den ärmsten der USA. *Suburbs* gelten schon lange nicht mehr als Synonym für sozialen Aufstieg und Erfolg, und seit der Jahrtausendwende ist die Zahl der Armen im suburbanen Raum schneller gewachsen als in den Kernstädten. 2022 waren 37,9 Mio. US-Amerikaner von Armut betroffen; hiervon lebten knapp 6,4 Mio. im ländlichen Raum. Von den 31,4 Mio. Armen in den *metropolitan areas* wohnten 16,8 Mio. außerhalb der Kernstädte (Frey 2022b, S. 20). Problematisch ist, dass es im suburbanen und im ländlichen Raum kaum soziale Einrichtungen gibt, die im Notfall Hilfe leisten können. Die Armen sind hier weit mehr auf sich selbst angewiesen als in den großen Städten, die auf eine lange Erfahrung mit der Versorgung einer mittellosen Bevölkerung zurückblicken können (Kneebone und Carr 2010; Hanlon 2010, S. 12–17). Seit Jahrzehnten sind auch die Bevölkerung der *suburbs* wie die Haushalts- und Familienstrukturen immer heterogener geworden. Seit 1990 leben fast unverändert drei Viertel aller Weißen in *suburbs*, während gleichzeitig der Anteil bei den Asiaten bis 2020 von 53,4 auf 63,1 %, der der Hispanics von 49,5 auf 61,4 % und der der Schwarzen sogar von 36,6 auf 54,3 % gestiegen ist. In Anlehnung an den *white flight* der zweiten Hälfte des 20. Jahrhunderts wird jetzt von einem *black flight*, also der Flucht der Schwarzen aus den Kernstädten, gesprochen. Abgesehen von New York und Chicago ist der Anteil der Minoritäten in den *suburbs* im Westen und Süden des Landes am größten. In vielen *suburbs* von Honolulu, Los Angeles und Miami gehören nur noch weniger als 30 % der Gruppe der Weißen an. 2020 war auch erstmals die Mehrzahl der Jugendlichen unter 18 Jahre in den *suburbs* nicht mehr weißer Hautfarbe (Frey 2022b, Teaford 2017). Seit 2000 ist der Anteil der über 65-Jährigen und der unter 25-Jährigen im suburbanen Raum gestiegen. Der Anteil der Beschäftigten hat abgenommen, und die Haushaltseinkommen sind gesunken (Fry 2020, S. 4). Die Entwicklung im suburbanen Raum ist in vielerlei Hinsicht mit der in den Kernstädten vergleichbar. Lang et al. (2009, S. 727) bezeichnen diesen Prozess als Quasi-Urbanisierung.

Die meisten *inner-ring suburbs,* die in der ersten Suburbanisierungsphase angelegt wurden und sich direkt an die Kernstädte anschließen, haben sich anders entwickelt als die *outer-ring suburbs,* die ähnlich den Jahresringen eines Baumes an der äußeren Peripherie der *metropolitanen areas* entstanden sind (Hanlon 2010, S. 9; Short 2007, S. 41–42). Viele der *inner-ring suburbs* sind seit Jahrzehnten von Verfallserscheinungen und Bevölkerungsverlusten gezeichnet. Die ursprünglichen Bewohner sind entweder in statushöhere *neighborhoods* gezogen oder verstorben, und die verbleibende Bevölkerung hat ein vergleichsweise hohes Durchschnittsalter (Berry 1980; Garnett 2017; Jackson 1985, S. 301). Viele der zumeist älteren Häuser in den *inner-ring suburbs* entsprechen nicht mehr dem heutigen Standard oder sind sanierungsbedürftig. Da Hausbesitzer, Investoren und die öffentliche Hand die Errichtung von Neubauten bevorzugen, finden die aufgegebenen Häuser keine Käufer oder Mieter (Lucy und Phillips 2000, S. 2; Hanlon 2010, S. 54). Nachteilig ist, dass die meisten der älteren *suburbs* mit Verfallserscheinungen nicht in den Genuss einer öffentlichen Förderung kommen. Mittel aus dem CDBG-Programm *(community development block grant)* werden nur an einkommensschwache *neighborhoods* in Städten mit wenigstens 50.000 Einwohnern oder in ausgewählten verstädterten *counties* mit wenigstens 200.000 Bewohnern gezahlt (Hudnutt 2003, S. 85–90; U.S. Department of Housing and Urban Development 2023). Von Verfallserscheinungen sind insbesondere *inner-ring suburbs* in den *metropolitan areas* im Nordosten und im Mittleren Westen der USA betroffen, in denen sich schon früh Industrie angesiedelt hatte. Mit der Schließung der Werke verloren die *suburbs* ihre wirtschaftliche Basis und viele Menschen verließen die Gemeinden. Hierzu gehören *suburbs* nahe Chicago, Philadelphia, Cleveland, St. Louis, Indianapolis oder Dallas. Vielfach haben sich dort in neuerer Zeit arme Einwanderer nicht-kaukasischer Herkunft niedergelassen, die von dem geringen Kaufpreis für die meist einfachen Wohnhäuser auf kleinen Grundstücken profitieren (Hanlon 2010, S. 27; Kotkin 2001, S. 11). Allerdings gibt es auch kernstadtnahe *suburbs,* die sich in neuerer Zeit in demografischer und wirtschaftlicher Hinsicht positiv entwickelt haben. Einige *suburbs* wie Burbanks in der *metropolitan area* Los Angeles ist es gelungen, sich quasi neu als Hightech-Standort zu erfinden, während Hemstead nördlich von New York City und Bellaire nahe Houston ihren Aufschwung der großen Zuwanderung von *hispanics* und Asiaten zu verdanken haben. Anhand der Preisentwicklung von Wohn- und Büroimmobilien konnte Kotkin (2001, S. 13–22) außerdem eine positive Entwicklung für einen Teil der *inner-ring suburbs* der *metropolitan areas* von San Jose, Houston, Los Angeles und Atlanta nachweisen.

Hanlon (2010, S. 115–131) hat die Bausubstanz und die soziökonomischen Strukturen von knapp 1800 *inner-ring suburbs* untersucht und diese den vier Kategorien „Elite" (12 %), „Mittelschicht" (35 %), „prekär" *(vulnerable)* (47 %) und „Minderheiten" (7 %) zugeordnet. Die Elite-*suburbs* sind überwiegend vor 1939, teils aber schon Ende des 19. Jahrhunderts entstanden. Bekannte Beispiele sind Llewellyn Park in New Jersey oder Olmos Park in San Antonio. In diesen früh angelegten Elite-*suburbs* haben Wohlhabende auf großen Grundstücken repräsentative Häuser errichtet. Aufgrund ihrer guten Bausubstanz und Lage sind sie bis heute begehrte Wohnstandorte. Das Einkommen der Bewohner liegt weit über dem Durchschnitt, und die Armutsrate ist niedrig. Im Osten und Mittleren Westen leben fast ausschließlich Weiße in den *inner-ring* Elite-*suburbs,* während im Westen teils auch Asiaten und im Süden und insbesondere im südlichen Florida *hispanics* hier wohnen. Das Einkommen der Bewohner der Mittelschicht-*suburbs,* die zu 80 % weißer Hautfarbe sind, liegt rund 10 % über dem durchschnittlichen Einkommen aller amerikanischen *suburbs.* Im Osten und Südosten sind viele im 19. Jahrhundert als *streetcar-suburbs* entstanden (s. o.). Die Mittelschicht-*suburbs* im Westen und im Süden der USA sind ethnisch heterogener als in den anderen Landesteilen. In den prekären *suburbs* liegt das Einkommen der Bewohner 22 % unter dem in allen *suburbs* erzielten Durchschnittswert, und die Armutsrate beträgt rund 10 %. Heikel ist, dass sich diese Werte in den vergangenen Jahren negativ entwickelt haben. Gleichzeitig nimmt der Anteil von Angehörigen ethnischer Minderheiten kontinuierlich zu. Aus einem Teil der heute prekären *suburbs* hat sich die einst überwiegend weiße Mittelschicht bereits in den 1960er-Jahren mit dem Zuzug der ersten Schwarzen zurückgezogen. Viele der prekären *inner-ring suburbs* sind im Zuge der Deindustrialisierung entstanden und sind daher häufig im Nordosten im Umland der Städte Chicago, Pittsburgh, Baltimore, Philadelphia, Detroit, Boston, St. Louis und Cleveland, aber auch nahe Los Angeles zu finden. Außerhalb der Städte Baltimore und Chicago waren schon früh riesige Stahlwerke gebaut worden. Die Arbeiter lebten in homogenen werksnahen *suburbs,* die aufgrund der durch die Gewerkschaften erzwungen hohen Löhne in der Schwerindustrie stabil waren, bis mit der Deindustrialisierung eine Abwärtsspirale in Gang gesetzt wurde. Das durchschnittliche Einkommen der ethnischen *inner-ring suburbs* liegt sogar noch unter den als prekär eingestuften *suburbs,* und die Armutsrate ist mit 18 % weit höher. In diesen *surburbs,* die besonders häufig im Westen der USA zu finden sind, hat ein weitgehender Austausch der Bevölkerung stattgefunden. Die ehemals weiße Mittelschicht wurde durch arme hispanische Zuwanderer ersetzt.

2.2.6 Industrie und Dienstleister im suburbanen Raum

Die Funktion des suburbanen Raums hat sich seit Mitte des 20. Jahrhunderts verändert. Wurden die *suburbs* in den 1950er-Jahren noch als *„faceless, homogeneous bedroom communities"* (Gober 1989, S. 311) wahrgenommen, siedelten sich in den folgenden Jahrzehnten zunehmend Dienstleistungen und Industrie hier an. Der Ausbau des Straßennetzes ermöglichte eine Verlagerung der Industrie in den suburbanen Raum. Außerdem konnten die Lastwagen immer größere Volumina und Gewichte zuverlässig transportieren. Mit der zunehmenden Just-in-time-Produktion wurde ein guter Anschluss an das überörtliche Straßennetz immer wichtiger. Die Industrie war nicht mehr an Standorte an Wasserwegen oder Eisenbahnlinien gebunden und verlagerte sich in den suburbanen Raum, wo außerdem die Grundstückspreise weit günstiger als in der Kernstadt waren und größere Baulandreserven zur Verfügung standen. Gleichzeitig zogen die großen Lagerhäuser an den Stadtrand um (Jackson 1985, S. 183; Kotkin 2001, S. 5). Investitionen im suburbanen Raum wurden seit 1954 außerdem durch verbesserte Möglichkeiten der Abschreibung unterstützt. Während zuvor nur eine lineare Abschreibung möglich war, erlaubte ein neues Gesetz eine beschleunigte Abschreibung in den ersten Jahren nach der Fertigstellung. Die Steuern, die ein Investor für die Gewinne aus der Nutzung eines Gebäudes entrichten musste, wurden in der Regel durch die Abschreibung ausgeglichen. Wenn außerdem die Höhe der möglichen Abschreibung die Einnahmen übertraf, was häufig vorkam, konnte eine Verrechnung mit anderen Einkünften des Investors erfolgen. Damit war ein Steuerschlupfloch mit großem Wert für potenzielle Investoren entstanden (Hanchett 1996; Ture 1967).

Vorreiter für die Verlagerung von Dienstleistungen in den suburbanen Raum waren die Shopping Center, die umgangssprachlich als *malls* bezeichnet werden (🔲 Abb. 2.8). Das erste Shopping Center entstand in den 1920er-Jahren in Kansas City, wurde in den kommenden Jahrzehnten aber nur selten kopiert. Seit Beginn der 1950er-Jahre eröffneten plötzlich große Shopping Center an unterschiedlichen Standorten im suburbanen Raum amerikanischer Städte. Die zunehmende Verfügbarkeit des Automobils und der gleichzeitige Ausbau des Autobahnnetzes insbesondere nach Verabschiedung des *Interstate Highway Act* 1956 gelten als wichtige Voraussetzungen, dass sich Shopping Center am Markt durchsetzen konnten. Außerdem verlagerte sich die Kaufkraft zunehmend in den suburbanen Raum. Die Kaufhäuser befanden sich traditionell in den Innenstädten, erkannten aber, dass diese Standorte gefährdet waren, da immer mehr

2

◨ **Abb. 2.8**   Flächenfressendes Shopping Center in Greater Miami

Menschen in den suburbanen Raum zogen und die Erreichbarkeit der Innenstädte bei gleichzeitigem Park-
platzmangel nicht optimal war. Teils initiierten die
Kaufhäuser den Bau von Shopping Centern, in denen
sie die wichtige Rolle der Kundenmagneten übernahmen. Da die Shopping Center sehr viel Bauland benötigten, erwarben die Investoren nicht selten Grundstücke an der äußersten Peripherie noch bevor hier
Wohnsiedlungen angelegt worden waren. Bevorzugte
Standorte waren Kreuzungen überregionaler Straßen,
die sich zu Wachstumsmagneten entwickelten (Conzen 2010, S. 426–427; Hahn 2002, S. 30–35). Allerdings
hat sich schon früh eine Übersättigung des Marktes
mit Shopping Centern abgezeichnet. Ende der 1980er-
Jahre lag die jährliche Wachstumsrate noch bei 8 %, um
die Jahrhundertwende aber nur noch unter 2 %, da Geschäftsstraßen und Innenstädte wieder an Bedeutung
gewonnen haben (Hahn 2002, S. 142–148). Inzwischen
haben sogar viele Center schließen müssen. Dieser Prozess wird als *demalling* bezeichnet. Jedes Shopping
Center muss nach rund 25 Jahren grundlegend saniert werden. Geschieht dies nicht, wandern die Kunden in attraktivere, dem neuesten Trend folgende Center ab. Außerdem hat sich die Krise der Kaufhäuser,
die wichtige Magneten in den *malls* sind, negativ ausgewirkt. Die Kaufhäuser haben Kunden aus einem größeren Umland angezogen und den Umsatz auch der
kleineren Geschäfte gesteigert. Nachdem sogar eine
Reihe von Kaufhausketten wie J.C. Penney und Lord
& Taylor Konkurs anmelden musste, konnten die leerstehenden Flächen nicht neu vermietet werden, und die
Shopping Center waren dem Untergang geweiht. Die
COVID-19-Pandemie, der zunehmende Online-Handel
und Schießereien in den *malls* versetzten bereits schwä-
chelnden Centern den endgültigen Todesstoß. Bis 2027
werden schätzungsweise rund 50.000 weitere Geschäfte
in den USA schließen, davon viele in nur noch wenig
attraktiven Shopping Centern, die ebenfalls werden

aufgeben müssen. Viele Shopping Center der 1960er-
und 1970er-Jahre verschandeln heute als sogenannte
dead malls die Landschaft oder wurden abgerissen.
Nur relativ wenige konnten aufgrund der hohen Um-
baukosten einer neuen Nutzung wie Büros, Hotels oder
Wohnungen zugeführt werden. Die Lexington Mall
in Kentucky ist sogar als eine der größten Megachur-
ches des Landes wieder auferstanden (Burke und Moss
2023, Lexington 2013, ▶ www.deadmalls.com).

Zu Beginn des 20. Jahrhunderts waren fast ausschließlich in den Innenstädten Bürogebäude zu finden, aber bereits in den kommenden Jahrzehnten entwickelte sich in einigen Städten nur wenige Kilometer
entfernt ein konkurrierender zweiter Bürostandort, und
es bildeten sich *secondary downtowns*. Midtown Manhattan, der Wilshire District in Los Angeles oder Midtown Atlanta sind Beispiele für diese Entwicklung. Inzwischen sind die älteren und neueren Bürostandorte
oft zusammengewachsen und werden als eine einzige
Downtown wahrgenommen (Lang 2003, S. 8). In direkter Nachbarschaft zu den Shopping Centern wurden seit den 1970er-Jahren Bürogebäude errichtet, die
eine zunehmende Konkurrenz zu den innerstädtischen
Bürostandorten darstellten. Die repräsentativen Headquarter verblieben zwar oft in den Stadtzentren, aber
die einfachen Tätigkeiten wurden häufig in den suburbanen Raum verlagert. Investoren errichteten entweder einzelne Bürogebäude oder auf größeren *subdivisions* ganze *office parcs* mit mehreren Bürogebäuden,
Rasenflächen und zahlreichen Parkplätzen (Muller
2010, S. 310–312). Da die Zahl der Büroarbeitsplätze
in den vergangenen Jahrzehnten stark gestiegen ist,
schenkt man den Standorten von Büros sehr viel Aufmerksamkeit, denn sie sind ein wichtiger Indikator
für das Wachstum von Regionen. Gleichzeitig informiert die Verlagerung von Bürostandorten über städtische Restrukturierungsprozesse. Neue Bürostandorte
lassen außerdem auf eine zunehmende Zersiedelung
schließen. Wenn an der Peripherie neue *office parcs* entstehen, werden bald neue *neighborhoods* in der Umgebung gebaut, und die Verkehrsströme intensivieren
sich zukünftig in Richtung des Siedlungsausbaus (Lang
2003, S. 6; Lang et al. 2009, S. 729–730). Problematisch
ist, dass die neuen Zentren im suburbanen Raum keiner
politischen Einheit mit klar abgrenzten Grenzen angehören, sondern sich über mehrere Kommunen, wenn
nicht sogar *counties* erstrecken können. Der Trend zum
Home Office während der Pandemie hat auch außerhalb der Kernstädte zu hohen Leerstandsraten bei den
Büros geführt. Es ist zu vermuten, dass in Zukunft
viele Büroangestellte zumindest an mehreren Tagen die
Woche weiterhin zu Hause arbeiten werden. Im Sommer 2023 standen im Silicon Valley rund 170.000 m²
Bürofläche leer. Das war 20 % mehr als während der
Finanzkrise im Jahr 2009 (The San Francisco Standard
06.10.23). In Chicago ist bereits eine heiße Diskussion

um die Umwandlung von Bürogebäuden in Lager entbrannt. Die Anwohner sind nicht immer begeistert,
da sie eine Zunahme des Verkehrs durch die An- und
Ablieferung der Waren befürchten (Chicago Business
24.07.23).

2.2.7 Urban villages, edge cities, edgeless cities und aerotropolis

Leinberger und Lockwood (1986) haben die neuen
Konzentrationen von Dienstleistungen im suburbanen
Raum untersucht und als *urban villages* bezeichnet,
diese aber nur vage durch weithin sichtbare Bürohoch-
häuser, eine große Tagesbevölkerung und ein hohes
Verkehrsaufkommen definiert. Außerdem haben sie
jedem *urban village* ein eigenes Einzugsgebiet mit einem
Radius von rund 16 km attestiert. Fast zeitgleich haben
Fishman (1987, S. 182–197) sowie Hartshorn und
Muller (1989) eine ähnliche Entwicklung festgestellt
und die neuen Zentren als *technoburbs* bzw. *suburban
downtowns* bezeichnet. Weitere Bezeichnungen für die
eigenständigen Zentren, die in Konkurrenz zu den historischen Downtowns stehen, sind *outer cities, edge cities,* technoloples, *technoburbs, silicon landscapes, postsuburbia* oder *metroplex.* Soja (1996, S. 238) bezeichnet
sie als *expopolis,* betont aber, dass es sich um städtische
Gebilde, aber keine wirklichen Städte handelt.

Größere Aufmerksamkeit erfuhren die neuen Zentren im suburbanen Raum erst mit dem 1991 veröffentlichten Buch *Edge Cities. Life on the New Frontier* des
Journalisten Joel Garreau. Garreau definiert *edge cities*
folgendermaßen:

- wenigstens 5 Mio. sq. ft. (464.515 m^2) Bürofläche;
  hier entstehen die Arbeitsplätze der Zukunft.
- wenigstens 600.000 sq. ft. (55.741 m^2) Einzelhandelsfläche. Das Einzelhandelsangebot entspricht
  dem eines großen Shopping Centers mit drei Kauf-
  häusern und rund 80 bis 100 kleineren Geschäften.
- mehr Arbeitsplätze als Schlafzimmer und somit eine
  höhere Tages- als Nachtbevölkerung
- *Edge cities* werden von der Bevölkerung als Einheit
  wahrgenommen.
- *Edge cities* wiesen vor 30 Jahren noch keine Merkmale einer Stadt auf. Vor 30 Jahren gab es hier nur
  eine Wohnfunktion, oder auch nur Wiesen.

Edge cities sind bevorzugt an den Kreuzungspunkten
von Autobahnen zu finden. Außerdem verfügen sie meist
über ein oder mehrere Hochhäuser, die schon aus der
Ferne sichtbar sind. Bekannte *edge cities* sind Tyson's
Corner in der MA Washington, D.C., Schaumburg in
der MA Chicago oder King of Prussia in der MA Philadelphia. Garreaus Ausführungen haben allerdings einer
empirischen Überprüfung nicht standhalten können.

Er hatte seine Beobachtungen zunächst im Nordosten
des US-Bundesstaates New Jersey, der nur durch den
Hudson River von New York City getrennt ist, gemacht
und hier neun voll entwickelte *edge cities* und zwei weitere fast voll entwickelte *edge cities* gefunden. Basierend
auf seinen Beobachtungen erkärte Garreau die Entwicklung im Umland von New York zum neuen Prototyp der zukünftigen Entwicklung polyzentrischer Regionen. Robert Lang (2003) konnte in den 1990er-Jahren
keine einzige Konzentration städtischer Funktionen in
New Jersey finden, die der Definition Garreaus für eine
edge city entsprach. Lang hat in New Jersey nur drei eindeutig erkennbare Konzentrationen von Bürofläche im
definierten Umfang ausfindig gemacht; bis zum nächsten
großen Shopping Center waren es aber jeweils mehrere
Kilometer. Zu ähnlichen Ergebnissen ist er in der MA
Los Angeles gekommen, wo Garreau (1991, S. 431–432)
24 *edge cities* ausgemacht hatte, von denen 16 voll entwickelt und acht auf dem besten Weg zur vollwertigen
edge city waren. Lang (2003, S. 136) hat nur sechs *edge
cities* in der Region nachweisen können. Er ist zu dem
Ergebnis gekommen, dass es weit weniger *edge cities*
gab, als von Garreau suggeriert, und sich stattdessen
viele kleinere Bürostandorte mehr oder weniger zu-
sammenhängend an einer großen Zahl von Standorten
außerhalb der Downtowns befinden. Für dieses Phänomen führte Lang den Begriff „*edgeless cities*" ein (Lang
2003, Lang et al. 2009). Da *edgeless cities* nur vage definiert sind, sind sie häufig nur schwer im Raum zu finden
und ihre Grenzen kaum exakt festzulegen. *Edgeless cities*
verändern ständig ihre Form, weswegen Lang sie als *elusive cities* (elusive=flüchtig, schwer fassbar) bezeichnet.
Edgeless cities definieren sich weniger über ihre äußere
Form als über ihre Funktion, d. h. über die große Zahl
von Büroarbeitsplätzen. Vielen fehlt aber die von Garreau geforderte Einzelhandelsfläche. Als Garreau seine
Beobachtungen Mitte der 1980-Jahre machte, sind *edge
cities* besonders stark gewachsen. Seit den 1990er-Jah-
ren entsteht neue Bürofläche aber überwiegend in *edgeless cities.* Anders als in den alten Downtowns und
in den *edge cities* sind die Standorte von Einzelhandel
und Büros heute nicht mehr identisch. In den weitläufigen Stadtlandschaften fährt jeder mit dem Pkw zur
Arbeit und zum Einkaufen. Da es keinen Grund mehr
für Standortkonzentrationen gibt, siedelt sich der Einzelhandel dort an, wo er seine Kunden am besten erreicht.
Edgeless cities wachsen ohne ein bestimmtes Muster und
scheinbar völlig planlos. Traditionelle Formen wie ein
Wachstum in konzentrischen Ringen gibt es nicht mehr.
Die US-amerikanische Stadt, wie sie seit Generationen
bekannt war, löst sich auf. Eine spätere Untersuchung
zu Pendlerverflechtungen in den *metropolitan areas* kam
ähnlich zu dem Ergebnis, dass es keine nennenswerten
Verdichtungen in *edge cities* gibt, da sich die Arbeitsplätze weitgehend ungeordnet im suburbanen Raum

2

verteilen (Angel und Blei 2016, S. 33–34). Es ist wohl der definitorischen Unschärfe des Begriffs *edge city* anzulasten, dass seitdem kaum noch zu diesen Agglomerationen im suburbanen Raum gearbeitet wurde. Eine der wenigen Ausnahmen stellt eine Untersuchung von Day, Nicholas, Veeroja und Yang (2022) dar, die sich mit 117 der 123 von Garreau 1991 ausgewiesenen *edge cities* 30 Jahre später beschäftigt haben. Es war nicht zu erkennen, dass es eine halbwegs einheitliche Planung zu einer weiteren Verdichtung an den einzelnen Standorten gegeben hat. Die *edge cities* haben nicht dazu beigetragen, Büros und Einzelhandel im suburbanen Raum zu konzentrieren, und sie haben sich nicht zu eigenständigen Städten entwickelt. Zusammenfassend bezeichnen die Autoren daher *edge cities* als „*More Edge than City, Wannabe Cities, and Cities in the Making*" (S. 572).

Anders als in der *edgeless city* hat das von John Kasarda entwickelte Konzept der *aerotropolis* ein Zentrum. Städte und Regionen werden längst nicht mehr durch Bahnlinien miteinander verbunden, sondern durch Flugrouten. Früher haben sich Städte um Bahnhöfe herum entwickelt, in der Zukunft werden Kasarda zufolge Flughäfen die Zentren bilden, um die sich alle anderen Funktionen gruppieren. Die Autobahnen werden nicht mehr sternförmig zu den alten Downtowns, sondern zu den Terminals führen. In einem ersten Schritt werden die Flughäfen weit außerhalb der Städte im suburbanen Raum gebaut, im zweiten Schritt folgt die Stadt dem Flughafen und im dritten Schritt verändern sich die Flughäfen selbst zu Städten (Kasarda und Lindsay 2011, S. 20 u. S. 189). In den USA gibt es bereits heute zahlreiche Beispiele, die verdeutlichen, welchen Entwicklungsschub ein Flughafen für eine Region auslösen kann. 1941 hatte die Hauptstadt Washington, D.C., mit dem National Airport (heute Ronald Reagan Washington National Airport) am Ufer des Potomac River und unweit des fast gleichzeitig errichteten Pentagon einen ersten Flughafen erhalten. In unmittelbarer Nachbarschaft, aber vom Flughafen durch eine stark befahrene Autobahn getrennt, ist in den vergangenen Jahrzehnten Crystal City auf früheren Industrie- und Brachflächen mit inzwischen rund 22.000 Bewohnern und 60.000 Arbeitsplätzen sowie mehreren großen Hotels entstanden. 2023 konkretisierte sich der Plan, Crystal City und den Flughafen durch eine Brücke über die Autobahn fußläufig zu verbinden (The Washington Post 15.05.23). Hier entsteht eine *aerotropolis* im Sinne Kasardas. Schon in den 1950er-Jahren wurde klar, dass der National Airport den zunehmenden Passagierverkehr bald nicht mehr würde bewältigen können. Da an diesem Standort kaum Platz für eine Erweiterung zur Verfügung stand, erfolgte 1958 der erste Spatenstich für den Bau des Dulles International Airport 40 km westlich des Weißen Hauses an der Grenze der noch sehr ländlich geprägten *counties* Fairfax und Loudoun im westlichen Virginia. Seit 1960 hat sich die Bevölkerung von Fairfax County auf knapp 1,2 Mio. im Jahr 2020 mehr als vervierfacht und die von Loundon County ist sogar um mehr als das 17-Fache auf 421.000 gestiegen. Nicht zuletzt aufgrund vieler Investitionen durch die Regierung haben sich hier viele Hightech-Firmen angesiedelt. Beide, Loudon County und Fairfax County, waren in den vergangenen Jahren wiederholt das *county* mit dem höchsten Haushaltseinkommen der USA. In Chicago hat sich in direkter Nachbarschaft zu dem Flughafen O'Hare, der mehrere Jahrzehnte die höchsten Passagierzahlen der USA hatte, Rosemont zu einem bedeutenden Standort für Tagungen mit einer großen Zahl von Hotels entwickelt. Eine ähnliche Entwicklung war in der Nachbarschaft des 1974 eröffnete Dallas-Fort Worth International Airport in Texas zu beobachten. In einer Welt, in der jährlich Hunderte Millionen Menschen zu Tagungen und anderen beruflich bedingten Treffen fliegen, macht es Sinn, Konferenzzentren direkt an den Flughäfen zu bauen (Kasarda und Lindsay 2011, S. 40–56, 93–94 u. 107; ▶ www.census.gov). Button und Stough (2000, S. 254) haben 56 *airport hubs* untersucht und festgestellt, dass im Umfeld der Flughäfen rund 12.000 mehr Beschäftigte im Hightech-Sektor tätig sind als in Regionen ohne *airport hub,* aber sonst gleichen Merkmalen.

2.3 Sprawl

Sprawl ist ein negativ besetzter Begriff und beschreibt die zunehmende Flächenausdehnung der Siedlungsräume und deren ungeplante Zersiedelung (◻ Abb. 2.9). Da an der Peripherie des suburbanen Raums ständig neue Ringe mit Eigenheimen auf immer größeren Grundstücken entstehen, nimmt die Einwohnerdichte der *metropolitan areas* von innen nach außen ab. An der West- und an der Ostküste sind die Räume zwischen einzelnen *metropolitan areas* nicht selten bereits fast flächendeckend besiedelt, und es ist zu einer starken Zersiedelung gekommen, wie der BosWash, das Städteband von Boston bis Washington, D.C., verdeutlicht (◻ Abb. 2.10). Die einzelnen *neighborhoods* sind von einem Netz von Schnellstraßen mit bis zu zwölf Fahrspuren verbunden, an denen Einkaufszentren und *office parcs* liegen. Die Pendlerwege sind lang, Verkehrs- und Siedlungsflächen nehmen viel Platz ein, und die Umweltbelastung ist hoch. Selbst innerhalb der Wohnsiedlungen sind die Straßen aus europäischer Perspektive außergewöhnlich breit, obwohl Bürgersteige eher selten zu finden sind (Bruegmann 2005, S. 17–20). Städte, deren Entwicklung zu Großstädten oder Millionenstädten erst nach dem Zweiten Weltkrieg einsetzte, wurden flächendeckend

Abb. 2.9 Blick vom Willis Tower in Chicago über die zersiedelte Stadtlandschaft

automobilgerecht angelegt und zeichnen sich durch eine besonders geringe Bevölkerungsdichte aus. In den USA wird mehr Geld für den Bau neuer Straßen als für den Erhalt alter Straßen ausgegeben. Investoren werden so ermutigt, neue *neighborhoods,* Shopping Center und Büros am äußeren Rand der Verdichtungsräume zu bauen (Katz und Bradley 1999). Die Stromkosten sind im suburbanen Raum teils geringer als in den kompakten Kernstädten. In New York City werden sie durch hohe städtische und bundesstaatliche Steuern in die Höhe getrieben. Das füllt zwar die

öffentlichen Kassen, senkt aber nicht den Pro-Kopf-Stromverbrauch, der in New York City ohnehin vergleichsweise niedrig ist. Gleichzeitig zahlen die Bewohner riesiger Häuser sehr entlegener neuer *subdivisions* nur wenig für ihren Strom, da die Kosten auf alle Nutzer eines Anbieters umgelegt werden (Owen 2009, S. 257–258). Wenn man bedenkt, dass im suburbanen Raum die Grundstücke und Immobilien preiswerter und die Schulen besser als in den Kernstädten sind, wird verständlich, warum so viele Amerikaner im Umland der Städte leben. Letztlich muss aber jeder Steuerzahler wie auch der einzelne Bürger einen hohen Preis für die Zersiedelung zahlen. Der Bau neuer Straßen ist teuer und die Wege vom Wohnort zum Arbeitsplatz, zum Einkaufen oder zum Sport werden immer länger, teurer und zeitintensiver (Gratz und Mintz 1998, S. 140). In vielen Städten des Südwestens der USA stellt die Wasserversorgung eine große Herausforderung dar und fördert zusätzlich die horizontale Ausdehnung der Städte. In Phoenix regelt seit 1919 ein *Public Water Code* die Wasserrechte, ohne die kein neues Siedlungsland erschlossen werden darf. Da die Besiedlung der Region bis Mitte des 20. Jahrhunderts sehr langsam vorangeschritten ist, wurden die Wasserrechte überwiegend an Farmer vergeben. In den vergangenen Jahrzehnten hat man Wohn- und Gewerbeflächen bevorzugt auf ehemaliger landwirtschaftlicher Nutzfläche mit garantierten Wasserrechten und nicht auf noch unberührten Wüstenflächen ausgewiesen. In der MA Phoenix ist so ein Schachbrettmuster aus

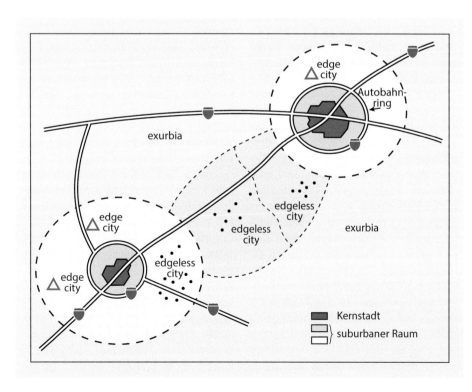

Abb. 2.10 Zersiedelung des Raumes (adaptiert nach Knox und McCarthy 2012, S. 110)

2

Siedlungsflächen und Wüstenarealen entstanden (Keys et al. 2007, S. 143).

2.3.1 Gegenmaßnahmen

Ob und wie die Zersiedelung eingedämmt werden soll, ist in den USA umstritten. Wie sich leider immer wieder zeigt, können selbst Maßnahmen, die auf den ersten Blick vernünftig wirken, Nachteile haben. Mieten oder Kaufpreise von Immobilien sind in dicht besiedelten Stadtquartieren weit höher als in dünn besiedelten Räumen. Außerdem war die Sterberate während der COVID-19-Pandemie dort besonders hoch, wo die Menschen eng beieinander lebten (Cox 2021b, c). Sogar der Ausbau des öffentlichen Personennahverkehrs, der eigentlich zu einer Flächenersparnis für den ruhenden und fließenden Verkehr führen soll, kann *sprawl* fördern. Im Jahr 2000 hat die New York Metropolitan Transit Authority ihr Streckennetz im äußersten Norden und Osten um zwei neue Stationen in rund 130 km Entfernung von Grand Central Station erweitert. Da die gute Verbindung ein schnelles Pendeln zu den Arbeitsplätzen in Manhattan ermöglichte, haben umgehend Investoren Bauland in der Nähe der neuen Bahnhöfe ausgewiesen (Owen 2009, S. 136).

Ein besonderes Problem stellen die vielen innerstädtischen Brachflächen dar. Wohn- und Gewerbeflächen werden nicht systematisch vom Zentrum in Richtung Peripherie erschlossen, sondern überspringen immer wieder größere Grundstücke, die nicht entwickelt werden. Man spricht von *leapfrog development,* denn auch ein Frosch überspringt größere Flächen, um dann scheinbar zufällig auf einem Punkt aufzusetzen. Weitere Brachflächen sind durch die Deindustrialisierung entstanden. Aufgrund des großen Flächenangebots findet selten eine Flächensanierung statt, was ohnehin schwierig ist, wenn der Besitzer der Immobilie Konkurs angemeldet hat. Brachflächen werden wie unerwünschter Abfall behandelt, der die Landschaft verschandelt, was sich in der Bezeichnung *drosscape* (*dross* = Abfall, *landscape* = Landschaft) für diese Flächen widerspiegelt. Aus amerikanischer Sicht gilt die Entstehung von *drosscapes* im Rahmen des Entwicklungsprozesses einer Stadtlandlandschaft als unvermeidlich. In den vergangenen Jahren hat jedoch ein Umdenken eingesetzt. Man hat erkannt, dass Brachflächen nicht von Dauer sein müssen, sondern sich einer neuen Nutzung zuführen lassen können. Zwischen 1990 und 2005 sind in den USA mehr als 600.000 kontaminierte Industrieflächen brachgefallen, die vielfältige Möglichkeiten für eine zukünftige Entwicklung bieten. Die Bundesregierung unterstützt die Revitalisierung der Brachflächen durch eine Reihe von Förderprogrammen wie die Konversion zuvor

militärisch genutzter Flächen. In Denver und den westlich in den Fußhügeln der Rocky Mountains gelegenen Gemeinden sind rund 215 km², die stark kontaminiert waren, neuen Nutzungen zugeführt worden. Bei Bürgern und lokalen Politikern hat ein Paradigmenwechsel eingesetzt. Angesichts steigender Bevölkerungszahlen und eines großen Siedlungsdrucks werden selbst toxisch verseuchte Brachflächen vermehrt neuen Nutzungen zugeführt, was sich positiv auf die Steuereinnahmen der Städte auswirkt (Berger 2007; Berger 2017, S. 549). Dennoch ziehen Investoren häufig die Bebauung von neu erschlossenem Land der weniger kalkulierbaren Umwandlung von Brachflächen vor (Katz und Bradley 1999). Auch die Entstehung von *egdeless cities* kann zu einer Verdichtung des Siedlungskörpers beitragen, denn neue Bürogebäude werden oft auf Flächen errichtet, die zuvor im Rahmen des *leapfrog developments* übersprungen worden waren (Spivak 2008, S. 131).

Die Stadtplanung versucht mit *smart growth* (intelligentem Wachstum) und *growth management* die Zersiedelung einzuschränken. Eine große Palette von Maßnahmen wie die Nachverdichtung bestehender Siedlungsgebiete, die Ausweisung nur kleiner Grundstücke für die Wohnbebauung, die Bildung von Entwicklungsachsen entlang der Trassen des öffentlichen Nahverkehrs oder die Bevorzugung von *mixed use developments* können *smart growth* fördern. Oregon hat als erster Bundesstaat der USA 1973 einen *growth management plan* verabschiedet, um das unkontrollierte Flächenwachstum einzuschränken. Zwischenzeitlich gehen viele andere Bundestaaten nach dem Vorbild Oregons gegen *urban sprawl* vor. Wichtigstes Instrument ist die Einführung von *urban growth boundaries* (UGBs), die die äußerste Grenze für den Ausbau des Siedlungskörpers festlegen. Außerhalb der definierten Grenzen ist eine Besiedelung nur in Ausnahmefällen möglich. Allerdings wird an den Wachstumsgrenzen Kritik geübt, da man steigende Grundstücks- und Immobilienpreise befürchtet, wenn nicht uneingeschränkt Bauland in der Peripherie ausgewiesen werden darf. Die Bewertung von *urban growth boundaries* ist schwierig, denn die Grenzen, innerhalb deren sich das Wachstum konzentrieren soll, sind keineswegs statisch. Portland gehört zu den schnell wachsenden Städten der USA. Die Zahl der Einwohner ist von 1990 bis 2020 um rund 50 % auf 652.000 angewachsen. Alle fünf Jahre macht eine Kommission Vorschläge für eine Erweiterung der Wachstumsgrenze, da Bauland für bezahlbaren Wohnraum sowie Industrie und Gewerbe benötigt wird. Hierbei wird der Anschluss der neuen Wohngebiete an den ÖPNV berücksichtigt, was keine Selbstverständlichkeit in den USA ist. Es findet also ein kontrolliertes Wachstum statt. Die Suburbanisierung konnte nicht gestoppt werden. Im direkten Anschluss an die Wachstumsgrenze hat zwar keine Bebauung stattgefunden, diese verlagerte sich aber auf weiter entfernt liegende Standorte und auf den nördlich angrenzenden Staat Washington (Cox 2011a; Cullingworth und Caves 2009, S. 166–180; OregonMetro 2018; Ruesga 2000; The City Club of Portland 1999).

2.3.2 New Urbanism

New urbanism ist ein Instrument der Stadt- und Regionalplanung und umfasst im weitesten Sinne alle Maßnahmen zur Reduzierung von *urban sprawl* und den Bau neotraditioneller *neighborhoods,* um die Lebensqualität und den Zusammenhalt der Bewohner zu erhöhen. Darüber hinaus wird Nachhaltigkeit angestrebt. Die Ideen des *new urbanism* wurden seit den 1980er-Jahren entwickelt und 1993 durch die Gründung des gemeinnützigen Congress of the New Urbanism institutionalisiert. Der *Charter of New Urbanism* zufolge kann die Umsetzung der weitreichenden Ziele auf der Mikro-, Meso- und Makroebene erfolgen. Regional können Freiflächen bebaut oder eine nachträgliche Verdichtung bereits bebauter Flächen durchgeführt werden. Kleinteilige Strukturen sollen, sofern vorhanden, erhalten bleiben, und topographische Merkmale wie Uferbereiche oder markante Höhenzüge sollen allen Bürgern zugänglich sein. Darüber hinaus sollen wohnortnahe Parks geschaffen werden. Auf der mittleren Ebene eines Stadtteils oder einer *neighborhood* lauten die Ziele Fußgängerfreundlichkeit, Nutzungsmischung, eine heterogenere Zusammensetzung der Bevölkerung und dichte Bebauung. Auf der Mikroebene können Baublocks, Straßenzüge oder einzelne Gebäude die Identifikation der Bewohner mit ihrer unmittelbaren Lebenswelt erhöhen. Bereits in der Anfangsphase wurde der *new urbanism* als nicht finanzierbar, elitär oder als *boutique sprawl* kritisiert. Angaben zu der Zahl der realisierten *New urbanism*-Projekte variieren, aber wahrscheinlich wurden bis heute mehr als 1000 Maßnahmen auf allen Maßstabsebenen umgesetzt (Charter of New Urbanism 2019; Flint 2012; Schemionek 2005, S. 68–70; ▶ www.cnu.org).

In den Städten sind in neuerer Zeit in Anlehnung an den *new urbanism* vermehrt kleinteilige Gebäude mit einer multifunktionalen Nutzung entstanden (◻ Abb. 2.11). Die hohen Leerstandsraten in den Bürogebäuden der Stadtzentren bieten weitere Chancen für eine Stadterneuerung gemäß den Leitlinien des *new urbanism,* wenn man die Bürotürme abreißen und durch kleinteiligere Einheiten ersetzen würde (Kotkin 2023). Bislang konnten sich die neuen Richtlinien aber überwiegend im suburbanen Raum durchsetzen, wo ganze *neighborhoods* oder sogar größere Siedlungen unter Berücksichtigung des *new urbanism* entwickelt und gebaut wurden. Kleine Grundstücke, eine Mischung aus

freistehenden Einfamilienhäusern, Reihenhäusern und Geschäften des täglichen Bedarfs sowie der Anschluss an den öffentlichen Nahverkehr sind wichtige Charakteristika der *new urbanism neighborhoods*. Geschäfte, Parks und öffentliche Einrichtungen sollen in wenigen Minuten zu Fuß von allen Bewohnern erreicht werden können. Soziale Kontakte lassen sich durch den Verzicht von Swimming Pools auf privaten Grundstücken und ein großes Schwimmbecken für alle Bewohner fördern. Teils verzichtet man sogar auf private Briefkästen, damit die Bewohner regelmäßig einen zentralen Postraum aufsuchen müssen und dort zumindest theoretisch ihre Nachbarn kennenlernen können. Straßen und Häuser der *new urbanism*-Siedlungen werden in Anlehnung an ältere *neighborhoods* konzipiert. Schmale und kurvenreiche Straßen verhindern ein zu schnelles Fahren. Bäume spenden Schatten, und zu den Garagen gelangt man über *back alleys*, die parallel zu den Straßen zwischen jeweils zwei Häuserzeilen verlaufen. Hier sind auch Mülltonnen und Stromkabel, die in den USA überirdisch an hohen Masten verlegt werden, untergebracht. Wie in alten Zeiten öffnen sich viele Einfamilienhäuser der *new urbanism*-Häuser mit kleinen Veranden zu den Straßen. Man hofft, dass die Bewohner wie in alten Zeiten hier ihre Abende verbringen, das bunte Treiben auf der Straße beobachten und soziale Kontakte pflegen (Schemionek 2005, S. 71–76; Beobachtungen der Verfasserin). Als älteste *new urbanism*-Siedlung gilt das in den 1980er-Jahren von den Architekten Andres Duany und Elizabeth Plater-Zyberk errichtete Seaside in Florida, das allerdings nicht ganzjährig, sondern nur während der Sommermonate bewohnt ist. Das vom Walt-Disney-Konzern in den 1990er-Jahren ebenfalls in Florida errichtete Celebration ist vermutlich die bekannteste Siedlung dieses Stils. Die wohl größte *new urbanism*-Siedlung sollte seit 2002 auf dem 19 km² großen Gelände des früheren Stapelton Airport in Denver entstehen. Innerhalb von 15 bis 20 Jahren war der Bau von 12.000 Wohnhäuser, Büro- und Einzelhandelsgebäuden sowie die Anlage von 4,5 km² Grünflächen geplant (Berger 2007, S. 70). Allerdings stellte sich schon bald nach Baubeginn heraus, dass die Leitlinien des *new urbanism* nicht eingehalten wurden, da sehr viele Kompromisse eingegangen wurden. So wurde z. B. dem fließenden Verkehr viel zu viel Bedeutung zugemessen. Stapelton ist eher eine traditionelle Siedlung als ein Vorzeigeprojekt des *new urbanism* geworden (Denver Business Journal 10.06.2014).

Kentlands vor den Toren von Washington, D.C., gehört zu den bekanntesten *new urbanism*-Siedlungen der USA (◻ Abb. 2.12). 1988 erwarb der *developer* Alfandra 142 Hektar landwirtschaftliche Nutzfläche in Fairfax County für den Bau von Kentlands und beauftragte Duany und Plater-Zyberk mit der Anlage einer Siedlung im Stil des *new urbanism* für rund 5000 Menschen

2

◻ **Abb. 2.11** Kleinteiliges multifunktionales Gebäude unweit des Zentrums von Austin

in 1600 Wohneinheiten. Das erste Musterhaus wurde 1990 eröffnet, die Nachfrage war groß und Kentlands wurde rund zehn Jahre später fertiggestellt. Kentlands besteht aus zwölf getrennten *neighborhoods,* die sich gut in die hügelige Umgebung mit einem alten Baumbestand und mehreren Teichen einfügen. Die Häuser stehen auf verhältnismäßig kleinen Grundstücken, und die schmalen und kurvenreichen Straßen erinnern tatsächlich an eine traditionelle Kleinstadt. Kentlands hebt sich wohltuend von anderen *master planned subdivisions* im suburbanen Raum ab. Allerdings konnten nicht alle Ziele der *Charter of New Urbanism* zur vollen Zufriedenheit umgesetzt werden. Vieles wie die bunten Fensterläden, die neben den Fenstern auf die Fassaden genagelt sind und sich nicht schließen lassen, überzeugt nicht. Die Straßen sind meist menschenleer, und Kentlands wirkt wie ausgestorben. Zu den Straßen liegende Veranden werden nicht genutzt. Auch die gewünschte Heterogenität der Bevölkerung konnte nicht erreicht werden, denn fast alle Bewohner sind weißer Hautfarbe und gehören einer gehobenen Einkommensklasse an. Das ca. 25 km entfernte Washington, D.C., lässt sich

zwar mit öffentlichen Verkehrsmitteln erreichen, bedingt durch mehrmaliges Umsteigen dauert die Fahrt aber rund 90 min. Auf das Auto verzichten die Bewohner von Kentlands daher nicht. Völlig misslungen ist die Einkaufsstraße mit kleinen Ladenlokalen, deren Erfolg von Anfang an gefährdet war. Der *developer* hatte den Bau eines geschlossenen Shopping Centers in Kentlands geplant, um mit den Einnahmen aus der Vermietung der Ladenlokale sein Projekt finanziell abzusichern. Nachdem es zum Zerwürfnis mit dem Investor des geplanten Shopping Centers gekommen war, wollte der Discounter Wal-Mart einen Hypermarkt auf der für Einzelhandel ausgewiesenen Fläche eröffnen. Da die Strategie von Wal-Mart nicht mit den Zielen des *new urbanism* vereinbar war, wurde die Ansiedlung des Billiganbieters von den Bewohnern bekämpft. Schließlich baute man ein offenes Shopping Center mit verschiedenen Anbietern des kurz- und mittelfristigen Bedarfs nahe der Haupteinkaufsstraße. Wie in den USA üblich, fahren die Bewohner von Kentlands mit dem Auto in das Shopping Center, und die Einkaufsstraße mit eher unattraktiven Geschäften ist selbst zur

▣ Abb. 2.12 Kentlands im suburbanen Raum von Washington, D.C

Haupteinkaufszeit am Samstag verwaist (Beobachtung der Verfasserin; ▶ www.kentlandsusa.com).

Auch andere *new urbanism neighborhoods* überzeugen nur auf den ersten Blick. Die Bewohner nutzen selten oder gar nicht die öffentlichen Verkehrsmittel, die Bevölkerung ist homogen, eine Kleinstadtidylle ist allenfalls scheinbar entstanden, und der soziale Zusammenhalt der Bevölkerung ist kaum größer als in herkömmlichen Siedlungen. Kritiker bezeichnen die rückwärtsgewandte Architektur als kitschig oder *disneyfied*, außerdem seien die *neighborhoods* weder neu noch städtisch und entsprächen allenfalls einem *new suburbanism*. *New urbanism* hat sich zu einem Marketinginstrument entwickelt, und oft sind die Häuser hier teurer als in anderen *neighborhoods,* sodass Wohlstandsinseln mit einer homogenen Bevölkerung entstanden sind. Die hohen Immobilienpreise helfen sogar, bestimmte Gruppen der Bevölkerung auszuschließen. Anzuerkennen ist aber, dass die vergleichsweise dichte Bebauung der *new urbanism-neighborhoods* die Zersiedelung einschränkt (Knox und McCarthy 2012, S. 339–340; Schemionek 2005, S. 281–293).

2.3.3 *Sprawl* contra *anti-sprawl*

Mit wachsendem Umweltbewusstsein ist in den USA die Zahl der Gegner der grenzenlosen Zersiedelung gewachsen, aber längst nicht jeder bewertet *sprawl* negativ. Die *Anti-sprawl*-Bewegung mit dem Sierra Club als wichtigstem Vertreter setzt sich für einen kompakten Siedlungsbau und den größtmöglichen Erhalt der Naturlandschaft ein, während die Anhänger von *pro-sprawl* die Eigentumsrechte aller Individuen stärken und garantieren möchten. Jeder soll so viel Land, wie er möchte, gewinnbringend einer neuen Nutzung zuführen können (Berger 2007, S. 40; ▶ www.principlesofafreesociety.com). Wenn neue *neighborhoods* an der Peripherie geplant sind, kommt es häufig zu Auseinandersetzungen zwischen Gegnern und Befürwortern. Um den Bau zu verhindern, kaufen teils Umweltorganisationen mit der finanziellen Unterstützung der Gegner das zur Diskussion stehende Land. Da dieses nur begrenzt möglich ist, schließen die Widersacher und die Kommunen, die an steigenden Steuereinnahmen interessiert sind, häufig einen

2

Kompromiss. Der Bau der umstrittenen *neighborhood* wird genehmigt, aber im Gegenzug erlaubt man nur den Bau einer begrenzten Zahl von Häusern oder es müssen an anderer Stelle Ausgleichsflächen ausgewiesen werden. Mit dieser Lösung sind letztlich alle Beteiligten zufrieden. Die Investoren verdienen gut, die Gemeinden erhalten hohe Grundsteuereinnahmen, und die ansässige Bevölkerung freut sich über den Gewinn an Freiflächen und den Zuzug einkommensstarker Neubürger. Aus Sicht des Umweltschutzes ist diese Praxis allerdings nicht zu begrüßen, denn die geringe Bevölkerungsdichte in der neuen *neighborhood* fördert die weitere Zersiedelung (Rudel et al. 2009). Positiv ist dagegen zu bewerten, dass in manchen Städten die Baugrundstücke in neuerer Zeit wieder etwas kleiner geworden sind und der Anteil an Reihen- und Mehrfamilienhäusern steigt. Außerdem findet eine Nachverdichtung bebauter Flächen durch die Nutzung von Baulücken statt (Bruegmann 2005, S. 61). Auch im suburbanen Raum der schnell wachsenden MA Washington, D.C., ist eine Trendwende zu erkennen. Hier werden fast nur noch *townhouses* (Reihenhäuser) gebaut, da das Bauland teuer ist. Außerdem darf man vermuten, dass Familien mit zwei Berufstätigen wenig Interesse an Gartenarbeit haben.

2.4 Wachsende Städte

Insbesondere im Westen und Süden der USA haben viele Städte in den vergangenen Jahrzehnten einen enormen Bevölkerungsanstieg erlebt (◻ Abb. 2.13). Die Daten müssen allerdings relativiert werden, denn ein Teil der Städte hat bis in die jüngste Vergangenheit ihre Gemarkung vergrößert, während andere diese Möglichkeit nicht hatten. Bis in die 1870er-Jahre war es üblich, dass die Städte mit zunehmender Bevölkerung ihre Gemarkungsgrenze immer weiter in das Umland verlegten. Mit der wachsenden Zahl von Umlandgemeinden wurde dieses immer schwieriger. Boston war 1874 die erste Stadt, der es nicht gelang, die Gemarkungsfläche wie gewünscht zu erweitern. Brookline, nach eigenen Angaben damals *„richest town in the world"* (zitiert nach Jackson 1985, S. 149), weigerte sich erfolgreich gegen eine Eingemeindung zu Boston. Dem Beispiel Brookline folgten bald andere Gemeinden im Umland der großen Industriestädte. Seit Mitte des 20. Jahrhunderts haben die Städte im altindustrialisierten Nordosten, aber auch Los Angeles, ihre Gemarkung allenfalls moderat erweitern können, während die Flächen vieler *Sunbelt*-Städte um ein Vielfaches gewachsen sind. Phoenix hat seit 1950 die Gemarkung um das 150-Fache und San Jose um das 300-Fache vergrößert. Die Städte mit einem großen Flächenwachstum haben eine deutlich geringe Bevölkerungsdichte als die meisten der anderen Städte. Die Dichte hängt aber auch von der Lage und der historischen Entwicklung ab (◻ Tab. 2.1). Insgesamt erstaunt, dass die Einwohnerdichte vieler US-amerikanischer Städte längst nicht so gering ist, wie häufig unterstellt. Erwartungsgemäß hat New York die mit Abstand größte Bevölkerungsdichte, aber auch Boston, Chicago und Philadelphia haben eine größere Dichte als München, der Stadt mit der größten Bevölkerungsdichte in Deutschland.

Städte, deren Bevölkerung schnell wächst, verzeichnen ein positives Wanderungssaldo, da weit mehr Menschen zuziehen als abwandern. Da gut Ausgebildete mobiler sind als schlecht Ausgebildete, verlagern sie besonders häufig ihren Wohnsitz in Städte mit einem großen Arbeitsplatzangebot. In diesem Zusammenhang wird häufig von einem *brain gain* gesprochen. Austin, Atlanta, Boston, Denver, Minneapolis, San Diego, San Francisco, Seattle und Washington, D.C., haben besonders viele hoch Qualifizierte angezogen. Allerdings profitierten nicht alle wachsenden Städte gleichermaßen von der Zuwanderung. Las Vegas zieht mehr Schulabbrecher als Hochschulabsolventen an, und nach Phoenix ziehen viele Bauarbeiter und Dienstleister für Senioren (Harden 2004, S. 178–179). Wenn Städte und Regionen wie das Silicon Valley Magneten für gut Ausgebildete sind, findet zwangsweise anderenorts ein *brain drain* statt. Hiervon sind insbesondere die altindustrialisierten Regionen im Nordosten des Landes und ländliche Regionen betroffen. Das Wanderungsverhalten der Eliten wird zunehmend als ein Problem für die Zukunft benachteiligter Regionen erkannt (United States Congress, Joint Committee 2019).

Es gibt eine Reihe unterschiedlicher Erklärungsansätze für den deutlichen Anstieg der Einwohnerzahlen. Im Westen und Süden des Landes wurden viele neue Arbeitsplätze geschaffen, da der gewerkschaftliche Einfluss hier gering ist und die Löhne niedrig sind. Es gab ein großes Angebot an billigem Bauland und nur wenige Auflagen bei der Ansiedlung neuer Unternehmen, und das Militär und die Luft- und Raumfahrt haben an ausgewählten Standorten sehr viel investiert. Weiche Standortfaktoren wie Sonne und Strände und das Fehlen der langen und harten Winter des Nordostens und Mittleren Westens haben die Attraktivität der *Sunbelt*-Städte erhöht (Conzen 1983, S. 143–145). In Miami war der Zuzug von Kubanern von Bedeutung, während San Jose den Aufstieg der Entwicklung des Silicon Valley zum bedeutendsten Hightech-Standort der Welt zu verdanken hat. Houston hat von der Erschließung riesiger Erdölfelder im Golf von Mexiko profitiert und sich zu einem wichtigen Zentrum der globalen Öl- und Petrochemie entwickelt. Die Zahl der Einwohner ist von 0,6 Mio. im Jahr 1950 auf 2,3 Mio. im Jahr 2020 angestiegen. Heute haben viele große Unternehmen der Erdölindustrie wie ConocoPhilipps, Halliburton

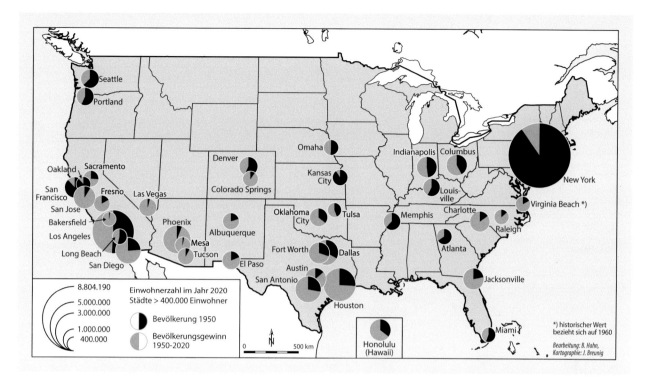

⊡ Abb. 2.13 Wachsende Städte (Datengrundlage ▶ www.census.gov)

und Marathon Oil ihr Headquarter in der texanischen Metropole, die durch Forschungs- und Produktionseinrichtungen ergänzt werden. Das Öl im Golf von Mexiko ist wichtig für die Region, aber auch andere Faktoren wirken sich positiv auf Investitionen aus. Niedrige Steuern und ein weitgehend fehlender gewerkschaftlicher Einfluss bilden die Grundlage für geringe Löhne und Produktionskosten. Außerdem hat die USA in der Region forschungsintensive Rüstungsindustrie angesiedelt und in die Infrastruktur investiert. Da bis heute Flächennutzungspläne fehlen, gibt es kaum Beschränkungen beim Bau neuer Industrieanlagen oder Wohnsiedlungen. Nachteilig ist allerdings, dass eine völlig zersiedelte Stadtlandschaft entstanden ist, und die Abhängigkeit vom Pkw enorm ist (Hill und Feagin 1987, ▶ www.houston.org). San Diego hat ebenfalls von Investitionen des Militärs profitiert. Die Stadt war bis in die 1930er-Jahre ein beschaulicher Küstenort für wohlhabende Touristen und Senioren, die hier gerne den Winter verbachten. 1940 lebten erst 200.000 Menschen in der Stadt. Nach dem japanischen Überfall auf Pearl Harbour (Hawaii) im Dezember 1941 wurde San Diego mit dem Hauptquartier der Pazifikflotte zu einem bedeutenden Militärstützpunkt ausgebaut. Außerdem entstanden hier Werften für Militärflugzeuge und Kriegsschiffe. Bis 1950 stieg die Bevölkerung auf 334.000 an. Als nach Kriegsende ein Teil des Militärs abgezogen wurde, hatten nicht wenige gehofft, dass San Diego wieder zu einem erholsamen Küstenort werden könne. Aber schon Anfang der 1950er-Jahre

ließ der Koreakrieg die militärische Bedeutung und die Einwohnerzahlen weiter ansteigen (Corso 1983, S. 328–333). Heute ist San Diego mit knapp 1,4 Mio. Einwohnern nach Los Angeles die zweitgrößte Stadt Kaliforniens. Das Militär ist immer noch ein wichtiger Arbeitgeber, aber auch die Biotechnologie und die Telekommunikation konnten hier Fuß fassen. Außerdem ziehen das milde Klima, die phantastische Lage am Pazifik und Einrichtungen wie SeaWorld und der San Diego Zoo viele Touristen an (⊡ Abb. 2.14).

2.4.1 Herausforderungen wachsender Städte

Der Zuzug vieler Menschen in nur kurzer Zeit stellt die Städte vor viele Herausforderungen. Neue Straßen müssen angelegt, Wohngebiete erschlossen und Schulen gebaut werden. Gleichzeitig gilt es eine große Zahl von Neubürgern, die häufig aus dem Ausland kommen, zu integrieren. Auch für die Bewohner haben die schnell wachsenden Städte Nachteile. In Phoenix, Las Vegas, Atlanta oder Dallas ist es im Sommer fast unerträglich heiß, die Straßen sind stets verstopft, und die Städte haben aus der Sicht der Bewohner des Nordostens keine Kultur. Es stellt sich die Frage, warum so viele Menschen in diese Städte ziehen. Glaeser (2011a, S. 183) bezweifelt, dass allein das große Angebot an Arbeitsplätzen ausschlaggebend ist. Niedrige Immobilienpreise und geringe Lebenshaltungskosten

2

◻ Tab. 2.1   Gemarkungsflächen und Einwohnerdichte ausgewählter Städte 1910 bis 2020

Stadt	Fläche in km² (ohne größere Wasserflächen)			Einw. in km²
	1910	**1950**	**2020**	**2020**
Baltimore	78	205	210	2.800
Boston	101	119	124	5400
Chicago	479	576	590	4700
Dallas	41	290	887	1500
Detroit	106	352	350	1800
Houston	41	414	1500	1500
Los Angeles	220	1168	1214	3200
New York	774	774	790	11.200
Philadelphia	337	331	350	4600
Phoenix	k. A	44	1230	1300
Pittsburgh	104	135	1230	2100
San Antonio	93	181	1050	1350
San Diego	192	256	840	1650
San Francisco	109	117	122	7200
San Jose	k. A	44	453	2250
Seattle	145	184	218	3400
St. Louis	158	158	160	1900
Washington, D. C	158	158	177	3900
Zum Vergleich: Frankfurt München			248 310	3124 4900

Quellen: Jackson 1985, S. 139 u .141; ▶ www.census.gov

sieht er als einen wichtigen Grund für die Attraktivität vieler Städte an, die allerdings sehr unterschiedlich auf eine große Nachfrage nach Wohnraum reagieren (◻ Tab. 2.2). Besonders hoch sind die Preise im Silicon Valley, wo von 2001 bis 2008 nur der Bau von 16.000 neuen Einfamilienhäusern genehmigt wurde. Wären 200.000 Neubauten genehmigt worden, hätten die Kosten für ein Haus zum damaligen Zeitpunkt 40 % niedriger gelegen. Bis heute hat sich nichts an der restriktiven Vergabe von Baugenehmigungen in Kalifornien geändert. In der sehr schnell wachsenden *metropolitan area* San Jose (Silicon Valley) wurden im Jahr 2022 nur 3,47 Genehmigungen pro 1000 Einwohner erteilt. Es verwundert nicht, dass in San Jose Wohnraum mit 1,3 Mio. US$ pro Einheit teurer ist als in jeder anderen Stadt der USA. Vergleichbare Restriktionen lassen sich auch in Los Angeles beobachten, wo der Bau neuer Wohnhäuser nur sehr eingeschränkt möglich ist. Auch hier sind die Preise sehr hoch. Ähnliches gilt für New York und Boston, während sich in Houston und Phoenix sehr viele Baugenehmigungen in niedrigen Immobilienpreisen widerspiegeln (Cox 2023c; Glaeser

2011a, S. 183–198; Glaeser und Cutler 2021, S. 16–17; Postrel 2007b). Gyourko et al. (2006) bezeichnen Städte, die sich nur Wohlhabende als Wohnstandort leisten können, als *superstar cities*. Diese Städte sind durch eine interessante Mischung aus attraktivem Freizeitangebot und produktivem Arbeitsumfeld sowie ein hohes Einkommen der Bewohner geprägt. Die hohen Preise führen dazu, dass nur Wohlhabende nach San Jose, Cupertino, Palo Alto oder Mountain View ziehen können, während sich die Ärmeren auf weniger attraktive Gemeinden am Rande des Silicon Valley konzentrieren (▶ www.census.gov).

2.5 Schrumpfende Städte

Schrumpfende Städte zeichnen sich durch hohe Einwohnerverluste in den vergangenen Jahrzehnten aus und sind hauptsächlich im altindustrialisierten Nordosten der USA zu finden (◻ Abb. 2.15). Mit dem Bevölkerungsrückgang sind in den meisten Fällen ein Verlust von Arbeitsplätzen und ein Verfall der

◼ Abb. 2.14 San Diego

Bausubstanz verbunden. Die Menschen haben aus vielen Gründen ihren Wohnsitz in den suburbanen Raum oder in andere Regionen verlegt. Sie sind gegangen, weil die Arbeitsplätze in den suburbanen Raum oder in andere Regionen der USA verlagert worden sind oder weil im Süden und im Westen der USA die Winter wärmer und die Lebenshaltungskosten geringer sind. Die Menschen sind auch fortgezogen, weil der Staat den Hausbau im suburbanen Raum subventioniert hat. Hinzu kam die Angst der Weißen vor den Schwarzen und vor der steigenden Kriminalität in den Städten. Die Rassenunruhen der 1950er- und 1960er-Jahre haben ganze Stadtviertel in Kriegszonen verwandelt, die zu meiden waren. Die Bewohner der Kernstädte fühlten sich zunehmend unsicher oder zumindest unwohl in den immer unattraktiveren Straßen, die von verlassenen Häusern und Grundstücken eingesäumt waren. Graffiti und Müll eroberten die Städte, und wer konnte, zog in den suburbanen Raum. Die Abwanderung erfolgte selektiv. Da bevorzugt die Wohlhabenden, die meist zudem die besser Ausgebildeten und Hochqualifizierten waren, in den suburbanen

◼ Tab. 2.2 Preise und Baugenehmigungen für Wohneinheiten ausgewählter Städte 2022/23 (US Dollar)

Kernstadt	Preise in US-Dollar Kernstadt 2013 Baugenehmigungen pro 1000 Einw. in der metropolitan area 2022	
Boston	718.208	2,98
Chicago	287.337	1,83
Detroit	65.875	1,82
Houston	263.147	10,52
New York - Manhattan	763.314	
	1.165.029	2,98
Las Vegas	399.512	5,70
Los Angeles	923.739	2,51
Phoenix	417.088	9,58
San Jose	1.316.415	3,47

Quelle: Cox 2023c; Zillow Real Estate 2012

2

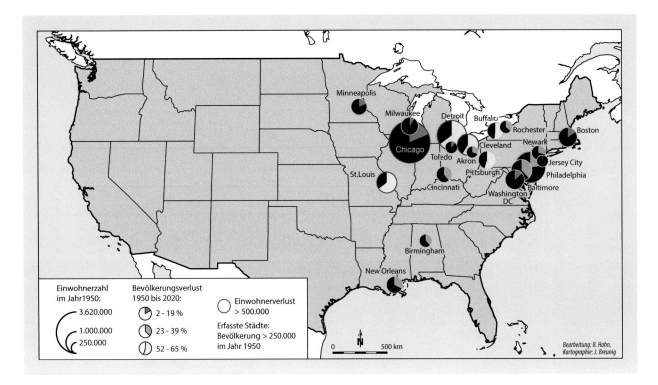

■ **Abb. 2.15**   Schrumpfende Städte (Datengrundlage ▶ www.census.gov)

Raum oder andere Regionen umgezogen sind, leiden viele schrumpfende Städte unter einem Braindrain. Die verbleibende Bevölkerung ist häufig ungebildet und arm und bleibt oft nur, weil sie sich einen Umzug nicht leisten kann. Aufgrund des Überangebots an Wohnraum können Immobilien trotz niedriger Preise nicht verkauft werden. In Detroit gibt es keine Nachfrage nach Einfamilienhäusern, obwohl der Kaufpreis 2023 nur bei durchschnittlich 65.875 US$ lag (Zillow Real Estate). Mit sinkenden Einwohnerzahlen verringern sich die Steuereinnahmen und es steht weniger Geld für die städtische Infrastruktur, für soziale Leistungen und für die Schulen zur Verfügung, die in den USA aus den lokalen Steuern finanziert werden. Die Stadt muss beleuchtet, Straßen müssen gereinigt werden, und Notdienstpläne müssen bestehen bleiben. Leere Kassen zwingen die Städte, Polizisten trotz hoher Kriminalitätsraten zu entlassen. Recht und Ordnung können nicht mehr garantiert werden. Die Städte geraten in eine Abwärtsspirale, die kaum noch aufzuhalten ist, da keine Neubürger zuziehen.

Zu Zeiten der Industrialisierung sind die Städte ringförmig von innen nach außen oder entlang der wichtigsten Verkehrswege gewachsen, und neue Stadtteile haben sich an bestehende angelagert. Die Entvölkerung der Städte erfolgt dagegen ungeordnet. Die Einwohner verlassen nicht zuerst die äußersten oder die zentralen Stadtteile, sondern geben bevorzugt Viertel mit besonders großen Defiziten auf. Gleichzeitig kann die Einwohnerzahl in bevorzugten Stadtvierteln noch

steigen (Glaeser 2011a, S. 180; Harden 2004, S. 179; Kromer 2010, S. 9, 78–79). In einigen Städten haben nicht nur die Menschen die Städte verlassen, sondern sogar die Toten oder die Gebäude. Ein Teil der Familien, die aus Detroit fortgegangen sind, haben ihre Angehörigen exhumieren und am neuen Wohnort bestatten lassen (Kasarda und Lindsay 2011, S. 185). In St. Louis hat man nicht mehr bewohnte Gebäude abgetragen, um sie an anderer Stelle wieder aufzubauen. In den 1980er-Jahren war das „Tor zum Westen" der größte Lieferant von verwitterten Ziegelsteinen, die mit der Bahn oder auf dem Mississippi in den Süden der USA transportiert wurden, wo sie für die Restaurierung und den Bau von Wohnhäusern, die alt wirken sollten, verwendet wurden (Jackson 1985, S. 218).

Viele schrumpfende Städte waren von einer einzigen Industrie, andere sogar von einem einzigen Unternehmen abhängig. In Detroit dominierte die Automobilindustrie und in Pittsburgh die Stahlherstellung. In Flint, das nördlich von Detroit liegt, arbeiteten 1968 rund 80.000 Beschäftigte bei General Motors; 2023 waren es nur noch 4700. Gleichzeitig hat sich die Zahl der Einwohner von rund 200.000 auf nur noch 81.000 im Jahr 2020 verringert. In Rochester, NY, hatte Ende des 19. Jahrhunderts George Eastman das Unternehmen Kodak gegründet, das die nächsten 100 Jahre äußerst erfolgreich war. Als der mit Abstand größte Arbeitgeber der Stadt Anfang 2012 das Ende der Produktion von Diafilmen bekanntgab und einen Antrag auf Insolvenz stellte, herrschten in Rochester Angst und Schrecken, da ein Bevölkerungsexodus befürchtet wurde (The Economist 14.1.12). In vielen schrumpfenden Städten ist der Verfallsprozess inzwischen so weit fortgeschritten, dass das alte Stadtzentrum nicht mehr zu erkennen ist. In einigen früheren Stahlstandorten im Bundesstaat Indiana südlich von Chicago lassen sich die Reste der Gebäude nur noch mit viel Phantasie als das einstige Rathaus oder Grand Hotel erkennen (Beobachtung der Verfasserin). Allerdings bieten die schrumpfenden Städte Künstlern viel Raum für Gestaltungsmöglichkeiten. In Detroit sind entlang der Heidelberg Street eine Reihe von Kunstwerken überwiegend aus Materialien, die eigentlich niemand beachtet, entstanden. Das sogenannte Heidelberg Project ist inzwischen zu einem Besuchermagneten geworden (◘ Abb. 2.16).

2.5.1 Gegenmaßnahmen

In den USA erhalten schrumpfende Städte keine Unterstützung durch die Bundesregierung, die nur annähernd mit den aus Deutschland bekannten Programmen Stadtumbau Ost oder Stadtumbau West vergleichbar ist und dazu beitragen könnte, die negativen Auswirkungen der Schrumpfung abzufedern. Die Städte sind weitgehend auf sich selbst gestellt, denn von den Bundesstaaten oder *counties* ist nur wenig Hilfe zu erwarten. Unterstützung im Umgang mit den Problemen schrumpfender Städte gibt es nur durch gemeinnützige Thinktanks wie das in Washington, D.C., ansässige Brookings Institute oder Universitätsinstitute wie das Metropolitan Institute an der Virginia Tech University oder das Shrinking Cities Institute, das der Kent State University in Cleveland, OH, angegliedert ist. Diese Institutionen führen Untersuchungen in schrumpfenden Städten durch und erarbeiten Empfehlungen für den Umgang mit den vielen Defiziten der Städte, können diese aber aufgrund fehlender finanzieller Mittel und Zuständigkeiten nicht selbst umsetzen. Die American Assembly at Columbia University sieht das schlechte Image des Begriffs *shrinking city* (schrumpfende Stadt) als ein großes Problem und zieht den Begriff *legacy city* für Städte mit sinkender Bevölkerung vor. *Legacy* (Erbe, Vermächtnis) soll an die ruhmreiche Vergangenheit, die aus amerikanischer Sicht historische Bausubstanz und das kulturelle Erbe der Städte erinnern. Außerdem zeichnen sich die *legacy cities* nicht nur durch Schwächen aus, sondern auch durch Stärken wie die Headquarter großer Unternehmen, hervorragende Museen, gute Krankenhäuser und Universitäten sowie gemeinnützige Organisationen. Die Voraussetzungen für eine positive Entwicklung sind daher aus der Sicht der American Assembly gar nicht so schlecht (The American Assembly 2011, S. 5). In der Tat ist das Detroit Institute of Arts eines der besten Museen der USA,

denn rund 100 Jahre lang haben wohlhabende Detroiter weltbekannte Exponate gestiftet. Ähnliches gilt für die Museen der Stadt St. Louis. Jahrzehntelang wurde versucht, die schrumpfenden Städte zu neuem Leben zu erwecken. Alle Maßnahmen zielten darauf ab, Menschen oder neue Industrien anzuziehen. Erst in neuerer Zeit akzeptieren die Städte zunehmend, dass die Zahl der Einwohner kurz- oder mittelfristig kaum nennenswert ansteigen wird. Man entwickelt neue Konzepte zum Umgang mit der schrumpfenden Bevölkerung und den daraus resultierenden Problemen. Analog zu *smart growth* wird von *smart shrinking* gesprochen (Lunday 2009, S. 68).

Der frühere Kohle- und Stahlstandort Youngstown, OH, dessen Bevölkerung von 1950 bis 2020 um 107.000 auf nur noch 60.000 Einwohner gesunken ist, hat erkannt, dass die Stadt nie mehr den früheren Wert erreichen wird und 2005 den Abriss leer stehender Gebäude beschlossen. Der neue Flächennutzungsplan sieht umfangeiche Freiflächen für Erholung und Gartenbau vor und gilt heute als einer der innovativsten Stadtentwicklungspläne der USA (Gallagher 2010, S. 15–16; Glaeser 2011a, S. 66). Ganz wichtig ist die Säuberung der Stadt. Die Bewohner haben sich über Jahrzehnte an den Anblick verlassener Häuser und verkommener Grundstücke gewöhnt. Oberste Priorität hat daher die Beseitigung dieser Missstände. Während zuvor Bundesmittel für die Sanierung baufälliger Häuser an allen Standorten gleichermaßen gewährt wurden, erhalten heute Antragsteller nur noch Geld, wenn sie bereit sind, in ausgewählte „gesündere" Stadtviertel zu ziehen. Außerdem müssen Investoren, die Neubauten in der Stadt errichten wollen, ihre Aktivitäten auf bestimmte in dem Plan vorgegebene Viertel konzentrieren. Langfristig sollen die genannten Maßnahmen zur Entstehung großer zusammenhängender Freiflächen und geschlossener bebauter Gebiete beitragen, auf die die städtische Infrastruktur konzentriert werden kann. Youngstown möchte ein Vorbild für andere schrumpfende Städte mittlerer Größenordnung werden und das schlechte Image aufpolieren. Anders als in den 1950er-Jahren, als im Rahmen der ersten Stadterneuerungsmaßnahmen ganze Stadtviertel dem Erdboden gleichgemacht und die Bewohner zwangsumgesiedelt wurden, ist die Teilnahme an dem Programm freiwillig und wird von den Betroffenen gut angenommen (Gallagher 2010, S. 17–18, 143; The American Assembly 2011, S. 8). Ian Beniston, der Leiter der Youngstown Neighborhood Development Corporation, bezeichnete 2016 die bis dato realisierten Maßnahmen als erfolgreich. Tatsächlich seien viele Bewohner freiwillig aus den durch viele Leerstände gekennzeichneten Vierteln in die aufgewerteten *neighborhoods* gezogen. Der Einwohnerverlust konnte aber nicht gestoppt, sondern nur verlangsamt werden. Ohne die Revitalisierungsbemühungen der Stadt wäre alles noch sehr viel

2

◨ **Abb. 2.16**   Das bekannteste Haus in Detroits Heidelberg Street

schlimmer (Campbell 2016). Ein gutes Zeichen ist, dass die Initiative 15 Jahre nach der Gründung noch sehr aktiv ist und zuletzt 2023 Ziele für die nächsten Jahre definiert hat. Bis zu diesem Zeitpunkt waren in 15 *neighborhoods* mehr als 1000 leerstehende Wohnhäuser abgerissen sowie weitere 187 Wohneinheiten und brachliegende Grundstücke saniert worden (Youngstown Neighborhood Development Corporation 2023).

2.5.2 Leerstände, Brachflächen und *land banks*

Brachflächen und leer stehende Häuser gehören zu den größten Problemen schrumpfender Städte. Angesichts sinkender Bevölkerungszahlen und verringerter wirtschaftlicher Aktivitäten werden zunächst vereinzelt Grundstücke aufgegeben, die schnell ungepflegt wirken und nicht selten für Abfälle aller Art genutzt werden. Bald zeigen die oft mit Holz gebauten Häuser Verfallserscheinung. Der Wert benachbarter Gebäude, ganzer Straßenzüge oder sogar *neighborhoods* sinkt mit steigender Zahl aufgegebener Häuser. Da leer stehende Gebäude Kriminelle und Banden anziehen, werden sie so schnell wie möglich von den Städten mit Brettern vernagelt. Angesichts der großen Zahl aufgegebener Gebäude kommen die Städte aber nicht nach. In Buffalo, NY, verschandeln mehr als 10.000 leer stehende Gebäude die Stadt und stellen ein Sicherheitsrisiko dar. 2007 haben mehr als 40 % aller Schießereien hier stattgefunden (Center für Community Progress 2012, S. 4).

Inzwischen weiß man, dass verwilderte Brachflächen nicht nur Kriminelle anziehen, sondern sich auch sehr negativ auf die geistige Gesundheit der Anwohner auswirken können. Die Grundstücke lösen Stress und Angstzustände aus und sind oft kontaminiert, was ernsthafte Krankheiten hervorrufen kann. Eine Entrümpelung und Begrünung der Brachflächen kann sich sehr positiv auf die Gesundheit der Bewohner der näheren Umgebung auswirken (Sivak, Rearson und Hurlburt 2021). Wenn die Eigentümer die Grundsteuer nicht mehr zahlen, gehen die Häuser oder Grundstücke über kurz oder lang in kommunalen Besitz über. Im Rahmen ihrer Möglichkeiten reißen die Gemeinden die verfallenen Häuser ab, da sie unansehnlich sind und eine Gefahr darstellen. In schrumpfenden Städten wie Detroit oder New Orleans ist die öffentliche Hand im Besitz von Tausenden Grundstücken und baufälligen Häusern. Angesichts der großen Zahl sind die mittellosen Städte mit dem Abriss und der Pflege der Häuser überfordert. In Philadelphia hat die Pennsylvania Horticultural Society auf verlassenen Grundstücken Unkraut und Müll beseitigt, neue Erde aufgetragen und Rasen und Bäume oder Büsche gepflanzt. Die Brachflächen wurden mit einem einfachen Holzzaun umgeben. Die Grundstücke machen einen gepflegten Eindruck, werden nicht mehr zugemüllt und wirken sich nicht negativ auf den Wert der benachbarten Häuser aus. In den Innenstädten werden größere Brachflächen häufig als Parkplatz genutzt, die zwar nicht sonderlich schön anzusehen, aber ungepflegten Brachflächen vorzuziehen sind. Die Parkplätze garantieren Einnahmen, mit denen die Grundsteuern getilgt werden können. Sollte eines Tages ein Investor an dem Standort ein Hochhaus errichten wollen, kann der Eigentümer des Grundstücks auf einen Schlag ein reicher Mann werden (Center for Community Progress 2012, S. 3; Gallagher 2010, S. 97–99, 136).

Bis 2023 haben 17 Bundesstaaten Gesetze oder Richtlinien für die Einrichtung von *land banks* erlassen, die die Aufgabe haben, städtische Brachflächen wieder einer produktiven Nutzung zuzuführen. Bei der Entwicklung von Ideen zum Umgang mit Brachflächen werden sie von der NGO Center for Community Progress mit Sitz in Washington, D.C., unterstützt. Die erste *land bank* wurde 1971 in St. Louis eingerichtet, es folgten Cleveland 1976, Louisville 1989 und Atlanta 1991. Inzwischen gibt es rund 300 *land banks* in den USA. Leider ist in Städten mit großen Bevölkerungsverlusten die Nachfrage nach den Brachflächen sehr gering. Die Veräußerung der Grundstücke erfolgt meist über Auktionen nach Höchstgebot. Häufig übernehmen Spekulanten die Grundstücke zu einem sehr niedrigen Preis. Wenn es ihnen nicht gelingt, die Grundstücke zu einem höheren Preis zu verkaufen, zahlen sie keine Steuern und die Flächen gehen nach kurzer Zeit wieder in den Besitz der Städte über (Center for Community Progress 2023; Gallagher 2010, S. 136–140). Das in Michigan liegende Genesee County, zu dem auch die schrumpfende Stadt Flint gehört, hat 2002 einen innovativen Weg beschritten. Flints Brachflächen werden nicht in städtischen Besitz überführt, sondern in den des *counties*. Genesee County übernimmt zudem Grundstücke, die im suburbanen Raum von ihren Besitzern aufgegeben worden sind. Letztere sind meist wertvoller als die städtischen Brachflächen. Die Genesee Land Bank versteigert die im suburbanen Raum gelegenen Brachflächen nicht, sondern lässt sie durch Immobilienhändler zu Marktpreisen verkaufen. Mit den Gewinnen aus diesen Verkäufen werden verfallene Häuser in Flint abgerissen und verlassene Grundstücke gesäubert. Außerdem unterstützt die *land bank* die Renovierung von Häusern in Flint finanziell, wenn diese in noch funktionierenden *neighborhoods* liegen, um zu verhindern, dass Häuser mit größeren Verfallserscheinungen den Wert benachbarter Häuser senken (Gallagher 2010, S. 70). Wenn eine Brachfläche neben einem noch bewohnten und gut erhaltenen Haus liegt, kann dessen Eigentümer das Nachbargrundstück für einen Dollar kaufen. Der Plan scheint aufzugehen. In den ersten fünf Jahren nach der Gründung der Genesee Land Bank waren

mit den Einnahmen aus den Verkäufen im suburbanen Raum rund 1000 verfallene Häuser in Flint abgerissen und weitere 300 renoviert worden. Umfassende Zahlen für die Aktivitäten seit der Gründung der *land bank* liegen nicht vor; aber auch 2022 wurden 535 brachliegende Grundstücke und 265 Wohnhäuser verkauft. Auf der Homepage der Initiative werden laufend mehr oder weniger baufällige Häuser für rund 20.000 US$ angeboten. Ernüchternd ist allerdings, dass rund 25.000 weitere Häuser und Grundstücke auf Sanierung, Abriss oder Entrümpelung warten. Dieses scheint eine kaum zu bewältigende Aufgabe zu sein. Aufgrund des Einwohnerrückgangs ist die Nachfrage nach Wohnraum äußerst begrenzt. Inzwischen sind nach dem Vorbild von Genesee County in anderen Bundesstaaten wie in Ohio, Georgia und New York ähnlich arbeitende *land banks* eingerichtet worden (Gallagher 2010, S. 136–138; Genesee County Land Bank 2023; Lunday 2009, S. 68; The Economist 22.10.2011).

Detroit geht seit 2023 einen anderen Weg. Bürgermeister Mike Duncan plant, eine Idee umzusetzen, die vor mehr als einem Jahrhundert von dem liberalen Wirtschaftswissenschaftler Henry George entwickelt, aber – soweit bekannt – noch nie umgesetzt wurde. George hatte vorgeschlagen, die in den USA übliche *property tax* (Grundsteuer) in eine Steuer für das Gebäude und eine Steuer für das Grundstück aufzuteilen. So sollte verhindert werden, dass die Wohlhabenden spekulativ Land horten, um es irgendwann zu hohen Preisen zu verkaufen. *Property taxes* sind in den USA weit höher als die deutsche Grundsteuer und können in Detroit selbst für ein stark sanierungsbedürftiges Haus mehrere Tausend US-Dollar im Jahr betragen. Da viele arme Eigentümer die Steuer nicht zahlen können, gehen die Häuser irgendwann in den Besitz der Stadt über. In Zukunft sollen Wohngebäude sehr niedrig, die Grundstücke aber sehr hoch besteuert werden, egal ob sie bebaut sind oder brachliegen. 97 % aller Hausbesitzer werden voraussichtlich niedrigere *property taxes* zahlen müssen. In den vergangenen Jahren hat das Zentrum von Detroit einen Aufschwung erlebt, und der Wert von innenstadtnahen Grundstücken ist enorm gestiegen. Viele dieser Grundstücke liegen aber nach wie vor brach oder werden als Parkplatz genutzt, da die Besitzer hoffen, in einigen Jahren beim Verkauf höhere Preise als heute erzielen zu können. Bürgermeister Duncan hofft, dass deutlich höhere Steuern für die Grundstücke einen Anreiz für den sofortigen Verkauf und somit einen positiven Beitrag zur Stadtentwicklung leisten werden. (The Economist 2023b).

Rahmenbedingungen der Stadtentwicklung

Inhaltsverzeichnis

3.1   Neoliberalismus und *urban governance* – 48

3.2   Bürgermeister – 49

3.3   Globalisierung – 50

3.4   Verletzlichkeit – 51

3.5   Stadtplanung – 53
3.5.1   Wachsender Einfluss privater Investoren – 56
3.5.2   Stadterneuerung contra Stadterhaltung – 56

3.6   Transport und Verkehr – 61
3.6.1   Nachteile des Individualverkehrs – 62
3.6.2   Wohnstandort und Verkehrsmittelwahl – 63

3.7   Grüne Städte für Amerika – 64
3.7.1   High Line Park in Manhattan – 67
3.7.2   Community gardens – 68

3

3.1 Neoliberalismus und *urban governance*

Das Konzept des Neoliberalismuswurde in den 1940er-Jahren entwickelt, ist seitdem aber mehrfach verändert worden und wird in einzelnen Ländern unterschiedlich umgesetzt. Ursprünglich hatte der Neoliberalismus die liberale Wirtschaftsordnung des 19. Jahrhunderts, in der die Kräfte des Marktes frei herrschten, angeprangert und nach einer neuen gerechteren Ordnung gesucht. Das Streben nach Deregulierung und Privatisierung verstärkte sich nach der Ölkrise von 1973, als aus der Sicht vieler Briten und Amerikaner die in Großbritannien regierende Labour Party und die Democratic Party in den USA völlig versagt hatten. In Großbritannien griff Ende der 1970er-Jahre die damalige Oppositionsführerin Margaret Thatcher mit Unterstützung durch mehrere konservative Thinktanks das theoretische Konzept des Neoliberalismus auf und machte es im Wahlkampf zum Programm der neuen Regierung (Peck und Tickell 2007). 1979 wurde Thatcher britische Premierministerin und Ronald Reagan, der die gleiche Ideologie vertrat, wurde 1981 zum 40. Präsidenten der USA vereidigt. Thatcher und Reagan glaubten, die Profite durch eine Reduzierung von Staat und Verwaltung steigern zu können, und wurden zum wichtigsten Vertreter der Neoliberalismus, der auch als Washington Consensus bezeichnet wird. Da in den USA der Wunsch nach einer größtmöglichen Freiheit des Individuums und die damit verbundene Angst vor einem *big government* tief in der Geschichte des Landes verwurzelt ist, fiel die Idee eines Neoliberalismus, der nicht den Staat, sondern den Markt als wichtigsten Regulator für Wirtschaft und Stadtentwicklung sieht, auf fruchtbaren Boden. Der Staat lenkt nicht direkt, sondern nur indirekt aus einer großen Distanz. Die staatliche Bürokratie wird zugunsten privater und halbstaatlicher Entscheidungsträger beschnitten. Das Individuum soll Entscheidungen zu eigenen Gunsten treffen, da davon ausgegangen wird, dass der Gemeinschaft nutzt, was dem Einzelnen förderlich ist. Entscheidungen werden anhand von Kosten-Nutzen-Analysen und nicht nach sozialen Gesichtspunkten getroffen. Selbst die Empfänger von Sozialleistungen waren von diesem Konzept und dem damit verbundenen Rückzug aus dem Wohlfahrtsstaat überzeugt, da sie sich nichts mehr von der Regierung vorschreiben lassen wollten und die staatlichen Sozialleistungen ohnedies schlecht waren (Leitner et al. 2007, S. 4–7).

Basierend auf der Ideologie des Neoliberalismus haben in den USA seit Beginn der 1980er-Jahre der Bundesstaat, die Einzelstaaten und die Kommunen zunehmend öffentliche Aufgaben an private Unternehmen oder gemeinnützige Organisationen übertragen, die heute Straßen bauen, Schulen leiten, Obdachlose und sozial Schwache betreuen, für den Nahverkehr verantwortlich sind und sogar Gefängnisse bauen und leiten. Anhänger der freien Marktwirtschaft unterstützen die Privatisierung, da private Unternehmen angeblich kostengünstiger und effizienter arbeiten können. Die Auswirkungen auf die US-amerikanischen Städte, von denen sich viele in einer Abwärtsspirale befanden und für wichtige Investitionen die finanziellen Mittel fehlten, waren gravierend. Die Kommunalpolitiker griffen das Gedankengut des Neoliberalismus dankbar auf, da Privatisierung und Deregulierung einen Rückzug aus kommunalen Aufgaben erlaubten und die öffentlichen Kassen schonten. Gleichzeitig erkannte man, dass die Städte wie freie Unternehmen im Wettbewerb um Investitionen, wirtschaftlichen Erfolg und die hellsten Köpfe in anderen Städten stehen. Es wurden neue *Urban-government*-Formen entwickelt, die auf einer Zusammenarbeit mit dem privaten Sektor in Form von *public private partnerships* und *business improvement districts* mit minimaler Einmischung durch die Kommune und maximaler Kostendeckung durch private Investoren setzten. Die Gegner der Privatisierung fürchten, dass private Unternehmen zu viel Macht ausüben, auch im Falle von Katastrophen gewinnorientiert arbeiten, langfristig hohe Kosten verursachen und dem Gemeinwohl zu wenig verpflichtet sind. Außerdem wird immer wieder von Korruption und unerlaubter Vorteilnahme der privaten Unternehmen berichtet (Gotham 2012, S. 633). Der amerikanische Staat wie auch die Städte zogen sich aus dem sozialen Wohnungsbau und anderen Hilfsmaßnahmen für Bedürftige zurück, förderten aber gleichzeitig den Umbau der Innenstädte zu Schaufenstern der Region, um privates Kapital und neue Urbaniten anzuziehen. Das Kapital wird nicht mehr eingesetzt, um die Belange aller Bürger gleichermaßen zu berücksichtigen, sondern bevorzugt die ohnehin besser Gestellten. Während in der liberalen Stadt noch jeder Bürger die gleichen Rechte genoss, schließt die neoliberale Stadt bestimmte Gruppen der Bevölkerung bewusst aus. Die permanente Überwachung öffentlicher Räume und eine Null-Toleranz-Politik ermöglichen die Vertreibung von Unerwünschten, die den Gesamteindruck beeinträchtigen könnten (◘ Abb. 3.1) (Brenner und Theodore 2002, S. 20–25; Knox und McCarthy 2012, S. 245–246; Leitner et al. 2007, S. 4). In der Bundesregierung stehen sich Demokraten und Republikaner mit unterschiedlichen Ideen und Zielen gegenüber. In den vergangenen Jahrzehnten haben sich die republikanischen Präsidenten George W. Bush (2001–2009) und Donald Trump (2017–2021) für einen schlanken Staat mit wenig Unterstützung durch die Regierung eingesetzt, während die demokratischen Präsidenten Barack Obama (2009–2017) und Joe Biden (2021-2025) stärker versucht haben, die Ärmsten der Gesellschaft mit staatlichen Hilfsmaßnahmen zu unterstützen. Präsident

Die Überwachung des Öffentlichen Raums ist in den USA allgegenwärtig

Obama hatte das Amt Anfang 2009 nach der Banken-
und Hypothekenkrise des Vorjahres übernommen und
im Februar 2009 den American Recovery and Reinvestment Act mit einem Volumen von 787 Mrd. US$ ver-
abschiedet, der später noch aufgestockt wurde. Die Mittel kamen u. a. sozial schwachen Menschen, aber auch
dem Ausbau der Infrastruktur in den Städten zugute.
Präsident Biden verfolgte mit dem im November 2021
verabschiedeten Infrastructure Investment and Jobs Act
und dem im August 2022 verabschiedeten Inflation Reduction Act, die finanziell noch weit besser ausgestattet
sind als Obamas Hilfspakete, ähnliche Ziele (▶ www.
whitehouse.gov).

3.2 Bürgermeister

Deindustrialisierung, Deregulierung, Globalisierung,
Neoliberalismus und Suburbanisierung haben die
Städte vor große Aufgaben gestellt, für deren Be-
wältigung die Bürgermeister verantwortlich sind.
Die Städte sind heute wie Unternehmen zu führen,
deren Manager die Bürgermeister sind. Ihre Visionen
und Tatkraft, aber auch ihr Versagen haben die Entwicklung vieler Städte maßgeblich geprägt. Die Bürgermeister der größten Stadt der USA standen immer
besonders im Rampenlicht der Öffentlichkeit. Robert Wagner (Demokrat, 1954–1965) legte ein um-
fangreiches Schnellstraßennetz in New York an, unter
John Lindsay (Republikaner, 1966–1973) musste die

Stadt Konkurs anmelden, Ed Koch (Demokrat, 1978–
1989) hat New York mit viel Humor relativ erfolgreich geleitet, während Rudy Guiliani (Republikaner, 1994–2001) mit harter Hand durchgegriffen hat.
Bürgermeister Michael Bloomberg (2002–2013), gewählt mit Unterstützung der Republikaner, ab 2007 unabhängig) hat die Stadt pragmatisch wie das von ihm
zu Beginn der 1980er Jahre gegründete Unternehmen
Bloomberg News, das ihn zum vielfachen Milliadär
machte, geführt. Aufgrund seines Reichtums galt er
als unbestechlich und auch in parteipolitischer Hinsicht unterwarf er sich kaum Zwängen. Bloomberg
wollte Probleme möglichst effektiv lösen und setzte
sich notfalls auch im Alleingang für unpopuläre Maßnahmen ein. Wenn nötig erhöhte er Steuern oder verbot überdimensionierte zuckerhaltige Getränke; gleichzeitig legte er Fahrradwege an und setzte sich gegen
den unkontrollierten Waffenbesitz ein. Allerdings muss
Bloomberg vorgeworfen werden, dass seine Aktivitäten nicht immer demokratisch legitimiert waren
(Barber 2013, S. 25–28; Troy 2014). Nach drei Amts-
perioden konnte er sich nicht mehr zur Wahl stellen,
die im Herbst 2013 von Bill de Blasio mit großer Merh-
heit gewonnen wurde. Der Demokrat DeBlasio hat im
Wahlkampf einen neuen Politikstil, die Beseitigung
der sozialen Ungerechtigkeit und die Bekämpfung
der zunehmenden Einkommensdisparitäten und des
Wohnungsproblems in New York angekündigt (New
York Times 05.11.13). Er konnte seine hochgesteckten
Ziele allerdings nicht realisieren, und seine Amtszeit

3

wird als wenig erfolgreich und blass bewertet (Troy 2022). Am 01.01.22 trat der frühere Polizist und Demokrat Eric Adams das Amt des Bürgermeisters von New York an. Er wurde gewählt, obwohl seine Ziele eher schwammig waren. Adams ist in einfachen Verhältnissen in Brooklyn aufgewachsen und hat sich erfolgreich als Aufsteiger im Wahlkampf inszeniert (New York Times 21.11.21).

Clark et al. (2002, S. 52 f.) haben Politik und Durchsetzungskraft von Bürgermeistern ausgewählter großer Städte in den 1990er-Jahren untersucht. Besonders erfolgreich entwickelten sich diejenigen Städte, die viel Wert auf die Verbesserung des Schulsystems und auf Sauberkeit gelegt und das Kultur- und Freizeitangebot ausgebaut haben. Grundsätzlich gibt es keinen Bürgermeister, der zur Zufriedenheit aller Bürger sowie Presse und Opposition arbeitet, und Fehler sind angesichts des verantwortungsvollen Amtes und der breit gefächerten Anforderungen fast nicht auszuschließen. Tatsächlich ist seit Jahrzehnten das Spektrum der Bürgermeister sehr groß und reicht von korrupten Vertretern, die in krimineller Art und Weise in die eigene Tasche gewirtschaftet haben, über den Hardliner Rudolph Giuliani in New York und den vergleichsweise erfolgreichen Richard M. Daley, der von 1989 bis 2011 die Geschicke der Stadt Chicago lenkte. Es ist sogar vorgekommen, dass Bürgermeister in ihrer Amtszeit festgenommen und verurteilt wurden. Marion Barry war ab 1979 Bürgermeister von Washington, D.C. Nachdem er wegen Drogenmissbrauch zu einer Gefängnisstrafe verurteilt worden war, musste er das Amt 1991 abgeben, übte es aber von 1995 bis 1999 wieder aus. Hinzu kommt, dass häufig weitere Kommunalpolitiker wie auch die Polizei oder sogar der Polizeichef korrupt waren oder noch sind. In Chicago sind von 1971 bis Ende der 1990er-Jahre 26 Stadträte wegen Bestechlichkeit oder ähnlichen Vergehen zu Gefängnisstrafen verurteilt worden (Clark et al. 2002, S. 507).

Seit den 1990er-Jahren ist in einigen Städten eine neue Generation von Bürgermeistern herangewachsen, die bereit ist, selbst Verantwortung zu übernehmen. Stephen Goldsmith, von 1992 bis 2000 Bürgermeister von Indianapolis, und Bret Schundler, von 1992 bis 2001 Bürgermeister von Jersey City, ist es gelungen, die Kriminalitätsraten zu senken, das Schulsystem zu verbessern, Sozialhilfeempfänger mit Arbeit zu versorgen, den öffentlichen Dienst effektiver zu gestalten und private Investoren anzuziehen (Malanga 2010, S. 1). Auch in dem über Jahrzehnte durch korrupte Politiker geprägten Newark in New Jersey hat nach Jahrzehnten des Niedergangs endlich eine Wende zu einer erfolgreichen Entwicklung stattgefunden, die Bürgermeister Cory Booker (Demokrat, 2006–2013) zu verdanken ist. Die bereits im 17. Jahrhundert von Puritanern gegründete Stadt hatte sich seit Mitte des 19.

Jahrhunderts zu einer bedeutenden Industriestadt entwickelt, die von einem guten Anschluss an das Eisenbahnnetz und der Nähe zu New York profitieren konnte. Mit der zunehmenden Industrialisierung waren in Newark mächtige Gewerkschaften entstanden, die sich nicht nur für die Rechte und Löhne der Arbeiter einsetzten, sondern auch großen Einfluss auf die städtische Politik nahmen. Zur Zeit der Prohibition (1920–1933) trieben landesweit bekannte Schmuggler ihr Unwesen in Newark, und auch in den folgenden Jahrzehnten war Korruption weit verbreitet.1950, als die Stadt 440.000 Einwohner zählte, waren die städtischen Ausgaben aufgrund der Korruption in Newark doppelt so hoch wie in anderen Städten. Verständlicherweise verlagerten viele Unternehmen ihren Sitz seit Ende der 1950er-Jahre in die Südstaaten und in das Ausland, wo zu besseren Bedingungen und mit niedrigeren Lohnkosten produziert werden konnte. Gleichzeitig strömten vermehrt arme Schwarze aus den ländlichen Regionen der Südstaaten auf der Suche nach Arbeit nach Newark. Die meist ungebildeten Schwarzen standen im Wettbewerb zu den freigesetzten heimischen Arbeitskräften um eine sinkende Zahl von Arbeitsplätzen. Bürgermeister Addonizio (1962–1970) war bestechlich und hatte die Stadt praktisch dem organisierten Verbrechen überlassen. Ähnliches galt auch für zwei seiner Nachfolger und den Polizeichef. Bürgermeister Booker hat ab 2006 Stellen in der aufgeblähten Verwaltung gekürzt und u. a. die Lohnzuschüsse für die überdimensionierte und korrupte städtische Wohnungsbaugesellschaft halbiert. Bürgermeister Booker sah es als eine seiner wichtigsten Aufgaben an, das marode Schulsystem zu reformieren. Inzwischen entwickelt sich Newark nach Jahrzehnten des Abschwungs positiv und profitiert von dem nur 20 km nördlich gelegenen Manhattan. 2000 hatte die Stadt mit nur 273.000 Einwohnern einen Tiefpunkt erreicht. 2020 wurden wieder 311.000 Bewohner gezählt. Cory Booker setzt sich seit 2013 für seinen Heimatstaat im Senat der amerikanischen Regierung ein (Malanga 2010, S. 1–7, ▶ www.census.gov).

3.3 Globalisierung

Städte sind heute mehr denn je eingebettet in die globale Wirtschaft und abhängig von globalen Restrukturierungsprozessen. Sie bilden Knoten von Verkehr und Kommunikation in einem weltumspannenden Netzwerk, das ständigen Veränderungen unterworfen ist. Die Zukunft einer Stadt hängt von ihrer Rolle im globalen Netz ab. Weltweite Verflechtungen sind natürlich nicht neu, denn auch die Hanse- oder die Kolonialstädte waren mit anderen Städten verbunden und standen mit diesen im Wettbewerb. Früher wurden diese Städte als

Weltstädte bezeichnet, seit den 1980er-Jahren hat sich die Bezeichnung *global cities* durchgesetzt. Angesichts der zunehmenden Globalisierung, die durch die Liberalisierung des Handels mit Waren und Dienstleistungen und die besseren Kommunikationsmittel ermöglicht wurde, hat sich eine internationale Arbeitsteilung sowohl für die Produktion wie auch für Dienstleistungen entwickelt. Forschung und Entwicklung erfolgen in den entwickelten Ländern, während in Billiglohnländern produziert wird. In den *global cities* konzentrieren sich hochwertige Dienstleistungen, sie sind Sitz von Headquartern transnationaler Unternehmen und internationaler Institutionen und durch einen rapiden Anstieg des Dienstleistungssektors geprägt. Gleichzeitig sind sie wichtige Transportknotenpunkte und Ziel nationaler und internationaler Immigranten. Die globalen Funktionen müssen sich nicht auf Kernstädte beschränken, sondern können größere Regionen umfassen, die als *world city regions* bezeichnet werden (Gerhard 2004, S. 4–6).

Die Globalisierung hat nicht nur den Wettbewerb zwischen den Städten gefördert, sondern auch innerhalb der Städte neue Ungleichheiten geschaffen. In den *global cities* sind viele Arbeitsplätze für hoch Qualifizierte mit fast astronomischen Gehältern entstanden, während am anderen Ende der Skala die Zahl der Jobs für gering Qualifizierte, die nur den Mindestlohn erhalten, noch stärker zugenommen hat. Mit der Deindustrialisierung haben in den USA viele Menschen einen sicheren Arbeitsplatz mit gewerkschaftlich garantierten Rechten verloren (Sassen 1994, S. 241–247). Die zahlreichen Stellen für Gebäudereiniger oder die in Anlehnung an die Fastfood-Kette McDonald's bezeichneten *mcjobs* bieten diese Sicherheiten nicht. Gleichzeitig beziehen Manager im FIRE-Sektor (*finance, insurance, real estate* – Finanz-, Versicherungs-, Immobilienunternehmen) zusätzlich zu den hohen Gehältern gigantische Boni von teils mehreren Mio. US-Dollar, die sie gerne zu Jahresende in Luxusautos und -apartments investieren.

Die *Global-city*-Forschung der vergangenen Jahrzehnte hat sich mit sehr unterschiedlichen Fragestellungen wie dem Einfluss der Globalisierung auf die Stadtentwicklung, der Spezialisierung von Metropolen, sozialen Problemen oder der Bedeutung von nichtökonomischen Netzwerken, die durch Nichtregierungsorganisationen gebildet werden, beschäftigt. Allein auf der Homepage des Globalization and World Cities (GaWC) Research Networks der britischen Loughborough University sind aktuell 472 *research papers* veröffentlicht. Besonders häufig werden die Beziehungen zwischen Städten und deren Intensität analysiert oder der Versuch einer Hierarchisierung unternommen. Stellvertretend für die vielen Untersuchungen zu diesen beiden Fragestellungen seien die von Beaverstock et al. (1999) zu international tätigen Unternehmen in 263 Städten und von Castells (2004) zur Netzwerkgesellschaft und zur Kommunikationstechnologie genannt. Beaverstock et al. haben den Umfang der Sektoren Wirtschaftsprüfung, Finanzwesen, Werbung und Rechtsberatung quantifiziert und sind zu dem Ergebnis gekommen, dass der Umfang dieser Dienstleistungen in New York, London, Paris und Tokio besonders groß ist. Diese Städte bezeichnen sie als *alpha-cities,* denen die *beta-* und *gamma-cities* auf den unteren Hierarchieebenen folgen. Im Industriezeitalter haben Eisenbahnen, Seeschiffe oder Telegrafenkabel die Welt miteinander verbunden. In der globalisierten Welt sind digitale Kommunikationsnetzwerke wichtiger geworden. Netzwerke stellen eine effiziente Form der Organisation dar, da sie flexibel, anpassungs- und überlebensfähig sind. Netzwerke haben kein Zentrum, sondern nur Knoten. Alle Knoten sind für das Funktionieren der Netzwerke wichtig. Verliert ein Knoten an Bedeutung, kann ein Teil seiner Funktionen von einem anderen Knoten des Netzwerks übernommen werden. Es ist sogar möglich, dass ein Knoten aus dem Netzwerk ausscheidet und durch einen anderen Knoten ersetzt wird. Früher spielten die Güterströme eine entscheidende Rolle bei der Messung der Beziehungen zwischen Weltstädten, während heute die Intensität der Informationsströme, die immer schneller und umfangreicher werden, weit bedeutender ist. Die Entstehung globaler Finanzzentren, die ein wichtiges Merkmal der *global cities* der obersten Hierarchieebene sind, wäre ohne moderne Kommunikationsnetze nicht möglich (Castells 2004, S. 3–28). Im Englischen wird zwischen den Begriffen *hub* und *node* unterschieden, die im Deutschen gewöhnlich beide mit Knoten übersetzt und synonym verwendet werden. Tatsächlich ist aber der *hub* hochwertiger und stellt eine Drehscheibe für den Austausch von Gütern oder Informationen dar, während *node* nur den Ort, an dem Güter oder Informationen zusammentreffen, beschreibt (Schmidt 2005, S. 287).

3.4 Verletzlichkeit

Naturkatastrophen, ausgelöst durch Erdbeben, Hurrikane, Tornados oder Tsunamis, sind in den USA keine Seltenheit. Hinzu kommen Katastrophen, die durch Menschen aus Unachtsamkeit oder durch gewalttätige Terroristen, Schusswaffen, Pandemien und Drogenmissbrauch ausgelöst werden.

Hurrikans und Erdbeben haben wiederholt selbst in großen Städten mehr oder weniger flächendeckende Schäden verursacht. An der Westküste stellen Erdbeben eine latente Gefahr dar. Den größten Schaden hat das Erdbeben von 1906 in San Francisco angerichtet. Seitdem hat es eine große Zahl kleinerer Beben gegeben, bei denen Häuser oder doppelstöckige

3

Straßen einstürzten oder Tote und Verletzte gezählt wurden. Inzwischen gibt es zwar viele Vorschriften für ein erdbebensicheres Bauen, aber ein umfassender Schutz gegen dieses Naturereignis ist nicht möglich. Obwohl es aufgrund der tektonischen Gegebenheiten in der Region als sicher gilt, dass sich in nicht allzu ferner Zukunft ein schweres Erdbeben ereignen wird, erfreut sich die Pazifikküste nach wie vor bei Bewohnern und Besuchern einer großen Beliebtheit. Die Städte an der Ostküste und am Golf von Mexiko werden im Herbst regelmäßig von Hurrikans getroffen, die sich allerdings stets einige Tage vorher ankündigen, auch wenn Stärke und der genaue Ort des *landfalls* nicht vorhersehbar sind. Starke Winde und Wasser richten immer wieder sehr große Schäden an, während die Zahl der Verletzten und Toten meist gering ist, da viele Küstenbewohner angesichts herannahender Stürme in das Landesinnere flüchten oder die Behörden die Evakuierung ganzer Landstriche anordnen. In jüngerer Zeit haben Hurrikan „Hugo" (1989) in den beiden Carolinas, Hurrikan „Andrew" (1992) an der Südspitze Floridas, Hurrikan „Katrina" (2005) in New Orleans und Hurrikan „Idalia" (2023) im Norden Floridas große Schäden angerichtet. Ende Oktober 2012 hat Hurrikan „Sandy" in New Jersey und New York großen Schrecken verbreitet. Als der Sturm auf die Küstenregion traf, war er zwar kein Hurrikan mehr, sondern „nur" noch ein tropischer Sturm, aber die Schäden waren aus mehreren Gründen ungewöhnlich groß, da weite Teile der Stadt New York unter Wasser gesetzt wurden. Teile von Lower Manhattan, the Rockways in Queens, Coney Island in Brooklyn und Staten Island waren noch Monate später offizielle *disaster areas*. Besonders groß waren die Schäden in Atlantic City in New Jersey, wo sich das Zentrum des Sturms befand. Hurrikan „Sandy" hat 43 Menschen getötet und viele weitere verletzt sowie Schäden in Höhe von mehreren Mrd. US-Dollar angerichtet. Die Zahl der Opfer wäre allerdings geringer gewesen, wenn sich nicht rund 375.000 Menschen in New York der von Bürgermeister Bloomberg angeordneten Evakuierung widersetzt hätten. Angesichts der globalen Erwärmung ist nicht auszuschließen, dass die Zahl der Hurrikans in Zukunft zunehmen wird (Gelinas 2013).

Tornados (Windhosen, *twister*) entwickeln ebenfalls sehr hohe Windgeschwindigkeiten und können, obwohl sie nur wenige Minuten dauern, kleinräumig sehr großen Schaden anrichten und Dutzende Menschen töten. Besonders häufig treten sie in der *tornado alley* in den Staaten Oklahoma, Texas, Nebraska und Kansas sowie den benachbarten Staaten auf. Ein Schutz vor den sehr schnell entstehenden Tornados ist kaum möglich. Da Wohngebäude in den USA überwiegend aus Holz errichtet werden, zerstören Tornados häufig ganze Straßenzüge, Stadtviertel oder Kleinstädte. An den Küsten besteht zudem eine latente Gefahr durch Tsunamis, die

binnen weniger Minuten ganze Landstriche zerstören oder zu einer großen Gefahr werden können. Über die genannten Naturereignisse hinaus richten oft Hangrutschungen oder Feuer große Schäden an. Nicht selten werden Ortschaften in waldreichen Regionen durch Feuer bedroht, wenn sich die trockenen Bäume durch Blitzeinschlag oder Brandstiftung entzünden. Eine besondere Gefahr stellen die Santa-Ana-Winde dar. Die sehr warmen Fallwinde ziehen im Spätherbst vom Großen Becken in Richtung Pazifikküste, wobei sie häufig die trockenen Wälder entzünden. Los Angeles und insbesondere San Diego sind immer wieder der herannahenden Feuerbrunst ausgesetzt. Große Katastrophen ereigneten sich im August 2023 , als auf der zu Hawaii gehörenden Insel Mauiein Feuer knapp 100 Menschenleben forderte und mehrere Brände im Großraum Los Angeles im Januar 2025 mehr als 10.000 Häuser zerstörte.

Als Chicago 1871 von einem Feuer, das durch Unachtsamkeit ausgelöst worden war, weitgehend zerstört und als 1906 San Francisco von einem vernichtenden Erbeben getroffen wurde, bestand keinerlei Zweifel daran, die beiden Städte wieder aufzubauen, denn sie befanden sich zum Zeitpunkt der Zerstörung in einer Phase des wirtschaftlichen Aufschwungs. Tatsächlich haben die meisten Städte die Krisen erstaunlich schnell überwunden. In Chicago waren mehr als 100.000 Einwohner obdachlos geworden. 1880 war nicht nur neuer Wohnraum für die vom Feuer Betroffenen geschaffen worden, sondern zusätzlich für weitere 200.000 Neubürger. Auch San Francisco wurde sehr schnell wieder aufgebaut (Vigdor 2008, S. 136). Nach der Zerstörung von New Orleans 2005 durch Hurrikan „Katrina" diskutierten Politikern und Umweltschützer allerdings ernsthaft, auf einen Wiederaufbau an dem Standort zu verzichten. Zum damaligen Zeitpunkt war New Orleans eine sehr problembeladene Stadt mit einer seit Jahrzehnten schrumpfenden Bevölkerung, einem mangelnden Angebot an Arbeitsplätzen, großer Armut und hohen Kriminalitätsraten (▸ Abschn. 5.8) (McDonald 2007; The American Assembly 2011, S. 3).

Die Globalisierung und der technische Fortschritt haben die Verletzlichkeit der Städte erhöht, wie die terroristischen Anschläge vom 11. September 2001 auf das World Trade Center in New York und das Pentagon in Washington, D.C., äußerst schmerzlich gezeigt haben. Obwohl Skeptiker das Ende des Hochhauses angekündigt und eine neue Form der Stadt prophezeit haben (Davis 2001), ist die Südspitze Manhattans nach dem fast abgeschlossenen Wiederaufbau attraktiver denn je zuvor (▸ Abschn. 5.2). Gefahr für städtische Gesellschaften droht heute aber auch durch Krankheitserreger, die angesichts des globalen Reiseverkehrs und weltumspannender Flugverbindungen binnen weniger Tage von Kontinent zu Kontinent reisen können, wie die schnelle Verbreitung der SARS-Viren 2003

(Keil 2011, S. 54–55) und der Coronaviren 2020 gezeigt hat. Viel Leid verursacht auch der Drogenmissbrauch, dem jährlich mehr als 100.000, häufig noch sehr junge Menschen zum Opfer fallen. Die Droge Fentanyl ist hier besonders in die Schlagzeilen geraten (◻ Abb. 3.2). Angst und Schrecken können zudem absichtlich in Umlauf gesetzte Erreger verbreiten, wie die Anthrax-Bakterien, die in Washington, D.C., Ende 2001 mit der Post verschickt wurden. Alle Städte mit U-Bahnen haben Angst vor Anschlägen in vollen Zügen oder Stationen. Da New York das größte U-Bahnnetz des Landes hat und eine große globale Ausstrahlung ausübt, ist die Stadt besonders besorgt. Autotunnel und Brücken nach Manhattan und die Trinkwasserversorgung stellen ebenfalls große Gefahrenpunkte dar. Das Wasser wird der Stadt über nur drei Tunnel zugeführt. Eine Verschmutzung mit Krankheitserregern könnte die Gesundheit der gesamten Bevölkerung gefährden, und eine Schließung der Tunnel würde die Stadt völlig unbewohnbar machen (Owen 2009, S. 30–31).

Obwohl kein Zweifel daran besteht, dass Kalifornien auf ein großes Erdbeben mit vielleicht Hundert-tausenden Toten und kaum vorstellbaren Auswirkungen wartet, wenn das Epizentrum in Los Angeles oder San Francisco liegen sollte, und Hurrikans auch in der Zukunft an der Ostküste, in Florida und am Golf von Mexiko großen Schaden anrichten werden, wachsen die Städte an diesen Standorten beinahe ungebremst. Wiederholt hat sich nach großen Naturkatastrophen sowie nach terroristischen Anschlägen gezeigt, dass die Menschen die Ärmel aufkrempeln und die Wirtschaft sich binnen weniger Jahre erholt. Ob dieses auch in Zukunft der Fall sein wird, bleibt abzuwarten (Gong und Keenan 2012, S. 374; Owen 2009, S. 30–31).

3.5 Stadtplanung

Der typische US-Amerikaner wie auch die Kommunen lehnen jede staatliche Einmischung in ihre Angelegenheiten ab oder fürchten diese sogar. Land wird als ein Wirtschaftsgut wie jedes andere betrachtet und es besteht weitgehend Konsens, dass ein Eigentümer

◻ **Abb. 3.2** Auf einem Festival in Charleston, SC, wird mit den Bildern von Todesopfern über die Drogenkrise in den USA informiert, der 2023 mehr als 100.000 Menschen zum Opfer fielen

3

mit seinem Grundstück den größtmöglichen Profit erwirtschaften darf. Dieser Wunsch wird von der Regierung in Washington und von den Bundesstaaten res-
pektiert, die von wenigen Ausnahmen wie dem Küs-
ten- und Umweltschutz abgesehen, kaum Vorgaben zur
kommunalen Flächennutzung (*zoning*) machen. Die
Gemeinden können weitgehend selbst entscheiden, ob
und wie sie sich in den Ausbau des Siedlungskörpers,
die Bebauung oder die Sanierung bzw. Revitalisierung
bestehender Gebäude oder *neighborhoods* einmischen
und welche Form der Bürgerbeteiligung sie zulassen
möchten (Cullingworth und Caves 2008, S. 17). Die
stadtplanerischen Vorgaben sind in den großen US-
amerikanischen Städten entsprechend unterschiedlich
(◘ Abb. 3.3). In einigen Städten wie New York oder
Los Angeles haben Stadtplanung und -entwicklung
eine lange Geschichte. In Los Angeles wurde 1908 mit
dem *Residence District Ordinance* erstmals in den USA
eine räumliche Trennung von Industrie und Wohngebieten vorgeschrieben (Kotkin 2001, S. 3). New York
hat 1916 als erste US-amerikanische Stadt einen umfassenden Flächennutzungsplan verabschiedet, der regelmäßig überarbeitet wird und zwischenzeitlich durch

eine große Zahl weiterer Vorgaben wie die Ausweisung
von *historic districts* (s. u.) erweitert wurde (Cullingworth und Caves 2008, S. 68–69). Houston, immerhin
die viertgrößte Stadt des Landes, hat bis heute keinen
Flächennutzungsplan. Es gibt zwar in Houston Vorgaben zur erlaubten Bebauungsdichte in ausgewählten
Stadtteilen oder zur Mindestzahl von Parkplätzen im
Falle neuer Bauvorhaben, aber insgesamt ist der städtische Einfluss auf die Flächennutzung in der texanischen Stadt äußerst gering. Zwischen den beiden Extremen New York und Houston gibt es eine große Bandbreite von stadtplanerischen Ansätzen.

Die Zersplitterung der *metropolitanen areas* und die
große Zahl von Behörden, die am Planungsprozess beteiligt sind, erschweren eine geordnete räumliche Entwicklung. Außerdem stehen die einzelnen Gemeinden
in Konkurrenz zueinander. Dieses wird deutlich, wenn
ein Shopping Center in einer Region gebaut werden
soll. *Counties* und Kommunen fürchten einen Kauf-
kraftabfluss und den Verlust der Einnahmen aus der
Verkaufssteuer im Falle der Ansiedlung außerhalb der
eigenen Grenzen. Bestehende Flächennutzungspläne
werden gerne außer Kraft gesetzt und weitere Anreize

◘ **Abb. 3.3**   Historische Gebäude mit Neubau in Washington, D.C.

geschaffen, um das Shopping Center zu gewinnen. Da es keine staatliche Raumplanung gibt, deren Vorgaben erfüllt werden müssen, ist der Spielraum der Gemeinden groß. Private Investoren nehmen in den USA weit mehr Einfluss auf die städtische Entwicklung als in Europa. Viele Projekte werden zwischen Investoren und Stadt ausgehandelt und im Rahmen von Einzelfallentscheidungen genehmigt. Bürgerinitiativen, die Ziele wie NIMBY *(not in my back yard)* oder BANANA *(build absolutely nothing anywhere near anybody)* verfolgen, und Politiker, die Angst vor bei den Wählern unbeliebten Entscheidungen haben (NIMTOO = *not in my term of office*), können den Planungsprozess um Jahre oder sogar Jahrzehnte verzögern (Cullingworth und Caves 2008, S. 80; Dear und Dahmann 2011, S. 75). Im San Fernando Valley, das zur MA Los Angeles gehört, haben die Bewohner seit den 1970er-Jahren sehr entschlossen gegen den Ausbau des Nahverkehrs, durch dessen geplante Trassen sie sich gestört fühlten, protestiert, obwohl nur so ein drohender Verkehrsinfarkt in der Region langfristig hätte vermieden werden können (Davis 1992a, S. 203–205). In Städten, in denen wenig gebaut wird, sind die Preise oder Mieten für Wohnraum meist hoch. Als Gegenbewegung zu NIMBY hat sich in neuerer Zeit Yimby *(yes in my backyard)* entwickelt, die sich dafür einsetzt, dass mehr Neubauten entstehen. Dieses kann z. B. durch eine Erhöhung der Bebauungsdichte oder die Reduzierung der durch Bauordnungen vorgeschriebenen Parkplätze geschehen (Hendrix 2019).

Im 19. Jahrhundert stand die Beseitigung von Missständen im Vordergrund, da die große Zahlen armer Einwanderer und die Industrialisierung vielerorts zu katastrophalen Zuständen und zu einer Verslumung geführt hatten. Die Beseitigung der Probleme war auf Kirchen, Unternehmen oder Privatpersonen wie Jane Addams begrenzt, die gemeinsam mit Ellen Gates auf der Near West Side von Chicago 1889 Hull House eröffnet hat. Der Komplex nahm bald einen ganzen Baublock ein. Die 13 Gebäude boten alleinstehenden Frauen der Arbeiterschicht Unterkunft und umfassten darüber hinaus eine Turnhalle, eine Bibliothek, einen *boy's club,* einen Kindergarten und vieles mehr. Nach dem Vorbild von Hull House wurden in den USA fast 500 ähnliche Einrichtungen für sozial Schwache eingerichtet (Chicago Historical Society 2004, Stichwort: Hull House). Eine staatliche Wohnungsbauförderung setzte erst ein, als die USA als Folge der Rezession der 1930er-Jahre eine Reihe von Wirtschafts- und Sozialreformen durchführten. Auf Initiative von Präsident Roosevelt (1933–1945) wurde 1937 der *Federal Housing Act* verabschiedet und der Bau von Wohnungen für die *working poor* mit 75 Mio. US$ aus Bundesmitteln unterstützt. Zunächst galt das Programm als sehr erfolgreich, denn bis Ende 1938 waren im ganzen

Land 221 lokale Behörden zur Förderung des *public housing* gegründet und rund 130.000 Einheiten in 300 verschiedenen Projekten realisiert worden. Allerdings wehrten sich insbesondere im suburbanen Raum viele Gemeinden gegen den Bau von Wohnungen mit öffentlichen Mitteln, wozu sie nicht gezwungen werden konnten. Außerdem sollte für jede mit öffentlichen Mitteln errichtete Wohnung eine nicht mehr bewohnbare Wohnung abgerissen werden, um so einen Beitrag zur Beseitigung von Slums zu leisten. Die Zahl der Wohnungen nahm daher nicht zu. Die Verweigerung der Gemeinden und das Fehlen von schlechter Wohnsubstanz im suburbanen Raum führten zu einer Konzentration von *public housing* in den Kernstädten. In Newark, NJ, entstanden mehr Wohnungen im Rahmen des öffentlichen Wohnungsbaus als in jeder anderen Stadt der USA, während sich die angrenzenden Gemeinden vehement gegen Wohnungen für die arme Bevölkerung wehrten. 1970 zählte Newark zu den Städten mit den größten Problemen der USA. Obwohl die von der öffentlichen Hand gebauten Wohnungen zunächst nur vorübergehend für mehr oder wenig mittellose, aber arbeitswillige Bewohner vorgesehen waren, wohnten immer mehr Menschen, die zudem überwiegend der schwarzen oder hispanischen Minderheit angehörten, dauerhaft in diesen Häusern. Die Siedlungen wurden als *the projects* bezeichnet und hatten einen ausgesprochen schlechten Ruf. Sie wurden zum Sammelbecken der Erfolglosen und oft auch Kriminellen. Berühmt-berüchtigt war das Pruitt-Igoe-Wohngebiet, das 1956 nördlich der Innenstadt von St. Louis fertiggestellt worden waren. In 33 elfstöckigen Gebäuden befanden sich knapp 3000 Wohnungen. Die fast ausschließlich von Schwarzen bewohnten Apartments entwickelten sich schnell zu einem Sammelbecken von Drogenmissbrauch und Kriminalität. Der Komplex wurde zu Beginn der 1970er-Jahre abgerissen (Belina und Horlitz 2017, S. 154–156). Das größte *public housing project* der USA stellten die mit vielen baulichen Mängeln 1962 in Chicago fertiggestellten Robert Taylor Homes mit 28 Hochhäusern und 4415 Wohnungen dar. Als Folge der Deindustrialisierung verloren viele der Mieter ihren Job und jede Aussicht auf einen neuen Arbeitsplatz. Außerdem waren viele Wohnungen überbelegt; zeitweise wohnten bis zu 27.000 Menschen in dem Komplex, die zunehmend von informellen und oft auch illegalen Tätigkeiten wie dem Drogenhandel lebten. Wiederholte Versuche der Chicago Housing Authority, die Wohnanlage von Kriminalität zu befreien, wie die *Clean-sweep*-Antikriminalitätskampagne der frühen 1990er-Jahre waren ein völliger Misserfolg. Die Robert Taylor Homes wurden zwischen 2000 und 2005 abgerissen (Chicago Historical Society 2004, Stichwort: Robert Taylor Homes). Präsident Nixon (1969–1974) leitete mit der Vergabe von Vouchern an

3

sozial Schwache, mit denen sie privat finanzierte Wohnungen anmieten konnten, den Niedergang des öffentlich geförderten Wohnungsbaus ein. Nachdem Präsident Reagan in den 1980er-Jahren die Mittel für den
sozialen Wohnungsbau drastisch reduziert hatte, wurden nur noch sehr vereinzelt *housing projects* realisiert. Dennoch leben landesweit noch mehr als 1,7 Mio.
Amerikaner in diesen Wohnanlagen. In New York City
werden rund 530.00 (jeder 17.) Einwohner durch unterschiedliche Voucher-Programme unterstützt oder leben
in einer der knapp 178.000 Wohnungen in 335 *projects*, die durch die New York City Housing Authority (NYCHA) vermietet und mehr oder weniger gepflegt werden. Außerdem organisiert NYCHA Dienstleistungen für Kinder, Senioren oder Mittellose. Die
meisten der Siedlungen sind heute in einem erbärm-
lichen Zustand. Die Sanierung der Wohnanlagen,
in denen rund eine halbe Million New Yorker leben,
würde rund 40 Mrd. US$ kosten. Präsident Roosevelt
(1933–1945) hatte den sozialen Wohnungsbau initiiert, um die Menschen aus den Slums zu holen. Das ist
rückblickend für viele Bewohner nicht gelungen, denn
nicht wenige der heutigen *housing projects* sind nicht
besser als die Slums der 1930er-Jahre (Husock 2022,
S. 1).

3.5.1 Wachsender Einfluss privater Investoren

Schon der *Housing Act* von 1949 hatte die Abkehr von
der staatlichen Förderung eingeleitet. Der Wohnungsbau sollte in Zukunft bevorzugt von privaten Investoren übernommen werden. Gleichzeitig wurde
die Gründung von *public private partnerships* zwischen Bund, Gemeinden und privaten Investoren an-
geregt, die den Abriss von Slums und problemati-
schen Stadtteilen und deren Bebauung durch ren-
dite- und steuerstarke Objekte durchführen sollten.
Die Tendenz der Privatisierung von Sanierungsvor-
haben wurde durch die *Urban-renewal*-Gesetzgebung
der 1950er-Jahre verstärkt. Bei der Festlegung und Abgrenzung der Sanierungsgebiete hatten die privaten Investoren einen großen Spielraum. In vielen Städten
wurden auf den sanierten Flächen Sportstadien, große
multifunktionale Gebäude wie in Boston das Prudential Center mit mehreren Hotels und einem Shopping
Center oder das Government Center mit Rathaus und
städtischen Ämtern gebaut. In anderen Innenstädten
wurden Problemviertel abgerissen und auf den Brachflächen Parkplätze angelegt, die bis heute auf einen Investor warten. Die Slums wurden beseitigt, ohne dass
neuer Wohnraum für die obdachlos gewordene Bevölkerung errichtet wurde. Vielfach entstanden auf den
Brachflächen Luxuswohnungen für zahlungskräftige

Käufer und Mieter. Die *Model Cities Bill*, die 1966
unter Präsident Lyndon B. Johnson (1963–1969) verabschiedet wurde, verfolgte einen breiteren Ansatz als
die vorausgegangenen Programme. In ausgewählten
Modellstädten sollte eine umfassende Sanierung der
Bausubstanz, der Wirtschaft und der Sozialstrukturen
mit technischer und finanzieller Unterstützung durch
die Bundesregierung stattfinden. Die Realisierung des
umfassenden Programms erwies sich aus vielen Gründen als schwierig. 1974 wurde es durch das *Community Development Block Grant Program* (CDBG) abgelöst, das vom U.S. Department of Housing and
Urban Development geleitet und koordiniert wird und
noch heute besteht. Das CDBG-Programm bietet ein
weites Feld von Möglichkeiten für die Revitalisierung
und die Aufwertung des städtischen Raumes. Hierzu
gehören Maßnahmen zur Bekämpfung der Armut,
der Ausbau der Infrastruktur oder die Förderung des
Wohnungsbaus. Letztlich dient das Programm aber vor
allem dazu, Anreize für private Investitionen zu schaffen. Der Großteil der Mittel fließt in innerstädtische
Projekte, während die sozial Schwachen nur wenig
von CDGB profitieren (Cullingworth und Caves 2008,
S. 296–299; Schneider-Sliwa 2005, S. 161–179). Im Februar 2009 wurde auf Veranlassung von Präsident
Obama der *American Recovery and Reinvestment Act*
zur Bekämpfung der amerikanischen Wirtschaftskrise
verabschiedet. Es wurden sehr unterschiedliche Projekte wie der Ausbau des Bildungs- und Gesundheits-
systems, Steuererleichterungen für Geringverdiener,
Hilfen im Fall von Naturkatastrophen für Farmer, aber
auch Programme zum Ausbau der kommunalen Infrastruktur, zur Revitalisierung von *neighborhoods* oder
für den Bau von Wohnraum für Sozialschwache unterstützt (► www.recovery.gov). Die von Präsident Biden
verabschiedeten Gesetze und Hilfsprogramme waren
ähnlich breit angelegt. Der Build Back Better Act von
2021 hat eine Unterstützung von 166 Mrd. US$ für den
sozialen Wohnungsbau mit Schaffung von bezahlbarem
Wohnraum und Mietzuschüsse vorgesehen. (► www.
whitehouse.gov) (◘ Abb. 3.4).

3.5.2 Stadterneuerung contra Stadterhaltung

In den USA wird seit Jahrzehnten gestritten, ob be-
dingungslose Stadterneuerung oder der Erhalt bestehender Strukturen wichtiger ist. Dieses gilt insbesondere für New York. 1908 war auf dem Höhepunkt des Eisenbahnzeitalters an der 33rd St. der
Bahnhof Pennsylvania Station eröffnet worden. Das
mit dorischen Säulen und einer Wartehalle im Stil der
Caracalla-Thermen in Rom, ausgestattete Gebäude
war bereits ein halbes Jahrhundert später nicht mehr

▣ Abb. 3.4 Celebration in Florida wurde in den 1990er-Jahren von der Walt Disney Company geplant und gebaut. Heute leben rund 11.000 Menschen in der privaten Siedlung

zweckmäßig. Ende der 1950er-Jahre plante die Pennsylvania Railroad, den alten Bahnhof durch einen modernen Zweckbau zu ersetzen. Über dem Bahnhof sollte ein 34-geschossiges Bürogebäude entstehen, um so eine bessere Rendite erwirtschaften zu können. Trotz heftiger Proteste wurde das prächtige Beaux-Arts-Gebäude Mitte der 1960er-Jahre abgerissen (Glaeser 2011a, S. 148–149). Gleichzeitig wurde New York unter dem langjährigen Stadtplaner Robert Moses zur autogerechten Stadt umgebaut und für neue Schnellstraßen alte Bausubstanz abgerissen, was ebenfalls zu Protesten führte. Seit Ende der 1920er-Jahre war der Bau einer zehnspurigen Schnellstraße zwischen den Brücken, die über den East River führen, und dem unter dem Hudson River liegenden Holland Tunnel, der Manhattan mit New Jersey verbindet, im Gespräch. Nach der Verabschiedung des *Federal Interstate Highway Act* im Jahr 1956, der die Finanzierung von Schnellstraßen von bis zu 90 % aus Bundesmitteln vorsah, rückte die Umsetzung des Plans in greifbare Nähe. 1959 veröffentlichte die Stadt New York einen Plan, der den Abriss

von 416 Gebäuden mit rund 2000 Wohnungen und wenigstens 800 gewerblich und industriell genutzten Gebäuden vorsah. SoHo (South of Houston St.) sowie Teile der angrenzenden *neighborhoods* Little Italy und Chinatown wären vom Erdboden verschwunden (Gratz und Mintz 1998, S. 295–298). Die New Yorkerin Jane Jacobs war in den 1960er-Jahren die wohl bekannteste Gegnerin der Stadterneuerung durch Robert Moses. Die beiden standen sich unerbittlich gegenüber. Jane Jacobs 1961 veröffentlichtes Buch *The Death and Life of Great American Cities* hat eine Wende in der Entwicklung nordamerikanischer Städte eingeleitet, wird aber bis heute sehr kontrovers diskutiert (Husock 2009). Die Aktivistin lebte mit ihrer Familie in der Hudson St. im New Yorker West Village unweit des Washington Square (▣ Abb. 3.5) in Manhattan und beobachtete, wie gut funktionierende und lebendige Straßen und *neighborhoods* für den Bau großflächiger Gebäude und neuer Verkehrstrassen abgerissen wurden und die frühere Vielfalt und Lebendigkeit verlorengingen. Sie kritisierte die Anlage monofunktionaler

3

◘ **Abb. 3.5**   Der Washington Square wurde ab den 1830er Jahren zu einem bevorzugten Standort wohlhabender New Yorker

Viertel und bekämpfte teils sehr erfolgreich den Abriss oder die Zerschneidung alter *neighborhoods*. Jane Jacobs organisierte den erfolgreichen Protest gegen den Bau der geplanten zehnspurigen Schnellstraße (Glaeser 2011a, S. 145; Zukin 2010, S. 13–14). Schon sehr früh erkannte sie, dass eine Mischung unterschiedlicher Nutzungen die Lebendigkeit und Kreativität der Stadt förderte. In den kleinteiligen *neighborhoods* wie Greenwich Village befanden sich in den Erdgeschossen kleine Geschäfte, und die Bewohner kannten sich. Nachbarn und Einzelhändler bewachten gemeinsam die Straße bzw. die Bürgersteige und trugen so maßgeblich zu deren Sicherheit bei. Der Nutzung der Bürgersteige hat Jacobs (1961, S. 29–88) größte Aufmerksamkeit geschenkt. Bürgersteige müssen von vielen Menschen genutzt werden und gut einsehbar sein. Leere Bürgersteige zwischen großen monofunktionalen Gebäuden, die sich nicht zur Straße öffnen, erfüllen diese Aufgabe nicht. In Städten begegnen sich Fremde. Nur wenn Nachbarn und Händler stets die Bürgersteige im Auge haben, sind diese sicher. Das „Auge auf der Straße" ist die bekannteste Metapher aus dem Werk von Jane

Jacobs (1961, S. 35): „… *there must be eyes upon the street, eyes belonging to those we might call the natural proprietors of the street*". Glaeser (2011a, S. 146) kritisiert zwar Jane Jacobs, räumt aber ein, dass dieses nicht falsch sei. Allerdings glaubt er, dass auch Hochhäuser eine sichere Umgebung erzeugen können. Da in Hochhäusern sehr viele Menschen arbeiten oder wohnen, werden die Bürgersteige stark frequentiert und erzeugen so bei allen Nutzern des Straßenraums ein Gefühl der Sicherheit. Außerdem spreche nichts dagegen, in den Erdgeschossen von Hochhäusern ebenfalls Geschäfte und Restaurants einzurichten. Aus diesem Grund seien auch die von Hochhäusern gesäumten Straßen von Midtown Manhattan sehr sicher. Glaeser (2011a, S. 146–148) ist der Meinung, dass Jane Jacobs den New Yorkern mehr geschadet als geholfen habe. Nachteilig sei, dass in den niedrigen Häusern der von Jacobs geretteten *neighborhoods* nur vergleichsweise wenige Menschen leben. Sie habe zu einer Verknappung des Wohnraums in Manhattan beigetragen, dessen Folge hohe Mieten seien. Eine Stadt wie New York sei auf Hochhäuser angewiesen, um allen Schichten der Bevölkerung bezahlbaren Wohnraum bieten zu können. Hochhäuser, nicht aber kleine Häuser mit nur wenigen Wohnungen, seien ein Garant für eine lebendige Stadt. Aus ähnlichen Gründen übt Sharon Zukin (2010, S. 17) Kritik an Jane Jacobs. Diese habe die ihr bekannte Stadt konservieren wollen und den Einfluss des Kapitals auf die Stadtentwicklung nicht erkannt. Schwarz (2010) bemängelt, dass Jacobs zu den *gentrifiern* der ersten Generation gehöre und selbst zu der Veränderung des West Village beigetragen habe. Andere loben den Einfluss von Jane Jacobs auf die Entwicklung der nordamerikanischen Stadt, da sie einen Paradigmenwechsel von der autogerechten zur lebenswerten Stadt eingeleitet habe (Sorkin 2009, S. 22–23). SoHo würde es in der heutigen Form ohne Jane Jacobs nicht geben, wenn die geplante Schnellstraße gebaut worden wäre (◨ Abb. 3.6). Sie habe erstmals herausgearbeitet, wie eine lebendige Stadt beschaffen sein solle und wurde nicht müde, dieses zu verkünden. Jane Jacobs habe das Potenzial von SoHo erkannt und erfolgreich den Protest gegen die Umwandlung angeführt. Die Vorgänge, die sich Ende der 1950er-, Anfang der 1960er-Jahre in SoHo abspielten, bezeichnet man heute als „SoHo *syndrome*". Nicht nur war es fortan auch an anderen Standorten in New York schwierig, gewachsene kleinteilige Strukturen zugunsten von Großprojekten aufzulösen, die „geretteten" Viertel gaben sich auch gerne Namen, die an das Vorbild SoHo erinnerten. Der erfolgreiche Kampf gegen den Bau des Lower Manhattan Expressway hatte binnen kürzester Zeit Auswirkungen auf benachbarte Stadtteile wie TriBeCa (Triangle below Canal St.), Noho (North of Houston St.), EsSo (East of SoHo) und das East Village, die alle unter Veränderungsschutz gestellt wurden. Schon bald dehnte man diese Maßnahmen auf Viertel in Brooklyn wie Dumbo (Down under the Manhattan Bridge) und die historischen Arbeiterviertel Greenpoint, Northside und Williamsburg aus, wo es stets Wohn- und Gewerbenutzungen in enger Verzahnung gegeben hatte. In Anlehnung an das New Yorker Vorbild wurde aus Denver's Lower Downtown LoDo, aus Seattle's South of the Dome SoDo und aus San Franciscos South of Market SoMa (Gratz und Mintz 1998, S. 302–303).

Als Antwort auf die Proteste von Jacobs und anderen Aktivisten gründete der New Yorker Bürgermeister Robert Wagner 1965 die Landmarks Preservation Commission, die erwartungsgemäß von der Immobilienwirtschaft, die sich vor rigiden Bauvorschriften fürchtete, kritisiert wurde. Mitte der 1960er-Jahre wurden bereits rund 700 Gebäude unter den Schutz der Kommission gestellt, und 2010 waren es mehr als 25.000. Südlich der 96th Street in Manhattan erstreckten sich die *historic districts* über mehr als 15 % der bebauten Fläche. Trotz heftiger Kritik (s. u.), ist ihre Zahl bis 2023 scheinbar unaufhaltsam auf 37.900 Gebäude in 156 historischen Distrikten in allen fünf Stadtteilen angewachsen. Außerdem stehen Kirchen, Kaufhäuser, Denkmäler, Parks und sogar Friedhöfe unter dem Schutz der Kommission. Schützenswerte

◨ **Abb. 3.6**   Die Broome Street sollte in den 1960er-Jahren zur Schnellstraße umgebaut werden

3

Häuser dürfen nicht abgerissen werden, und jeder Veränderung muss die Landmarks Preservation Commission zustimmen, die auch bei der Sanierung berät und diese häufig finanziell unterstützt. (▶ www.nyc.gov/landmarks). Greenwich Village wurde 1969 als zwölfter *historic district* mit 65 Baublöcken, mehr als 2000 Gebäuden und dem Washington Square mit dem weltweit bekannten Washington Square Arch ausgewiesen (◻ Abb. 3.7). Der unregelmäßige Grundriss des Viertels geht auf die Zeit zurück, als Greenwich noch dörflichen Charakter hatte. Die Bebauung mit repräsentativen Wohnhäusern der überwiegend wohlhabenden Bewohner setzte um 1820 ein und spiegelt alle baulichen Epochen des 19. Jahrhunderts wider. Rund 1000 Häuser wurden unter Veränderungsschutz gestellt und dürfen nicht abgerissen werden. In den 1970er-Jahren setzte eine umfangreiche Sanierung ganzer Straßenzüge ein. Greenwich Village gehört heute zu den teuersten Vierteln Manhattans und ist zu einem Touristenmagnet geworden. Zur 50-Jahr-Feier 2019 räumte die Kommission ein, dass bei vielen Gebäuden inzwischen eine erneute Sanierung anstehe (NYC Landmarks Preservation Commission 2019). Die vielen *historic districts* in New York schränken die Flächen, auf denen der Bau neuer Gebäude erlaubt ist, stark ein. Bauland ist ein sehr knappes Gut, insbesondere in Manhattan, und die umfangreichen schützenswerten Areale treiben die Grundstückspreise in die Höhe. Der knappe Grund und Boden New Yorks wird nicht optimal genutzt. In einem 40-geschossigen Hochhaus entfallen auf eine 110 m² große Wohnung nur knapp 3 m² Grundfläche und somit weit weniger als in einem geschützten vier-

geschossigen Gebäude, dessen Abriss nicht erlaubt ist. Nur die Wohlhabenden können sich eine Wohnung in den *historic disricts* New Yorks leisten. Die Bewohner der geschützten Viertel haben häufiger einen Hochschulabschluss als der durchschnittliche New Yorker, und der Anteil der Weißen ist höher als in anderen *neighborhoods*. New York empfiehlt sich heute nur noch als Wohnstandort für Reiche, die jeden Preis für ihre Wohnungen zahlen können, und für arme Einwanderer. Letztere ziehen in die nicht renovierten Wohnungen in schlechten Lagen mit Zugang zum öffentlichen Nahverkehr. Im suburbanen Raum können sie nicht wohnen, da sie sich kein Auto leisten können. Außerdem bietet nur die Stadt Unqualifizierten ein großes Angebot an Arbeitsplätzen. Tatsächlich ist ein eindeutiger Zusammenhang zwischen der Zahl der Baugenehmigungen und den Immobilienpreisen festzustellen. Daher scheint die Kritik Glaesers (2011a, S. 150–151, 184, 242) an der restriktiven Erteilung von Baugenehmigungen in New York gerechtfertigt zu sein, auch wenn sich ein Europäer kaum eine noch kompaktere Bebauung als in Manhattan vorstellen kann. Bürgermeister Bloombergs Antwort auf die New Yorker Wohnungskrise war der Bau von *micro-units* (Miniwohnungen) mit einer Fläche von deutlich unter 30 m². So könne nicht nur preiswerter Wohnraum geschaffen, sondern auch auf den demografischen Wandel und die große Zahl von Singlehaushalten reagiert werden. Die Reaktionen auf diesen Vorschlag waren gemischt (New York Times 21.9.2012 und 11.7.2012). Interessant waren die Überlegungen, dass man in New York angesichts der zahlreichen Restaurants und Fastfood-Stände eigentlich keine eigene Küche brauche. Die *micro-units* könnten somit zu einer Belebung der Bürgersteige im Sinne von Jane Jacobs beitragen.

Nach dem Vorbild der *historic districts* haben die Städte in den vergangenen Jahrzehnten eine große Zahl unterschiedlicher *special districts* ausgewiesen. Es gibt kaum noch eine Innenstadt ohne einen *art district*. In New York sind außerdem u. a. der Theatre District, der Special Fifth Avenue District, der Special Garment Center District und der Special Little Italy District ausgewiesen worden. In San Francisco gibt es 20 *special districts,* darunter Chinatown, Japantown und SOMA (South of Market Street), in denen bestimmte Nutzungen ausgeschlossen oder gefördert werden, um den Charakter der Viertel zu bewahren. Unter Planern sind die *special districts* umstritten, denn diese Ziele können auch im Rahmen des „normalen" *zoning* erreicht werden. Wichtigster Grund für die Ausweisung der *special districts* dürfte die bessere Vermarktung der Viertel sein. Eine weitere Möglichkeit der Erhalts gewachsener Strukturen stellt das 1966 gegründete National Register of Historic Places (NRHP) dar, das die Aufgabe hat, Amerikas archäologisches, historisches, architektonisches und kulturelles Erbe zu bewahren

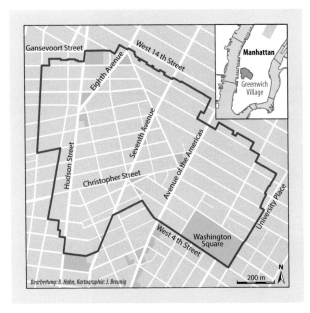

◻ **Abb. 3.7** Greenwich Village Historic District (adaptiert nach ▶ www.nyc.gov/landmarks)

■ **Abb. 3.8** Stadterhalt östlich der Union Station in Washington, D.C

(■ Abb. 3.8). Heute umfasst das Register knapp 100.000 Gebäude und Denkmäler verschiedenster Art. Da ein Abriss oder die Veränderung der geschützten Objekte fast ausgeschlossen ist, leistet der NRHP einen wichtigen Beitrag zum Erhalt älterer oder besonderer Gebäude. Allerdings fühlen sich die Städte oft in ihrer Planungshoheit eingeschränkt (Cullingworth und Caves 2008, S. 109–110, 224–226; ► www.nps.gov).

3.6 Transport und Verkehr

Das Automobil verkörpert in den USA die Sehnsucht nach Individualismus, Freiheit und Unabhängigkeit. Weit früher als in Europa konnte die Mittelklasse den amerikanischen Traum nach uneingeschränkter Mobilität realisieren. Gleichzeitig setzte der Niedergang des öffentlichen Nahverkehrs ein (Moen 2004). Zu Beginn des 20. Jahrhunderts hatten viele Städte ein gutes und wachsendes Straßenbahnnetz, mit dem Aufstieg des Automobils war die Zahl der Nutzer des öffentlichen Nahverkehrs aber bald rückläufig. Das endgültige Ende eines guten Nahverkehrs wurde Anfang der 1930er-Jahre eingeleitet, als ein Unternehmen namens National City Lines, das gemeinsam von General Motors, Firestone Tire, Philips Petroleum und Standard Oil of California gegründet worden war, die Straßenbahnen in Los Angeles und 44 weiteren Städten aufkaufte, nach und nach stilllegte und durch von General Motors produzierte Busse ersetzte. Aus heutiger Sicht war die Aktion illegal, aber zum damaligen Zeitpunkt setzte sich niemand für den Erhalt der Straßenbahn ein, die nur an wenigen Standorten wie in New Orleans erhalten blieb. Gefördert durch die großen Automobilproduzenten entwickelten sich die amerikanischen Städte zu autogerechten Städten. Auf der Weltausstellung 1939 in New York hat General Motors eine Vision der Stadt der Zukunft mit dem Namen „Futurama" vorgestellt. In dem Modell waren Fußgänger und Autoverkehr voneinander getrennt und alle wichtigen Standorte durch ein Netz von Autobahnen miteinander verbunden. Jeder Ort sollte in kürzester Zeit mit dem eigenen Fahrzeug erreicht werden können (Gallagher 2010, S. 73).

Für Jahrzehnte wurde die autogerechte Stadt zum wichtigsten Leitbild von Planern und Politikern. Mit staatlicher Unterstützung wurden innerstädtische Straßen und Highways gebaut und die Zersiedelung und Suburbanisierung gefördert. Vielerorts haben besonders die Innenstädte unter dem Straßenbau leiden müssen. Es wurden mehrspurige Ringautobahnen angelegt, die die Stadtzentren von den benachbarten Stadtteilen trennten, oder Schnellstraßen am Ufer von Seen oder Flüssen gebaut, die wie in Seattle oder San Francisco teils sogar aufgeständert wurden. Dem Autofahrer bot sich zwar ein guter Blick auf die Gewässer, aber ein Zugang zu einem erholsamen Ufer war den Städtern verwehrt. Die Autostadt Detroit wurde wohl mehr als jede andere amerikanische Stadt für den Individualverkehr umgebaut, aber selbst New York

3

war bald von einem Netz aus Highways durchzogen. Robert Moses war von den 1930er-Jahren bis 1968 für den Straßenbau in New York verantwortlich. Obwohl er nie einen Führerschein besaß, glaubte er bedingungslos an die autogerechte Stadt. Unter seiner Leitung realisierte man 13 Brücken und 670 km Schnellstraßen, die in New York *parkways* heißen, was ihm den Titel „*highwayman*" einbrachte (Fitch 1993, S. 68). Während sich die neueren Städte im Westen und Süden der USA mit der Anlage der Straßen in die Fläche ausgedehnten, wurden in den älteren Städten an der Ostküste und im Mittleren Westen viele Baublocks und Wohnungen für den Straßenbau abgerissen (Fitch 1993, New York Times 30.7.1981).

Die kompakte Stadt New York konnte ihre Lebendigkeit trotz des Baus vieler Straßen erhalten, während in kleineren Städten oft die Zentren geopfert wurden, um eine optimale Verkehrsführung zu erreichen. Inzwischen erkannte man die negativen Auswirkungen der Funktionstrennung und leitete einen Paradigmenwechsel ein. Nicht die autogerechte Stadt, sondern die lebenswerte Stadt steht im Vordergrund der stadtplanerischen Überlegungen. Am Rand der Innenstadt von San Francisco wurde der zweistöckige Embacadero Freeway, der 1989 während eines Erdbebens zusammengebrochen war, nicht wieder aufgebaut. In Portland, OR, und Boston wurden innerstädtische Stadtautobahnen abgebrochen und unter die Erde gelegt (▶ Abschn. 5.4 und 5.10.3). Außerdem ergriff man viele kleine Maßnahmen, die die Städte attraktiver machen. In San Bernadino wurde erkannt, dass der radikale Umbau der Stadt ein Fehler war, und verwandelte einen großen Parkplatz in zentraler Lage in einen öffentlichen Park, der sofort gut angenommen wurde und sogar für Hochzeiten genutzt wird. Gleichzeitig führt man weitere Maßnahmen zur Attraktivitätssteigerung der Innenstadt durch, darunter die Aufwertung der Bushaltestellen (Gratz und Mintz 1998, S. 114). In New York wurden der Times Square, der Harold Square und die Wall Street teilweise für den Verkehr gesperrt. In den Sommermonaten laden hier heute Stühle zum Verweilen ein.

3.6.1 Nachteile des Individualverkehrs

Unbestritten stellen die Emissionen des Individualverkehrs eine große Belastung der Umwelt dar. Bereits unter Präsident Nixon wurde die Environment Protection Agency (EPA) gegründet und 1970 der Clean Air Act verabschiedet. Dieses Gesetz forderte die Einführung von Umweltstandards ein und unterstützte die Forschung zur Verringerung schädlicher Abgase finanziell. In den folgenden Jahrzehnten entwickelte die EPA weitere Programme zur Bekämpfung von Umwelt-

belastungen aller Art. Die erfolgreiche Arbeit der Behörde mit Sitz auf der Pennsylvania Avenue unweit des Weißen Hauses wurde während seiner ersten Amtszeit durch Präsident Trump, der die Zahl der Mitarbeiter deutlich senkte, zeitweise unterbrochen. Während der zweiten Amtszeit ab 2024 sind erneute Einschnitte zu erwarten. Unter Präsident Biden hat sich die EPA auch für den Kauf elektrisch betriebener Neuwagen eingesetzt, um so dem Klimawandel zu begegnen. Kalifornien, wo das Tesla Werk angesiedelt ist, gilt als Vorreiter. Auf den Straßen San Franciscos werden bereits seit einiger Zeit selbstfahrende Fahrzeuge getestet (▶ www.epa.gov). In den vergangenen Jahren sind auch in den USA die Spritkosten stark gestiegen. 2022 entfielen 16,8 aller Ausgaben der Haushalte auf den privaten Transport und Verkehr bei steigender Tendenz (Bureau of Labour Statistics 2023). 2019 hat jeder Autofahrer 54 h im Stau gestanden, bei großen regionalen Unterschieden. Die höchsten Werte werden in den Großräumen New York, Los Angeles, San Francisco und Washington, D.C., erreicht. 2020 und 2021 gab es pandemiebedingt vorübergehend weit weniger Staus, da viele zu Hause arbeiteten (Texas Transportation Institute 2021). Nach Ende der Pandemie nahm der innerstädtische Verkehr schnell wieder zu, und in einigen Städten wird der baldige Verkehrskollaps erwartet. Um diesen zu verhindern, wurde in Manhattan Anfang 2025 eine Citymaut eingeführt. Ähnlich wie bereits seit vielen Jahren in London oder Singapur üblich, zahlen Pkws bei der Einfahrt nach Manhattan südlich des Central Parks eine Gebühr in Höhe von 9 US\$. Für Charterbusse, Lastwagen und Motorräder gelten andere Gebühren, die alle im Laufe der Jahre angehoben werden sollen. Man hoffte, auf diesem Weg das Verkehrsaufkommen um 17 % mindern (und die städtischen Kassen auffüllen) zu können (New York Times 27.03.24). In Städten mit einer geringen Bevölkerungsdichte ist es kaum möglich, Erledigungen zu Fuß zu machen, während in kompakten Städten eine wachsende Zahl der Menschen die eigenen Beine als Fortbewegungsmittel nutzt. Im Zentrum New Yorks oder Chicagos gibt es zwar einen guten öffentlichen Nahverkehr, aber es lohnt sich nicht, für die Überwindung kurzer Distanzen auf Bus oder U-Bahn zu warten. Außerdem gibt es auf den lebendigen Straßen dieser Städte viel zu sehen. Der New Yorker lebt neun Monate länger als der Durchschnittsamerikaner; möglicherweise weil er häufiger als seine Landsleute den eigenen Bewegungsapparat nutzt (Owen 2009, S. 163–168).

Trotz der Nachteile des Individualverkehrs für die Umwelt und der hohen Kosten nutzen nur wenige Amerikaner den ÖPNV, auf den 2022 nur 0,7 % der Haushaltseinkommen entfielen (Bureau of Labour Statistics 2023), was vielerorts an der mangelnden

Verfügbarkeit liegt. Carsharing wurde in den USA Ende der 1980er-Jahre eingeführt, rechnet sich aber nur für die Anbieter an dicht besiedelten Standorten und für die Kunden nur für kurze Fahrten. ZipCar und Enterprise Car Share sind die mit Abstand größten Anbieter. Inzwischen gibt es viele Konkurrenten wie Lyft, Uber, Enterprise Car Share, Car2Go und Getaround (◘ Abb. 3.9). Die Flotten der Unternehmen sind meist neuer und umweltfreundlicher als private Pkws. Vielen Haushalten reicht es, nur noch ein Fahrzeug zu haben und das zweite bedarfsweise anzumieten. Insgesamt spricht in den USA viel für das eigene Fahrzeug. Autos sind ein Statussymbol, und die ständige Verfügbarkeit ist ihr größter Vorteil. In Städten mit einem heißen und schwülen Klima dient der Pkw außerdem als Klimaanlage zwischen zwei klimatisierten Gebäuden (Owen 2009, S. 166). Angebot und Image des öffentlichen Nahverkehrs sind an vielen Standorten denkbar schlecht. Oft gibt es keine Fahrpläne für Busse, und wo es sie gibt, werden sie nicht eingehalten. Für die arme Bevölkerung ist es daher kaum möglich, einer regelmäßigen Beschäftigung nachzugehen, wenn sie den Arbeitsplatz nicht zu Fuß erreichen kann. Gerade die Unqualifizierten arbeiten aber oft zu Zeiten, in denen Busse und Bahnen nur selten fahren (Lyons 2011, S. 294–295; Moen 2004).

◘ **Abb. 3.9** Abstellplatz für *ZipCars*

3.6.2 Wohnstandort und Verkehrsmittelwahl

Der Wohnstandort entscheidet über die Verkehrsmittelwahl. In dicht besiedelten Siedlungen erfreuen sich das Zufußgehen und das Fahrrad zunehmender Beliebtheit. Aber nur wenn die Entfernung zwischen Wohnort und Arbeitsstätte kurz ist, können die eigenen Füße oder das Fahrrad für den Weg zur Arbeit eingesetzt werden. Sogar in Manhattan sind in den vergangenen Jahren Spuren für den motorisierten Verkehr rückgebaut und durch Fahrradwege ersetzt worden (◘ Abb. 3.10). Die einzelnen Bundesstaaten unterstützen den Ausbau von Radwegen unterschiedlich stark. In der Pandemie nahm der Gebrauch von Fahrrädern deutlich zu, da es hier kaum zu Ansteckungen kommen kann (Culver 2017, S. 182–183; Cox 2020). Im suburbanen Raum kann eine Familie nur leben, wenn der Haushalt wenigstens über einen, besser aber zwei oder drei Pkws verfügt. Der Zugang zum öffentlichen Nahverkehr beeinflusst die Segregation in den älteren und neueren Städten in unterschiedlicher Weise. In New York, Boston und Philadelphia kann man vier Bereiche aufgrund des Einkommens der Bewohner und deren Verkehrsmittelwahl unterscheiden. Die Wohlhabenden, die in den zentralen Teilbereichen der Städte wie Manhattan oder in Beacon Hill in Boston leben, gehen zu Fuß, nehmen sich ein Taxi oder nutzen den öffentlichen Nahverkehr. An den Rändern der Kernstädte wie den *boroughs* außerhalb von Manhattan oder Roxbury in Boston leben die Armen, die weite Wege mit öffentlichen Verkehrsmitteln zurücklegen. In den anschließenden *counties* wie Westchester County westlich von New York leben die Wohlhabenden, die gewöhnlich über mehrere Fahrzeuge verfügen, auf großen Grundstücken. In noch größerer Entfernung zur

◘ **Abb. 3.10** Selbst in Manhattan sind inzwischen viele Fahrradspuren angelegt worden und das Rad ist zu einem beliebten Fortbewegungsmittel geworden

3

Kernstadt sind die Grundstücke preiswerter und für die Mittelschicht erschwinglich, die an diesem Standort aber auf den Pkw angewiesen ist. In den neueren Städten wie Los Angeles fehlt die innere Zone, in der viele Fußgänger zu finden sind. Hier nutzen die Wohlhabenden überall das Auto und es lassen sich nur drei Zonen unterscheiden. In den zentralen Stadtbereichen wie South Central sind die Armen auf den öffentlichen Nahverkehr angewiesen, in wohlhabenden Vierteln wie Beverly Hills wird der Pkw genutzt, und die in den anschließenden *counties* lebenden Menschen mit mittleren Einkommen müssen große Pendelwege hinnehmen (Glaeser 2011a, S. 85–86).

Erfreulich ist, dass der öffentliche Personennahverkehr in vielen Städten in den vergangenen Jahren ausgebaut wurde. In New York beabsichtigte man bereits 1920, das U-Bahn-Netz in Manhattan auf der Upper Eastside zu erweitern. Die ersten drei Stationen der sogenannten 2nd Avenue Subway wurden allerdings erst 2017 dem Verkehr übergeben. Die Eastside Manhattans hat schon jetzt an Attraktivität gewonnen. Eine Verlängerung um weitere 13 Stationen bis Harlem ist in Vorbereitung. In Cleveland eröffnete erstmals in den USA eine mit Bussen betriebene Schnellbahn (Bus Rapid Transit Line, BRT), die auf der Euclid Avenue das innerstädtische Kunst- und Kulturzentrum mit der 10 km entfernt liegenden Cleveland Clinic verbindet. Noch während der Bauzeit entstanden mehrere neue Apartmentanlagen entlang der neuen Trasse, und weitere sind geplant. Die sogenannte Health Line leistet einen wichtigen Beitrag zur Revitalisierung der Stadt (The American Assembly 2011, S. 10). Eine Reihe amerikanischer Städte haben in den vergangenen Jahrzehnten alte Straßenbahnlinien, die in den USA als *light rails* bezeichnet werden, wiederbelebt oder neu gebaut. Der Erfolg ist allerdings nicht immer garantiert. Im Silicon Valley wurden 1987 die ersten Stationen einer *light rail* namens VTA (Valley Transit Authority) eröffnet, die inzwischen auf einer Länge von knapp 68 km 62 Stationen bedient. Der Bau hat bislang 2 Mrd. US\$ gekostet. Obwohl in dem technikaffinen Silicon Valley sogar kostenloses WLAN in den Bahnen zur Verfügung steht, wird die VTA kaum genutzt. Die Pandemie hat die Zahl der Nutzer und Einnahmen weiter reduziert. Bezogen auf beförderte Personenkilometer ist die Bahn die mit Abstand teuerste der USA. 2022 wurde bei den Betriebskosten ein Defizit von 6,9 Mio. US\$ erwirtschaftet, das bis 2031 auf 47,5 Mio. US\$ steigen wird. Da zudem die inzwischen mehr als 40 Jahre alten Wagen zu hohen Kosten ausgetauscht werden müssen, wird die Bahn evtl. sogar stillgelegt werden. Positiv ist aber, dass im Laufe der Jahrzehnte eine Reihe neuer *neighborhoods* entlang der Trassen gebaut worden ist. Die Straßenbahn des Silicon Valley war als Stadtentwickler tätig und hat zu einer Verdichtung der Bebauung beigetragen (Associa-

ted Press 27.12.2012; San Jose Spotlight 23.02.22). Die großen Entfernungen und die Tatsache, dass im Silicon Valley kostenlose Parkplätze in großer Zahl zur Verfügung stehen, dürften wichtige Gründe für die geringe Akzeptanz der VTA sein. Seit der Jahrhundertwende haben immer mehr Städte wie Atlanta, Washington, D.C., und Detroit in den Bau von Straßenbahnlinien investiert (◻ Abb. 3.11). Es schien, als habe der motorisierte Verkehr einen Sättigungsgrad erreicht, dem mit dem Öffentlichen Nahverkehr (ÖPNV) begegnet werden musste. In Atlanta war die letzte Straßenbahn 1949, in Washington, D.C., 1962 und in Detroit 1959 stillgelegt worden. 2007 wurde in der Hauptstadt eine erste 3,5 km lange Trasse entlang der H Street nördlich von Capitol Hill eröffnet. Seit 2014 verbindet in Atlanta eine Straßenbahn den innenstadtnahen Olympic Park mit der 4,3 km entfernten Martin-Luther-King-Gedenkstätte, und 2017 wurde in Detroit eine 5,3 km lange Straßenbahntrasse auf der Woodward Avenue zwischen Downtown und Midtown eröffnet. Im Vergleich zu deutschen Straßenbahnen fahren die amerikanischen Bahnen viel zu langsam, und an Ampeln scheint stets der motorisierte Individualverkehr Vorrang zu haben. Schon vor der Pandemie war deutlich zu erkennen, dass die Straßenbahnen kaum angenommen wurden (Beobachtung der Verfasserin). Es erstaunt nicht, dass alle Straßenbahnen große Verluste erzielen. Die COVID-19-Pandemie hat dem ohnehin umstrittenen Ausbau der Linien wahrscheinlich den endgültigen Todesstoß versetzt. Die Kritik an öffentlichen Subventionen für den ÖPNV ist groß. 2021 hat Präsident Biden den American Jobs Plan zur Ankurbelung der pandemiegeschwächten Wirtschaft verabschiedet, der 85 Mrd. US-Dollar für den Unterhalt und Ausbau von Bahnen und Bussen vorsah. Obwohl auf den ÖPNV nur 1 % des Personenverkehrs entfallen, sollten diesem 28 % der für den Verkehr vorgesehenen Gelder zukommen (OToole 2021). In der Tat erreichte der Individualverkehr nach der Pandemie sehr viel schneller wieder den Stand von 2019 als Busse und Bahnen (OToole 2023d), wo die Ansteckungsgefahr sehr viel größer ist als im eigenen Pkw. Berichte über Überfalle in der Straßenbahn von Minneapolis / St. Paul oder der New Yorker U-Bahn schrecken zudem viele potenzielle Nutzer ab (Nelson 2022). Insgesamt sieht die Zukunft des ÖPNV in den USA düster aus.

3.7 Grüne Städte für Amerika

US-amerikanische Städte gelten als umweltfeindlich. Bei geringer Bevölkerungsdichte ist der Grad der Versiegelung hoch, große Flächen werden vom fließenden und ruhenden Verkehr eingenommen, der öffentliche Nahverkehr ist schlecht und die Abhängigkeit vom privaten Pkw groß. Die Häuser sind kaum isoliert

Abb. 3.11   In Washington, D.C., wurde 2016 das erste Teilstück einer neuen Straßenbahn eröffnet

und verbrauchen viel Energie für Heizung oder Klima-anlagen, und riesige Brachflächen verschandeln das Stadtbild.

Trotz all dieser Defizite schonen kompakte Städte die Umwelt mehr als solche mit einer nur geringen Bevölkerungsdichte oder der suburbane Raum, und mehrere Wissenschaftler stellen erstaunlicherweise die Stadt New York als besonders positives Beispiel heraus. Da die Wohnfläche pro Einwohner gering ist und kaum ein privater Pkw genutzt wird, ist der ökologische Fußabdruck eines New Yorkers vergleichsweise klein. Die Einwohner Manhattans verbrauchen heute nicht mehr Sprit als der durchschnittliche Amerikaner Mitte der 1920er-Jahre. Jeder einzelne New Yorker konsumiert weniger Strom und erzeugt weniger Abfall als die Bewohner im Umland. Sogar die Hochhäuser sind umweltfreundlicher als viele Bürogebäude im suburbanen Raum. Die Photovoltaik-Paneele auf der Fassade des 1999 fertiggestellten 48-geschossigen Condé-Nast-Gebäudes am Times Square haben zwar weniger Nutzen als der unkundige Betrachter vermutet, denn sie generieren nur knapp 1 % des Stromverbrauchs des Gebäudes; aber selbst wenn viele der angeblich umweltfreundlichen Elemente mehr Schau als Realität sind, schont das Gebäude allein durch seine Größe die Umwelt. Der Wolkenkratzer nimmt eine Fläche von 0,4 ha ein und hat eine Geschossfläche von 150.000 m^2 verteilt auf 48 Etagen. Würde man die gleiche Geschossfläche in einstöckigen Gebäuden in einem suburbanen *office parc* anlegen und mit den nötigen Parkplätzen und üblichen Grünflächen ausstatten, würde man wenigstens 60 ha Land benötigen. Es besteht kein Zweifel daran, dass Städte mit einer großen Bevölkerungsdichte einen nur geringen individuellen Schadstoffausstoß haben. Dennoch ist es unfair, New York als umweltfreundlichste Stadt der USA zu bezeichnen, denn die Metropole wäre ohne die emissionsbelastende Industrie und Landwirtschaft in anderen Regionen des Landes nicht überlebensfähig (Owen 2009, S. 44, 205, 213).

Auch in Boston und Philadelphia gibt es große Unterschiede zwischen Kernstadt und suburbanem Raum aufgrund des guten öffentlichen Nahverkehrs und den hohen Bebauungsdichten in den zentralen Stadtbereichen. In den MAs Atlanta und Nashville lassen sich kaum Unterschiede zwischen Stadt und Umland feststellen. Die höchsten Werte beim CO_2-Ausstoß weisen die im Süden der USA gelegenen Städte Atlanta, Dallas, Memphis, Oklahoma City und Houston auf, da sie die Energie für die häufig benutzten Klimaanlagen aus Kohle gewinnen. In den weitläufigen Stadtlandschaften sind die Menschen außerdem besonders häufig mit dem eigenen Pkw unterwegs. In diesen Städten ist der CO_2-Ausstoß je Haushalt fast doppelt so hoch wie in vielen kalifornischen Städten. Ein Vergleich der Emissionen in 48 *metropolitan areas* hat gezeigt, dass San Francisco, San Jose, San Diego, Los Angeles und Sacramento den geringsten CO_2-Ausstoß pro Haushalt haben. Aufgrund des moderaten Klimas Kaliforniens sind hier die Ausgaben für Heizung bzw. Klimaanlagen verhältnismäßig gering. Außerdem haben Umweltschützer durchgesetzt, dass nur noch energiesparende Haushaltsgeräte genutzt werden

3

dürfen, und viel Strom nutzt man aus den umweltschonenden Energieträgern Wasser und Gas (Glaeser 2009; Glaeser 2011a, S. 14; Owens 2009, S. 2–7, 17; Sanphilippo 2022; Schulz 2008). Bäume in Städten sind in vielerlei Hinsicht von Nutzen. Sie senken im Sommer hohe Temperaturen, reinigen die Luft, absorbieren Lärm und verschönern die Stadtlandschaft. Grundstücke an baumbestandenen Straßen sind meist begehrter und teurer als in vegetationslosen Straßen. Die Pflege des innerstädtischen Grüns ist nicht immer einfach. San Francisco hat ein mediterranes Klima mit drei bis vier regenreichen Monaten im Winter, gefolgt von acht oder neun trockenen Monaten im Sommer. Allerdings können die winterlichen Regenfälle auch mehrere Jahre in Folge ausbleiben. Insbesondere junge Bäume müssen regelmäßig von Hand gegossen werden, bis ihre Wurzeln Wasser in tieferen Schichten aufnehmen können. Um die Bevölkerung in diese Aufgabe einzubeziehen, wurde 1981 die gemeinnützige Organisation „Friends of the Urban Forest" gegründet. Freiwillige haben seitdem mehr als 60.000 Bäume oder gut die Hälfte aller Straßenbäume San Franciscos gepflanzt und auf einer Fläche von insgesamt mehr als 1000 qm Beton durch kleine Grünflächen ersetzt. Freiwillige gießen junge oder gefährdete Pflanzen regelmäßig (Sanphilippo 2022; ▶ www.friendsoftheurbanforest.org). Kalifornien gilt heute als einer der umweltfreundlichsten Staaten der USA, aber auch hier trügt oft der Schein.

In vielen Städten hat in neuerer Zeit ein Umdenken eingesetzt, da man zunehmend die Probleme einer Laisser-faire-Haltung der Umwelt gegenüber erkennt (◨ Abb. 3.12). Angesichts der steigenden Temperaturen gibt es heute kaum noch eine Stadt in den USA, die nicht einen Plan für den Ausbau der Grünflächen hat. Antonio Villaraigosa hat 2005 bei seinem Amtsantritt als Bürgermeister von Los Angeles verkündet, dass seine Stadt zur grünsten Großstadt der USA werden solle. Er hat neue Behörden wie das Department of Water and Power und das Harbor Department gegründet und mit umfangreichen Kompetenzen ausgestattet. Außerdem hat er einen Plan zur Senkung der CO_2-Emissionen bis 2030 um 30 % unter das Niveau von 1990 verabschiedet. 2007 hat der New Yorker Bürgermeister Bloomberg den ehrgeizigen „Plan NYC: A Greener, Greater New York" veröffentlicht, der die Stadt auf eine weitere Million Einwohner vorbereiten, die Wirtschaft stärken, den Klimawandel mindern und die Lebensqualität aller Bewohner steigern soll. 25 städtische Behörden arbeiten gemeinsam an der Realisierung dieses Ziels, das rund 130 Projekte wie den Schutz der Feuchtgebiete in der Jamaica Bay, den Ausbau des öffentlichen Nahverkehrs und die Reduzierung der CO_2-Emissionen umfasst (Halle und Be-

veridge 2011, S. 161). Als ein Vorzeigeprojekt für die Bemühungen, einen Beitrag zur Verbesserung des Klimas zu leisten, gilt das 2009 fertiggestellte 366 m hohe Bürogebäude der Bank of America unweit des Times Square, das zwei Drittel seines Energieverbrauchs selbst generiert. Die Scheiben der vom Boden bis zur Decke verglasten Büros sind optimal isoliert und garantieren ein Arbeiten bei Tageslicht tief im Gebäudeinneren. Der Wolkenkratzer wurde als erstes kommerziell genutztes Gebäude der USA mit der Platin-Urkunde des U.S. Green Building Council ausgezeichnet (Lamster 2011, S. 83).

Umfassende Pläne haben den Nachteil, dass sie sehr teuer sind und die Realisierung teils Jahrzehnte in Anspruch nimmt. Neue Lokalpolitiker können andere Ziele verfolgen oder Wirtschaftskrisen die Sorgen um die Umwelt vergessen lassen. Oft sind kleine Projekte, die von Kommunen, Bürgerinitiativen oder Kirchen initiiert werden, sehr viel nachhaltiger, da sie den Umweltschutz mit einer Verbesserung der Lebensqualität verbinden. Zu diesen Projekten gehören die Renaturierung von Bächen oder die Anlage des Highline Parks in New York und von *community gardens* (Gemeinschaftsgärten) an verschiedenen Standorten in den USA. Früher warf man die Abfälle in Teiche oder Flüsse, die nicht selten zu stinkenden Rinnsalen wurden. Dieses Problem war am besten durch die Kanalisierung und Abdeckung der Gewässer zu lösen. Der Gestank war zwar verschwunden, aber nicht selten hatten die Anwohner fortan unter nassen Kellern zu leiden. Inzwischen hat man den ästhetischen Wert der Gewässer erkannt und begonnen, diese teilweise wieder an das Tageslicht zu holen. Dieser Prozess wird als *daylighting* bezeichnet. In Kalamazoo (74.000 Einw.) im südlichen Michigan floss der Arcadia Creek rund 100 Jahre unter der Erde, bis er in den 1990er-Jahren auf einer Länge von fünf Blocks in der Innenstadt renaturiert wurde. Ergänzend legte man mehrere Teiche an. Der Arcadia Creek, die Teiche und die umgebenden Wiesen bilden heute einen effektiven Hochwasserschutz. Außerdem haben die an den Gewässern liegenden Grundstücke an Attraktivität und Wert gewonnen. In Oklahoma City, Kansas City und Indianapolis wurden ähnliche Maßnahmen durchgeführt (Biello 2011; Gallagher 2010, S. 90–96; Hamilton County Planning and Development 2011). Die Pflanzung von Straßenbäumen, die Anlage von Parks oder die Freilegung zuvor unterirdisch verlaufender Bäche werten die *neighborhoods* auf, rufen aber nicht bei allen Anwohnern Freude hervor. Häufig steigen die Immobilienpreise, und es kommt zu einer Verdrängung der alteingesessenen Bevölkerung. Dieser Prozess wird als *green gentrification* bezeichnet, wofür der Highline Park in New York ein sehr gutes Beispiel ist (Malanga 2021).

◘ Abb. 3.12 In einem Park wird über die korrekte Mülltrennung informiert

3.7.1 High Line Park in Manhattan

Zu Beginn der 1930er-Jahre war in Chelsea auf der Westseite Manhattans zwischen der 34th und Spring St. eine Hochbahn für die Eisenbahn gebaut worden, um den Transport von Gefahrgütern aus den Industrie- und Hafenanlagen in Lower Manhattan, der zuvor über die 10th Avenue erfolgt war, zu verlagern. Mit dem Bedeutungsverlust des Hafens wurde die Hochbahn immer seltener genutzt und der Betrieb 1980 eingestellt. Für eine Umgestaltung in einen öffentlichen Park setzten sich erstmals 1999 zwei Umweltaktivisten ein. In Paris war zu diesem Zeitpunkt gerade das erste Teilstück der Promenade Planté eröffnet worden. Wie in Paris wollte man in New York auf der alten Eisenbahntrasse einen öffentlichen Park anlegen. Die Idee wurde in der Nachbarschaft schnell aufgegriffen und die Bürgerinitiative „Friends of the Park" gegründet. Allerdings hätte ein Teil der Anwohner zu diesem Zeitpunkt noch den Abriss der unansehnlichen Brache bevorzugt. Aufgrund guter Kontakte zu Politikern und anderen wichtigen Persönlichkeiten in New York gelang es den Aktivisten 2001, die Umwandlung der alten Bahntrasse zu einem wichtigen Thema im Wahlkampf um das Amt des New Yorker Bürgermeisters zu machen. Bemüht um Wählerstimmen, befürworteten alle sechs Kandidaten den neuen Park (◘ Abb. 3.13). Die Gegner des Projekts hatten aber in dem amtierenden Bürgermeister Rudolph Giuliani (1994–2001) einen wichtigen Verbündeten, der noch in der letzten Woche seiner Amtszeit ein Dokument unterschrieb,

das den Abriss der Anlage bestimmte. Die „Friends of the Park" gingen zwar vor Gericht erfolgreich gegen die Anordnung vor, aber obwohl sich Bürgermeister Bloomberg im Wahlkampf für die Anlage des Parks ausgesprochen hatte, erklärte er Anfang 2002, dass aufgrund der finanziellen Belastungen der Stadt die Realisierung des Projekts nicht möglich sei. Diese Aussage rief wiederum die Aktivisten auf den Plan, die vorrechneten, dass sich die Kosten für die Umwandlung in Höhe von 65 Mio. US\$ in nur 20 Jahren durch einen mehr als doppelt so hohen Gewinn rechnen würden. Bürgermeister Bloomberg musste schließlich dem öffentlichen Druck nachgeben. Nach weiteren Querelen zwischen den verantwortlichen Behörden und Änderungen im Flächennutzungsplan begann man 2007 endlich mit den Bauarbeiten. Da die Presse über Jahre ausführlich über den geplanten Park berichtet hatte, zogen ab 2008 die Preise für die an der Bahnstrecke gelegenen Grundstücke stark an. Die Investoren gingen davon aus, dass ein großes Interesse an einem Apartment mit Blick auf den neuen Park entstehen würde. 2009 wurde der erste Abschnitt von der Gansevoort Street im Süden bis West 20th Street im Norden eröffnet, 2011 wurde die Verlängerung bis West 30th Street und 2014 das letzte Teilstück bis West 34th Street an den Hudson Yards der Öffentlichkeit übergeben. Die frühere Bahntrasse, die teils durch Schluchten mit Häusern jeden Baualters und Pflegezustands führt und einen surrealistischen Eindruck vermittelt, ist äußerst beliebt. Jährlich besuchen rund 7 Mio. Anwohner, New Yorker und Touristen aus aller Welt den Park, denn

3

◻ Abb. 3.13 High Line Park in New York

inzwischen wird die Bahntrasse in Reiseführern und in vielen Videos angepriesen. In gewisser Weise ist der High Line Park Opfer des eigenen Erfolgs geworden. Ein entspannter Spaziergang ist hier kaum noch möglich, da sich zu viele Besucher über die schmale Trasse drängen (Eindruck der Verfasserin). In der Nähe des Parks sind die Immobilienpreise sprunghaft angestiegen. Nicht selten werden für Wohnungen 30 oder 40 Mio. US\$ verlangt. Außerdem befinden sich hier viele der angesagtesten Restaurants und Bars der Stadt. Der südliche Teil des High Line Parks hat zudem noch an Attraktivität gewonnen, als hier 2015 mit dem von dem Stararchitekten Renzo Piano entworfenen Neubau des Whitney Museum of American Art ein weiterer Besuchermagnet eröffnet wurde. Es ist offensichtlich, dass die Geschäfte im ehemaligen Meatpacking District (Schlachthausviertel), der sich am südlichen Ende der Bahntrasse befindet eine Aufwertung erfahren hat, von den vielen Besuchern profitieren. Der High Line Park stellt heute an der dicht besiedelten Lower West Side eine grüne Lunge dar, in dem sich auch in Manhattan lange ausgestorbene Insekten wieder angesiedelt

haben. Im Juni 2024 wurde die Eröffnung des ersten Teilstücks vor 15 Jahren gefeiert und als großer Erfolg gewertet (Halle und Beveridge 2011, S. 162–166; New York Times 30.06.24; ▶ www.highline.org; ▶ www.zillow.com).

3.7.2 Community gardens

Bereits Ende des 19. Jahrhunderts war in einigen Städten wie New York, Boston, Chicago und Detroit der eigene Anbau propagiert worden und 1891 erhielt eine Schule in Boston den ersten Schulgarten des Landes. Besonders in Krisenzeiten wie nach dem Ersten Weltkrieg oder während der Depression zu Beginn der 1930er-Jahre wurden viele Nutzgärten in den Städten angelegt, und während der Weltkriege halfen die *victory gardens*, die Ernährung der Stadtbevölkerung sicherzustellen (Sokolovsky 2010, S. 245). In New York leisten *community gardens* oder *urban gardens* seit den 1970er-Jahren einen wichtigen Beitrag zur Ernährung und sozialen Stabilisierung der Bevölkerung in problembeladenen Stadtteilen (Grünsteidel und Schneider-Sliwa 1999). Der Wunsch, ein bewussteres und einfacheres Leben zu führen sowie die Umwelt durch den Verzicht auf übermäßiges Düngen und den Transport von Lebensmitteln über große Distanzen zu schonen, hat seit den 1990er-Jahren zu einer Intensivierung der Bewegung geführt. Grundstücke, für die es keine Nachfrage gibt und die daher wertlos sind, werden einer vorübergehenden Nutzung zugeführt, die keinesfalls dauerhaft sein soll (Bishop und Williams 2012, S. 65). Über die Grenzen der USA hinaus wurde die Bewegung bekannt, als Michelle Obama 2009 mit Kindern aus benachteiligten Stadtvierteln Gemüsebeete im Garten des Weißen Hauses anlegte.

In vielen Städten ist die Versorgung mit Nahrungsmitteln in den Vierteln der ärmeren Bevölkerung sehr schlecht. Da die Gewinnerwartungen gering und die Ausgaben für die Sicherheit hoch sind, investieren die großen Ketten, die den Lebensmitteleinzelhandel dominieren, nicht in diesen Stadtteilen, und es entstehen *food deserts* (Lebensmittelwüsten) (Acker 2010, S. 137). Die arme Bevölkerung verfügt oft über kein Auto, und der öffentliche Nahverkehr ist, sofern vorhanden, teuer und unzuverlässig. Um eine Mindestversorgung der Bevölkerung zu garantieren, dürfen vielerorts Lebensmittelmarken an Tankstellen eingelöst werden, deren Angebot jedoch meist auf Kartoffelchips und ähnlich kalorienreiche und nährstoffarme Knabbereien begrenzt ist. Man schätzt, dass sich rund 80 % der Bewohner Detroits in Läden mit einem eingeschränkten und schlechten Angebot oder an Tankstellen versorgen (Renn 2009). Es verwundert nicht, dass viele Menschen in Detroit und vergleichbaren Städten oder Stadtvierteln fettleibig sind und Mangelerscheinungen aufweisen. In Detroit, wahrscheinlich die größte *food desert* der USA, initiierte um 1990 die Aktivistin Grace Lee Boggs die Bewegung *„Gardening Angels",* der bald ähnliche Initiativen in anderen Städten folgten. In der Regel werden die Gemüse- und Obstgärten von einer einzigen Familie oder in Form von Gemeinschaftsgärten betrieben. Die *urban gardens* sind allerdings alles andere als unumstritten. Oft beschlagnahmen die Bewohner Grundstücke ohne jede Genehmigung. Die Rechtsverhältnisse sind schwierig, denn das Land ist entweder im Besitz eines (abwesenden) Eigentümers oder der Stadt. Die illegalen Landbesitzer werden daher auch als *green guerrillas* und das Gärtnern wird als *guerilla gardening* bezeichnet. Die Gemeinden möchten die Flächen nicht verkaufen, um sie nicht einer anderen Nutzung dauerhaft zu entziehen. In New York wollte Bürgermeister Rudolph Giuliani Ende der 1990er-Jahre mehr als 100 Gemeinschaftsgärten für den Bau von Wohnungen zerstören. Die Proteste gegen den Bürgermeister und die Investoren verstummten erst, als die Schauspielerin Bette Midler kurz vor der geplanten Zerstörung der Gärten die Grund-

stücke kaufte und den Gemeinschaftsgärtnern übergab. Dieses Beispiel ist kein Einzelfall in New York, wo Bauland teuer ist und Proteste oder Gerichtstermine wegen unrechtmäßiger Inbesitznahme von Brachflächen an der Tagesordnung sind. In New York gibt es rund 550 *urban gardens* und außerdem rund 400 Gärten, die von Senioren, die in den städtischen Sozialwohnungen leben, unterhalten werden. Inzwischen unterstützt die Stadt New York die *urban gardens*. Die „illegalen" Gärtner erhalten Verträge über zehn Jahre und somit Rechtssicherheit, dass sie die Gärten wenigstens über diesen Zeitraum bewirtschaften können. Außerdem steht die Stadt mit dem Programm „Green Thumbs" (Grüner Daumen) mit Rat und Tat zur Seite. Es können Gartengeräte ausgeliehen werden, und teils stellt die Stadt auch Erde, Dünger oder Setzlinge bereit. Die meisten *community gardens* haben nur die Größe eines Grundstücks, einige wenige sind aber sehr viel größer. Die Gärten dienen der Grundversorgung der städtischen Bevölkerung und haben einen großen therapeutischen Wert. Nachweislich senken sie sogar die Kriminalitätsrate (Gallagher 2010, S. 45, 53–54; NYC Parks 2023; Sokolovski 2010, S. 244–249).

Heute wird ein nicht geringer Teil der *community gardens* durch gemeinnützige Organisationen wie Growing Power in Milwaukee, Las Parcelas in Philadelphia und Earthworks in Detroit angelegt. In Detroit öffneten 1997 die Brüder eines Franziskanerordens eine Suppenküche für Bedürftige, für deren Versorgung sie auf einem brach liegenden Grundstück nahe ihres Klosters Gemüse anbauten. Im Lauf der Jahre übernahm die Gemeinschaft immer mehr Brachflächen und baute 2004 ein großes Gewächshaus. Wenige Festangestellte und viele Freiwillige stellen eine breite Palette von Lebensmitteln und sogar eigenen Honig her. Die Produktion überschreitet schon lange die Nachfrage der Suppenküche und wird auf dem Gelände von Earthworks an die Detroiter Bevölkerung verkauft. Außerdem werden Kochkurse für Erwachsene und Kinder angeboten. Ein großes Problem sind die möglicherweise belasteten Böden der Stadt. Ein Teil der Produktion findet daher in Hochbeeten statt, die teils mit Erde aus einem Friedhof der Ordensgemeinschaft aufgefüllt werden. Nach dem Vorbild von Earthworks ist in Detroit das Garden Resource Network entstanden, das rund 1400 private Gärten, Gemeinschaftsgärten und Schulgärten betreut. Die *urban gardens* leisten zweifelsohne einen positiven Beitrag zur Ernährung der Detroiter Bevölkerung. Trotz aller Bemühungen lassen sich leider nur wenige junge und arbeitslose Schwarze in der sommerlichen Hitze für das Wühlen in der Erde gewinnen. Gerade diese Bevölkerungsgruppe könnte so an regelmäßige Arbeit herangeführt werden. Viele Gärten produzieren zeitweise große Überschüsse, die sie samstags auf dem Eastern Market nahe der Innenstadt von Detroit verkaufen, der auch gerne von Bewohnern des suburbanen Raums besucht wird. Der Wert der Gärten ist kaum hoch genug einzuschätzen, da sie die Ernährungssituation deutlich verbessern, brachliegende Grundstücke begrünt und das Stadtbild aufgewertet werden (Gallagher 2010, S. 47–72; Auskunft von Mitarbeitern von Earthworks) (◖ Abb. 3.14).

◖ **Abb. 3.14**   Der samstags geöffnete Detroit Eastern Market liegt am Rand der Innenstadt und wird auch von *urban gardens* beliefert. Er wird er gerne von den Bewohnern des suburbanen Raums besucht

Reurbanisierung und Restrukturierung

Inhaltsverzeichnis

4.1   Global Cities – 73
4.1.1   New York – 74
4.1.2   Chicago – 76
4.1.3   Los Angeles – 78
4.1.4   Washington, D.C. – 79
4.1.5   Ausblick – 80

4.2   Smart cities – 80
4.2.1   Einfluss neuer Technologien – 81

4.3   Kreative Städte – 82
4.3.1   Kreative Klasse – 84
4.3.2   Kritik – 85

4.4   Konsumenten- und Touristenstädte – 86
4.4.1   Kongresstourismus – 89
4.4.2   Attraktionen – 90

4.5   Downtowns – 92
4.5.1   Bedeutungsverlust und Verfall – 92
4.5.2   Einwohnerentwicklung und Bewohner – 93
4.5.3   Revitalisierung – 95
4.5.4   Megastrukturen – 98
4.5.5   Paradigmenwechsel – 100
4.5.6   Sportstadien und *Entertainment Districts* – 101
4.5.7   Saubere Downtowns – 102
4.5.8   Business Improvement Districts – 104
4.5.9   Waterfronts – 105
4.5.10   Hochhäuser – 107
4.5.11   Innerstädtischer Wohnraum – 109
4.5.12   Architektur der Aufmerksamkeit – 112
4.5.13   Aufenthaltsqualität – 113
4.5.14   Einzelhandel – 115
4.5.15   Übergangszone – 119

4.6   Segregation – 121
4.6.1   Ethnische Segregation – 121
4.6.2   Sozioökonomische Segregation – 125
4.6.3   Demografische Segregation – 127
4.6.4   Segregation in jüngerer Zeit – 127

4.7   Gentrification – 129
4.7.1   Gentrifier – 132
4.7.2   Öffentliche Förderung – 134
4.7.3   Bewertung – 135

4.8   Privatisierung – 136
4.8.1   Shopping Center – 138
4.8.2   Innerstädtische Plätze – 138
4.8.3   Obdachlose ohne Bürgerrechte – 140
4.8.4   Gated communities – 142

Ein Teil der US-amerikanischen Städte hat in den vergangenen Jahren einen Aufschwung erlebt, den man in Amerika unspezifisch als *revitalization,* im Deutschen als Revitalisierung oder exakter als Reurbanisierung bezeichnet. Der US-amerikanische Begriff „reurbanization" entspricht inhaltlich allerdings nicht ganz dem deutschen Begriff „Reurbanisierung", eine genaue Abgrenzung ist aber schwierig und verwirrend (Franz 2015, S. 40–47). Für Revitalisierung wie für Reurbanisierung gibt es unterschiedliche Definitionen, die entweder quantitative oder qualitative Prozesse beschreiben, wobei das Präfix „Re" eine Umkehr eines länger anhaltenden Prozesses ankündigt, die aber nicht zur Wiederherstellung eines früheren Zustandes führen muss (Brake und Urbanczyk 2012, S. 35). Abhängig von der Fragestellung kann Reurbanisierung anhand quantitativer oder qualitativer Indikatoren ermittelt werden. Wanderungsströme, eine Zu- oder Abnahme von Bevölkerung oder Arbeitsplätzen sind exakt messbar. Es ist möglich, dass diese in der Kernstadt nach Jahren einer negativen Entwicklung absolut wieder ansteigen oder relativ betrachtet stärker anwachsen als im suburbanen Raum. Dem *census* 2020 zufolge hat zu Beginn des neuen Jahrhunderts ein Teil der Kernstädte große Einwohnerverluste erfahren, während andere einen Bevölkerungsgewinn verzeichnen konnten, der allerdings stets weit unter den Zuwachsraten des suburbanen Raums gelegen hat. Der stadtferne suburbane Raum erzielte die höchsten Gewinne. Obwohl die Kernstädte im Vergleich zum Umland einen Bedeutungsverlust erfahren haben, kann man von Reurbanisierung sprechen, wenn die absolute Einwohnerzahl gestiegen ist. Basierend auf Beobachtungen zunächst zur quantitativen Reurbanisierung in europäischen Verdichtungsräumen, wo diese Prozesse weit früher als in den USA eingesetzt haben, wurden Modelle zur Stadtentwicklung erarbeitet, die die Phasen Urbanisierung, Suburbanisierung, Desurbanisierung und Reurbanisierung unterschieden, wobei die chronologische Reihenfolge nicht zwingend ist (Berg und van den et al. 1982; Gaebe 2004, S. 18–157). In US-amerikanischen Städten lässt sich eine Überschneidung oder sogar Gleichzeitigkeit der einzelnen Phasen beobachten. Das gilt auch für Suburbanisierung und Reurbanisierung, die durchaus zur gleichen Zeit erfolgen können.

Im Fokus der Betrachtung stehen in neuerer Zeit weit häufiger qualitative Veränderungen im Sinne von Reurbanisierung als einer Reihe von Aufwertungsprozessen in den Innenstädten oder innenstadtnahen Bereichen, die von sozialen und ökonomischen Veränderungen begleitet werden und sich positiv auf das Image der Gesamtstadt auswirken. Der globale Wettbewerb, dem die Städte ausgesetzt sind, und eine liberale Politik bieten einen wichtigen Erklärungsansatz für diesen Prozess, der mit einer Restrukturierung des öffentlichen Raumes verbunden ist. Sichtbare Zeichen der Reurbanisierung wie Flagship-Stores, teure Einkaufspassagen und Restaurants oder luxuriöse Apartmentkomplexe lassen sich insbesondere in den Innenstädten finden. *Gentrification* ist eine spezifische Ausprägung der Reurbanisierung (Brake und Herfert 2012, S. 16; Gerhard 2012, S. 54, 2017). Die neuen Urbaniten und zahlungskräftige Touristen haben zu der Entstehung von Konsumentenstädten beigetragen. Die qualitative Reurbanisierung kann auf ausgewählte Teile der Stadt begrenzt sein, während sich gleichzeitig andere Teile (noch) in der Phase des Abschwungs befinden (Brake und Urbanczyk 2012, S. 35).

4.1 Global Cities

Die US-amerikanischen Städte sind in den globalen Wettbewerb eingebunden, wobei New York unzweifelhaft auf der obersten Hierarchieebene angesiedelt ist, gefolgt von Chicago, Los Angeles, San Francisco, Washington oder Miami. Die Entwicklung dieser Städte ist in den vergangenen Jahrzehnten nicht linear verlaufen; Phasen eines relativen Bedeutungsgewinns haben sich mit Phasen eines Bedeutungsrückgangs abgewechselt (Fainstein 2011). Die Zahl der Headquarters transnational agierender Unternehmen stellt einen wichtigen Indikator für die Bedeutung einer *global city* dar, da hier die wichtigen Entscheidungen getroffen und die weltumspannenden Firmennetze koordiniert werden (Kujath 2005, S. 13). Mit 15 Hauptsitzen der 100 umsatzstärksten Unternehmen in den USA steht die MA New York unangefochten an der Spitze. Dreizehn dieser überwiegend dem Pharma- und Finanzsektor zugehörigen Headquarters konzentrieren sich auf nur wenige Baublöcke südlich des Central Park und an der Südspitze Manhattans. Es folgen die MAs San Francisco mit acht, die MA Chicago mit sieben und die MA Boston mit sechs Unternehmenssitzen (Stand 2022) (◘ Abb. 4.1). An den genannten Standorten sind die Headquarters aber nicht auf so einen engen Raum konzentriert wie in New York, sondern befinden sich teils außerhalb der Kernstädte. Das gilt insbesondere für San Francisco, wo mehrere Hightech-Unternehmen wie Apple oder Hewlett Packard im südlich gelegenen Silicon Valley angesiedelt sind. Es handelt sich daher eher um *global regions* als um *global cities.* Die *Global-city*-Forschung hat sich überwiegend mit New York, Chicago und Los Angeles beschäftigt, aber auch Washington, D.C., stellt ein interessantes Fallbeispiel dar (Gerhard 2007).

4

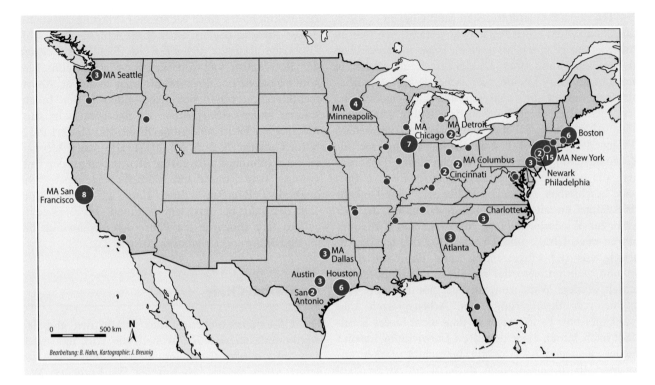

Bearbeitung: B. Hahn, Kartographie: J. Breunig

☐ **Abb. 4.1**   Headquarter der 100 umsatzstärksten Unternehmen der USA (Stand April 2022) (Datengrundlage ▶ www.fortune.com)

4.1.1 New York

Die Kolonisten wählten im 17. Jahrhundert den Standort der späteren Stadt New York aufgrund der Nähe zum Atlantik sowie der geschützten und im Winter meist eisfreien Lage. Zudem bot der Hudson River Zugang zu einem großen Hinterland. Da der Handel schon früh nicht auf das Mutterland und andere Kolonien begrenzt war, entwickelte sich New York 1820 zum größten Hafen der Welt. Einen enormen Bedeutungszuwachs erlebte er durch die Eröffnung des Erie-Kanals 1825, der den Hudson River mit den Großen Seen verband. Bald erschloss die Eisenbahn ein immer größeres Hinterland. New York wurde zur Drehscheibe des nationalen und internationalen Warenhandels und aufgrund des großen Arbeitskräftebedarfs zum wichtigsten Anlaufhafen für Immigranten, die ein stets großes Angebot an preiswerten Arbeitskräften garantierten (Abu-Lughod 1999, S. 37 und 72; Jackson 1995, S. 581 f., 926 f. und 977 f.). Im 19. Jahrhundert entwickelte sich New York zu einer Industriestadt, in der sich die Bekleidungsindustrie, die Stahlindustrie und das Druck- und Verlagswesen etablierten. Regelmäßige Schiffsverbindungen nach Europa garantierten den zuverlässigen Erhalt von Nachrichten vom alten Kontinent, und New York entwickelte sich schon früh zum führenden Presse- und

Verlagsstandort des Landes (☐ Abb. 4.2). Es entstanden riesige Vermögen durch den Ausbau von Industrie, Verkehrssystem und Handel sowie aus Grundstücksspekulationen. Der Aufstieg zum größten Bankenplatz des Landes war fast unvermeidlich. 1817 wurde die New York Stock Exchange gegründet, die 1865 an ihren heutigen Standort an der Wall Street verlegt wurde, wo sich bereits 1797 die Bank of New York niedergelassen hatte. Bald stieg die Stadt zum dominierenden Finanzzentrum des Landes auf (Jackson 1995, S. 74, 261 ff., 810, 844 ff.). Die großen Vermögen waren ausschlaggebend für die Entwicklung New Yorks zur Kulturhauptstadt der USA. Gründer und Kapitalgeber von Museen, Opernhäusern, Konzerthallen und Bibliotheken, die später Weltruhm erreichen sollten, waren z. B. der Grundstücksspekulant J. J. Astor und der Bankier J. P. Morgan, der Mitbegründer des Metropolitan Museum war (Homberger 1994). Im 20. Jahrhundert blieben Industrie und Handel zunächst bedeutend, der Bankensektor konnte ausgebaut werden, und der Hafen blieb, bis er 1960 von Rotterdam überholt wurde, der größte der Welt. Mit dem Börsencrash von 1929 veränderte sich die optimistische Stimmung schlagartig. Ein leichter Aufschwung zeichnete sich gegen Ende der 1930er-Jahre ab, aber erst der Krieg in Europa brachte die endgültige Wende (Abu-Llughod 1999, S. 37, 185–191).

◨ **Abb. 4.2** Gebäude der New York Times in der 41st Street, eine der global bedeutendsten Zeitungen

Amazon Standortsuche

Der Wettbewerb um die Headquarters innovativer Unternehmen ist hart, denn diese steigern das Image der Städte und bieten gut bezahlte Arbeitsplätze. Als Amazon 2017 ankündigte, neben dem etablierten Unternehmenssitz in Seattle einen oder zwei weitere Headquarters im Osten der USA zu eröffnen, traten Hunderte Gemeinden mit Grundstücken und Subventionen miteinander in Konkurrenz. Die Entscheidung fiel im Spätherbst 2018 auf New York City und Arlington, VA. In New York sollte auf Long Island City ein neuer Bürokomplex zu geschätzten Kosten in Höhe von 3,6 Mrd. US$ errichtet werden. Long Island City gehört zu Queens und liegt direkt am East River mit Blick auf Manhattan. Der Stadtteil wurde lange durch Lagerhäuser und Gewerbe geprägt. Erst in den vergangen 20 Jahren sind hier auch Hotels und moderne Apartmenthäuser entstanden. Die Freude bei den New Yorker Planern und Wirtschaftsförderern war groß, als die Stadt den Zuschlag erhielt, denn bis 2034 wollte Amazon 40.000 Arbeitsplätze an dem Standort schaffen. Allerdings gab es auch viel Kritik, da der Bundesstaat New York versprochen hatte, die Ansiedlung mit 1,7 Mrd. US$ zu subventionieren, und weitere 1,3 Mrd. US$ in Aussicht gestellt hatte. Nach Ansicht der Gegner war es

ein Unding, das erfolgreiche Unternehmen Amazon in dieser Größenordnung zu subventionieren, zumal das Geld in New York besser eingesetzt werden könne. Auch Wohnungssuchende waren über steigende Immobilienpreise in der Nähe des geplanten Komplexes verärgert (Gannon 2018; New York Times 22.11.2018). Alexandria Ocasio-Cortez, die zum damaligen Zeitpunkt jüngste Abgeordnete im Kongress und dem linken Flügel der Demokraten angehörig, hatte sich besonders lautstark gegen die Ansiedlung von Amazon ausgesprochen. Angesichts der heftigen Kritik fühlte sich Amazon in New York nicht willkommen. Da man auf ein unternehmensfreundliches Umfeld angewiesen sei, zog das Unternehmen im Februar 2019 die Pläne für den neuen Standort zurück (Amazon Company News 14.02.19). Erwartungsgemäß stuften viele die Kritik an Amazon und den Rückzug des Unternehmens als vertane Chance für New York ein. Es sei begrüßenswert gewesen, dass das Headquarter in der größten Stadt des Landes gebaut werden sollte. Die Arbeitsplätze hätten einen wichtigen Beitrag für die Zukunft der Stadt geleistet. Außerdem gebe es in demokratisch regierten Städten sowieso zu viele unternehmerfeindliche Gesetze und Richtlinien. Amazon habe New York nicht als Standort aufgrund der hohen Subventionen, sondern wegen

4

des großen Pools qualifizierter Arbeitskräfte gewählt. Andere Standorte wie Newark und Philadelphia hätten weit höhere Subventionen geboten (Kotkin 2019; Vranich 2019).

In Arlington County konnte sich Amazon durchsetzen, obwohl es auch hier ähnliche Kritik gab wie in New York. Der Bundesstaat Virginia hat die Ansiedlung mit 750 Mio. US$ subventioniert. Der Standort in der Crystal City *neighborhood* unweit von Washington, D.C., rund 1 km südlich des Pentagons und 2 km westlich des National Airports ist perfekt. Seit den 1960er-Jahren sind hier Hochhäuser mit Hotels, Büros und Wohnungen entstanden, die einen eher abweisenden Eindruck vermitteln. Auf einer zuvor noch großen Brachfläche hat Amazon bereits Mitte 2023 den ersten Bauabschnitt des East Coast Headquarters, das in der Endphase 25.000 Arbeitsplätze haben soll, eröffnet. Zudem hat Boeing sein Headquarter 2022 von Chicago in die direkte Nachbarschaft von Amazon verlegt (Abschn. 5.10.1). In der Umgebung sind bereits jetzt neue Cafés und Restaurants eröffnet worden und es wurde in den öffentlichen Raum investiert. Allerdings haben die Immobilienpreise stark angezogen, und es wird die *gentrification* einer von *hispanics* bewohnten *neighborhood* in der Nähe von Crystal City befürchtet (Washington Post 15.06.2023, 07.07.2023).

Aufgrund von Suburbanisierung und De-industrialisierung ist die Zahl der Industriearbeitsplätze seit den späten 1960er-Jahren kontinuierlich gesunken (City of New York 2002, S. 2 f.). In den 1970er-Jahren durchlief New York eine große Krise. Die Infrastruktur war veraltet und der Hafen hatte kaum noch Bedeutung. Obwohl die Steuern mit zu den höchsten in den USA zählten, war die Stadt zeitweise zahlungsunfähig. 1975 konnte der Konkurs nur durch die Übernahme der Finanzen durch die Municipal Assistance Corporation abgewendet werden. In diesem Jahrzehnt ist die Bevölkerung gesunken, aber bereits in den 1980er-Jahren setzte ein wirtschaftlicher Aufschwung ein, der sich in steigenden Einwohnerzahlen ausdrückte. Die Textilarbeiter hatten ihre Kinder gut ausgebildet und gelernt, auf Risiken einzugehen. New York konnte die Funktion als *global city* ausbauen und wie keine andere Stadt der Welt internationales Kapital anziehen und verwalten (Glaeser 2011a, S. 3, 56–57; Sassen 1993). Die größten amerikanischen Banken, Broker und Versicherungen sowie die wichtigsten Auslandsbanken haben hier ihre Zentrale. 2019 arbeiteten 1,6 Mio. Beschäftigte oder mehr als ein Drittel aller New Yorker im erwerbsfähigen Alter in Büros und dies überwiegend in Manhattan. Das ist weit mehr als in

jeder anderen Stadt des Landes. Wiederum 30,5 % der Büroarbeitsplätze waren im FIRE-Sektor *(finance, insurance, real estate)* angesiedelt, in dem besonders viel verdient wird. 2020 haben die im FIRE-Sektor Beschäftigten 145.000 US$ plus jährliche Boni von teils mehr als 1 Mio. US$ für Spitzenkräfte erhalten, während das durchschnittliche Einkommen in der Stadt nur bei rund 48.000 US$ lag. Es erstaunt nicht, dass in New York City Armut und Reichtum auf sehr engem Raum zu finden sind (Office of the New York State Comptroller 2022, ▶ www.census.gov). Die 47th Street ist neben Antwerpen das führende Handelszentrum für Diamanten. Mit dem am East River gelegenen Sitz der Vereinten Nationen ist New York außerdem Schauplatz weltpolitischer Entscheidungen. In New York werden heute zwar kaum noch Textilien produziert, aber der Modesektor ist nach wie vor lebendig. Viele Designer wie Donna Karan und Calvin Klein leben und arbeiten in New York; ihre Entwürfe werden allerdings am anderen Ende der Welt zu fertiger Garderobe umgesetzt. Die New Yorker Museen lassen sich mit denen Londons oder Paris' vergleichen, und der private Kunstmarkt zieht Sammler aus aller Welt an (Hahn 2017). In den Bereichen Schauspiel, Musical und Musik besticht New York durch die Fülle des Angebots. Außerdem ist die Stadt ein globales Einkaufsparadies, in das sogar Europäer für Weihnachtseinkäufe jetten. New York ist aber eine Stadt der Gegensätze, und Arm und Reich leben auf engstem Raum nebeneinander. Während die Bronx und das nördliche Manhattan teils durch große Armut geprägt sind, dominieren in Teilen des südlichen Manhattan Reichtum und Luxus (Hahn 2003) (◘ Abb. 4.3). In den 1990er-Jahren profitierte die Stadt vom Aufschwung des Hightech-Sektors und der globalen Finanzmärkte. Die Ernüchterung setzte mit dem Platzen der Internetblase, dem Absturz der Börsenkurse im März 2000 und den terroristischen Anschlägen im September 2001 ein. Die Bankenkrise und der Konkurs der Investmentbank Lehman Brothers im Herbst 2008 versetzten der Stadt einen weiteren Schock. Aber auch von dieser Krise hat sich New York schnell erholt (New York Times 04.11.2012). In der Covid-19-Pandemie ist, bedingt durch die Heimarbeit, die Zahl der Büroarbeitsplätze gesunken. Es bleibt abzuwarten, ob und wann sich der Arbeitsmarkt wieder beleben wird.

4.1.2 Chicago

Chicago wurde 1833 mit nur rund 350 Einwohnern gegründet. Das schnelle Wachstum und der Aufstieg zu einer Drehscheibe für den Warenverkehr verdankt die Stadt der Lage am Lake Michigan, der über die anderen

Großen Seen und den Erie-Kanal an New York angeschlossen ist. Seit 1848 hat zudem der Illinois- und Michigan-Kanal die Stadt an den Mississippi und somit an den Ohio und den Golf von Mexiko angebunden. In den 1850er-Jahren entwickelte sich der Hafen zum weltgrößten Umschlagplatz von Holz und Getreide. 1857 war Chicago der größte Eisenbahnknotenpunkt der Welt, an dem Schienen mit einer Länge von fast 5000 km zusammenliefen (Miller 1997, S. 89–121). Der Aufstieg zu einem wichtigen Börsenplatz war eng mit dem Getreidehandel verbunden. In den 1850er-Jahren ermöglichte das Chicago Board of Trade den zukünftigen Kauf und Verkauf von Getreide zu einem zuvor festgelegten Preis. Das System der *future markets,* das bald auf andere Produkte ausgedehnt wurde, ähnelt einer Wette auf die zu erwartende Ernte oder Nachfrage. Überragende Bedeutung erlangte die Fleischproduktion. Das im Westen der USA gezüchtete Vieh wurde mit der Eisenbahn nach Chicago transportiert, und die 1865 eröffneten Union Stockyards waren bald die größten Schlachthöfe der Welt (Abu-Lughod 1999, S. 100–116).

Zahlreiche innovative Unternehmer förderten den Aufschwung zur Weltstadt. McGormick entwickelte neuartige Landmaschinen und Pullman baute den Salonwagen. Wichtig war die Erfindung des Kühlwagens in Chicago 1869, da jetzt das in der Stadt produzierte Fleisch bis an die Ostküste geliefert werden

☐ **Abb. 4.3** Die New York Stock Exchange ist die globale Leitbörse

☐ **Abb. 4.4** Chicago ist das Zentrum des Mittleren Westes. Im Hintergrund ist der Willis Tower (früher Sears Tower) zu sehen

4

konnte. 1893 verarbeiteten die Schlachthöfe 14 Mio. Tiere. Die Stahlproduktion erlebte in den 1880er-Jahren aufgrund des Ausbaus des Eisenbahnnetzes einen enormen Aufschwung. Die große Zahl von Einwanderern überwiegend aus Osteuropa garantierte der Stadt einen steten Zufluss billiger Arbeitskräfte. 1890 hatte sich Chicago nach New York zur zweitgrößten Industriestadt der USA entwickelt und zählte nur 60 Jahre nach der Stadtgründung 1,1 Mio. Einwohner (Mayer und Wade 1969, S. 3–192; Miller 1996, S. 24–253). Das enorme Stadtwachstum und der Ausbau der Industrie konnten in den ersten Jahrzehnten des 20. Jahrhunderts fortgesetzt werden, die Depression der frühen 1930er-Jahre traf Chicago aber weit stärker als New York. Nach Kriegsende stabilisierte sich die Wirtschaft zunächst, geriet aber Ende der 1950er-Jahre in eine langanhaltende Krise. Da die USA während des Kalten Krieges Aufträge für die Rüstungsindustrie auf Küstenstandorte konzentrierten, konnte Chicago nicht im gleichen Maß wie die Regionen New York/Connecticut und Los Angeles profitieren (Abu-Llughod 1999, S. 212–236). Auch wenn Chicago seit den 1980er-Jahren nur noch die drittgrößte Stadt der USA ist, ist sie nach New York der zweitwichtigste Börsenplatz der USA und ein bedeutendes Finanzzentrum. Das Kongresszentrum McCormick Place zählt zu den größten des Landes. Einen enormen Imagegewinn hat Chicago erfahren, als der Flugzeugsteller Boeing 2001 seinen Firmensitz von Seattle hierher verlegte, auch wenn die Stadt den Umzug durch hohe Subventionen erst ermöglicht hat. Die Zeitschrift Fortune listet für 2022 mit dem Flugzeughersteller Boeing (Rang 60), dem Lebensmittelhersteller Archer Daniels Midland (Rang 38) und dem Medizintechniker Abbott Laboratories (Rang 88) noch drei der Top-100-Unternehmen auf, die ihr Headquarter in Chicago haben. Allerdings verlegte Boeing im Laufe des Jahres 2022 sein Headquarter nach Crystal City in Virginia vor den Toren Washingtons, D.C.. Da Boeing nicht nur Passagierflugzeuge, sondern auch Militärmaschinen produziert, war die Nähe zum Pentagon, das sich in direkter Nachbarschaft befindet, ein wichtiger Grund für den Umzug.

4.1.3 Los Angeles

Los Angeles ist aus einer durch die Spanier im 18. Jahrhundert gegründeten Missionsstation hervorgegangen. Obwohl die von Europa abgewandte Lage am Pazifik in einer semiariden Region und das Fehlen eines Naturhafens kein größeres Wachstum erwarten ließen, führten der kalifornische *gold rush* der 1840er-Jahre, der Anschluss an die kontinentale Eisenbahn 1876 und der Ölboom, der 1892 einsetzte, zu einem Aufschwung. Ab 1924 profitierte der Hafen von der Eröffnung des Panamakanals und 1916 wurde er zur Basis der Pazifikflotte ernannt. Im Ersten Weltkrieg förderten die USA zudem den Schiffsbau an diesem Standort. Preiswerte Energie aus Erdöl und Wasserkraft kam dem Ausbau der Privatwirtschaft zugute. Los Angeles entwickelte sich zum Zentrum der Ölindustrie, zum zweitgrößten Reifenproduzenten des Landes, zum wichtigsten Möbel-, Glas-, und Stahlproduzenten des Westens sowie zum regionalen Zentrum des Auto- und Flugzeugbaus sowie der Chemie (Abu-Llughod 1999, S. 133–163, 237–268). Schon zu Beginn der 19. Jahrhunderts entstand hier das Zentrum der globalen Filmindustrie. Diese hatte sich zunächst in Chicago angesiedelt, wurde aber bald aufgrund des besseren Wetters nach Los Angeles verlegt, wo 1902 der erste Film dem Publikum gezeigt wurde. Bereits 1919 entstanden 80 % aller weltweit produzierten Filme in Kalifornien. Produktionsfirmen wie Paramount, Universal, Fox Film und Loews-Metro-Goldwyn-Mayer haben ihre Filme weltweit vermarktet (Doel 1999) (◘ Abb. 4.5). In den folgenden Jahrzehnten profitierte Los Angeles ähnlich wie die Bay Area mit dem Zentrum San Francisco, Seattle und San Diego von Amerikas Einstieg in den Pazifikkrieg Ende 1941, dem Vietnamkrieg (1964–1973) und dem Koreakrieg (1950–1953) aufgrund der damit verbundenen militärischen Investitionen. Bis zum Zweiten Weltkrieg war in Los Angeles hauptsächlich für den lokalen Markt produziert worden, ab den 1950er-Jahren aber zunehmend für die ganze Welt, wobei die Stadt insbesondere von der asiatischen Gegenküste profitiert. Mit Walt Disney befindet sich allerdings nur noch ein Headquarter der größten amerikanischen Unternehmen in der MA Los Angeles. Obwohl sich inzwischen weitere globale Zentren wie das indische Bollywood entwickelt haben, dominieren die Produktionsfirmen von Los Angeles auch heute

◘ **Abb. 4.5** Universal Film Studios

noch die Filmindustrie der westlichen Welt und transportieren das Image Kaliforniens in die entferntesten Winkel.

4.1.4 Washington, D.C.

Die amerikanische Hauptstadt ist lange in der *Global-city*-Forschung vernachlässigt worden, obwohl die Stadt am Potomac River unumstrittenes Zentrum der Weltpolitik ist (◘ Abb. 4.6). Eine Orientierung an rein ökonomischen Faktoren erscheint allerdings einseitig (Gerhard 2003, S. 57). 1790 wurde der Standort der neuen Hauptstadt der 1776 gegründeten Vereinigten Staaten von Amerika rund 150 km westlich der Atlantikküste festgelegt. Die Lage wählte man aus strategischen Gründen auf der Grenze der zerstrittenen Süd- und Nordstaaten, und das Stadtgebiet wurde aus den Staaten Maryland und Virginia ausgeschnitten. Mit der Anlage der Stadt wurde der Franzose Pierre Charles L'Enfant beauftragt, der sich an den Plänen europäischer absolutistischer Barockstädte mit breiten Boulevards, zentralen Achsen und repräsentativen Plätzen orientierte. Es dauert allerdings rund 100 Jahre, bis der Plan mit einigen Veränderungen realisiert wurde. Die großen Gedenkstätten wie das Lincoln Memorial und das Jefferson Memorial wurden sogar erst 1927 bzw. 1942 fertiggestellt (Holzner 1992).

In den vergangenen Jahrzehnten hat sich die MA Washington (2010: 5,6 Mio. Einw., 2020: 6,4 Mio. Einw.) sehr positiv entwickelt und ist in wirtschaftlicher Hinsicht mit ähnlich großen *metropolitan areas* vergleichbar. Eine herausragende Bedeutung als *global city* hat Washington, D.C., aufgrund der großen institutionellen Dichte der politischen Akteure. Mit

wenigen Ausnahmen haben hier alle Staaten eine ihrer größten Botschaften, und die Weltbank und der Internationale Währungsfonds sind nur wenige Blöcke vom Weißen Haus auf der Pennsylvania Avenue angesiedelt. Darüber hinaus sind mehr als 8000 Nichtregierungsorganisationen (NGOs) unterschiedlicher Größe und rund 300 Thinktanks und Stiftungen in Washington, D.C., tätig. Viele der NGOs sind weltweit über das Internet vernetzt und beschäftigen sich mit internationalen Fragestellungen. In Washington, D.C., selbst sind die NGOs und die anderen international tätigen Einrichtungen fast ausschließlich auf den Nordwestsektor der Stadt konzentriert, wo auch das Weiße Haus steht. Dieser Teil der Stadt sowie der angrenzende suburbane Raum sind zudem bevorzugter Wohnstandort der überwiegend hoch qualifizierten Mitarbeiter der internationalen Organisationen aus aller Welt, wo sie zur *gentrification* einst verfallener *neighborhoods* wie Adams Morgans und zur exorbitanten Steigerung der Bodenpreise beigetragen haben. Zu den Armen der Stadt in den Vierteln südlich des Anacostia River gibt es keine Beziehungen, obwohl sich viele NGOs mit der Bekämpfung der Armut in Afrika oder auf anderen fernen Kontinenten beschäftigen. Als Antwort auf die terroristischen Anschläge auf das World Trade Center in New York und das Pentagon nahe Washington, D.C., hatte Präsident George W. Bush das Department of Homeland Security (Ministerium für Heimatschutz) gegründet. Zunächst waren die Büros provisorisch auf rund 60 verschiedene Gebäude im Nordosten der Hauptstadt verteilt. 2007 bewilligte der Kongress 4,1 Mrd. US$, um alle Büros an einem Standort zu konsolidieren. Hierfür wurde das frühere St. Elizabeth Hospital in Anacostia im Südosten der Stadt ausgewählt, angeblich um diesen Stadtteil mit sehr schlechter Bausubstanz und vielen sozialen Problemen zu fördern. Neubauten ergänzen das alte Krankenhaus; der gesamte Campus des Ministeriums, der ab 2019 bezogen wurde, gleicht allerdings einer Festung. Genaue Zahlen sind nicht bekannt, aber in dem riesigen Komplex dürften Tausende Mitarbeiter beschäftigt sein. Es ist unwahrscheinlich, dass diese in der trostlosen Umgebung in Anacostia wohnen oder hier ihre Freizeit verbringen (Beobachtung der Verfasserin). Sorge bereitet der Stadt derzeit die hohe Kriminalitätsrate. Während der COVID 19-Pandemie ist die Kriminalität in vielen Städten gestiegen und mit dem Abklingen der Krankheitswelle wieder gesunken; in Washington, D.C., steigt sie immer weiter. Die Mordrate war 2023 so hoch wie seit 20 Jahren nicht mehr. Wie viele andere *global cities* ist die US-amerikanische Hauptstadt eine stark segregierte Stadt (Gerhard 2003, 2007, S. 171–188, 190–255; The Washington Post 19.08.2023).

◘ **Abb. 4.6**   Das Kapitol in Washington, D.C.

4

■ **Abb. 4.7**   In Washington, D.C., fordern viele Interessenvertreter ihre Rechte ein. Hier demonstrieren Ärzte vor dem Kapitol für bessere Bedingungen im Gesundheitssystem

4.1.5 Ausblick

Allen Unterschieden zum Trotz sind New York, Los Angeles, Chicago und Washington, D.C., durch viele Gemeinsamkeiten geprägt. Hierzu gehören die enorme Ausdehnung des städtischen Raums und die fortschreitende Suburbanisierung, die wirtschaftliche Vormachtstellung in den USA und die Heterogenität der Bevölkerung. Aber es gibt auch viele Unterschiede wie die Konzentration des Finanzsektors in New York, der Filmindustrie in Los Angeles, der Warenterminbörsen in Chicago und die große Dichte politischer Institutionen in Washington, D.C. Die Globalisierung hat weder die Unterschiede zwischen den Städten beseitigt, noch zu einer Vereinheitlichung beigetragen (Mollenkopf 2011, S. 174–175). Abschließend ist zu betonen, dass nicht nur die großen *global cities* von der weltweiten Restrukturierung der Wirtschaft betroffen sind, sondern alle US-amerikanischen Städte. Außerdem ist der Prozess der Globalisierung keinesfalls abgeschlossen und die weitere Entwicklung kaum absehbar.

4.2 Smart cities

Neue Kommunikationsmittel und Technologien werden sich wie andere Innovationen zuvor (z. B. Eisenbahn, Telegrafie, Massentransport) auf die räumliche Organisation der Stadt auswirken und neue Chancen für die weitere Entwicklung schaffen (Harvey 1996, S. 412). In welcher Art und Weise dieses geschehen wird, ist allerdings umstritten. Stadtgeographen und Planer haben keine Erfahrungen mit unsichtbaren Strömen, denn ihre Analysen und Planungen waren bis vor Kurzem auf die sichtbare Infrastruktur wie Straßen, Eisenbahnlinien, Wasserwege, Brücken und Bahnhöfe begrenzt. Die Nutzung dieser Verkehrswege ließ sich exakt messen und die Auswirkungen auf das Standortgefüge einer Stadt einigermaßen zuverlässig ableiten. Da sich das Internet und Smartphones in nur wenigen Jahren durchgesetzt haben und die Kommunikationsströme kaum messbar und noch schwieriger bewertbar sind, sind konkrete Aussagen fast unmöglich. Während einige Wissenschaftler eine zunehmende Dezentralisierung prognostizieren, werden die Städte anderen Experten zufolge einen Bedeutungsgewinn durch den Einsatz neuer Technologien erfahren. Kotkin und Siegel (2000, S. 2–7) glauben, dass der technologische Wandel genauso gravierende Auswirkungen auf die räumliche Entwicklung haben wird wie die Industrialisierung im 19. Jahrhundert. Damals haben die Eisenbahn und die Massenproduktion große industrielle Zentren entstehen lassen. Heute bewirken die neuen Kommunikationsmittel eine Dezentralisierung. Die neuen Arbeitsplätze entstehen an der Peripherie. Diese Entwicklung bezeichnen die beiden Autoren als *outside-in* (S. 2). Da die Standorte frei wählbar sind, sind neue Technologien und *urban sprawl* miteinander verknüpft. Standorte lassen sich fast beliebig verlagern, da die Arbeit wahllos an jedem Punkt ausgeführt werden kann. Im Gegensatz hierzu erwartet Saskia Sassen (2002, S. 40) keine Dezentralisierung durch den Einsatz neuer Technologien, sondern geht davon aus, dass die alten gewachsenen Zentren ihre Bedeutung ausbauen werden. Die Stadtregion wird zwar zunehmend fragmentiert, aber ein Bedeutungsverlust ist nicht zu erwarten. Laaser und Soltwedel (2005, S. 72 und 88) haben eine größere Zahl von Studien zu den Auswirkungen der neuen Technologien auf die Städte verglichen und festgestellt, dass die räumlichen Muster der Old Economy eher von der New Economy nachgezeichnet als verändert werden. Die Städte haben keine Nachteile durch die verstärkte Anwendung neuer Technologien erfahren, sondern konnten ihre zentralörtlichen Funktionen sogar noch ausbauen. Für Chicago konnte nachgewiesen werden, dass die Stadt zu Zeiten der Industrialisierung wie auch heute von der verkehrsgünstigen Lage auf dem nordamerikanischen Kontinent profitiert. Hier liefen einst viele der aus dem Westen kommenden Eisenbahnlinien zusammen, und über den Hudson River, den Erie-Kanal und die Großen Seen war die Stadt mit der Ostküste verbunden. Heute hat die Eisenbahn zwar sehr viel weniger Bedeutung als noch in der ersten Hälfte des 20. Jahrhunderts, Chicago profitiert aber von dem Eisenbahnnetz, denn die Glasfaserkabel wurden entlang der alten Trassen verlegt. Diese laufen in der Innenstadt von Chicago zusammen, wo sie in den früheren Eisenbahntunneln verlegt sind. 1999 wurde in dem Gebäude, in dem ab 1817 der Katalog des Versandhauses Sears gedruckt wurde, das Lakeside Technology Center mit rund 70 Internetdienstleistern eingerichtet. Die Stadt Chicago behauptete, dass kein anderer Standort der USA besser an die neuen Technologien angeschlossen sei. Tatsächlich war das Lakeside Technology Center viele Jahre mit einer Fläche von 105.000 m² oder 15 Fußballfeldern das größte Rechenzentrum der Welt. Inzwischen gibt es drei noch größere Zentren in China, und in Reno, NV, ist ebenfalls ein noch größeres Rechenzentrum im Bau. Drei separate Umspannwerke stellen die Stromversorgungskapazität des Lakeside Technology Center bereit. Kein anderes Gebäude als die Umwandlung der früheren Druckerei von Sears in ein supermodernes High-Tech-Gebäude verkörpert den technologischen Wandel besser (City of Chicago 2003, S. 27; ▶ www.interxion.com).

4.2.1 Einfluss neuer Technologien

Ob der Einsatz neuer Technologien einen Dezentralisierungsschub auslösen oder die Bedeutung der Städte stärken wird, dürfte sich nur mittel- bis lang-

fristig eindeutig klären lassen. Nicht von der Hand zu weisen ist aber, dass die neuen Kommunikationsmittel dazu geführt haben, dass Bürger, Politiker, Unternehmen und die öffentliche Verwaltung die Städte heute anders nutzen als noch vor wenigen Jahren. Diese Möglichkeiten haben sich erst vor kurzem eröffnet und ein Ende der Entwicklung ist noch nicht abzusehen. Die Bewohner einer Stadt sind zunehmend über Breitband und WLAN miteinander vernetzt. Die Kosten hierfür sind immer geringer geworden und viele Städte planen sogar, diesen Service in Zukunft kostenlos anzubieten. Eine Vorreiterrolle spielt New York, dessen technikaffiner Bürgermeister Bloomberg (2002–2013) alle Bewohner und Besucher an den Vorteilen der neuen Technik gleichermaßen teilhaben lassen wollte. Ähnliche Bemühungen gibt es im Silicon Valley, wo in den Straßenbahnen kostenloses WLAN angeboten wird.

Durch die Vernetzung entstehen *smart cities*. Noch nutzen die amerikanischen Städte die Möglichkeiten der modernen Kommunikation zu wenig für eine Verbesserung der Infrastruktur oder die Reduzierung der Kosten. Nach dem Vorbild von London oder Stockholm ließe sich der Zugang zu den Innenstädten durch den motorisierten Individualverkehr limitieren und die Müllabfuhr oder die Wasserversorgung optimieren. Im Internet findet sich eine Reihe von Rankings zu den erfolgreichsten Smart Cities der USA, die je nach Wahl und Gewichtung der Indikatoren voneinander abweichen. Außerdem ist die Seriosität der Rankings nicht überprüfbar, da oft Angaben zur Methodik fehlen. Seattle, New York und San Francisco befinden sich aber stets unter den zehn Top-Cities. Fast jeder Amerikaner hat heute ein Smartphone in der Tasche, das immer und überall über wichtige (und unwichtige) Ereignisse und Trends informiert. Der moderne Konsument möchte nichts verpassen. Alle Wünsche müssen in Realzeit befriedigt werden, und jedes Verlangen nach einem Produkt muss sofort erfüllbar sein. Über Internet, E-Mail oder Twitter muss an jedem Ort jederzeit abrufbar sein, wo ein Produkt schnell und zum bestmöglichen Preis verfügbar ist. Trendwatching.com bezeichnet dieses Verhalten als *„nowism"*. Verbraucher werden nicht mehr als *consumer*, sondern aufgrund ihrer stets wechselnden Wünsche als *transumer* bezeichnet. Es entstehen immer mehr Räume, an denen sich Arbeit und Konsum vereinbaren lassen. Starbucks und vergleichbare Anbieter sind die besten Beispiele für diese Entwicklung. Der Kauf eines Bechers Kaffee garantiert kostenloses WLAN und einen warmen Arbeitsplatz inmitten Gleichgesinnter für mehrere Stunden (Bishop und Williams 2012, S. 68–69).

Darüber hinaus gibt es eine große Zahl weiterer Dienste, die die neuen technischen Möglichkeiten nutzen. Apps für Mobiltelefone bieten nicht nur fast

4

uneingeschränkte Möglichkeiten der Information, sondern erleichtern es auch, Freunde zu treffen. Mittels der App „Foursquare" können registrierte Benutzer jederzeit ihren Standort bekanntgeben und Restaurants oder Sehenswürdigkeiten bewerten. Die Seite ▶ www.familywatchdog.us bietet die Möglichkeit, innerhalb weniger Sekunden zu überprüfen, ob in der näheren Umgebung Sexualstraftäter leben. Eine Karte weist nicht nur auf den genauen Wohnstandort hin, sondern nennt auch den Namen des Verbrechers und klärt über die genaue Straftat wie „Belästigung von Kindern" oder „Vergewaltigung" auf. Die Website ▶ www.crimereport.com arbeitet ähnlich, gibt aber Auskunft zu einer großen Bandbreite von Verbrechen und kleineren Vergehen und soweit bekannt zu den Tätern. Diese Seiten können bei der Wohnungssuche nützlich sein, denn wer möchte schon in eine *neighborhood* mit besonders vielen Wohnungseinbrüchen oder neben einen mehrfachen Vergewaltiger ziehen. Allerdings sind diese Seiten äußerst umstritten, da sie wiederholt unschuldige Menschen an den Pranger gestellt haben und ganze Viertel stigmatisieren. Besonders bedenklich ist, dass Apps wie „SpotCrime" und „CrimeSpotter" in Echtzeit über die Anwesenheit von Verbrechern in der näheren Umgebung informieren. Allerdings sind nicht alle Dienste, die über Geschehen in der Nachbarschaft berichten, erfolgreich. Auf der Homepage ▶ www.everyblock.com, die von dem Fernsehsender NBC unterhalten wurde, haben sich mehrere Jahre Bewohner mit alle Entwicklungen und Beobachtungen in ihrem Baublock beschäftigt. Wohl nie zuvor hat es Nachrichten auf einer vergleichbar kleinräumigen Ebene gegeben. Weltweit konnte sich jeder an den Diskussionsforen beteiligen und einmischen (Ratti und Townsend 2011, S. 48). Im Februar 2013 hat NBC den Service ohne Angabe von Gründen eingestellt. Inzwischen erfüllt ▶ https://nextdoor.com ähnliche Aufgaben. Die Liste der verfügbaren Dienste, die die neuen Technologien seit einigen Jahren zunehmend anbieten, ließe sich fast beliebig verlängern. Die vielfältigen Angebote haben zwar unser aller Leben verändert, aber die Auswirkungen auf die Städte sind noch nicht wirklich abzusehen.

4.3 Kreative Städte

Städte sind kreative Orte, weil sich hier ein großes implizites und explizites Wissen konzentriert. Das explizite Wissen ist abrufbar und nicht an Personen gebunden. Es lässt sich über Informationskanäle verbreiten und umfasst Sachverhalte, die jedem interessierten Menschen zur Verfügung stehen. Im Gegensatz hierzu ist das implizite Wissen an Personen, Kontexte und Orte gebunden und nicht an einen anderen

Ort übertragbar. Es kann nur im direkten Kontakt mit anderen Menschen weitergegeben werden. In den arbeitsteiligen und hoch verdichteten Städten gibt es viele Möglichkeiten von Face-to-face-Kontakten und den damit verbundenen Wissensaustausch. Das eigene Wissen und das Wissen anderer lässt Wissensvorsprünge und Synergieeffekte entstehen, die zu Innovationen und Ideen in vielen Bereichen führen können. Auf der Basis lokaler Netzwerke entsteht ein urbanes Milieu, in dem weiteres Wissen generiert wird, das für den Erfolg einer Region entscheidend ist (Brake 2012, S. 25–27; Helbrecht 2005, S. 124; Kujath 2005, S. 25).

Aber warum sind einige Städte erfolgreicher als andere? Diese Frage stellen sich Politiker und Wissenschaftler, aber auch Bürger immer wieder. Es besteht weitgehend Konsens, dass Hochschulstandorte ein größeres Entwicklungspotenzial haben als Städte ohne höhere Bildungseinrichtungen. Außerdem gilt als erwiesen, dass Städte nicht nur gut für Einwanderer, sondern Einwanderer auch gut für Städte sind. In den USA bringen die Immigranten sehr unterschiedliche Fähigkeiten mit und möchten auf jeden Fall den Aufstieg schaffen. In den Städten treffen sie auf Unternehmer, die großes Interesse an preiswerten Arbeitskräften haben und viele einfache Jobs für unqualifizierte Arbeiter anbieten. Unternehmen wie Einwanderer profitieren gleichermaßen. Da die Immigranten die Möglichkeit haben, unter einem großen Angebot unterschiedlicher Arbeitsplätze zu wählen, können sie den Job finden, der am besten zu ihnen passt. Außerdem gibt es viele Möglichkeiten der Weiterbildung. Die Chancen für einen sozioökonomischen Aufstieg sind daher in den Städten optimal (Glaeser 2011a, S. 78–81).

Anerkannte Universitäten wie die Ostküstenuniversitäten Harvard und das Massachusetts Institute of Technology (M.I.T) nahe Boston, Princeton (NJ), Yale (New Haven, CT), Brown (Providence, RI) und Duke (Durham, NC), die University of Chicago und die Michigan University in Ann Arbor, MI, im Mittleren Westen und die kalifornischen Universitäten Stanford und Berkeley (beide nahe San Francisco) sowie das California Institute of Technology in Pasadena gelten als Kaderschmieden und Ausgangspunkt für innovative Spin-offs. Die in Palo Alto gelegene Stanford University hat die Entwicklung eines ganzen Hochtals südlich von San Francisco beeinflusst (◘ Abb. 4.8). Hier haben unter anderem William Hewlett und David Packard (Gründer von Hewlett Packard), Larry Page und Sergey Brim (Gründer von Google) und Sandy Lerner und Len Bosack (Gründer von Cisco Systems) studiert (▶ www.stanford.edu) (◘ Abb. 4.9). Aufgrund der hohen Konzentration von Firmen der Computer- und Elektronikindustrie hat sich schon in den 1980er-Jahren der Name Silicon Valley für die Region

◘ **Abb. 4.8**   Stanford University und Blick über Palo Alto

◘ **Abb. 4.9**   Headquarter von Cisco Systems im Silicon Valley

John Harvard seine Bibliothek und Ländereien einer kurz zuvor gegründeten Lateinschule, die 1639 in Harvard University umbenannt wurde. Ab Mitte des 19. Jahrhunderts ließen in Boston und an anderen Standorten der USA die verschiedenen religiösen Gemeinschaften die Zahl der Colleges, aus denen oft Universitäten hervorgingen, ansteigen. Die Universalisten gründeten 1852 Tufts University, Boston College wurde 1863 von den Jesuiten und die Boston University 1871 von Methodisten gegründet (Glaeser 2011a, S. 234). Bereits in der Frühphase der Industrialisierung erkannten die USA den Zusammenhang von akademischer Forschung und wirtschaftlichem Fortschritt. Auf Initiative von Präsident Lincoln stellte die US-Regierung 1862 Land für den Bau von Universitäten zur Verfügung, die sich auf Innovationen in der Landwirtschaft und den Ingenieurswissenschaften spezialisieren sollten. Viele der in dieser Zeit gegründeten Universitäten wie das MIT, die Cornell University in Ithaca, NY, die University of Berkeley in Kalifornien und die University of Michigan gehören heute weltweit zu den angesehensten Lehr- und Forschungsstätten.

In den USA gibt es eine Reihe von Städten, die gut qualifizierte Arbeitskräfte magisch anzuziehen scheinen, während andere Standorte von hoch Qualifizierten geradezu fluchtartig verlassen werden. Auf der Gewinnerseite stehen Austin, Atlanta, Boston, Denver, Minneapolis, San Diego, San Francisco und Washington, D.C., sowie Raleigh und Durham (beide NC). Diese Städte haben einen *brain gain* erlebt, der sich in einer positiven wirtschaftlichen Entwicklung widerspiegelt. Einen *brain drain,* d. h. einen Verlust von meist jungen Menschen mit einer guten oder sehr guten Ausbildung, haben Baltimore, Buffalo, Cleveland, Detroit, Milwaukee, Miami, Newark, Pittsburgh und St. Louis erfahren. Hier sind die Einkommen gesunken und die Wirtschaft ist mit vielen Problemen konfrontiert (Harden 2004). Regionen mit hohen Abwanderungszahlen wissen, dass sie in einem Wettbewerb um die hellsten Köpfe des Landes stehen. 2016 hat der Gouverneur von Hawaii gefordert, zehn Mio. US-Dollar in den Ausbau innovativer Jobs zu investieren, und die Regierung von Ohio hat 2017 ein Programm entwickelt, um dem brain drain entgegenzuwirken (United States Congress, Joint Committee 2019). Viele Städte fördern den Ausbau exzellenter Forschungseinrichtungen. Der Versuch, den Erfolg des Silicon Valley zu kopieren und durch einen gezielten Ausbau der Infrastruktur und andere Maßnahmen zu fördern, ist allerdings oft gescheitert. Es scheint, als seien ein bestimmtes innovatives Milieu, ein harter Wettbewerb und eine soziale Dynamik, die sich nicht künstlich herstellen lassen, weit entscheidender für den Erfolg einer Region als eine gute Infrastruktur (Bettencourt und West 2011, S. 52). Der New Yorker Bürgermeister Bloomberg (2011,

durchgesetzt. Die Stadt San Jose hat ihren Aufstieg zu einer der größten Städte der USA in nur wenigen Jahrzehnten ebenfalls der positiven Ausstrahlung der Stanford University zu verdanken. Boston profitiert schon sehr viel länger von der gut ausgebildeten Bevölkerung in der Region. 1636 hinterließ der im britischen Cambridge zu einem protestantischen Priester ausgebildete

4

S. 16) hat das enorme Innovationspotenzial des Silicon Valley und Bostons auf die guten Universitäten der beiden Regionen zurückgeführt. Dennoch ist er stolz darauf, dass 2010 New York angeblich mehr Risikokapital als Boston für Unternehmensgründungen im Bereich Technologie erhalten hat.

New Yorker City: Zentrum der globalen Kunstszene

Während die Bedeutung New Yorks als globales Finanzzentrum und Standort von Headquarters bei näherer Betrachtung oftmals überschätzt wird, wird der kreative Sektor häufig unterschätzt, obwohl er eine weltweite Spitzenstellung einnimmt. New York beherbergt mehrere der weltbesten Museen wie das 1870 gegründete Metropolitan Museum und das 1959 eröffnete Guggenheim Museum, die sich beide an der Fifth Avenue auf der Upper East Side befinden. Seit 1929 ist das Museum of Modern Art an der 54. Straße ein Treffpunkt für Liebhaber moderner Kunst, und das Whitney Museum of American Art (gegr. 1931) ist 2015 in einen Neubau in Lower Manhattan gezogen. Allein das Metropolitan Museum wurde 2019 von 6,5 Mio. Menschen besucht; nach einem durch die COVID 19-Pandemie bedingten starken Rückgang waren es 2023 immerhin wieder 5,4 Mio. Besucher. Galerien, Kunstmessen und Auktionshäuser üben eine Mittlerfunktion zwischen Künstlern und Konsumenten aus. Die ersten Galerien entstanden bereits zu Beginn des 19. Jahrhunderts und ihre Zahl wuchs insbesondere während der beiden Weltkriege, als viele Künstler aus Europa an den Hudson zogen. Nach dem Zweiten Weltkrieg überholte New York Paris als führendes globales Zentrum der Kunst. So bekannte amerikanische Künstler wie Andy Warhol, Jasper Jones, Roy Lichtenstein und Keith Haring lebten und arbeiteten in New York und profitierten von der Anwesenheit vieler finanzkräftiger Kunstliebhaber. In der Stadt gibt es heute rund 2000 Galerien und somit weit mehr als an jedem anderen Ort der Welt. Die führenden Auktionshäuser Sotheby's, Christie's und Phillips erzielen Rekordumsätze, da für Bilder bekannter Maler inzwischen mehr als 100 Mio. US$ von Käufern aus aller Welt bezahlt werden. Der globale Kunstmarkt setzte 2020 knapp 68 Mrd. US$ um, davon rund 30 Mrd. US$ in New York (Arts Economics 2024; Morris 2023).
Die Galerien bilden in Abhängigkeit von ihrer Zielgruppe Cluster an unterschiedlichen Standorten. Gehobene Galerien, die bereits etablierte Künstler vertreten, sind an der wohlhabenden Upper Eastside konzentriert. Die Werke aufstrebender avantgardistischer Künstler werden in eher preiswerten Nachbarschaften angeboten. In den 1960er-Jahren waren die Mieten im East Village besonders günstig. In diesen Ausstellungsflächen siedelten sich niedrigpreisige Galerien an, die aber gleichzeitig eine Gentrifizierung des Viertels einleiteten. Das East Village wurde für die Künstler zu teuer, die schnell nach SoHo (South of Houston) umzogen, wo sie sich in den Gusseisengebäuden, die zuvor als Lager für den Hafen gedient hatten, niederließen. Auch hier setzte bald ein Verdrängungswettbewerb durch angesagte Restaurants und Boutiquen ein, und die Galerien und Künstler zogen weiter in den früheren Meatpacking District (West Chelsea), wo teils Dutzende Galerien in einem einzigen Gebäude unterkamen. Mit der Fertigstellung der Hudson Yards nördlich des Viertels wird es auch hier langsam zu teuer, und die ersten Galerien sind bereits nach Williamsburg in Brooklyn umgezogen. Künstler und Galeristen üben somit auch die Funktion von Stadtentwicklern aus (Beobachtung der Verfasserin; Hahn 2017c).

4.3.1 Kreative Klasse

Richard Florida (2002, 2005) zufolge mangelt es vielen Städten an Mitgliedern der kreativen Klasse. Es hilft wenig, wenn gute Universitäten zwar hoch qualifizierte Akademiker ausbilden, diese aber die Stadt nach Abschluss des Studiums verlassen, und wenn es den Universitäten nicht gelingt, ihr Wissen zu kommerzialisieren. Junge und kreative Menschen möchten in toleranten Städten mit einem sehr breiten Freizeitangebot und diversifiziertem kulturellen Angebot leben. Hierzu gehören eine lebendige Musikszene, eine ethnische Vielfalt sowie eine Offenheit unterschiedlichen Lebensformen gegenüber. Die Angehörigen der kreativen Klasse sind in technischen Berufen, im Finanzsektor, im Medienbereich, als Künstler oder in der Freizeitindustrie tätig (◘ Abb. 4.10). Sie können Schriftsteller, Universitätsprofessoren, Analysten oder Vordenker und Meinungsführer im weitesten Sinn sein. Sie selbst fühlen sich nicht bewusst einer bestimmten Klasse zugehörig, pflegen aber ein Arbeitsethos, der Kreativität, Individualität und Leistung schätzt. Kreativität ist nicht Teil ihrer Arbeitsplatzbeschreibung, dennoch erzeugen ihre kreativen Ideen einen Mehrwert (Florida 2002, S. 48). Wirtschaftlicher Fortschritt ist nur an Standorten möglich, die über bestimmte Voraussetzungen wie Technik, Toleranz und Kreativität verfügen: *„The key to understanding the new creativity and its effects on economic outcomes lies in what I call the 3 T's of economic development: Technology, Talent, and Tolerance"* (Florida 2005, S. 37). Der sogenannte

□ **Abb. 4.10**   Kunst oder Kitsch? Diese aufblasbare Puppe verhöhnt den Kapitalismus in Manhattan

Gay-Index und der *Bohemian*-Index stellen einen wichtigen Indikator für die in einer Stadt bestehende Toleranz dar. Homosexuelle *(gays)* bevorzugen einerseits ein Leben in toleranten Städten und tragen andererseits zum wirtschaftlichen Aufschwung bei. In den 1990er-Jahren waren vier der Top-10-Regionen des *Gay*-Index identisch mit den Top-10-Regionen des größten Wachstums im Hightech-Bereich. Der *Bohemian*-Index ist ein noch exakterer Indikator für das wirtschaftliche Potenzial einer Region als der *Gay*-Index. Er berücksichtigt den Anteil an Schriftstellern, Designern, Musikern, Schauspielern, Tänzern, Malern und ähnlicher Berufe in einer Gesellschaft, der in den 1990er-Jahren in San Francisco, Boston, Seattle und Los Angeles, aber auch in weit kleineren Städten wie Boulder und Fort Collins, CO, in Sarasota, FL, in Santa Barbara, CA, und in Madison, WI, besonders groß war. Auf der Basis der genannten Indikatoren und weiterer teils sehr unterschiedlicher Kennzahlen z. B. für *coolness*, *professional sports* oder *overall environmental quality* hat Florida einen *creativity index* erstellt, der ähnlich einem Barometer Auskunft über die Innovationsfähigkeit und den Erfolg einer Region geben soll (Forida 2002, S. 237–254).

4.3.2 **Kritik**

Richard Florida, der heute an der Universität von Toronto lehrt und forscht, vermarktet seine Ideen weltweit auf Symposien und berät Städte und Regionen auf der Suche nach dem Königsweg für einen wirtschaftlichen Aufschwung und eine bessere Zukunft. Aus wissenschaftlicher Sicht sind seine Thesen allerdings höchst umstritten. Ein Problem ist, dass sich Beschäftigte im Kunstsektor kaum eindeutig ausweisen lassen. Sollen alle, die sich als Künstler bezeichnen oder im weitesten Sinne im Unterhaltungssektor arbeiten, berücksichtigt werden oder nur diejenigen, die der Hochkultur zuzurechnen sind? Außerdem ist nicht der relative Anteil der in der Kreativwirtschaft Beschäftigen relevant; weit aussagekräftiger ist die absolute Zahl. Floridas Analyse zufolge gehören in Buffalo, NY, relativ betrachtet mehr Menschen zu den Superkreativen als in New York City. Dennoch ist Buffalo bislang nicht als besonders kreative Stadt aufgefallen. In seinen Büchern präsentiert Florida viele Statistiken zur kreativen Klasse und Kreativwirtschaft in einzelnen Städten, bleibt aber den Beweis dafür schuldig, ob und wie diese tatsächlich die Wirtschaft stimulieren. Viele der Städte, die Florida als besonders kreativ bewertet hat, haben sich sogar schlechter entwickelt als vergleichbare Städte. Albany, NY, und Dayton, OH, gehören zu den Städten mittlerer Größe, die Florida als besonders kreativ eingestuft hat. Tatsächlich hat sich aber der Arbeitsmarkt dieser Städte unterdurchschnittlich entwickelt (Malanga 2004; Rushton 2009, S. 164–166, 178). Ökonomisches Wachstum stellt sich nur ein, wenn die Angehörigen der kreativen Klasse tatsächlich neue Ideen entwickeln und diese umsetzen (Ross et al. 2009, S. 71–72). Außerdem darf man nicht vergessen, dass die Künstler, die laut Florida besonders wichtig für die Zukunft eines Standortes sind, nicht aus Protest gegen die Etablierten in heruntergekommene Arbeiterviertel gezogen sind, sondern wegen der günstigen Mieten (Zukin 2010, S. 22). In diesen *neighborhoods* haben die Kreativen in der Tat eine Aufwertung eingeleitet, die aber nicht messbar ist, sondern zu qualitativen Veränderungen geführt hat. Es sind In- oder Szeneviertel entstanden, die sich vom Normalen abgrenzen. Da die städtischen Lebenswelten widersprüchlicher, ambivalenter und pluralistischer geworden sind, bieten sie einen guten Nährboden für Kreativität. Es wurde der Weg geebnet für eine „neuerliche Wertschätzung innerstädtischer Lebensweisen für bestimmte Kreise der Bevölkerung" (Gerhard 2012, S. 62). Glaeser (o. J.) hat im Rahmen einer Regressionsanalyse basierend auf Daten aus 242 *metropolitan areas* nachgewiesen, dass es keinen positiven Zusammenhang zwischen *Gay*-Index oder Bohemien-Index und

4

wirtschaftlichem Wachstum einer Stadt oder Region gibt. Es mache daher keinen Sinn, diese Bevölkerungsgruppen aktiv anzuziehen.

Widersprüchlich ist auch, dass Floridas Modell der urbanen und wirtschaftlichen Renaissance *gentrification* fördert, er aber gleichzeitig beklagt, dass als Folge eben dieser Aufwertung und der damit verbundenen höheren Mieten viele Bohemiens die Stadt wieder verlassen (Lees et al. 2008, S. X). Auch Kotkin und Siegel (2004, S. 57) stimmen nicht voll mit Floridas Überlegungen zur kreativen Klasse überein. Sie sind der Meinung, dass eine Mischung aus unterschiedlichen Entscheidungen, die auf einem gesunden Menschenverstand basieren, über die Attraktivität und den Erfolg von Städten entscheidet. Hierzu gehören innovative Schulen, eine gute Polizei und Feuerwehr und die Möglichkeit, preiswert Wohneigentum erwerben zu können. Malanga (2004) geht noch weiter und spricht vom „Fluch der kreativen Klasse". Floridas Thesen seien insbesondere von Liberalen oder linken Politikern dankbar aufgegriffen worden. Dieses habe dazu

geführt, dass viele Städte in den Kunstsektor oder teure Rad- und Wanderwege investiert haben, um so die Kreativen anzuziehen, anstatt die Steuergelder innovativen Unternehmen zukommen zu lassen. Piiparinen (2013) zufolge hat es Florida geschickt verstanden, zunächst ein Untergangsszenario zu entwerfen und anschließend einen Weg aus der drohenden Krise aufzuzeigen, dem sich keiner entziehen kann, da niemand als uncool, intolerant oder nicht kreativ gelten möchte.

4.4 Konsumenten- und Touristenstädte

Eine Reihe US-amerikanischer Städte ist mit dem Tourismus groß geworden. Zehntausende oder sogar mehr als 100.000 Hotelzimmer, eine große Zahl Restaurants, Fast-Food-Anbieter und die unterschiedlichsten Vergnügungseinrichtungen versuchen so viele Besucher wie möglich anzuziehen. Das gilt für Miami Beach, Las Vegas oder das zu Honolulu auf Hawaii gehörende Waikiki (◘ Abb. 4.11). Die frühere Industriestadt New

◘ **Abb. 4.11**   Waikiki (Hawaii) ist einer der beliebtesten Ferienorte der USA. Im Vordergrund das pinkfarbene Royal Hawaiin Hotel, das bereits 1927 eröffnet wurde

York war mit 66,6 Mio. Besuchern im Jahr 2019 ein zunehmend beliebtes Ziel bei Touristen. 2009 gab es in der Stadt am Hudson erst 80.000 Hotelzimmer, im Januar 2020, also kurz vor Ausbruch der Covid-19-Pandemie, aber bereits 127.810 Zimmer in 705 Hotels, die stets zu 85 bis 90 % ausgelastet waren. Nur Las Vegas und Orlando, die beide mit und durch den Tourismus groß geworden sind, hatten noch mehr Hotelzimmer. Die Besucher gaben 2019 insgesamt 47,1 Mrd. US$ in New York aus, davon 13,5 Mrd. US$ für Unterkunft, 10,5 Mrd. US$ für Essen und Getränke, 8,5 Mrd. US$ für Transport und Verkehr und 5,6 Mrd. US$ für Freizeit und Unterhaltung. 306.000 Arbeitsplätze hingen direkt am Tourismus und eine größere Zahl in nachgelagerten Dienstleistungen. Wohl kein anderer Sektor hat so sehr unter der Pandemie gelitten wie der Tourismus. Aufgrund der *lockdowns* und Einreisebeschränkungen mussten 2020 fast alle Hotels zumindest zeitweise schließen. Rund 10 % der New Yorker Hotels haben 2020/21 sogar dauerhaft schließen müssen. Im Oktober 2020 waren allerdings 37.000 neue Hotelzimmer in der größten Stadt der USA in Planung oder im Bau, deren Realisierung teils aber fraglich war. Inzwischen hat sich die Nachfrage aber schnell wieder erholt. Im Jahr 2022 waren die Hotelzimmer in Manhattan wieder zu rund 75 % ausgebucht bei einem Durchschnittspreis von 312 US$ pro Nacht. Es wird davon ausgegangen, dass bis zu 52.000 weitere Hotelzimmer benötigt werden. Aufgrund der hohen Preise für Grundstücke in Manhattan werden immer mehr Hotels in Queens und Brooklyn gebaut (New York City Department of Planning, 2020; Times Square Alliance 2023). Obwohl der Tourismus unbestritten einen wichtigen Beitrag zur Wirtschaft leistet, freuen sich nicht alle New Yorker über die vielen Besucher. Touristen und Einheimische nutzen die gleiche Infrastruktur. Gedränge auf der Fifth Avenue, überfüllte U-Bahnen oder Restaurants sind für manche nur schwer zu ertragen. Es kommt zum sogenannten *overtourism*, d. h. zu Konflikten zwischen Besuchern und Bewohnern, die um ihre Lebensqualität fürchten (Bouchon und Rauscher 2019). Dieser Konflikt tritt besonders zutage, wenn Touristen und Einheimische zu Konkurrenten auf dem Wohnungsmarkt werden. Da die Hotels in New York sehr teuer sind, weichen immer mehr Besucher in private Unterkünfte aus. Vor der Pandemie hatte allein Airbnb konstant rund 50.000 Zimmer oder Wohnungen angeboten. Hinzu kamen Angebote anderer Anbieter in unbekannter Höhe. Da Wohnraum in New York City knapp und teuer ist, wurde der Unmut über die privaten Anbieter immer größer. Problematisch war allerdings, dass sich in New York City immer mehrere Personen eine Wohnung geteilt oder zur Untermiete gewohnt haben, z. B. wenn sie sich zur Ausbildung oder von Berufs wegen vorübergehend

in der Stadt aufhielten. Um dieses Angebot nicht einzuschränken, konnten potenzielle Anbieter eine Genehmigung beantragen. Airbnb hat 2022 Einnahmen in Höhe von 85 Mio. US$ in New York generiert, davon die Hälfte in nicht genehmigten Unterkünften. Im September 2023 verschärfte die Stadt New York die Regeln für die Vermietung an Touristen, sodass es fast unmöglich geworden ist, privaten Wohnraum an Touristen zu vermieten. Bei Zuwiderhandlung drohen hohe Geldstrafen (New York Times 05.09.2023).

Nicht nur die großen Touristenmagneten, sondern auch viele andere große Städte haben sich in neuerer Zeit zu Konsumentenstädten entwickelt. Mit der Deindustrialisierung und dem Wandel zur Dienstleistungsgesellschaft haben sich neue Eliten gebildet, die die Städte anders nutzen als vor ihnen die Arbeiter die Industriestädte. Früher zogen die Einwanderer in die Städte aufgrund ihres großen Angebots an Arbeitsplätzen in der Industrie. Die heutigen hoch qualifizierten Dienstleister sind hervorragend ausgebildet und verdienen gut, sie sind konsumorientiert und können ihren Wohnstandort weitgehend frei wählen. Die Eliten haben einen kosmopolitischen Lebensstil entwickelt, den die Städte befriedigen müssen. Unter dem Einfluss des gesellschaftlichen Wandels und globaler Entwicklungstrends ist der Konsum wichtiger als die Produktion geworden. In einer Gesellschaft mit vielen Singles und kinderlosen Paaren sind nicht mehr gute Schulen und Kirchen die wichtigsten Faktoren bei der Suche nach einem Wohnstandort, sondern Freizeiteinrichtungen. Städte wie New York, Chicago oder San Francisco haben auf die veränderten Konsumgewohnheiten und Lebensstile der Bewohner reagiert. Die Konsumenten wollen organisches Essen, Cafés, Wochenmärkte, Galerien und Theater; also werden diese Dinge angeboten. Städte, die sich durch die Nachfrage ihrer Bewohner verändern, werden zu Konsumentenstädten (Rushton 2009, S. 168; Zukin 2010, S. 27).

Noch vor wenigen Jahrzehnten waren Wachstum und Erfolg abhängig von der Schaffung neuer Industriearbeitsplätze, während in neuerer Zeit diejenigen Städte besonders erfolgreich waren, die die Wünsche der neuen Eliten bedienten (Fainstein und Judd 1999, S. 2). Auf nationaler und auf globaler Ebene stehen die Städte in einem zuvor unbekannten Wettbewerb zueinander. Fernsehsender wie CNN oder MTV und die omnipräsenten Filme aus Hollywood erzeugen weltweit homogene Konsummuster. Es werden Bedürfnisse geweckt, die es zu erfüllen gilt, um hoch qualifizierte Bewohner und Touristen anzuziehen. Weiche Standortfaktoren sind bedeutender geworden als harte. Hierzu können ein angenehmes Klima, eine niedrige Kriminalitätsrate und ein damit verbundenes Gefühl der Sicherheit, Sauberkeit und attraktive öffentliche Räume, Parks und *jogging trails*, aber auch ein großes kulturelles An-gebot und gute Schulen und Universitäten gehören. Außerdem muss ein großes Unterhaltungs- und Frei-zeitangebot vorgehalten werden, um die neuen Eliten bei Laune zu halten (◘ Abb. 4.12). Besondere Events und Icons fördern die globale Vermarktung (Clark et al. 2002, S. 494–499). Da der Ausbau des Freizeitangebots in vielen Städten höchste Priorität hat, bezeichnet Clark (2004, S. 8) sie als *„entertainment machines"* (Unter-haltungsmaschinen). Der Begriff *„machine"* soll ver-deutlichen, dass die Unterhaltung keine private An-gelegenheit mehr ist, sondern zu einem Gut avanciert ist, das die Städte produzieren müssen. Es ist zum wich-tigsten Instrument städtischer Entwicklungspolitik ge-worden. Früher haben die Kommunen das produzie-rende Gewerbe gefördert, um Arbeitsplätze zu schaf-fen; heute arbeiten die wenig qualifizierten Einwanderer in der Freizeitindustrie (Clark et al. 2002, S. 499). Die Städte reagieren auf die Bedürfnisse der Konsumenten, indem sie Werbekampagnen und Großereignisse spon-sern und mit privaten Inverstoren *public private part-nerships* eingehen, um gemeinsam Hotels, Tagungs-zentren und Shopping Center zu bauen (Fainstein und Judd 1999, S. 2).

Die Politiker werden nicht müde, die Vorzüge inner-städtischer *entertainment districts* anzupreisen, die Ka-pital und Besucher anlocken sollen. Die Städte sollen so sauber werden wie die *suburbs*. Diese Entwicklung setzte in den 1970er-Jahren ein, als die einst von Indus-trie und Gewerbe genutzten *waterfronts* zu *festival mar-kets* umgebaut wurden (Zukin 2010, S. 5). Es ist Auf-gabe der Städte, die institutionellen Voraussetzungen für den Wandel von der Industrie- zur Konsumenten-stadt zu schaffen und wichtige öffentliche Güter wie Museen, Parks oder Sportstätten zur Verfügung zu stel-len. Private Investoren ergänzen die öffentlichen Ein-richtungen durch Cafés, Kunstgalerien, Geschäfte oder eine spezifische Architektur, die den Städten eine un-verwechselbare Ausstrahlung verleihen sollen. Das Kul-tur- und Freizeitangebot entscheidet gemeinsam mit einem entsprechenden Einkommen, ohne das das viel-fältige Angebot nicht genutzt werden kann, über den Wert einer Stadt (◘ Abb. 4.13). Die größten Gewinner dieser Entwicklung sind die Wohlhabenden, während

◘ **Abb. 4.12**   Navy Pier in Chicago, ein beliebtes Ausflugsziel am Rand der Innenstadt von Chicago

◘ **Abb. 4.13**   Straßencafé auf Chicagos North Side mit Rolls Royce

die Mittellosen weitgehend vom Genuss der vielfältigen Möglichkeiten ausgeschlossen sind (Clark et al. 2002, S. 494–497). Bei genauerer Betrachtung profitieren aber sogar die weniger Wohlhabenden, denn es gibt preiswerte Restaurants und teils sogar kostenlose Vergnügungsangebote wie den Millennium-Park in Chicago oder den neuen Citygarden mit seinen vielen Kunstwerken im Herzen von St. Louis. Der Besuch vieler Restaurants, Bars, Nachtclubs und Theater ist zwar teuer, sie sind aber wichtig für die Belebung der Innenstädte zu später Stunde (Glaeser 2011a, S. 11).

Die Städte sind zur Bühne geworden: Sehen und gesehen werden ist wichtiger denn je. Den Ansprüchen der postmodernen Gesellschaft folgend, werden die Städte anders genutzt als früher. Die neuen städtischen Eliten suchen gerne die zahlreichen Restaurants der Städte auf und kochen selten selbst. Der Einkauf dient nicht mehr der Versorgung, sondern ist zu einem angenehmen Zeitvertreib geworden. Einkaufen (*retailing* oder *shopping*) und Unterhaltung *(entertainment)* verschmelzen zu *retailtainment* oder *shoppertainment* (Hahn 2001, S. 20). Der innerstädtische Einzelhandel bedient diesen Trend

mit großen Flagship-Stores und Shopping Centern, die viele Attraktionen bieten. Shoppen ist eine wichtige Freizeitbeschäftigung der gut verdienenden Urbaniten sowie der vielen Besucher aus dem suburbanen Raum und der Touristen geworden. New York hat besonders von dieser Entwicklung profitiert. Die Stadt ist zu einem internationalen Einkaufsmekka geworden. Allerdings ist es im Laufe der Corona-19-Pandemie und dem damit verbundenen Anstieg der im Internet getätigten Einkäufe vielerorts zu Geschäftsschließungen gekommen, die die Attraktivität vieler etablierter Einzelhandelsstandorte verringert haben.

4.4.1 Kongresstourismus

Die innerstädtischen Hotels, Geschäfte und Restaurants profitieren von kaufkräftigen Kongressteilnehmern. In vielen Innenstädten sind die zahlreiche Hoteltürme mit jeweils Hunderten von Betten nur während großer Messen ausgebucht und können dann entsprechend hohe Preise nehmen. National und international gut

4

◘ **Abb. 4.14**   Der Union Square in San Francisco verliert mit der geplanten Schließung von Macy's 2024 an Attraktivität

angebundene Flughäfen wie die von Atlanta und Chicago sind weitere wichtige Voraussetzungen für den Aufstieg zu einem bedeutenden Tagungsstandort. Aber die Kongressbesucher wollen an attraktiven Orten tagen und sich amüsieren oder im Winter dem kalten Wetter ihrer Heimatstädte entfliehen. Da Orlando über einen guten Verkehrsanschluss sowie gutes Wetter und darüber hinaus mit Seaworld, Legoland, Universal Film Studios Florida und Epcot über mehrere attraktive Freizeitparks verfügt, ist es heute einer der bedeutendste Messestandort des Landes. Um möglichst viele große Messen und Tagungen zu gewinnen, findet eine Art Wettrüsten zwischen den Städten statt und die Messezentren werden kontinuierlich ausgebaut. Darüber, welche *convention center* führend sind, gibt es in verschiedenen Rankings unterschiedliche Aussagen (◘ Tab. 4.1). Das nahe der Innenstadt von Chicago gelegene und gut mit dem Nahverkehr vom Flughafen und Stadtzentrum aus zu erreichende Kongresszentrum McCormick Place landet stets auf dem ersten Platz. McCormick Place ist im Besitz der Metropolitan Pier and Exposition Authority (mpea), der auch die

benachbarten Hotels Marriott Marquis Chicago und Hyatt Regency Mc Cormick Place gehören. Obwohl der Besuch von Messen während der Covid-19-Pandemie stark rückläufig war, fanden in dem Chicagoer Kongresszentrum 2022 wieder 103 Messen mit insgesamt 1,2 Mio. Teilnehmern statt. Allein in den beiden großen Hotels wurden 437.000 Übernachtungen gezählt (Metropolitan Pier and Exposition Authority 2023). Die Auswirkungen von McCormick Place auf die lokale Wirtschaft sind kaum zu überschätzen.

4.4.2 Attraktionen

Konsumentenstädte wenden sich an die eigene Bevölkerung, an kaufkräftige Bewohner des suburbanen Raums und an Touristen. Internationale Besucher lassen sich nur durch bekannte Sehenswürdigkeiten, Attraktionen oder Events anziehen. Von wenigen Ausnahmen wie den Wolkenkratzern in New York oder Chicago oder der Golden Gate Bridge in San Francisco abgesehen, gibt es in den amerikanischen Städten nur

◼ **Tab. 4.1** Top 10 *convention centers* in den USA 2022

Convention Center	Ausstellungsfläche in qm[1]	Rang, Bewertung USA by Logo Numbers[2]	Quality Products[3]
McCormick Place, Chicago	250.000	1	1
Orange County Conference Center, Orlando	360.000	2	3
Georgia World Congress Center, Atlanta	140.000	3	7
Las Vegas Convention Center, Las Vegas	230.000	4	2
New Orleans Ernest N. Memorial Convention, New Orleans	100.000	5	
America's Center, St. Louis	47.000	6	
San Diego Convention Center, San Diego	57.000	7	5
TCF Center, Detroit	67.000	8	
The Walter E. Washington Convention Center, D.C.	65.000	9	
Sands Expo and Convention Center, Las Vegas	o. A.	10	

1) Fläche gemäß Angaben der Homepages der Center.
2) ► https://usabynumbers.com berücksichtigt quantitative Indikatoren wie Ausstellungsfläche und Zahl der Konferenzräume.
3) ► www.qualitylogoproducts.com berücksichtigt zusätzlich qualitative Indikatoren wie Erreichbarkeit, Sicherheit und Sauberkeit.

wenige Bauwerke, die sich weltweit vermarkten lassen. New York hat mit seinen zahlreichen Sehenswürdigkeiten, Museen und Broadway-Shows mit Abstand die größte Ausstrahlung. Gesichtslose Städte versuchen durch von internationalen Architekten errichtete Gebäude oder durch historisierende Gebäude und Strukturen, wie sie seit den 1970er-Jahren bei dem Bau von *festival markets* wie Pier 39 in New York, Fisherman's Wharf in San Francisco, Quincy Market in Boston oder dem Inner Harbor in Baltimore entstanden sind, einen Ausgleich zu schaffen. Andere Städte haben *historic districts* oder *art districts* mit alten Bahnhöfen oder Lagerhäusern, die zu multifunktionalen Gebäuden mit Geschäften, Restaurants und Apartments umgebaut worden sind, ausgewiesen. Aber was in einer Stadt funktioniert, kann in einer anderen Stadt ein Misserfolg sein. Während die *festival markets* in Boston und Baltimore lange als großer Erfolg gewertet wurden, haben ähnliche Projekte in Toledo, OH, Richmond, VA, und St. Louis, MI, nie die Erwartungen erfüllt (Fainstain und Gladstone 1999, S. 22–23; Fainstein und Judd 1999, S. 9). In den *historic districts* möchten die Städte an die Vergangenheit erinnern, wenn auch oft mit geschönten oder sogar falschen Stilelementen. Themenwelten, die zuerst in Disneyland und Disneyworld und beim Bau von Kasinos entwickelt worden sind, fehlt oft jeder Bezug zur Realität. Es entstehen die von Marc Augé (2011, S. 97) beschriebenen Nicht-Orte, die ähnlich den riesigen Abfertigungshallen der Flughäfen austauschbar geworden sind und anhand von Gebrauchsanleitungen von den Besuchern in Wert gesetzt werden.1976 hat New Jersey als zweiter US-Bundesstaat

nach Nevada den Bau von Kasinos erlaubt, aber auf Atlantic City beschränkt. Dem Vorbild des einst populären Badeorts sind inzwischen viele finanzschwache Städte wie Detroit und New Orleans gefolgt. Die Kasinos sollen nicht nur die Attraktivität der Städte erhöhen, sondern gleichzeitig die leeren Gemeindekassen füllen (Leiper 1989). Die Stadt mit den meisten Kasinos ist nach wie vor Las Vegas, das inzwischen weit mehr bietet als nur das Glücksspiel. Die Kasino-Standorte, die seit Ende der 1970er-Jahre in den USA entstanden sind, möchten Las Vegas kopieren, sind aber letztlich nur ein billiger Abklatsch der Spielstätten der weltberühmten Touristenstadt. Besonders in den Detroiter Kasinos dominiert die Unterschicht, die mit einem Gewinn dem Elend zu entkommen hofft, tatsächlich aber der große Verlierer ist (Beobachtung der Verfasserin).

Alle großen amerikanischen Städte verfolgen die gleichen Ziele. Mit den immer wieder gleichen Elementen wie *festival markets, historic* und *art districts* und Themenwelten werden inszenierte städtische Räume geschaffen, die letztlich dazu dienen, den Konsum anzuregen. Da der moderne Mensch immer wieder nach Neuem verlangt, müssen alle Attraktionen ständig zu hohen Kosten dem Zeitgeist angepasst werden. Das vielleicht größte Problem ist, dass die Städte irgendwann alle gleich aussehen und somit austauschbar sein werden. Wenn darüber hinaus die Wünsche der Touristen im Mittelpunkt stehen, kann es sein, dass die Städte selbst zu Themenparks werden und sich die Einheimischen irgendwann in ihrer eigenen Stadt nicht mehr wohlfühlen (Fainstein und Judd 1999, S. 12–13; Holcomb 1999, S. 69; Sassen und Roost 1999).

4

4.5 Downtowns

Die Innenstädte sind das Schaufenster der Region. Hier spiegelte sich der Verfallsprozess der Städte schon früh wider, aber auch die Revitalisierung setzte oft in den zentralen Stadtbereichen ein. In den USA wird die Innenstadt umgangssprachlich als *downtown* bezeichnet. Der Begriff ist im 19. Jahrhundert in New York entstanden, wo in Manhattan mit der Ausdehnung der Bebauung in Richtung Norden zunehmend von *downtown, midtown* und *uptown* gesprochen wurde, um die drei Teilbereiche zu unterscheiden. Bald bezeichneten auch andere Städte ihren historischen Kern als *downtown*. In einigen Städten setzten sich allerdings andere Ausdrücke für die zentralen Bereiche der Stadt wie *loop* in Chicago oder *center city* in Philadelphia durch (Caves 2005, S. 130–131). Alle Downtowns sind durch eine Reihe von Gemeinsamkeiten charakterisiert. Sie setzen sich in baulicher und funktionaler Hinsicht klar von der Umgebung ab und sie sind fast immer der älteste Teil der Stadt. Hier entstanden die ersten Gebäude, und bis heute sind die Rathäuser und große Teile der öffentlichen Verwaltung in den Downtowns angesiedelt. Die Bebauungsdichte ist groß und die Hochhäuser sind schon von Weitem zu sehen. Im 19. Jahrhundert führten die Bahnlinien sternförmig in die Stadtzentren, was heute außerdem für die Linien des öffentlichen Nahverkehrs und für die wichtigsten Straßen gilt. In den meisten Downtowns gibt es noch den alten Bahnhof, auch wenn dieser heute kaum noch von Personenzügen angesteuert wird. Außerdem sind hier Einzelhandel, Banken, Bürogebäude, Museen, Hotels, Parkhäuser, Freizeiteinrichtungen und teils auch Parks und Apartmenthäuser zu finden. In den größeren Downtowns konzentrieren sich die verschiedenen Nutzungen auf eigene Viertel. Die Mieten für Büros und Einzelhandel sind in an diesem Standort am höchsten. Die angrenzende *zone of transition* (Übergangszone) unterscheidet sich in baulicher und funktionaler Hinsicht von der Downtown, denn hier haben die meisten Gebäude nur ein oder wenige Geschosse und dienen als Lagerhäuser, Autowerkstätten oder für anderes Kleingewerbe. Seit den 1950er-Jahren sind zudem in vielen Städten Ringautobahnen angelegt worden, die die zentralen Stadtbereiche von den umgebenden Vierteln abgrenzen (Caves 2005, S. 130–131; Sohmer und Lang 2003, S. 64). Der Begriff *central business district* (CBD) wird teils synonym mit dem Begriff Downtown oder nur für die zentralen Geschäftsbereiche der Innenstadt verwendet. Downtowns sowie CBDs lassen sich nicht genau abgrenzen, da sie im *census* nicht als statistische Einheit erfasst werden. Außerdem werden die *census tracts* laufend an die Entwicklung angepasst. Downtowns können im Lauf der Zeit schrumpfen oder an Fläche gewinnen. Es ist daher nicht ganz einfach, ihre Entwicklung exakt nachzuvollziehen und darzustellen. Fest steht aber, dass viele Downtowns lange durch Verfallsprozesse gekennzeichnet waren, die in neuerer Zeit zumindest in einem Teil der Städte durch eine Aufwertung abgelöst worden sind.

4.5.1 Bedeutungsverlust und Verfall

Obwohl sich bereits im ausgehenden 19. Jahrhundert die ersten Innovationen in den Bereichen Verkehr und beim Bau neuer Häuser (Hochhäuser, Aufzüge) durchsetzen konnten, haben sich die Muster der städtischen Bodennutzung zunächst kaum verändert. Als aber in den 1920er-Jahren das Automobil zum begehrtesten Objekt der Amerikaner wurde, war der Verfall der Innenstädte fast nicht mehr aufzuhalten, und die Einzelhändler sahen mit Besorgnis, dass entlang der Ausfallstraßen immer mehr Geschäfte eröffnet wurden und die Konkurrenz zunahm (Muller 2010, S. 307–310). Gleichzeitig verschlechterte sich das Image der Städte rapide. In den ersten beiden Jahrzehnten des 19. Jahrhunderts waren Hunderttausende Schwarze, die fast alle ungebildet und das städtische Leben nicht gewohnt waren, auf der Suche nach Arbeit in die Industriestädte des Nordens gewandert. Die Schwarzen drangen in innerstädtische Wohnquartiere, und bald kam es zu Spannungen mit der ansässigen weißen Bevölkerung, die nicht selten gewalttätig endeten. Bekannt sind die Aufstände und Kämpfe mit teils vielen Toten in St. Louis 1917 und wenig später in Chicago und Washington, D.C. Die Weißen verließen fluchtartig ihre Wohnungen in den zentralen Stadtbereichen, in die in der Folge die Schwarzen einzogen. Große Wohnungen wurden häufig in mehrere Einheiten unterteilt, und aufgrund des Wohnungsmangels für die Neuankömmlinge kam es zu Überbelegungen der Wohnungen. Die einstigen Wohnungen der Mittel- und Oberschicht degradierten, und es bildeten sich erste Slums. In den frühen 1940er-Jahren hatte eine Studie des Urban Land Institute in sieben ausgewählten Innenstädten große Verfallserscheinungen und fallende Bodenpreise festgestellt, woraufhin 1946 ein Central Business District Council eingesetzt wurde, um die Probleme der Downtowns zu lösen. Mehrere Städte beschlossen, Säuberungs- und Verschönerungsaktionen durchzuführen, den Einzelhandel zu fördern oder Apartmenthochhäuser teils im Hochpreissegment zu bauen, um den weiteren Verfall zu stoppen und einkommensstarke Bewohner anzuziehen. Einige Städte planten zudem den Abriss der innerstädtischen Slums (McKelvey 1968, S. 17–22, 134–135). Allerdings wurden diese Pläne zum damaligen Zeitpunkt kaum umgesetzt, weil es an finanziellen Mitteln und rechtlichen Möglichkeiten für die Durchsetzbarkeit mangelte. Gleichzeitig beschleunigten sich die Suburbanisierung und der Bedeutungsverlust der Stadtzentren. In den Downtowns blieben Investitionen aus, der Einzelhandel zog sich zurück, und neue Bürogebäude entstanden in der Peripherie. Die Zeichen des Verfalls waren nicht mehr zu übersehen, und die Immobilien- und Grundstückspreise fielen ins Bodenlose. Da sich gleichzeitig das Image der Downtowns weiter verschlechterte, diese als gefährlich galten und sämtlicher Bedarf im Umland der Städte gedeckt werden konnte, gab es kaum noch einen Grund für einen Besuch der Innenstädte (Kromer 2010, S. 51). Mitte des 20. Jahrhunderts schien es, als seien die Downtowns in eine Abwärtsspirale geraten, aus der es kein Entkommen gab. Umso mehr erstaunt es, dass zumindest ein Teil der Städte heute äußerst attraktive Innenstädte mit sehr hohen Bodenpreisen hat, die zu beliebten Wohnstandorten und Magneten für Touristen geworden sind.

Ist downtown San Francisco noch zu retten?

Mit San Francisco verbinden sich viele Images wie der Goldrausch Mitte des 19. Jahrhunderts, das Erdbeben von 1906, die Hippie-Kultur, die Proteste gegen den Vietnam Krieg und die Anfänge der Gay-Rights-Bewegung der 1960er- und 1970er-Jahre, die Golden Gate Bridge, steile Straßen, tolle Ausblicke und gemeinsam mit dem südlich gelegenen Silicon Valley der Aufschwung zum globalen Zentrum der High-Tech-Industrie in neuerer Zeit. Von 2010 bis 2020 ist die Zahl der Einwohner um gut 100.000 auf 874.000 gestiegen; 2019 wurde ein Höchststand mit 881.500 Einwohnern erreicht. Aber zu diesem Zeitpunkt hatte bereits eine Abwärtsspirale eingesetzt. Die Zahl der Steuerzahler sank von 2018 bis 2019 um 39.000. Wohnungsmangel, hohe Preise und Drogenmissbrauch haben zu einer großen Zahl Obdachloser geführt. Viele konnten sich nur durch Kleinkriminalität über Wasser halten. San Francisco belegte den ersten Platz bei Diebstählen, Einbrüchen, Vandalismus und Ladendiebstahl. Täglich wurden 60 Pkws aufgebrochen (Abrams 2023; Gibson 2020; Kotkin 2022d; McDonald 2019). Mit der Pandemie kam der große Exodus. Viele High-Tech-Arbeiter verließen die Stadt, da sie überall arbeiten können. Zuwanderung gab es fast keine. Laut Fortschreibung des Bureau of the Census lebten 2022 nur noch 808.000 Menschen in San Francisco. In keiner anderen Großstadt war der relative Verlust so hoch. Bis Mitte 2023 konnten immerhin rund 1000 Menschen hinzugewonnen werden, was aber nur ein Tropfen auf den heißen Stein ist (The San Francisco Standard 14.03.2024).

Mit dem Verlust der Einwohner brachen die Steuereinnahmen ein, und es steht weniger Geld für soziale Zwecke und den Erhalt der Infrastruktur zur Verfügung. Besonders hat die Innenstadt als wichtiger Bürostandort gelitten. Die Beschäftigten arbeiteten zuhause oder sind in andere Regionen gezogen. Die Büros verwaisten und mit ihnen die Restaurants und Geschäfte. Das Westfield San Francisco Center, in bester Lage an der Market Street gelegen, war das mit Abstand größte Shopping Center der *downtown*. Auch nach Ende der Pandemie kamen die Kunden nicht zurück, und viele Geschäfte mussten aufgeben. Gleichzeitig belagerten immer mehr Obdachlose die Bürgersteige der Innenstadt, was bei Passanten ein großes Gefühl der Unsicherheit hervorrief. San Francisco hat seine frühere Attraktivität und Lebensqualität eingebüßt. Besucher aus, der Bay Area und Touristen blieben aus und die ersten High Tech-Firmen planten den Umzug an andere Standorte. Viele Fachleute sahen San Francisco an einem Wendepunkt, der kaum noch umkehrbar sei. Der weitere Abstieg schien vorprogrammiert (Fortune Magazine 17.02.2020, The Economist 25.05.2023).

Neue Hoffnung schöpft San Francisco aus dem Aufstieg der *artificial intelligence* (AI) (künstliche Intelligenz). Im Sommer 2023 hat Bürgermeisterin Breed die Stadt zur „AI Capital of the World" erklärt. Es scheint, dass der Titel gerechtfertigt ist. Im Herbst 2023 waren 22 % aller landesweit im AI-Sektor ausgeschriebenen Jobs in San Francisco gelistet; gemeinsam mit dem Silicon Valley waren es sogar 59 %. Positiv sind auch die hohen Gehälter in diesem Bereich (The San Francisco Standard 31.10.2023). Das Westfield San Francisco Center hat inzwischen einen neuen Besitzer, der im März 2024 bekanntgab, den Einkaufstempel renovieren und in Zukunft als Emporium Shopping Center vermarkten zu wollen. Auch wenn die Kaufhauskette Macy's in der gleichen Woche ankündigte, ihren Flagship Store am Union Square zu schließen, gibt es vielleicht angesichts der neuesten Entwicklung doch noch eine Zukunft für San Franciscos Innenstadt (Howland 2024, San Francisco Standard 09.03.2024).

4.5.2 Einwohnerentwicklung und Bewohner

In vielen Downtowns ist seit den 1980er-Jahren die Zahl der Einwohner deutlich angestiegen, wobei sich dieser Prozess in neuester Zeit sogar beschleunigt hat, während andere Innenstädte stagnieren oder weiterhin Bevölkerung verlieren. Da die Grenzen der Downtowns nicht exakt definiert sind, muss auf Fallstudien zurückgegriffen werden, die dennoch eindeutige Trends erkennen lassen.

4

Einen interessanten Ansatz wählte das U.S. Census Bureau (2012, S. 25–28), das die Bevölkerungsentwicklung in einem Radius von zwei Meilen (3,2 km) um die Rathäuser der größten Stadt einer *metropolitan area* für den Zeitraum von 2000 bis 2010 analysierte. Die MAs mit einer Bevölkerung von wenigstens 5 Mio. verzeichneten rund um die Rathäuser die größten prozentualen Zuwächse, die hier durchweg im zweistelligen Bereich lagen. Auch für MAs mit einer Bevölkerung von 2,5 bis 5 Mio. konnte eine positive Entwicklung in den zentralen Bereichen festgestellt werden, die aber relativ betrachtet weit geringer war, während in den noch kleineren MAs besonders häufig ein Bevölkerungsverlust in Rathausnähe beobachtet wurde. Aber auch diese Daten lassen sich nicht verallgemeinern, da sie in einzelnen Städten bei genauerer Betrachtung stark voneinander abweichen. Mit Abstand den größten Gewinn verzeichnete das Zentrum von Chicago mit gut 36 %, wo inzwischen immerhin mehr als 180.000 Menschen nahe dem Rathaus leben; in New York, Philadelphia und San Francisco sind es sogar weit mehr; allerdings waren hier die Steigerungsdaten aufgrund des hohen Ausgangsniveaus geringer. Die Einwohnerverluste im Zentrum von New Orleans sind auf Hurrikan „Katrina" 2005 zurückzuführen. Erstaunlich ist aber, dass auch Baltimore rund um das Rathaus mehr als 10 % der Einwohner verloren hat, obwohl hier in den vergangenen Jahrzehnten viele Apartmenthäuser im Bereich des Inner Harbor

entstanden sind (s. u.). Tomer und Fishbane (2020) haben die Bevölkerungsentwicklung in den *downtowns* und angrenzenden Wohngebieten von 53 *metropolitan areas* mit mehr als 500.000 Einwohnern im Zeitraum 1980 bis 2018 untersucht. Sie sind zu dem Ergebnis gekommen, dass sich die *downtowns* insgesamt positiv entwickelt haben. Dieses galt insbesondere für *downtowns* mit mehr als 1 Mio. Einwohnern. Allerdings gab es große regionale Unterschiede (◘ Tab. 4.2). Während die Zentren der Städte im Nordosten, Mittleren Westen und Süden des Landes von 1980 bis 2000 stagnierten oder sogar Einwohner verloren, boomten die Städte im Westen. In diesem Zeitraum fand hier ein aggregiertes Wachstum von 21,6 % statt, während die *downtowns* im restlichen Land einen aggregierten Verlust von 4,1 % verzeichneten. Um die Jahrhundertwende setzte eine Trendwende ein. Während von 1980 bis 2000 die Zahl der Einwohner im Mittleren Westen nur in einem Drittel der *downtowns* gestiegen ist, traf das in den folgenden beiden Jahrzehnten für drei Viertel aller *downtowns* zu. Hierzu gehörten viele altindustrialisierte Städte wie St. Louis, Cleveland und Indianapolis. Die *downtowns* im Süden der USA entwickelten sich etwas schlechter, aber insgesamt ebenfalls positiv. Von 2000 bis 2018 traf das besonders auf Miami zu, gefolgt von Chicago, wo dieser Trend bereits 1980 eingesetzt hatte. 1980 lebten in dieser *downtown* nur 0,23 % der Einwohner der *metropolitan area*; 2018 waren es bereits 1,16 %. Während 1980 nur 18.000 Menschen in Chicagos *downtown*

◘ Tab. 4.2   Downtowns mit besonders positiver und negativer Einwohnerentwicklung. (Quelle: Tomer und Fishbane 2020, S. 11, Tab.1 und2)

Downtown	2018 Einwohner	1980–2000 Wachstum in %	2000–2018 Wachstum in %
Wachsende *downtowns*			
Miami, FL	24.175	−6,2	202,5
Chicago, IL	110.397	135,8	154,5
Denver, CO	29,664	6,7	151,5
Charlotte, NC	20.348	2,6	132,0
Kansas City, MO	9179	−4,8	87,0
San Diego, CA	36.672	57,8	81,8
San Louis, MO	19.841	−29,1	71,8
Schrumpfende Downtowns			
Jackson, MS	6102	−32,8	−29,8
EL Paso, TX	15.286	−8,9	−24,7
Toledo, OH	14.147	−14,7	−22,6
Dayton, OH	16.102	−26,3	−20,7
Little Rock, AR	10.286	−42,5	−20,4
Buffalo, NY	10.881	−23,1	−18,5

wohnten, waren es vier Jahrzehnte später rund 110.000. Gleichzeitig hat Cook County, in dem Chicago liegt, Einwohner verloren. Allerdings gibt es auch *downtowns* wie die von Jackson, MS, die vor und nach der Jahrhundertwende viele Einwohner verloren haben. Das Stadtzentrum von Jackson macht heute einen völlig desolaten Eindruck und vermittelt einen Eindruck größter Unsicherheit. Viele Grundstücke liegen brach und sind zugemüllt, noch vorhandene Häuser wirken verwahrlost, und es gibt weder Geschäfte noch Restaurants. Selbst einen Imbiss oder Kaffee kann man hier nicht mehr erwerben. Allein in der Nähe des Kapitols von Mississippi gibt es eine gepflegte Grünanlage und einige wenige ansprechende Verwaltungsgebäude (Eindruck der Verfasserin). Zahlen zur Abwanderung aus den *downtowns* während der Covid-19-Pandemie sind sehr uneinheitlich, und es muss abgewartet werden, wie sie sich in den nächsten Jahren entwickeln werden.

Wer sind die neuen Urbaniten? Sind es überwiegend junge gut ausgebildete Menschen *(young urban professionals)*, die noch keine Kinder haben, oder Paare, dessen Nachwuchs das Haus verlassen hat *(empty nesters)*. Mehrere Jahrzehnte zogen die *downtowns* aufgrund des großen Angebots an billigem Wohnraum überwiegend finanzschwache Einwanderer an. Dieses hat sich in den vergangenen Jahrzehnten zunehmend verändert, wie eine in 44 *downtowns* durchgeführte Untersuchung zeigt. Im Zentrum von 20 dieser Städte wie in Dallas, Miami oder Midtown Manhattan gibt es wenigstens einen *census tract* mit einem höheren mittleren Einkommen als an jedem anderen Standort der Region. Diese Menschen könnten überall leben, haben sich aber freiwillig für die Innenstadt entschieden. Außerdem hat der Anteil junger Menschen im Alter von 25 bis 30 Jahren, die wenigstens über einen College-Abschluss verfügen, deutlich von nur 13 % im Jahr 1970 auf 44 % zur Jahrtausendwende zugenommen (Birch 2005). Ein Teil der Innenstädte hat auch durch den Zuzug von älteren Menschen profitiert. Nach dem Auszug der Kinder haben viele *empty nesters* erkannt, dass ein Wohnen in der Stadt Vorteile bietet, wie die Nähe zum Arbeitsplatz, zu Restaurants und kulturellen Einrichtungen und Apartments ohne Treppen oder große Rasenflächen, die regelmäßig zu mähen sind (Bridges 2011, S. 97). Die Zahl der Wohnungseigentümer in den *downtowns* hat sich von 1970 bis 2000 auf rund 22 % mehr als verdoppelt bei großen regionalen Unterschieden. Während im Jahr 2000 in Chicago 41 % Eigentümer der von ihnen bewohnten Immobilie waren, traf dieses nur auf 1 % der Innenstadtbewohner von Cincinnati zu (Birch 2005).

Ihre frühere Funktion als dominierender Bürostandort in der Region haben die Downtowns weitgehend verloren. Die großen US-amerikanischen Städte berichten zwar in der Presse regelmäßig von einem Anstieg der Arbeitsplätze in den Innenstädten, aber diese Angaben halten nicht immer einer Überprüfung stand. Außerdem handelt es sich bei einem nicht unwesentlichen Teil um Arbeitsplätze in einfachen und schlecht bezahlten Dienstleistungen, wie Hotels, Restaurants oder Reinigungsdienste sie bieten. Fest steht aber, dass sich ein immer geringerer Anteil der Arbeitsplätze einer Region in den Stadtzentren befindet, denn in den vergangenen Jahrzehnten sind die meisten neuen Arbeitsplätze an anderen Standorten entstanden. Außerdem wurden Jobs aus den Stadtzentren in andere Teile der Stadt oder in den suburbanen Raum verlagert. Auch wenn der Anteil der Büroarbeitsplätze in den *downtowns* in den vergangenen Jahrzehnten relativ betrachtet im Vergleich zu denen an anderen Standorten abgenommen hat, ist ihre Zahl dennoch hoch. Nichts prägt das Stadtbild so sehr wie die Bürotürme der Zentren. In Manhattan stehen 49 Mio. m^2, in der *downtown* Chicagos knapp 15 Mio. m^2, der von Washington, D.C., 13,6 Mio. m^2 und der von San Francisco rund 9 Mio. m$_2$ Bürofläche zur Verfügung. Allerdings sind die Leerstandsraten schon lange hoch und während der Covid-19-Pandemie weiter gestiegen. Im Herbst 2023 betrug die Leerstandsrate von Büros landesweit 16,4 %. In Manhattan betrug sie 12,6 %, im Zentrum Chicagos 22 %, in dem von Washington, D.C., 18,5 % und von San Francisco sogar 25,7 % (Colliers 2023, S. 6–7). Hinzu kommt, dass viele Mitarbeiter immer noch einige Tage der Woche zuhause arbeiten und die noch vermieteten Flächen kaum genutzt werden. Es ist zu erwarten, dass die Leerstandsraten weiter steigen werden, wenn Mietverträge ablaufen.

4.5.3 Revitalisierung

Die Voraussetzungen für eine erfolgreiche Revitalisierung waren in den einzelnen Städten unterschiedlich. Dieses galt für den Anteil schlechter Wohnsubstanz sowie den Grad der Verslumung ehemaliger Wohngebiete der Mittel- und Oberschicht, die ethnische Zusammensetzung der innerstädtischen Bevölkerung, das Ausmaß der Ausschreitungen im Rahmen der Bürgerrechtsbewegung in den 1950er- und 1960er-Jahren und den damit verbundenen Grad der Zerstörungen und des Imageverlustes sowie die Zahl vorhandener attraktiver Gebäude, die erhaltenswert waren. Einige Städte wie San Jose oder Fort Worth haben nie eine bedeutende Downtown gehabt, da sie erst sehr spät angelegt worden sind, um dann schnell zu wachsen. Fort Worth hat sogar ein künstliches Stadtzentrum mit einer Fußgängerzone und Gebäuden aus

4

unterschiedlichen Epochen gebaut, um dieses Defizit auszugleichen (Newman und Thornley 2005, S. 58). Philadelphia hatte das Glück, über mehrere attraktive innerstädtische Wohnstandorte zu verfügen, die nie ganz von ihren Bewohnern aufgegeben worden waren. Die eleganten Wohnhäuser am Rittenhouse Square waren stets bei Wohlhabenden begehrt. Society Hill konnte von einem Revitalisierungsprogramm der späten 1950er-Jahre profitieren, das die Sanierung älterer Häuser und die Schließung von Baulücken ermöglicht hatte. Die Bewohner der genannten Innenstadtviertel garantierten durchgehend eine Mindestnutzung der verschiedenen Einrichtungen der Innenstadt und eine gewisse Lebendigkeit (Kromer 2010, S. 50–51).

Es hat eine große Palette von Möglichkeiten für die Revitalisierung der Downtowns zur Verfügung gestanden, die sehr unterschiedlich genutzt wurden. So gibt es Städte mit umfassenden Flächennutzungsplänen und andere, die allenfalls lockere Vorgaben zur Flächennutzung haben. Ähnliches gilt für den Erhalt historischer Gebäude. Auch die *Urban-renewal*-Gesetze der 1950er-Jahre, das 1974 eingeführte *CDBG Program,* der *American Recovery and Reinvestment Act* aus dem Jahr 2009 und der 2022 verabschiedete Inflation Reduction Act haben den Kommunen bei der Umsetzung der Maßnahmen einen großen Spielraum eingeräumt. Letztere unterstützen zwar nicht direkt die Revitalisierung der Städte oder *downtowns,* beinhalten aber Mittel für die Sanierung historischer Gebäude, die Unterstützung armer *neighborhoods,* den Ausbau der Infrastruktur oder die Verbesserung des städtischen Klimas. 2022 standen im Rahmen des CDBG-Programms $3,8 Mrd. US$ hierfür zur Verfügung (Department of Housing and Urban Development 2022). Allerdings standen nicht in allen Städten gleichermaßen Investoren für *public private partnerships* bereit, die die Finanzierung der einzelnen Projekte hätten unterstützten können. Darüber hinaus haben das Engagement und die Durchsetzungsfähigkeit der kommunalen Politiker und hier insbesondere der Bürgermeister stark voneinander abgewichen. Letztlich haben die einzelnen Städte sehr unterschiedliche Maßnahmen zur Revitalisierung ihrer Downtowns durchgeführt, die mehr oder weniger erfolgreich waren. Die bundesstaatlichen Gesetze zu *urban renewal* und zum Ausbau des Autobahnnetzes ermöglichten seit den 1950er-Jahren die Beseitigung der innerstädtischen oder innenstadtnahen degradierten Wohngebiete, die sich oftmals wie ein Ring um die Stadtzentren legten. Der Bau von Ringautobahnen wurde finanziell unterstützt und löste zwei Probleme gleichzeitig: Zum einen verschwanden viele der unattraktiven Wohnviertel und zum anderen wurden die Downtowns besser an das überörtliche Straßennetz angebunden. Finanzielle Mittel aus dem *Urban-renewal-*

Programm wurden ausdrücklich nur gewährt, wenn ein verfallenes und degeneriertes Viertel beseitigt werden sollte, wobei aber den Städten ein großer Spielraum bei der Ausweisung der Flächen eingeräumt wurde. Außerdem sollten die im Rahmen der Abrissmaßnahmen entstehenden Brachflächen an private Investoren verkauft werden, um am gleichen Standort neuen Wohnraum zu errichten. Selbst wenn sich die Städte tatsächlich um den Verkauf bemühten, fanden sich oft keine *developer,* denn in den 1950er- und 1960er-Jahren wollte niemand in diesen Lagen investieren. Besonders problematisch war, dass für die vertriebene Bevölkerung selten neuer preiswerter Wohnraum an anderen Standorten errichtet wurde. Ladenbesitzer und Kleingewerbe hatten in ähnlicher Weise unter den Abrissmaßnahmen zu leiden. Die Leidtragenden des Kahlschlags waren eindeutig die Armen und Angehörigen der ethnischen Minderheiten (Frieden und Sagalyn 1989, S. 22–37). Schätzungen zufolge wurden rund 1,5 Mio. Menschen durch den Abriss ihrer Wohnungen verdrängt. Immer häufiger erfolgten eine recht beliebige Ausweisung oder Ausweitung bestehender Sanierungsgebiete, um große Flächen für eine Gewinn versprechende Neubebauung zu erhalten oder weil die Abrissmaßnahmen aus öffentlichen Mitteln subventioniert wurden. In den Downtowns entstand ein unattraktiver Flickenteppich aus Freiflächen und noch genutzten oder ungenutzten Gebäuden unterschiedlicher Epochen (Schneider-Sliwa 1999, S. 50, 2005, S. 163).

Bereits relativ früh haben die Städte Bonusprogramme verabschiedet, um mittels einer intensiveren Nutzung der Grundstücke potenzielle Investoren anzulocken. Gleichzeitig sollten attraktive Aufenthaltsräume für die Bewohner und Besucher der Downtowns entstehen. Wie in vielen anderen Fällen spielte New York eine Vorreiterrolle. Der Bauordnung von 1916 zufolge war es möglich, ein Grundstück völlig zu überbauen. Um auf der Straßenebene einen gewissen Lichteinfall zu garantieren, wurden die einzelnen Stockwerke nach oben zunehmend abgestuft, weswegen viele Gebäude an Hochzeitstorten erinnerten. Im Lauf der Zeit waren aber nicht selten Ausnahmegenehmigungen für den Bau zusätzlicher Geschosse erteilt worden. Ende der 1950er-Jahre wuchs das Unbehagen an dieser Praxis, denn es musste befürchtet werden, dass die sehr kompakten und hohen Gebäude bald jeden Lichteinfall auf der Straßenebene verhindern würden. 1961 wurde daher die New Yorker Bauordnung geändert, wobei keine maximale Gebäudehöhe, sondern lediglich die erlaubte FAR (*floor area ratio* = Geschosshöhe) mit 15 festgelegt wurde. Ein Grundstück, das zu 100 % Gebäudehöhe, sondern lediglich die erlaubte FAR (*floor area ratio*) bebaut wurde, durfte maximal 15 Geschosse haben. Wurde aber nur die Hälfte des Grundstücks bebaut, waren maximal 30 Geschosse und bei einer Überbauung von nur einem Viertel des Grundstücks maximal 60 Geschosse erlaubt (■ Abb. 4.15b). Darüber hinaus wurden weitere Anreize geschaffen, um die Attraktivität der Stadt zu erhöhen. Wenn ein öffentlich zugänglicher Platz auf den unbebauten Teilen des Grundstücks angelegt wurde, wurden weitere zusätzliche Etagen im Verhältnis 1:10 genehmigt. Die maximale FAR erreichte so schnell den Wert 18. Da das Programm besser angenommen wurde als vermutet worden war, zeigten sich bald erste Nachteile. Einerseits entstanden zwar viele kleine öffentliche Plätze in Manhattan, andererseits nahm aber die gesamte Baumasse in bedenklicher Weise zu. Außerdem waren viele der neuen Freiflächen äußerst unattraktiv. Teils handelte es sich sogar um schmucklose Betonflächen ohne jede Sitzmöglichkeit oder Schattenspender. 1975 wurden daher Gestaltungsordnungen für die neuen öffentlichen Plätze erlassen, an die sich zwar nicht alle Investoren hielten, aber insgesamt entstanden jetzt interessantere Plätze. Gleichzeitig schlich sich allerdings eine neue Praxis ein. Da Investoren verständlicherweise einen möglichst großen Gewinn erzielen wollten, hatten sie Interesse am Bau sehr hoher Gebäude. Ihre Bauanträge beinhalteten daher immer mehr öffentlich zugängliche Einrichtungen wie Wintergärten oder Verbindungswege zum angrenzenden Gebäude. Da die Stadt New York fast pleite war, stimmte sie gerne zu, denn eine bessere Ausnutzung der Grundstücke bedeutete höhere Steuereinnahmen. Letztlich wurde für jedes Gebäude individuell die maximale Bauhöhe verhandelt und die Stadt wuchs, anders als in der Bauordnung von 1961 vorgesehen, fast ungehemmt in den Himmel und der Lichteinfall wurde immer mehr begrenzt. Diese Fehlentwicklung wurde erst 1982 korrigiert. In einzelnen Teilbereichen Manhattans wurde die maximale FAR jetzt gesenkt, blieb aber weiterhin ein umstrittenes Instrument. Hinzu kommt, dass in New York wie in vielen anderen Städten auch sogenannte *air rights* (Luftrechte) übertragen werden können. Wenn der Besitzer bei der Bebauung eines Grundstücks nicht die maximale FAR ausschöpft, kann er die ungenutzte Geschossfläche einem Nachbarn übertragen, der entsprechend höher bauen darf. Besonders günstig ist, wenn auf dem Nachbargrundstück eine Kirche oder ein anderes geschütztes Bauwerk steht, denn auch die ungenutzte FAR dieser Gebäude kann übertragen werden.

Seattle hat ein ähnliches Bonusprogramm wie New York, erlaubt aber außerdem über Spenden für bestimmte Projekte zusätzliche Etagen quasi „hinzuzukaufen". Nutzt man in Seattle alle Möglichkeiten konsequent aus, lässt sich die maximale Höhe innerstädtischer Gebäude ungefähr verdoppeln. 1988 wurde der Washington Mutual Tower mit einer Höhe von 235 m und mit 55 Etagen als zweithöchstes Gebäude eröffnet, wovon 28 dem Bonusprogramm zu verdanken waren (■ Abb. 4.15a). 13 der zusätzlich bewilligten

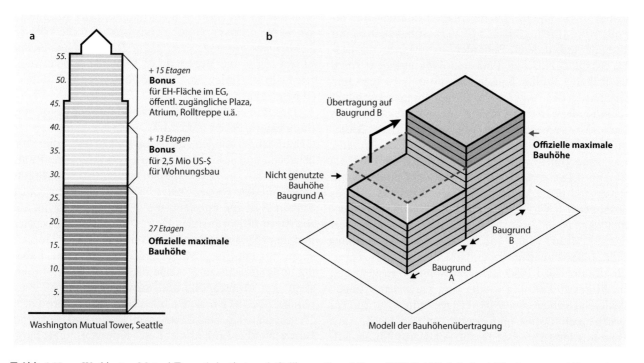

■ **Abb. 4.15** **a** Washington Mutual Tower (adaptiert nach Cullingworth und Caves 2008, S. 113); **b** Luftrechtübertragung und Bonusetagen (adaptiert nach New York City, Department of City Planning 2013; Stichwort: *Air Rights*)

4

Etagen waren genehmigt worden, weil der Investor 2,5 Mio. US$ für den Bau von Wohnungen gespendet hatte. Das zunehmende Höhenwachstum ist von vielen Bürgern kritisiert worden. Es zeigte sich aber, dass einmal eingeführte Anreize nur schwer zurückgenommen werden können. Erst 2001 ist es gelungen, das oft kritisierte Programm zurückzuschneiden (Cullingworth und Caves 2008, S. 113).

4.5.4 Megastrukturen

Die neuen Brachflächen, die im Rahmen der *Urban-renewal*-Programme entstanden waren, haben Platz für neue Projekte geschaffen, die häufig in Anlehnung an die von dem Schweizer Architekten Le Corbusier proklamierte Trennung der einzelnen Funktionen erfolgte. In den Downtowns entstanden riesige Gebäudekomplexe umgeben von Freiflächen, Grünanlagen und mehrspurigen Straßen, auf denen der Verkehr ungestört fließen sollte. Im Zentrum von Philadelphia war in den 1950er-Jahren durch den Rückbau eines Eisenbahntunnels eine knapp 9 ha große Brachfläche entstanden, auf der das Penn Center errichtet wurde. Den Komplex aus mehreren Bürogebäuden verband man durch unterirdische Wege mit Geschäften, Restaurants und einer U-Bahnstation. Zur damaligen Zeit galt Penn Center als eines der erfolgreichsten Projekte zur Revitalisierung einer amerikanischen Innenstadt. Es trug aber nicht nachhaltig zur Belebung ein, da es sich ausschließlich am eigenen Innenraum orientierte (Kromer 2010, S. 52). In anderen Städten wurden mit öffentlichen Mitteln großflächige Verwaltungszentren mit Rathaus und anderen Behörden verwirklicht. In Boston entstand zwischen 1963 und 1968 auf dem Areal des früheren Scollay Square, der mit billigen Bars und Theatern in den Augen vieler Bürger ein unerwünschtes Vergnügungsviertel am Rande der Innenstadt war, ein neues Government Center mit schmucklosen Betonbauten im Stil der damaligen Zeit, der als Brutalismus bezeichnet wird (Kennedy 1992, S. 176–181) (◘ Abb. 4.16). Ältere, positive Erwähnungen des Komplexes sind heute kaum noch nachvollziehbar, *„… the Government Center Plaza offers a sweeping open space dominated by the most spectacular new city hall in America …"* (Gapp et al. 1981, S. 115), denn das Rathaus wirkt äußerst unattraktiv, und auf dem riesigen zentralen schattenlosen Platz ist es im Sommer zu heiß und im Winter zu kalt und windig zum Verweilen. Ähnlich abweisend wirken das 1978 fertiggestellte Government District von Dallas und dessen zentrale Plaza, auch wenn hier immerhin eine Plastik von Henry Moore aufgestellt und ein Wasserbecken angelegt wurden.

An anderen Standorten entstanden überdimensionierte Gebäudekomplexe, die keinen Bezug zur Umgebung herstellten. Besonders abweisend wirken das Westin Bonaventure Hotel in der Downtown von Los Angeles und das Renaissance Center in der Innenstadt von Detroit (◘ Abb. 4.17), die sich sehr ähneln und die beide von dem Architekten John Portman Mitte der 1970er-Jahre gebaut wurden. Beide Gebäude bestehen aus jeweils fünf separaten runden, verglasten Türmen, die über ein mehrgeschossiges zentrales Atrium verbunden sind. Das Westin Bonaventure hat 35 Etagen und ist mit 1354 Zimmern das größte Hotel der Stadt. Das Renaissance Center hat sogar 72 Etagen und beherbergt das Headquarter von General Motors und ein Marriott-Hotel. Die zahlreichen Geschäfte im Atrium des Renaissance Center sind nie gut von Kunden angenommen worden, und die Zahl der Leerstände ist hoch. Die Atrien der beiden Gebäude von Portman gewähren keinen Ausblick in die Umgebung und wirken mit ihren blanken Betonwänden denkbar unattraktiv. Im Rahmen einer Renovierung des Renaissance Center im Jahr 2004 wurde daher ein fünfgeschossiges verglastes Atrium, das sich zum Detroit River öffnet, angebaut. Dieser Wintergarten erfreut sich großer Beliebtheit bei Besuchern und Angestellten. Beide Gebäude wurden einerseits als Errungenschaften der Postmoderne gefeiert, andererseits aber schon sehr früh kritisiert, da sie wie Festungen wirken, deren Eingänge durch Kameras und Sicherheitskräfte kontrolliert werden. Die Angestellten des Renaissance Center wohnen fast ausschließlich im suburbanen Raum, fahren mit dem Auto in die Parkhäuser der Komplexe, die sie nie verlassen, und abends wieder in die Vororte. *„… the message is clear. Afraid of Detroit? Come in and be safe."* (… die Botschaft ist klar. Sie haben Angst vor Detroit? Treten Sie ein und fühlen Sie sich sicher.) (Whyte 1988, S. 207).

Das Renaissance Center ist zusätzlich mit verglasten Fußgängerbrücken *(skyways)* mit den benachbarten Gebäuden verbunden, die sicherstellen, dass die Straßenebene und somit der (gefährliche) öffentliche Raum wirklich nie betreten werden muss. Andere Städte haben in den 1960er- bis 1980er-Jahren sogar ganze *Skyway*-Systeme angelegt, die in den Downtowns alle wichtigen Bürogebäude, Hotels und Einkaufszentren und Parkhäuser miteinander verbinden. Die Doppelstädte St. Paul und Minneapolis in Minnesota haben die umfangreichsten Systeme dieser Art. In der Innenstadt von Minneapolis sind inzwischen rund 80 Baublöcke über *skyways* zu erreichen. Das oberirdische Wegesystem hat eine Länge von 15 km und verbindet Bürogebäude, Einkaufszentren, Kranken- und Parkhäuser und auch Wohngebäude, was insbesondere in

◨ **Abb. 4.16**   Government Center in Boston

den sehr kalten Wintern dieser Region sehr angenehm sein kann. Gleichzeitig ist die perfekte autogerechte Stadt entstanden, denn unter den *skyways* kann der Verkehr ungestört fließen. Da sich die Innenstädte ausschließlich am Innenraum orientieren und auf der Straßenebene attraktive Schaufensterfronten fehlen, gibt es für die Fußgänger keinen Grund, nicht die *Skyway*-Systeme zu nutzen. Ganze Downtowns sind zu einer einzigen riesigen Megastruktur geworden, die der Stadt als öffentlichem Raum äußerst feindlich gegenüberstehen (Hahn 1992, S. 133–145; Meet Minneapolis 2023; Whyte 1988, S. 206–221).

Bis in die 1970er-Jahre war der suburbane Raum der traditionelle Standort der Shopping Center, die in den folgenden Jahrzehnten immer häufiger auch in den Downtowns errichtet wurden (Abschn. 2.2.6). Die Gründe, warum die Betreibergesellschaften plötzlich in den Innenstädten investierten, sind nicht ganz klar. Vermutlich waren die guten Lagen im suburbanen Raum in vielen Regionen vergeben und haben die

Investoren die ersten Zeichen eines Aufschwungs der Downtowns gesehen und ein zukünftiges Geschäft gewittert. Für die Investoren stellte der Bau dieser Shopping Center aufgrund des anfangs noch sehr desolaten Zustands der Innenstädte und fehlender Erfahrungen ein großes Wagnis dar. Nachteilig war auch, dass die Grundstücke sehr teuer und die Baukosten hoch waren, da in die Höhe gebaut werden musste. Außerdem war nicht abzusehen, ob die Kunden die Shopping Center annehmen würden, zumal es keine kostenlosen Parkplätze gab. Vielfach wurden die Einkaufstempel in multifunktionale Gebäude integriert. Der auf der North Michigan Avenue in Chicago 1975 eröffnete 74-geschossige Water Tower Place beherbergt eines der ersten innerstädtischen Shopping Center der USA. Die North Michigan Avenue verbindet den *loop* mit den wohlhabenden nördlichen Stadtteilen. Das Shopping Center nimmt die unteren acht Etagen des multifunktionalen Gebäudes ein und bietet rund 100 kleineren Einzelhändlern und Restaurants sowie zwei

4

■ **Abb. 4.17**   Renaissance Center in Detroit

großflächigen Anbietern Platz. Auf der neunten Etage sind Büroräume zu finden und darüber ein Luxushotel mit 431 Zimmern auf 22 Etagen und 240 Luxuswohnungen in den obersten 40 Stockwerken. Während das Innere von Water Tower Place mit viel Glas und Chrom sehr aufwendig gestaltet ist, ist das Äußere wenig gelungen. Im Erdgeschoss wurden zwar immerhin einige wenige kleine Schaufenster integriert, aber ansonsten ist die Fassade vollkommen schmucklos ohne jederlei auflockernde Elemente gestaltet und erzeugt einen abweisenden Eindruck. Betritt man das Gebäude durch den Haupteingang, erblickt man sofort Sicherheitskräfte, die unmissverständlich suggerieren, dass man sich in einem sicheren Raum befindet. Entgegen allen Prognosen waren die Umsätze von Anfang an hoch, und Water Tower Place wirkte sogar als Initialzündung für den Ausbau der North Michigan Avenue. Bald öffneten hier weitere Shopping Center, und es siedelten sich internationale Designer auf der North Michigan Avenue an, die heute zweifellos nach der Fifth Avenue in New York die attraktivste

Einkaufsmeile der USA ist. Inzwischen wurden in fast allen Downtowns der großen Städte Shopping Center wie das Pacific Center in San Francisco, das Prudential Center in Boston, die Manhattan Mall in New York oder Riverwalk Market Place in New Orleans errichtet, die aber nicht alle so erfolgreich wie Water Tower Place in Chicago waren und sich teils wenig positiv auf die Umgebung ausgewirkt haben (Hahn 2002, S. 58–60; Whyte 1988, S. 2008).

4.5.5 Paradigmenwechsel

Bald wurde klar, dass sich durch Abriss und Neubau keine nachhaltige Stadterneuerung erreichen ließ, und mit der zunehmenden Zerstörung gewachsener *neighborhoods* stieg die Zahl der Gegner dieser Praxis an. Seit den 1970er-Jahren setzten sich langsam neue Richtlinien für die Revitalisierung der Downtowns durch. Seit der Kürzung der Bundesmittel durch Präsident Reagan in den 1980er-Jahren waren die Städte zudem weitgehend darauf angewiesen, ihre Probleme selbst zu lösen. Viele Städte setzten auf Tourismus und Tagungen, um die Innenstädte zu beleben und die Einnahmen zu erhöhen. Die Downtowns wurden mit Schnellbahnen an den suburbanen Raum angeschlossen, und Sportstadien, *entertainment districts,* revitalisierte *waterfronts,* Parkanlagen und lebendige Straßen mit Außengastronomie sollten die Attraktivität der Innenstädte für Einheimische und Besucher erhöhen. Der Bau großflächiger Megastrukturen wurde abgelöst durch kleinräumige Maßnahmen, die zu einer Steigerung der Aufenthaltsqualität beitragen sollten. Gleichzeitig legte man viel Wert auf Säuberung und Entkriminalisierung und einen damit verbundenen Imagegewinn. Die Maßnahmen griffen in vielen Städten und zogen wieder Investoren an, die neue Hotels und Apartmentgebäude in den Downtowns errichteten. Außerdem wurden seit Jahrzehnten wieder in größerer Zahl Hochhäuser in den Innenstädten gebaut.

4.5.6 Sportstadien und *Entertainment Districts*

Die große Begeisterung der Amerikaner für den Sport hat schon im ausgehenden 19. Jahrhundert den Bau riesiger zunächst offener, bald aber auch überdachter Stadien bewirkt, die aus Gründen der Erreichbarkeit häufig nahe den Stadtzentren errichtet wurden. Die älteren Stadien hat man inzwischen durch moder-

nere und größere Stadien ersetzt, wobei die Form im Zuge der zunehmenden Kommerzialisierung des Sports weitgehend vereinheitlicht wurde und alles andere als identitätsstiftend ist (Conzen 2010, S. 435–436). Außerdem wurden neue Stadien, die nicht selten zu einer Revitalisierung der nahen Downtowns beitragen sollten, errichtet. Da sich amerikanische Sportfans besser benehmen als europäische Hooligans sind die Standorte eigentlich gut gewählt, denn die Zuschauer können in den Abendstunden und an den Wochenenden zu einer Belebung der Innenstädte beitragen. Außerdem sind die Stadtzentren bestens an das überörtliche Straßennetz und an den öffentlichen Nahverkehr angeschlossen. Die Rechnung ist aber nicht immer aufgegangen. Als das Hockeyteam „Red Wings" in den 1970er-Jahren drohte, Detroit zu verlassen, ließ Bürgermeister Young für 57 Mio. US$ die Joe Louis Arena am Rand der Innenstadt bauen und vermietete sie zu einem günstigen Preis an die Mannschaft. Die „Red Wings" blieben zwar in der Stadt, aber die Kosten für Detroit waren enorm (Glaeser 2011a, S. 62). Tatsächlich ziehen die Wettkämpfe in der Joe Louis Arena, im Footballstadion Ford Field und im Baseballstadion Comerica Park zu Tausenden Bewohner des suburbanen Raums an, die das Zentrum von Detroit normalerweise meiden (◘ Abb. 4.18). Der Besuch der umgebenden Restaurants und Kneipen beschränkt sich allerdings auf wenige Stunden (Beobachtung der Verfasserin). In Kansas City war der Bau eines teuren Sportstadions sogar eine völlige Fehlinvestition. 2007 wurde am Rande der

◘ **Abb. 4.18**   Ford Field in Detroit. Die Football Arena im Zentrum Detroits wird auch von den Suburbaniten in großer Zahl besucht

Innenstadt eine 276 Mio. US$ teure Multifunktionsarena mit 18.500 Plätzen eröffnet, deren Bau großzügig aus Steuermitteln subventioniert worden war. Trotz großer Bemühungen ist es nicht gelungen, eine Eishockey- oder Basketballmannschaft für die permanente Nutzung des Sprint Center zu gewinnen. Im April 2020 ist die Sprint Cooperation eine Partnerschaft mit T-Mobile eingegangen und das Stadion wurde in T-Mobile Center umbenannt. Bis heute finden nur gelegentlich Konzerte oder größere Sportveranstaltungen hier statt. Die Teams der National Hockey League und der National Basketball Association bevorzugten kleinere Städte wie Memphis, Oklahoma City oder Raleigh, in denen sie nicht mit Baseball oder Football um die Gunst von Zuschauern, Sponsoren und Presse konkurrieren müssen (Schoenfeld 2009).

Einen eindeutig positiven Beitrag zur Revitalisierung hat dagegen die 1997 eröffnete Mehrzweckarena MCI Center mit mehr als 18.000 Sitzplätzen zwischen der 6th und 7th St. NW im Herzen von Washington, D.C., geleistet, das von 2006 bis 2017 Verizon Center hieß und seitdem den Namen Capitol One Arena trägt. Hier werden die Heimspiele des Eishockeyteams „Washington Capitals" und der Basketballmannschaft „Washington Wizards" und viele andere Veranstaltungen ausgetragen. Seit Ende der 1990er-Jahre hat sich der einst stark verfallene Teil der Innenstadt, der auch Standort der Chinatown war, sehr gut entwickelt. Die 7th St. NW übt heute mit vielen Restaurants und Bars, aber auch Einzelhandel die Funktion eines *entertainment district*aus. Vor einigen Jahren wurde mit Gallery Place ein *entertainment center* mit 14 Kinos, Restaurants und Einzelhandel eröffnet. Die Kinos sowie die mehrmals wöchentlich stattfindenden Veranstaltungen in der Mehrzweckarena garantieren einen permanenten Besucherstrom an einem Innenstadtstandort mit direktem U-Bahnanschluss. Auch am Rande der Innenstadt von Los Angeles ist eine Symbiose aus Sportstadion und *entertainment district* entstanden. 1999 wurde hier die Multifunktionshalle Staples Arena (seit 2021 Crypto.com Arena) eröffnet. Die Halle ist sehr gut mit Spitzenspielen diverser Sportarten ausgebucht. Auf der gegenüberliegenden Seite der Figueroa St. befindet sich ein Kongresszentrum. Ab 2005 entstand in direkter Nachbarschaft im Rahmen eines *public private partnership* L.A. Live mit einem Nokia Theatre, das nach mehreren Namensänderungen seit 2023 Peacock Center heißt. Das Center ist mit Mega-Events der Unterhaltungsindustrie gut ausgebucht. Hier sind bereits mehrfach die Grammy Awards, die Emmy Awards und die American Music Awards verliehen worden, die weltweit übertragen werden. Mehrere große Luxushotels und Restaurants, die sich um die zentrale Plaza gruppieren, runden den *entertainment district* ab. Über

dimensionale LED-Bildschirme, die großflächige Werbung präsentieren, sollen an den New Yorker Times Square erinnern. Letzteres ist nicht wirklich gelungen, da die Plaza im Vergleich zum New Yorker Vorbild sehr künstlich wirkt, aber immerhin ist mit den riesigen Veranstaltungsgebäuden ein Besuchermagnet in der Downtown von Los Angeles entstanden (Beobachtungen der Verfasserin).

4.5.7 Saubere Downtowns

In einigen Städten wie New York und Los Angeles haben entschlossene Bürgermeister mit drastischen Maßnahmen die Säuberung und Entkriminalisierung der Innenstädte durchgesetzt. Besonders bekannt wurden die Aufräumarbeiten von Bürgermeister Giuliani am New Yorker Times Square, der ein Symbol für den Verfall und Aufstieg der nordamerikanischen Innenstadt verkörpert. Bei genauerer Betrachtung wird allerdings deutlich, dass der Aufschwung des weltbekannten Platzes schon lange eingesetzt hatte, bevor Giuliani das Amt übernahm. Giuliani setzte allerdings eine äußerst umstrittene *Zero-tolerance*-Strategie durch, die die Verfolgung auch kleiner Vergehen wie das Trinken in der Öffentlichkeit oder aggressives Betteln vorsah, um größere Straftaten bereits im Ansatz zu verhindern (► www.krimilex.de, Stichwort: *zero tolerance*). Am Times Square konnte die Zahl der strafbaren Handlungen von knapp 4000 im Jahr 1993 auf weniger als 500 in neuerer Zeit gesenkt werden. Obwohl der Times Square täglich von gut 300.000 Menschen besucht wird, ist er sehr sauber, denn 70 Straßenreiniger und 398 Abfallbehälter verhindern jede Ansammlung von Dreck im Ansatz (Times Square Alliance 2012, 2023; Times Square District Management Association 2022).

Der rechtwinklige Straßengrundriss von Manhattan wird durch den Broadway, der in Anlehnung an einen alten Indianerpfad diagonal von Süd nach Nord verläuft, aufgelöst. Die 42nd St. bildet die südliche Begrenzung des Times Square, der das unumstrittene Zentrum New Yorks ist. Mit vielen Restaurants, Geschäften und Vergnügungsstätten galt die 42nd St. lange als größter Magnet für New Yorker und Besucher der Stadt. Nach und nach wurden immer mehr der angestammten Einrichtungen durch billige Läden, zwielichtige Restaurants und Pornoläden ersetzt. Gleichzeitig veränderten sich die Besucher, die Kriminalität stieg, und das Image von Times Square und 42nd St. sank. Seit den 1950er-Jahren wurde mit dem Ruf *„clean it up"* eine Säuberung des Times Square gefordert (Gratz und Mintz 1998, S. 69), der zur Metapher für die Lösung der Probleme der amerikanischen Stadt wurde. Allen Bemühungen zum Trotz konnte dem Verfallsprozess des Times Square lange nicht Einhalt geboten werden: Die Pornoläden und billigen Kneipen sowie unerwünschte Besucher blieben. 1981 verabschiedete die Stadt New York einen 1,6 Mrd. US$ teuren Plan zur Revitalisierung des Times Square. Gleichzeitig erlaubte ein neuer Flächennutzungsplan eine größere Bebauungsdichte. Mit öffentlichen Subventionen sollten der Bau von vier neuen Bürohochhäusern, eines großen Shopping Centers und eines 500-Betten-Hotels subventioniert werden. Außerdem erwog man, den Times Tower abzureißen. Der Bau des Shopping Centers und der Abriss des Hochhauses, das dem Platz seinen Namen gab, wurden allerdings bald wieder verworfen (Gratz und Mintz 1998, S. 70).

Nach jahrelanger Vorbereitung verabschiedete die Stadt New York 1995 eine Verordnung, die Pornoläden, Oben-ohne-Bars und andere zwielichtige Einrichtungen in der Nähe von Kirchen, Schulen und Wohnungen ausschloss. Zu diesem Zeitpunkt waren die Zeichen des Aufschwungs schon deutlich zu erkennen. In den 1990er-Jahren profitierte der Times Square auch vom Boom des Medien- und Telekommunikationssektors und der positiven Entwicklung der Wirtschaft, die die Investitionsbereitschaft der Unternehmen unterstützte. Am Times Square und an der 42nd St. wurden sanierungsbedürftige Gebäude abgerissen und durch Hochhäuser ersetzt. Gleichzeitig wurden kleinteilige Ladenlokale durch großflächige Einzelhändler verdrängt, die von den steigenden Touristenzahlen profitierten. Investitionen des Disney-Konzerns gaben der 42nd St. ein neues Gesicht. Das Unternehmen kaufte und restaurierte das 1903 eröffnete Amsterdam Theater für seine eigenen Musical-Produktionen. Nebenan richtete Disney einen großen Laden mit Fanartikeln des Konzerns ein, der sich zumindest eine Zeit lang großer Beliebtheit erfreute. Disney steht für „sauber" und „sicher" und hat mit seinem professionellen Management dazu beigetragen, das Image der 42nd St. grundlegend zu ändern und das Interesse anderer Investoren zu wecken. Zu den weiteren großen Attraktionen gehörten ein riesiger Virgin Megastore und eine Sportbar des Fernsehsenders ESPN und ein MTV-Studio. Seit Jahren überträgt außerdem ABC täglich die Nachrichtensendung *Good Morning America* vom Times Square. Kommerz und die ernste Welt der Finanznachrichten verschmelzen an diesem Platz, wo auch die Technologiebörse NASDAQ ein gläsernes Fernsehstudio unterhält. Den riesigen Disney-Laden und den Virgin Megastore gibt es schon lange nicht mehr. Disney hatte in den USA zu viele dieser Geschäfte eröffnet und so zu einer Übersättigung geführt, während Virgin aufgrund der sinkenden Nachfrage nach Tonträgern schließen musste. Der Times Square stellte zumindest bis zum Ausbruch der COVID-19 – Pandemie eine so große Attraktion dar, dass neue Mieter umgehend gefunden

werden konnten (Gratz und Mintz 1998, S. 71; Hahn 2001, Beobachtungen der Verfasserin).

Auch in anderen Städten wie in St. Louis wird viel gegen Verschmutzungen unternommen, da nur saubere Städte Konsumenten anziehen. Einem eingeschlagenen Fenster, das nicht repariert wird, folgen bald weitere. Abfall auf den Bürgersteigen verführt Passanten dazu, ihren Müll fallen zu lassen, statt auf den nächsten Papierkorb zu warten. Zugemüllte Straßen sind wenig attraktiv und erzeugen ein Gefühl der Unsicherheit. Eine Stadt, die nicht für saubere Straßen sorgen kann, ist wahrscheinlich auch nicht in der Lage, Recht und Ordnung aufrechtzuerhalten (Kelling und Wilson 1982). In vielen Innenstädten wie in St. Louis oder Seattle sorgen gut sichtbare Ordnungskräfte für Sauberkeit. In Chicago hat Bürgermeister Richard M. Daley 1993 den Kampf gegen Graffiti aufgenommen, da dieses angeblich die Lebensqualität und den Wert der Häuser mindert und die Menschen verängstigt. Wo ein Graffiti nicht beseitigt wird, sind bald weitere Schmierereien zu finden. In Chicago wurden Teams eingerichtet, die Graffiti mit einer Mischung aus Backpulver und Wasser unter Hochdruck beseitigen. Falls nötig, wird anschließend neue Farbe aufgetragen. Allerdings geben die Sprayer nicht auf und sind bis heute sehr aktiv. Die Stadt beseitigt jedes Jahr Tausende Graffiti zu Kosten von mehreren Hunderttausend US-Dollar. Nicht selten erneuern die Sprayer die unbeliebten Wandgemälde binnen weniger Stunden. Unterstützt wird die Aktion durch hohe Strafen für Vandalismus. Außerdem ist der Verkauf von Sprühfarbe in Chicago verboten. Viele andere Städte wie New York, Los Angeles, Miami und San Antonio beseitigen heute ebenfalls nach dem Vorbild Chicagos umgehend jedes neue Graffiti (▶ www.cityofchicago.org). Ein weiteres großes Problem sind leer stehende Häuser, Gewerbebetriebe und Geschäfte, die einen ungepflegten Eindruck vermitteln. Auch die Vorgärten noch bewohnter Häuser werden oft nicht gepflegt, sondern als Abstellplatz für Gerümpel genutzt. Im öffentlichen Straßenraum sind vielerorts herrenlose Altautos mit teils eingeschlagenen Scheiben oder sonstigen Zeichen des Vandalismus in großer Zahl abgestellt. 1998 ließ die Stadt Philadelphia 23.000 und im folgenden Jahr 27.000 Altwagen abschleppen. Da jeden Tag erneut Autos „abgestellt" wurden, war das Problem kaum lösbar. Zur Jahrtausendwende standen schätzungsweise 40.000 besitzerlose Autos auf Straßen und Brachflächen in Philadelphia. Im Jahr 2000 verabschiedete der neue Bürgermeister John Street ein zuvor im Wahlkampf angekündigtes Programm zur schnelleren Beseitigung dieser Fahrzeuge im öffentlichen Raum. Es wurde eine Hotline eingerichtet, bei der Bürger besitzerlose Autos melden konnten. Alle Autos mit einem geschätzten Wert von weniger als 500 US$

4

sollten beseitigt werden. Fahrzeuge mit einem höheren Restwert, die einen herrenlosen Eindruck vermittelten, konnten abgeschleppt werden, wenn die Besitzer der Aufforderung einer Beseitigung durch die Stadt nicht nachgekommen waren. Machte man die Besitzer herrenloser Fahrzeuge ausfindig, erwartete sie eine Geldstrafe. 25 autorisierte Unternehmen schleppten in der Anfangsphase rund 825 Altautos täglich ab. Bald sprachen sich aber die drastischen Maßnahmen herum und die Besitzer fuhren ihre Autos selbst zum Schrottplatz oder parkten sie auf eigenen Grundstücken (Kromer 2010, S. 110).

4.5.8 Business Improvement Districts

Viele der inzwischen erfolgreich revitalisierten Plätze und Geschäftsstraßen in den USA, die unter einem Abwertungsdruck standen, haben ihren Erfolg der Umwandlung in *business improvement districts* (BIDs) zu verdanken. Das gilt auch für den New Yorker Times

Square (■ Abb. 4.19). 1971 wurde der weltweit erste BID im kanadischen Toronto gegründet, dem 1975 der erste US-amerikanische BID in New Orleans folgte (Pütz 2008, S. 7). Die rechtlichen Grundlagen für die Bildung von BIDs sind durch die einzelnen Bundesstaaten geregelt und können daher voneinander abweichen. Stets erfolgt die Bildung aber durch einen Zusammenschluss aller Immobilienbesitzer und Gewerbetreibenden einer Straße, eines Platzes oder einer *neighborhood*. Alle Beteiligten müssen in einen gemeinsamen Fond zahlen, aus dem bestimmte Dienstleistungen wie die Aufrechterhaltung der öffentlichen Sicherheit durch Wachleute oder Kameras, eine einheitliche Beschilderung und Vermarktung sowie die Reinigung, Beleuchtung oder Begrünung von Straßen und Plätzen finanziert wird. Das Angebot der Kommunen, die eigentlich für einen Teil dieser Aufgaben zuständig sind, wird so verbessert. Die *public private partnerships* sollen zu einer Steigerung der Attraktivität und zu einem erhöhten Besucher- oder Kundenaufkommen führen (Armstrong et al. 2007, S. 1; Sorkin 2009, S. 83).

■ **Abb. 4.19**   Teile des Times Square sind heute von Autos befreit und ein beliebter Aufenthaltsort

In New York wurde 1992 der BID Times Square Alliance gegründet, der 123 Baublöcke zwischen 41st St. im Süden und 53rd St. im Norden sowie der Avenue of the Americas im Osten und 8th Avenue im Westen umfasst. 2022 hat der Jahresetat der Alliance rund 26 Mio. US$ betragen (Times Square District Management Association, Inc. 2022, S. 4). Mit dem Geld werden nicht nur private Sicherheitsdienste und die Reinigung des Platzes bezahlt, sondern auch unzählige Veranstaltungen finanziert. Den Höhepunkt bildet jedes Jahr die Feier zum Jahreswechsel mit internationalen Stars. Außerdem hat man den Times Square durch viele kleine Maßnahmen aufgewertet. 2009 wurden die Fußgängerbereiche erweitert und der Verkehr aus einigen Teilen des Platzes verbannt. Inzwischen wurden auch Radfahrwege angelegt. In den Bürogebäuden arbeiten 172.000 Angestellte und 5800 Menschen leben innerhalb der Grenzen des Times Square BID. Darüber hinaus sorgen rund 50 Hotels mit Tausenden Betten für eine Belebung des Platzes. Nach einer durch die COVID-19-Pandemie bedingten Schließung besuchten 2022 wieder 11,5 Mio. Menschen die Broadway Theater und zahlten hierfür insgesamt 1,5 Mrd. US$ (▶ www.timessquarenyc.org). Der Times Square ist heute der größten Touristenmagnet New Yorks oder sogar der USA. Da er privat gemanagt wird, gelten hier nicht die im öffentlichen Raum üblichen Regeln. Der Platz ist heute fast so sicher wie ein Vergnügungspark oder ein Einkaufszentrum, was man auch kritisch bewerten kann (Davis 2001, S. 5).

In New York operieren derzeit 76 BIDs in allen fünf *boroughs,* denen 187 Mio. US$ für die unterschiedlichsten Maßnahmen zur Verfügung stehen. In Chicago gibt es 57 BIDs, die hier als *special service areas* bezeichnet werden, und in San Francisco 18 hier genannte Benefit Districts (Stand 2023). Die Zahl der BIDs in US-amerikanischen Städten liegt heute bei mehr als 1000 und steigt ständig. Natürlich sind längst nicht alle BIDs so erfolgreich wie die Times Square Alliance, aber es besteht Konsens, dass sie insgesamt einen wichtigen Beitrag zur Stadtentwicklung geleistet haben. Für New York konnte nachgewiesen werden, dass die Immobilienpreise in BIDs schneller steigen als in benachbarten *neighborhoods* oder in vergleichbaren Lagen. Das gilt besonders für größere BIDs. Die kleineren BIDs haben vergleichsweise hohe Verwaltungskosten und verfügen nur über geringe Mittel für Aufwertungsmaßnahmen. Außerdem werden die größeren BIDs professioneller gemanagt als die kleinen. Die Preise für Wohnimmobilien werden durch die Bildung von BIDs allerdings kaum positiv beeinflusst. Es ist sogar möglich, dass sich das erhöhte Verkehrsaufkommen und die damit verbundenen Belastungen negativ auf die Nachfrage nach Wohnraum in den BIDs auswirken (Armstrong et al. 2007).

4.5.9 Waterfronts

Die nordamerikanische Stadt hatte lange keine Schauseite zum Wasser. An den Ufern der Seen und Flüsse sowie des Pazifiks und des Atlantiks waren mit der Gründung der Städte Häfen mit allen dazugehörigen Gebäuden wie Reparaturbetrieben und Lagerhäusern, aber auch billigen Kneipen und Amüsierbetrieben der Seeleute entstanden. Seit den 1950er-Jahren haben die historischen Häfen einen Bedeutungsverlust erlitten, da sich die immer größer werdenden Schiffe in den Hafenbecken und an den Fingerpiers nicht mehr abfertigen ließen. Auch die Lagerhallen brauchte man nicht mehr, da die Güter direkt weitertransportiert oder in Containern angeliefert wurden. Gleichzeitig zogen viele Industriebetriebe aus dem Hafen in den suburbanen Raum. An den Standorten der früheren Hafenanlagen blieben unansehnliche und ungenutzte Gebäude zurück, die allenfalls durch große Brachflächen ersetzt wurden. In den 1960er-Jahren erkannten die ersten Stadtplaner und Politiker das Entwicklungspotenzial der am Rande der Stadtzentren gelegenen Flächen, die sich für unterschiedliche neue Nutzungen anboten. Sollten hier neue Arbeitsplätze im sekundären oder im tertiären Sektor eingerichtet werden, sollten Wohnhäuser gebaut oder vielleicht besser Freizeiteinrichtungen entstehen? Stets standen mehrere Nutzungen im Wettbewerb zueinander, und Konflikte waren vorprogrammiert. Problematisch waren darüber hinaus die Altlasten und die Tatsache, dass die Flächen häufig nicht als Ganzes, sondern nach und nach aufgegeben wurden und meist einer größeren Zahl von Eigentümern gehörten (Hahn 1993).

Alle Städte mussten anfangs größere Summen in die alten Hafenstandorte investieren, um diese für private Investoren interessant zu machen. In Baltimore wurden zwischen 1968 und 1983 ca. 45 % aller Investitionen von der Stadt getragen, zwischen 1983 und 1987 betrug dieser Anteil nur noch rund 5 %. In San Francisco sind am Fisherman's Wharf, das sich allerdings nicht in direkter Nachbarschaft zur Downtown befindet, aber strategisch günstig am Endpunkt der Zahnradbahn gelegen ist, seit Ende der 1960er-Jahre durch die Umwandlung alter Fabrikgebäude und Piers in Einkaufszentren, Restaurants und Imbissstände sowie durch die Anlage eines Yachthafens ein bunter Rummelplatz entstanden, der eine große touristische Attraktion darstellt. Allerdings hat es in den rund 40 Jahren seit der Eröffnung keine umfassende Sanierung oder Neuausrichtung des Fisherman's Wharf gegeben, die eigentlich nötig gewesen wäre, um die Attraktivität zu erhalten. Bereits vor der COVID-19-Pandemie stand ein Teil der Ladenlokale und Restaurants leer. Die Pandemie hat die Probleme deutlich verschärft. Es gibt nur noch wenig Einzelhandel und Gastronomie an dem einst so beliebten Ziel von Touristen und Einheimischen (Beobachtung der Verfasserin). In Boston und in Baltimore ist die Umwandlung der alten Hafenanlagen in Verbindung mit der Sanierung der angrenzenden Innenstadtbereiche erfolgt. In beiden Städten sind seit den 1960er-Jahren im Bereich der früheren Hafenanlagen Shopping Center, Museen, Aquarien, aber auch Wohnhäuser und Bürogebäude entstanden, wobei in Boston allerdings weit mehr bestehende Gebäude wie der in den 1820er-Jahren errichtete Quincy Market mit neuem Leben gefüllt wurden als in Baltimore, wo fast ausschließlich neue Gebäude errichtet wurden. Die Eröffnung von Quincy Market 1976 am Rand der Innenstadt von Boston hat eine Wende eingeleitet. Bis zu diesem Zeitpunkt schienen Bedeutungsverlust und Verfall der Downtown unaufhaltsam. Die Mischung aus hochwertigem Fastfood, inhabergeführtem lokalen Einzelhandel und großem Freizeitangebot in historischen Markthallen erwies sich als attraktiv für Einheimische und Touristen. Quincy Market war innovativ und einmalig und wirkte als Inkubator für den Aufschwung der Innenstadt und hat auch die COVID-19-Pandemie vergleichsweise gut überstanden. Die Markthallen liegen anders als Fisherman's Wharf in San Francisco am Rand der Innenstadt von Boston und haben vom Abriss der Central Artery der Eröffnung des Rose Kennedy Greenway im Jahr 2007 profitiert. Während früher eine aufgeständerte Hochstraße Quincy Market vom Wasser trennte, ermöglicht heute eine Grünanlage einen attraktiven Zugang zum Ufer (Beobachtung der Verfasserin; Gratz und Mintz 1998, S. 48–49; Hoyle et al. 1988).

Im Hafen von Baltimore, das einst durch den Stahlproduzenten Bethlehem Steel geprägt war, hatten Umschlag und Industrie zwischen 1962 und 1985 einen massiven Einbruch erlitten, wovon zunächst insbesondere die innenstadtnahen Hafenstandorte betroffen waren. In der angrenzenden Downtown hatte der Bedeutungsverlust in den 1940er-Jahren eingesetzt, der sich in den folgenden Jahrzehnten verstärkte. Nachdem mehrere Versuche einer Revitalisierung der Innenstadt gescheitert waren, wurden ab Ende der 1950er-Jahre rund 700 Gebäude im Stadtzentrum abgerissen, die aber längst nicht alle verfallen oder ungenutzt waren, um hier auf 13 ha das multifunktionale Charles Center mit mehreren Bürogebäuden, Einzelhandel und Restaurants zu bauen, das direkten Zugang zur U-Bahn erhielt. Das Charles Center wurde mit Fußgängerbrücken an die umgebenden Baublöcke angeschlossen. Die Sanierung des angrenzenden Inner Harbor was schon lange diskutiert, aber aufgrund des schlechten Images als zu riskant eingeschätzt worden. 1968 erfolgten hier endlich die ersten Abräum- und Aufräumarbeiten, und 1971 wurde ein Sanierungsplan verabschiedet. Die durchgehende Promenade um das Hafenbecken wurde im folgenden Jahr fertiggestellt, bald folgten der Bau weiterer Gebäude bzw. der Umbau bestehender Bauten. Die Rouse Company errichtete einen *festival market* mit zwei Gebäuden für Einzelhandel und Gastronomie, die an Markthallen erinnern sollten. Weiterhin wurden ein großes Aquarium, das Maryland Science Center und das Visionary Art Museum, das im Gegensatz zu den anderen Museen der Stadt keine etablierte Kunst ausstellt, gebaut, und westlich des Inner Harbor entstanden ein Football- und ein Baseball-Stadion. Ein altes Kraftwerk wurde für Bars, Restaurants, mehrere Bühnen und einen großen Buchladen umgebaut. Im Lauf der Jahre folgten der Bau einer größeren Zahl von Apartmenthäusern und Hotels nicht nur im Inner Harbor, sondern auch in den angrenzenden ufernahen Bereichen des Patapsco River. Während sich zu Beginn der 1970er-Jahre kaum jemand in den Inner Harbor verirrte, zählte man rund drei Jahrzehnte später hier mehr als 22 Mio. Besucher jährlich, wovon rund 30 % Touristen waren, die oft auch ein oder zwei Nächte in den Hotels verbringen (Pries 2009, S. 91–103).

Die Revitalisierung des Inner Harbor galt lange als ein großer Erfolg, an dem sich weltweit Häfen beim Umbau ihrer brachliegenden Flächen orientierten. Bemerkenswert ist, dass zunehmend sehr hochwertige Apartmenthäuser in den Uferbereichen gebaut wurden. Am Südufer sind sogar Ritz Carlton Residences mit Luxusapartments mit bis zu rund 500 m² Wohnfläche entstanden. Aber nur zwei oder drei Blöcke vom Ufer entfernt brechen die Preise deutlich ein, denn hier ist kaum neu gebaut oder saniert worden. In einigen Teilbereichen hat zudem eine *gentrification* stattgefunden. Das gilt insbesondere für die früheren Arbeiterstadtteile Fells Point und Little Italy, wo viele der kleinen Wohnhäuser abgerissen oder einer Edelsanierung unterzogen worden sind, was mit einer starken Veränderung der Bevölkerungsstruktur verbunden war. Die Revitalisierung der *waterfront* von Baltimore hat sich leider nicht positiv auf die Gesamtstadt ausgewirkt. Weite Teile der Stadt sind völlig zerfallen (Beobachtung der Verfasserin, Pries 2009, S. 108–114).

Das innerstädtische Charles Center ist bereits mehrfach umgebaut worden, wobei sich der Erfolg nur sehr zögerlich einstellt. Das sehr schlichte, im Stil der Moderne mit viel Sichtbeton gebaute Charles Center war außerhalb der Bürozeiten nie richtig angenommen worden und die Zahl der leer stehenden Geschäftslokale war stets groß. Mit zunehmendem Erfolg des Inner Harbor vergrößerten sich die Probleme des Charles Center. Erst eine Neugestaltung der Außenanlagen ab 2009 hat zu einer Steigerung der Attraktivität des Megakomplexes beitragen können. Der Inner Harbor hat schon lange die Funktion eines riesigen *urban entertainment center* angenommen. Ähnlich wie am

Fisherman's Wharf in San Francisco schwächelte der Einzelhandel am Inner Harbor in Baltimore seit Jahren. In den beiden 1980 eröffneten Gebäuden des Harborplace nahmen die Leerstände von Jahr zu Jahr zu. Die Gebäude haben mehrfach den Besitzer gewechselt, aber es wurde nie viel in den Erhalt oder eine Erneuerung investiert. Ende 2022 hat MCB Real Estate die inzwischen leerstehenden Gebäude übernommen. Die neuen Besitzer planen, die beiden zweigeschossigen Markthallen abzureißen und durch zwei Gebäude, die überwiegend als Büros genutzt werden sollen, mit 32 und 25 Etagen zu ersetzen (◻ Abb. 4.20). Da der Charakter des Inner Harbor durch die geplanten Hochhäuser stark verändert würde, sind die Pläne höchst umstritten. Alternative Vorschläge sehen weit niedrigere Gebäude mit einer breit gefächerten Nutzungsmischung vor, die sich zum Hafen öffnen. Als neueste Attraktion ist der Bau eines Schwimmbeckens im Inner Harbor angedacht, denn die Deindustrialisierung hat bewirkt, dass das Wasser in dem riesigen Hafenbecken

heute sehr sauber ist (Baltimore Fishbowl 30.10.2023, Waterfront Partnership of Baltimore 2022). Der Umbau der Waterfronts, der seit dem Ende der 1960er-Jahre in Boston, San Francisco und Baltimore einsetzte, wurde nicht nur in den USA, sondern weltweit mehr oder weniger erfolgreich kopiert. Viele der Gebäude und Attraktionen ähneln sich und nicht immer ist es gelungen, eine regionale Identität zu erhalten.

4.5.10 Hochhäuser

Der Begriff Hochhaus ist relativ und hat sich im Lauf der Zeit verändert. Umgeben von nur viergeschossigen Häusern wirkt ein Gebäude mit 15 Etagen wie ein Hochhaus; ist es aber von 40-geschossigen Gebäuden umgeben, wird es niemand beachten. Seit dem Bau der ersten Hochhäuser Ende des 19. Jahrhunderts waren diese stets auch Prestigeprojekte, die das Ansehen eines Unternehmens fördern sollten. Auch wenn

◻ **Abb. 4.20** Inner Harbor von Baltimore. Der vordere Pavillon soll abgerissen und durch ein Hochhaus ersetzt werden, was sehr umstritten ist

4

sie überwiegend privat finanziert wurden, waren sie doch stets der Stolz der Städte und haben sich schon früh zu einem amerikanischen *landmark* entwickelt. Die Hochhäuser verkörperten Erfolg und wirtschaftlichen Fortschritt und ließen atemberaubende Skylines entstehen, die lange ein Alleinstellungsmerkmal der US-amerikanischen Stadt waren (Saldern, von 2014, S. 112). Da sie scheinbar in den Himmel wachsen, werden sie in den USA als *skyscraper* oder bei uns als Wolkenkratzer bezeichnet. Lange haben New York und Chicago den Wettbewerb um den höchsten *skyscraper* bestimmt (Lamster 2011, S. 80). Seit der Fertigstellung des Empire State Building (381 m) im Jahr 1931 in New York hatten zunächst die Weltwirtschaftskrise, dann der Zweite Weltkrieg und schließlich der Bedeutungsverlust der Innenstädte den weiteren Bau von Wolkenkratzern verhindert. Erst 1972 löste das New Yorker World Trade Center (417 m) das Empire State Building als höchstes Gebäude ab, wurde aber 1974 vom Sears Tower in Chicago (442 m) übertroffen. An der Westküste wurde in San Francisco 1972 mit der Transamerica Pyramid (260 m) ein besonders markantes Gebäude der Öffentlichkeit übergeben (CTBUH 2008). Die in den frühen 1970er-Jahren errichteten *skyscraper* sind zwar aufgrund ihrer Höhe bekannt geworden, stellten aber eher Ausnahmen dar. Erst in den 1990er-Jahren wurden wieder deutlich mehr Wolkenkratzer gebaut, was auf die gestiegene Wertschätzung der *downtowns* und das damit verbundene Interesse der Investoren an diesem Standort zurückzuführen ist. Allerdings wurden jetzt auch

auf anderen Kontinenten zunehmend Hochhäuser errichtet und eine Skyline war bald kein Alleinstellungsmerkmal der nordamerikanischen Stadt mehr, denn die höchsten Gebäude wurden in Asien errichtet. 1996 ging dieser Rekord an die Petronas Towers (452 m) in Kuala Lumpur. Die USA konnten den Titel nie wieder für sich beanspruchen. 1930 waren 99 der 100 höchsten Gebäude der Welt in den USA zu finden und hiervon 51 in New York. 2023 befanden sich nur noch 13 der 100 höchsten Gebäude in den USA und sogar nur noch sechs in New York. Seit 2014 ist das One World Trade Center in New York City mit 541 m oder 1776 ft. das höchste Gebäude des Landes. 1776 ist ein symbolischer Wert, denn das ist das Gründungsjahr der USA (◘ Tab. 4.3, ◘ Abb. 4.21). Obwohl die USA eindeutig die Vormachtstellung in diesem Bereich verloren haben, verbindet man immer noch New York mit der überwältigenden Skyline Manhattans. Ende 2011 zählte New York 221 Gebäude mit einer Höhe von mehr als 150 m; das waren 9 % aller Gebäude dieser Höhe weltweit oder 34 % der USA. Nur in Hongkong ließen sich noch mehr Gebäude dieser Größenordnung finden (CTBUH 2008, S. 41, CTBUH 2011, S. 54–55).

Im September 2001 realisierten die Amerikaner plötzlich, dass Hochhäuser zwar weitgehend vor Erdbeben geschützt werden können, nicht aber gegen Angriffe aus der Luft. Die USA, die seit dem Überfall der Japaner auf Pearl Harbor 1941 nicht auf eigenem Territorium angegriffen worden waren, standen unter Schock, und nur wenige Tage später kündigten das Wall Street Journal, USA Today und die Washington

◘ **Tab. 4.3**   Höchste Gebäude der Welt in den USA 2023. (1) vormals Sears Tower. (Quelle: ► www.ctbuh.org, Stand 17.07.2023))

Globaler Rang	Name	Ort	Höhe in m	Geschosse	Fertigstellung	Nutzung
6	One World Trade Center	New York	541	94	2014	Büros
13	Central Park Tower	New York	472	98	2020	Wohnen
23	Willis Tower[1)]	Chicago	442	108	1974	Büros
26	111 West 57th Street	New York	435	84	2021	Wohnen
30	Trump International Hotel and Tower	Chicago	423	98	2009	Wohnen, Hotel
44	30 Hudson Yards	New York	387	73	2019	Büros
51	Empire States Building	New York	381	102	1931	Büros
62	Bank of America Tower	New York	365	55	2009	Büros
63	The St. Regis Chicago	Chicago	362	101	2020	Wohnen, Hotel
80	Aon Center	Chicago	346	83	1973	Büros
83	875 North Michigan Avenue	Chicago	343	100	1969	Wohnen, Büros
89	Comcast Technology Center	Philadelphia	339	59	2018	Hotel, Büros
98	Wilshire Grand Center	Los Angeles	335	62	2017	Hotel, Büros

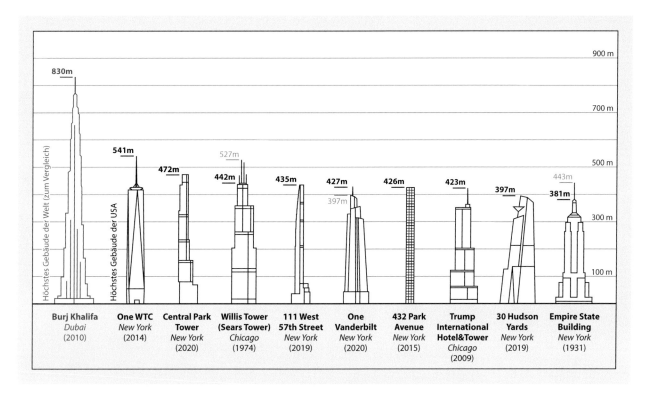

Abb. 4.21   Die höchsten Wolkenkratzer der USA (Stand 2023) (Datengrundlage ▶ www.ctbuh.org)

Post einstimmig das Ende des *skyscrapers* an, da diese nicht nur gefährlich, sondern im digitalen Zeitalter auch ein Relikt vergangener Tage seien. Aber das Hochhaus ist keinesfalls tot; in der ersten Dekade des 21. Jahrhunderts wurden weltweit sogar mehr Wolkenkratzer gebaut als in jedem vorausgegangenen Jahrzehnt. Das Hochhaus ist prädestiniert für die Bündelung aller globalen Aktivitäten an einem einzigen Standort. *Skyscraper* nutzen ein Grundstück optimal, stoßen aber an die Grenzen der Effizienz, wenn sie mehr als rund 70 Etagen haben. Mit zunehmender Höhe der Gebäude steigen die Kosten für Gewährleistung der Stabilität stark an, und es müssen zusätzliche Aufzüge gebaut werden, die nicht nur Kosten verursachen, sondern auch viel Platz benötigen. Der Bau extrem hoher Gebäude ist daher aus wirtschaftlicher Sicht nicht zu rechtfertigen (Lamster 2011, S. 78–80; CTBUH 2013). Seit 2010 sind wieder vermehrt Hochhäuser in den USA gebaut worden. 2023 zählte New York 316 (2010: 221) Skyscraper mit einer Höhe von mehr als 150 m. Nur in den beiden chinesischen Städten Hong Kong und Shenzhen gibt es mehr Häuser dieser Größenordnung. Mit 137 Hochhäusern von mehr als 150 m Höhe steht Chicago weltweit an elfter Stelle. In Miami lassen sich 58 Gebäude (Rang 29) und in Houston 40 Gebäude (Rang 42) dieser Höhe finden (CTBUH 2023).

4.5.11 Innerstädtischer Wohnraum

Interessanter als die maximale Höhe der Hochhäuser und ihre globale Verteilung ist allerdings der Nutzungswandel. Über Jahrzehnte wurden die *skyscraper* fast ausschließlich von Büros genutzt. Seit der Jahrhundertwende werden zunehmend sehr hohe Häuser mit Wohnungen gebaut, was insbesondere für Manhattan zutrifft. 2011 wurde der Beekman Tower mit 265 m und 76 Etagen in Lower Manhattan fertiggestellt. Rund zehn Jahre später wurden an der 57.Straße mehrere besonders hohe Skyscraper errichtet, die wie Spargelstangen alle anderen Gebäude in Midtown Manhattan überragen. 2015 wurde 432 Park Avenue mit 426 m (85 Etagen), 2020 der Central Park Tower mit 472 m (98 Etagen) und ein Jahr später 111 West 57th Street mit 435 m (85 Etagen) mit Luxuswohnungen fertiggestellt. Central Park Tower ist das höchste Wohngebäude der Welt. Weitere nur wenig kleinere Hochhäuser wurden ebenfalls in der 57. Straße errichtet, die heute als Billionaire's Row bezeichnet wird (◘ Abb. 4.22). Häufig werden auch Skyscraper, die ein Hotel und Wohnungen beherbergen, gebaut. Dieses gilt für den 2009 eröffneten 423 m hohen Trump International Tower (98 Etagen) und das 2020 fertiggestellte The St. Regis mit 363 m (101 Etagen), die sich beide in Chicago befinden (CTBUH 2023). Ohne den Bau einer größeren Zahl von

4

■ **Abb. 4.22**   Die neuen Wohnhochhäuser in der 57th Street haben die Skyline Manhattans verändert, hier vom Central Park aus gesehen

Wohnhochhäusern in Chicago wäre der enorme Zuwachs der Bevölkerung in der Innenstadt nicht möglich gewesen. Bedenklich ist allerdings, dass fast ausschließlich Apartments im Luxussegment entstanden sind. Der innerstädtische Wohnraum hat nicht nur durch den Bau von Hochhäusern, sondern auch durch die Renovierung verfallener Bausubstanz oder die Umwandlung früherer Gewerbeflächen zugenommen, was in vielen Städten durch unterschiedliche Programme gefördert wurde. Lofts sind Einraumwohnungen, die durch die Umwandlung vormals gewerblich oder industriell genutzter Flächen entstanden sind (■ Abb. 4.23). Da Zwischenwände fehlen und die Decken hoch sind, besteht viel Spielraum für eine individuelle Gestaltung. Die ersten Lofts sind in New York in den 1960er-Jahren überwiegend von Künstlern und anderen Freischaffenden, die viel Platz benötigten, durch die Umwandlung von früheren Fabriken und Lagerhallen entstanden. Nicht selten wurden Vorgaben der Flächennutzung verletzt, und der Standard der Lofts, die oft über keine Heizung verfügten, war gering. Bekanntestes Beispiel ist die Umwandlung früherer Lagergebäude im New Yorker Stadtteil SoHo (Zukin 1982, S. 58–81). Die Pioniere der Lofts haben einen neuen Trend geschaffen, und ab Ende der 1980er-Jahre stieg die Nachfrage und die Preise explodierten geradezu, denn in den offenen Lofts ließen sich neue Lebensformen gut umsetzen. Da das Angebot an Fabriken und Lagerhallen, die sich für die Umwandlung in Wohnungen eignen, naturgemäß begrenzt ist, errichteten bald Investoren in New York und anderen Städten Neubauten mit großen Einraumwohnungen, die sie als Lofts vermarkteten. Houston gilt heute als einer der wichtigsten Standorte neuer Lofts. In Chicago haben Investoren einen Parkplatz mit Reihenhäusern bebaut und diese anschließend als *row lofts* vermarktet. In den Kopien werden sogar teils an den Decken ungenutzte Rohre angebracht, um an eine nicht vorhandene frühere Nutzung zu erinnern. Man unterscheidet zwischen Lofts mit nur einem einzigen großen Raum und *soft lofts*, in denen der Schlafraum abgetrennt ist. Anders als in den „echten" Lofts verfügen die Kopien stets über große Panoramafenster.

Abb. 4.23   Loftgebäude in SoHo, genutzt durch einen teuren Lebensmittelladen und eine Galerie

Wie auch immer die neuen Lofts zu bewerten sind, unstrittig ist, dass sie eine Alternative zu traditionellen Wohnungen darstellen und bei bestimmten Gruppen der Bevölkerung sehr beliebt sind (Gratz und Mintz 1998, S. 317; Postrel 2007a). Insbesondere die Städte im Nordosten der USA verfügen über eine große Zahl von Lagerhäusern, die während der Industrialisierung am Rand der heutigen Downtowns nahe den Wasserwegen gebaut wurden. Mit der Verlagerung von Industrie und Gewerbe in den suburbanen Raum waren die überwiegend aus Backstein errichteten Gebäude aufgegeben worden und standen oft über Jahrzehnte leer. Andere sind seit den 1980er-Jahren saniert worden, und oft sind auch hier Lofts entstanden. In guten Lagen ist die Nachfrage durch die neuen Urbaniten groß. Ein Nachteil der Lofts ist der nur geringe Lichteinfall, der teils durch einen Anbau von Balkonen ausgeglichen wird. Im Sommer sind so attraktive Aufenthaltsorte mit einem häufig guten Blick auf angrenzende Wasserflächen entstanden.

Die Downtown von Philadelphia hat sich seit den 1980er-Jahren durch die Zunahme von Büro- und Einzelhandelsfläche positiv entwickelt, es fehlten aber Wohnungen. Potenzielle Investoren argumentierten, dass sich die Umwandlung leer stehender Bürogebäude und Lagerhallen in Wohnraum aufgrund der hohen Baukosten und Grundsteuern nach der Fertigstellung finanziell nicht lohne. 1999 verabschiedete die Stadt Philadelphia ein Programm, das die Umwandlung in Wohnraum steuerlich für zehn Jahre begünstigt. Je teurer die Projekte waren, umso mehr Geld konnten die Investoren sparen. Da in der Innenstadt viele einst repräsentative Bürogebäude und Lagerhäuser leer standen, konzentrierten sich die Investoren auf die Schaffung von Wohnraum in diesen Gebäuden. Ein weiteres Programm begünstigte die Bebauung brachliegender Grundstücke steuerlich. Nach der Jahrtausendwende war der Verkauf von Eigentumswohnungen für mehrere Mio. US-Dollar im Stadtzentrum keine Seltenheit mehr. Allerdings haben überwiegend große Investoren und wohlhabende Käufer oder Mieter von den Steuerbefreiungen profitiert. Außerdem stiegen durch die Revitalisierung der Innenstadt auch der Wert älterer Häuser und die Grundsteuern. Alteigentümer wurde im doppelten Sinn bestraft: Sie profitierten nicht von Steuererleichterungen und mussten sogar höhere Steuern zahlen. Die Programme Philadelphias zur Schaffung innerstädtischen Wohnraums mittels Steuererleichterungen werden als wirtschaftlicher Erfolg gewertet, der sich aber negativ auf diejenigen auswirkte, die während der vielen Krisenjahre in der Stadt ausgeharrt hatten und eigentlich eine Belohnung verdient gehabt hätten (Kromer 2010, S, 31–47).

Die Downtowns waren lange der bedeutendste Bürostandort der Region und verfügen über entsprechend viele ältere Bürogebäude, deren Zuschnitt und Technik nicht mehr den heutigen Anforderungen entsprechen. Da der Abriss der oft hohen und sehr massiven Gebäude schwierig ist, standen sie teils seit Jahrzehnten leer. Um die ungenutzten Gebäude zu revitalisieren und der wachsenden Nachfrage nach Wohnraum gerecht zu werden, fördern viele Städte heute steuerlich den Umbau der Büros in Apartments. Dieses ist sogar an der New Yorker Wall Street der Fall, die der bekannteste Banken- und Börsenplatz der Welt ist (Abschn. 5.2.2). Selbst im Zentrum der stark schrumpfenden Städte St. Louis und Detroit entstehen neue Luxuswohnungen.

4.5.12 Architektur der Aufmerksamkeit

Da die Städte heute in einem großen Wettbewerb miteinander stehen, versucht jede durch spektakuläre Gebäude oder Megaevents aus der Menge herauszustechen. Man beauftragt teure Stararchitekten, um Alleinstellungsmerkmale für eine weltweite Vermarktung zu erzeugen (Gerhard 2012, S. 57). Erst wenn ein Gebäude in den globalen Hochglanzmagazinen ge-

zeigt wird, stellt sich der Erfolg ein. 1973 erregte die Eröffnung des Opernhauses im australischen Sydney große Aufmerksamkeit, obwohl der dänische Architekt Jørn Utzon zum damaligen Zeitpunkt außerhalb seines Heimatlandes noch weitgehend unbekannt war. Die UNESCO hat das Opernhaus zum Weltkulturerbe erhoben, und weltweit ist der ausgefallene Bau wichtigster Werbeträger Sydneys. Ähnlich bekannt wurde das 1997 im spanischen Bilbao eröffnete Guggenheim-Museum, das der Stararchitekt Frank Gehry entworfen hat. 2022 haben knapp 1,3 Mio. Besucher das Museum besichtigt, und die Zahl der Touristen in Bilbao hat sich seit der Eröffnung vervielfacht. Diesem Erfolg, der als Bilbao-Effekt bezeichnet wird, versuchen viele Städte nachzueifern, indem sie herausragende Architekten *(starchitects)* für den Bau möglichst hervorstechender Gebäude *(starchitecture)* verpflichten (Glaeser 2011a, S. 65; Knox und McCarthy 2012, S. 343). Los Angeles, Chicago und Seattle ließen ebenfalls von Gehry die Walt Disney Concert Hall am Rand der Innenstadt von Los Angeles (◘ Abb. 4.24), die überdimensionierte

◘ **Abb. 4.24** Walt Disney Hall in Los Angeles

Konzertmuschel Jay Pritzker Pavilion in Chicagos Millennium Park und das EMP Museum (EMP = Experience Music Project) für populäre Musik am Fuß der Seattle Space Needle errichten. Alle genannten Gebäude verraten die Handschrift des berühmten Architekten auf den ersten Blick. Auch die von Rem Koolhaas und Joshua Prince-Ramus gebaute Public Library of Seattle hat viel Aufmerksamkeit erfahren. Denver ließ die Erweiterung des Art Museums durch Daniel Libeskind bauen, den auch die Stadt New York für die Neugestaltung von Ground Zero anheuerte. Allein durch die Wahl dieser renommierten Architekten scheint eine globale Aufmerksamkeit garantiert zu sein. Es gibt allerdings nur eine begrenzte Zahl von Architekten, deren Werke weltweit wiedererkannt werden oder die es vermögen, wirklich spektakuläre Bauwerke zu errichten. Die Produktion von Einmaligkeit ist begrenzt und teuer, und je mehr Städte um die globale Aufmerksamkeit buhlen, desto schwerer wird es, diese zu erreichen. Die postmodernen Gebäude fallen auch dadurch auf, dass sie sich nie der Umgebung anpassen, sondern einen größtmöglichen Gegensatz erzeugen. Der Architekt Rem Koolhaas hat es treffend mit „*Fuck the context!*" auf den Punkt gebracht (zitiert in: Augé 2011, S. 128). Allerdings hilft ein spektakulärer Bau in einer sanierungsbedürftigen Nachbarschaft den Anwohnern oft nicht. Es werden kunstinteressierte Besucher angezogen, für die teure Cafés und ähnliche Einrichtungen entstehen. Als Folge können die Mietpreise steigen und die Bewohner des Viertels verdrängt werden (Glaeser 2011a, S. 65).

4.5.13 Aufenthaltsqualität

Lebendige Innenstädte sind für Bewohner, Beschäftigte und Besucher attraktiver als menschenleere Straßen und verödete Ladenlokale. Aber nicht immer waren die Bemühungen, angenehme Aufenthaltsräume unter freiem Himmel zu schaffen, erfolgreich. 1958 war das von Mies van der Rohe konzipierte Seagram Building auf der Ostseite der Park Avenue zwischen 52nd und 53rd St. fertiggestellt worden. Das Gebäude ist von einer großen Plaza umgeben, die anfangs viel Lob erhielt. Die Idee, dass Freiflächen zwischen Gebäuden Menschen anziehen, hat sich allerdings als falsch erwiesen, denn diese werden allenfalls von Rauchern gut genutzt. In fast jeder US-amerikanischen Stadt sind in den 1950er- und 1960er-Jahren ähnlich Gebäude und Freiflächen ohne auflockernde Elemente wie Brunnen, Wasserbecken, Sitzecken, Blumenbeete oder Schatten spendende Bäume entstanden (Owen 2009, S. 176; Whyte 1988, S. 103–132). Inzwischen werden die Flächen zwischen den Gebäuden sehr viel interessanter als noch vor wenigen Jahrzehnten gestaltet.

Es ist erstaunlich, dass selbst relativ kleine Baulücken zwischen zwei Hochhäusern zu attraktiven Aufenthaltsräumen werden können. In den USA bezeichnet man diese Flächen häufig als *park*, auch wenn sie nur über Sitzbänke, kleine Wasserflächen und andere gestaltende Elemente, nicht aber über Grünflächen verfügen, die nach deutschem Verständnis ein wesentliches Element von Parks sind. Dennoch werden die Freiflächen gut angenommen, und die Beschäftigten der angrenzenden Büros verbringen hier gerne ihre Mittagspause oder auswärtige Touristen ruhen sich von dem anstrengenden Besichtigungsprogramm aus. Die kleinen Parks (privately owned public spaces, POPS) sind häufig im Rahmen von Bonusprogrammen entstanden und wurden durch die Investoren der auf demselben Grundstück stehenden Gebäude angelegt. Da es sich um private Flächen handelt, werden Unerwünschte allenfalls in kleinerer Zahl für kurze Aufenthalte geduldet. Von Vorteil ist allerdings, dass die Flächen stets gepflegt und sauber sind (Kayden 2000). Allerdings erfüllen nicht alle POPs ihre Aufgabe. Nur allzu gerne vergessen die Investoren im Laufe der Zeit, dass sie im Gegenzug für die Erlaubnis, mehr Etagen bauen zu dürfen als eigentlich vorgesehen, die Parks für die Öffentlichkeit pflegen und zugänglich machen müssen. Im Sommer 2023 wurden in New York knapp 400 POPs inspiziert und dabei festgestellt, dass ungefähr die Hälfte entweder nicht öffentlich zugänglich, ungepflegt, als Abstellplatz für Baumaterial oder Gerümpel oder auch für die Außengastronomie angrenzender Restaurants genutzt wird. Die Strafe für die unsachgemäße Nutzung beträgt nur maximal 5000 US\$, die allerdings wiederholt verhängt werden kann. Das Gebäude 325 Fifth Avenue musste von 2015 bis 2023 insgesamt 54.000 US\$ Strafe zahlen, was angesichts der im Gegenzug erhaltenen rund 4600 m$_2$ Nutzfläche auf mehreren zusätzlichen Etagen sehr wenig ist. Die Strafen können aus der Portokasse bezahlt werden, denn der Wert der Bonusflächen wird auf 80 Mio. US\$ geschätzt (New York Times 21.07.2023 und 07.08.2023).

In Portland, OR, verfolgt man seit langem einen ganzheitlichen Ansatz. Hier wurde in den 1970er-Jahren der Paradigmenwechsel von der auto- zur fußgängergerechten Stadt eingeleitet. Die Innenstadt liegt am westlichen Ufer des Willamette River mit dem für US-amerikanische Städte typischem Schachbrettgrundriss. Da die einzelnen Blöcke mit nur 61 mal 61 m außergewöhnlich klein sind, ist das Verhältnis von Freiflächen zu bebauten Flächen günstig. Außerdem sind die Distanzen von einer Kreuzung zur nächsten gering. Somit waren gute Voraussetzungen für eine Attraktivitätssteigerung vorhanden. In der Innenstadt wurden die Bürgersteige auf Kosten der Fahrbahnen verbreitert und so dem Fußgänger signalisiert, dass er im

4

Mittelpunkt steht. Richtlinien haben das Design von Straßen, Bürgersteigen und Plätzen beeinflusst, und auch die Höhe von Neubauten wurde an die Straßenbreite angepasst, um ein lebenswertes Umfeld, in dem sich die Fußgänger wohlfühlen, zu schaffen. Pioneer Courthouse Square nimmt einen ganzen Baublock im Zentrum von Portland ein und ist einer der attraktivsten und bestgenutzten Plätze der USA. Eine Bürgerinitiative namens „Friends of Pioneer Courthouse Square" hat sich für die Umgestaltung des Platzes, der zuvor teilweise von einem mehrgeschossigen Parkhaus eingenommen wurde, eingesetzt und rund 150 Mio. US$ bei privaten und öffentlichen Sponsoren für die Anfang der 1980er-Jahre erfolgte Umgestaltung gesammelt. Die 50.000 Pflastersteine des Platzes spendeten Privatpersonen, deren Namen als Dank in die Steine eingraviert wurden. So konnte eine optimale Identifizierung der Bürger Portlands mit ihrem neuen Platz erreicht werden. Pioneer Courthouse Square ist auf vier Seiten von Kaufhäusern, Hotels, Shopping Centern und öffentlichen Gebäuden umgeben, die fast durchgehend Schaufensterfronten im Erdgeschoss haben. Im Zentrum wurden Sitzmöglichkeiten auf geschwungenen Treppen geschaffen, die ähnlich einem Amphitheater einen guten Blick auf eine tiefer liegende Bühne erlauben. Der Platz wird im Sommer fast täglich um die Mittagszeit für Veranstaltungen genutzt und ist bei gutem Wetter stets gut besucht (Gehl 2006, S. 60–65, 232–235; Beobachtungen der Verfasserin). 2023 hat Portland eine weitere Maßnahme zur Aufwertung der Downtown umgesetzt, die viele Kritiker hat. Die Stadt hat 2 Mio. US$ Bundesmittel eingeworben, um die Luftqualität im Stadtzentrum zu verbessern. Alle mit Kraftstoffen betriebenen Fahrzeuge werden aus einem Bereich von 16 Baublöcken verbannt. Dies bedeutet, dass alle Waren für die Geschäfte und Restaurants am Rand der Innenstadt auf Elektrofahrzeuge umgeladen werden müssen, was die Anlieferung zeitintensiver und teurer macht. Außerdem befürchten die Gewerbetreibenden einen Verlust von Kunden, da auch diese das Zentrum teilweise nicht mehr anfahren dürfen (OToole 02.02.2023).

In Washington, D.C., wird seit 2004 das lang vernachlässigte Ufer des Anacostia Rivers aufgewertet, und 2011 wurde das erste Teilstück nahe des Navyyards der Öffentlichkeit übergeben. Ein attraktiver Uferweg wird immer wieder durch kleine Parks ergänzt, die mit Sonnenliegen zum Ausruhen und Entspannen einladen oder mit Wasserbecken und Fontänen bei Kindern und jungen Familien sehr beliebt sind (◻ Abb. 4.25). Ähnliche Uferwege, die als Boardwalks bezeichnet werden, wenn sie aus Holz bestehen, sind auch in anderen Städten angelegt worden. Seit Jahrzehnten erfreuen sie sich an touristischen Standorten wie Coney Island in New York City, Atlantic City, NJ, oder Venice Beach, CA,

großer Beliebtheit. Der stark mäandrierende San Antonio River durchquert die Downtown der gleichnamigen texanischen Stadt. Hier wurde bereits seit Ende der 1930er-Jahre ein 5 km langer Uferweg angelegt, der allerdings häufig überflutet wurde. Der Bau eines unterirdisch verlaufenden Kanals erlaubte seit 1987 die Regulierung des Wasserstands des San Antonio River. In der Folge wurden Restaurants, Geschäfte, Hotels und auch Wohngebäude entlang des Riverwalk errichtet, der nach und nach auf eine Länge von fast 25 km ausgebaut wurde. Besonders in der Innenstadt von San Antonio wird die Promenade sehr gut angenommen. Zeitweise schieben sich allerdings viel zu viele Einheimische und Touristen über den relativ schmalen Uferweg. Inzwischen sind in vielen Städten in zentralen Lagen wie in Chicago entlang des Chicago River, in Lower Manhattan entlang des Hudson River oder in Charleston, SC, am Cooper River Promenaden entstanden, die die Downtowns aufwerten (MacDonald 2018, S. 97–103, Beobachtung der Verfasserin). Viele US-amerikanische Städte sind in der glücklichen Lage, dass sie über große Parks verfügen, die angelegt wurden noch bevor angesichts des großen Siedlungsdrucks durch die Zuwanderer die gesamten Gemarkungsflächen verbaut wurden. Besonders erwähnenswert sind der Boston Common, der aus einer im 17. Jahrhundert genutzten Viehweide hervorgegangen ist und in den 1830er-Jahren um den Public Garden erweitert wurde, sowie der in der zweiten Hälfte des 19. Jahrhunderts entstandene Central Park in New York mit einer Fläche von knapp 3,5 km². Grünflächen und Parks bilden nicht nur grüne Lungen in den kompakten Innenstädten, sondern können sich zu wahren Besuchermagneten entwickelten. Es hat sich allerdings gezeigt, dass die Nutzungsintensität kleiner Grünflächen weit größer ist als die großer Parks. Der Central Park wird außerordentlich gut von allen Gruppen der Bevölkerung genutzt und zählt angeblich jährlich rund 25 Mio. Besucher. Dennoch ist das Innere des Parks oft menschenleer, denn in den naturbelassenen und teils fast verwildert wirkenden Teilen im Inneren schleicht sich gelegentlich ein Gefühl der Angst ein. Der nur rund 4 ha große Washington Square Park wird dagegen sehr viel intensiver genutzt. Der Park ist von allen Seiten einsehbar und bietet sommers wie winters eine Fülle von Attraktionen (Owen 2009, S. 169–170).

Interessante Parks verfügen über große Wasser- und Rasenflächen, aber auch Skulpturen aus unterschiedlichen Epochen. In einigen Städten sind in den vergangenen Jahren innerstädtische Parks mit großzügigen Spenden von Unternehmen und Privatleuten angelegt worden wie der Millennium Park in Chicago oder die Gateway Mall in St. Louis, die ebenfalls durch Kunstwerke aufgewertet wurden (◻ Abb. 4.26). Aber auch auf den Plätzen zwischen den Hochhäusern sind

⊡ Abb. 4.25 Neugestaltete Uferzone des Anacostia River in Washington, D.C.

häufig Skulpturen zu finden, da diese innerstädtische Räume aufwerten können. Im *loop* von Chicago waren 1967 ein rund 15 m hoher abstrakter Stierschädel von Picasso und 1974 ein 16 m hoher Flamingo von Calder im typischen Stil des Künstlers aufgestellt worden. 1978 verabschiedete Chicago als eine der ersten amerikanischen Städte eine *Percent for Art Ordinance*, der zufolge 1,3 % der Ausgaben für öffentliche Gebäude und Plätze für Kunstwerke aufgewendet werden mussten. Inzwischen wurden die Richtlinien mehrfach verändert und viele Städte haben ähnliche Programme (► www.cityofchicago.org). Chicago setzt auf groß dimensionierte Skulpturen, da kleine Kunstwerke zwischen den Hochhäusern kaum Beachtung finden würden. Andere Städte versuchen mit kleineren Maßnahmen die Attraktivität zu steigern. In Zentrum von St. Louis wurde 2009 auf einer 1,2 ha großen Brachfläche der Skulpturenpark Citygarden mit Kunstwerken von 24 Künstlern angelegt, der ausgehend vom State Capitol einen äußerst attraktiven Korridor darstellt und die Attraktivität der Innenstadt sehr gesteigert hat. Der

25 Mio. US$ teure Park wurde von der Gateway Foundation gestiftet (Gallagher 2010, S. 106).

4.5.14 Einzelhandel

Mit der Suburbanisierung hatte der Einzelhandel die Innenstädte verlassen und war in den suburbanen Raum abgewandert. In den 1970er-Jahren sind die ersten Shopping Center in den Downtowns gebaut worden, wo sie mit ihren oft fensterlosen und abweisenden Fassaden an Raumschiffe in einer unwirtlichen Umgebung erinnerten. Inzwischen hat sich in vielen Innenstädten der Einzelhandel äußerst positiv entwickelt und steht in starker Konkurrenz selbst zu den größten suburbanen Shopping Centern. Kunden sind die Bewohner, Beschäftigten und Touristen der Innenstädte, aber auch Besucher aus dem suburbanen Raum, die das bunte städtische Leben den monotonen Einkaufszentren vorziehen. Erfolgreiche innerstädtische Shopping Center waren in einigen großen Städten wie San

4

◘ **Abb. 4.26**   Blick vom St. Louis Arch auf Innenstadt und Gateway Mall

Francisco oder Chicago eine Initialzündung für die Ansiedlung des Einzelhandels auf der Straßenebene. Erst wenn die Einkaufstempel eindeutig erfolgreich waren, investierten die Händler wieder auf den traditionellen Einkaufsstraßen, was anfangs riskant und teuer war, da ältere Gebäude saniert oder umgebaut werden mussten und die Akzeptanz durch die Kunden nicht gesichert war (Hahn 2002, S. 58). Diese positive Entwicklung hat allerdings nicht in allen Downtowns stattgefunden. Teils konzentriert sich der innerstädtische Einzelhandel nach wie vor auf Shopping Center, die sogar die Entwicklung des Einzelhandels auf der Straßenebene verhindern können, wenn sie ihren Mietern die Eröffnung weiterer Geschäfte in einem bestimmten Radius um die Shopping Center vertraglich verbieten (Gerend 2012, S. 119). In Phoenix und San Jose, die erst vergleichsweise spät gewachsen sind, waren die Downtowns nie bedeutende Einzelhandelsstandorte; eine Revitalisierung ist daher nicht möglich. In Städten mittlerer Größe wie in dem früheren Stahlstandort Birmingham, AL, wurde zwar in gepflegte Grünflächen

und Museen investiert, aber der Einzelhandel ist nicht zurückgekehrt. Hier sind entweder die Shopping Center im suburbanen Raum zu stark oder das Image der Downtown zu schlecht.

Innerstädtische Shopping Center, die erst in neuerer Zeit gebaut worden sind, unterscheiden sich teils deutlich von den älteren Centern. Salt Lake City war 2002 Austragungsort der Olympischen Winterspiele, zu denen die erste Phase des Gateway Centers eröffnet wurde (◘ Abb. 4.27a). Hierbei handelt es sich um ein offenes Center, bei dem sich die Geschäfte auf zwei Ebenen zu einer Art verkehrsberuhigter Durchgangsstraße öffnen (◘ Abb. 4.27b). Über den Geschäften befinden sich Büros und Wohnungen. Seit der im Jahr 2007 erfolgten Fertigstellung des Komplexes, der auch die alte Bahnhofshalle von Salt Lake City umfasst, sind hier rund 100 Geschäfte und Restaurants sowie ein Multiplex-Kino und ein Planetarium zu finden. Das Gateway Center versucht die Stadt zu kopieren und zu verschleiern, dass es sich um ein künstliches, von einem Investor geplantes und gemanagtes

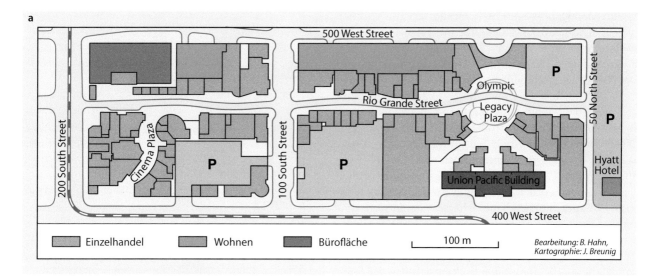

■ **Abb. 4.27** **a,b** Gateway Center in Salt Lake City (a) adaptiert nach Unterlagen der Centerverwaltung

Shopping Center handelt. Auch wenn dieses aus europäischer Sicht nicht ganz gelungen ist, hat das Gateway Center zu weiteren Investitionen im Zentrum von Salt Lake City wie dem Bau des ebenfalls multifunktionalen City Creek Centers geführt. Innerstädtische Shopping Center können nicht nur den Aufschwung einer Downtown einleiten, sondern auch deren Niedergang beschleunigen. Die beste Zeit der Haupteinkaufsstraße

4

North Michigan Avenue in Chicago scheint vorüber zu sein. Die Eröffnung mehrerer innerstädtischer Einkaufszentren hatte in den 1970er- und 1980er- Jahren einen enormen Entwicklungsschub ausgelöst (s. o.). Die Attraktivität der glitzernden Kathedralen des Konsums nutzt sich aber schnell ab. Einkaufzentren müssen alle 20–25 Jahre teilsaniert und nach spätestens 50 Jahren dem Zeitgeist völlig neu angepasst werden. Diese Umbauten sind sehr teuer und lohnen sich nur, wenn die Umsätze der Zentren hoch sind. Der 1975 eröffnete Water Tower Place in Chicago war nie grundlegend saniert worden und zeigte bereits vor der CO-VID-19-Pandemie deutliche Alterserscheinungen und einige Leerstände. Ähnliches galt für andere Einkaufzentren auf der North Michigan Avenue. Im Zuge der COVID-19-Pandemie und des zunehmenden Onlinehandels sind viele der großen Einkaufsstraßen wie auch Shopping Center in Schwierigkeiten geraten, was auch für den Water Tower Place gilt. 2021 hat das Kaufhaus Macy's, das mit einer Verkaufsfläche von knapp 16.000 m^2 ein wichtiger Magnet in Water Tower Place war, geschlossen. In der Folge haben andere Einzelhändler wie Abercrombie & Fitch, Aritzia und Banana Republic sowie alle Restaurants das Einkaufszentrum verlassen. Heute sind nur noch wenige Geschäfte hier zu finden. Aus dem Luxustempel ist ein wenig attraktiver Ort geworden. Auch in zwei anderen großen Shopping Centern auf der North Michigan Avenue gibt es auf den oberen Etagen viele Leerstände. In den 1970er- und 1980er-Jahren haben die Shopping Center den Aufschwung der wichtigsten Einkaufsstraße Chicagos eingeleitet und in neuerer Zeit den Verfall, denn leider steht auch auf der Michigan Avenue selbst rund ein Drittel aller Ladenlokale leer (Beobachtung der Verfasserin 2024). Es bleibt abzuwarten, wie sich der innerstädtische Einzelhandel mit wachsendem Abstand von der Pandemie entwickeln wird.

Online Shopping: Killer der Innenstädte?
In den Zentren der großen Städte hatte sich der Einzelhandel seit den 1980er-Jahren gut entwickelt. Die Konsumenten zog es nicht mehr in die austauschbaren Shopping Center auf der grünen Wiese, die Städte wurden sicherer und sauberer, und der Einzelhandel investierte in neue Ladenlokale. Dieser Trend hat sich vor einigen Jahren umgekehrt. Bereits 2019 wurden rund 10.000 Geschäfte in den USA geschlossen (Boston Consulting Group 2021), darunter auch die New Yorker Luxuskaufhauskette Barneys. Während der COVID-19-Pandemie ist der Onlinehandel stark angewachsen und immer mehr stationäre Einzelhändler mussten aufgeben. Da viele Kunden auch nach Ende der Pandemie

nicht zurückgekehrt sind, haben selbst große Einzelhandelsketten wie Target, Best Buy, Sears, Foot Locker und CVS zwischen 2021 und Frühjahr 2023 rund 5000 Geschäfte geschlossen oder sogar Konkurs angemeldet. In Shopping Centern und den Innenstädten sind die Leerstände schnell angestiegen. Experten halten es für möglich, dass bis 2027 rund 50.000 weitere Geschäfte schließen werden (Mail Online 29. April 2023). Schuld ist nicht nur das veränderte Konsumentenverhalten, sondern auch die in den Stadtzentren oft extrem hohen Mieten für Ladenlokale.

Im Einkaufsmekka New York kann man jeden nur erdenklichen Artikel kaufen, und das nächste Geschäft ist selten weit entfernt. Dennoch hat dort der Kauf über das Internet seit 2009 sprunghaft zugenommen. Bis 2017 hatte sich die Zahl der täglich ausgelieferten Pakete auf 1,1 Mio verdreifacht; 2019 waren es bereits 1,5 Mio Sendungen. Pandemiebedingt wurde von 2019 bis 2020 ein weiterer Anstieg um 43 % verzeichnet. Während in anderen Städten der Onlinehandel nach Ende der Pandemie wieder rückläufig war, verharrte er in New York auf einem hohen Niveau. Derzeit werden 12 Mio. Pakete wöchentlich oder 2,4 Mio. pro Wochentag ausgeliefert. Es verwundert nicht, dass in Manhattan selbst in Lagen mit hoher Passantenfrequenz immer mehr Ladenlokale leer stehen (▶ www.vacantnewyork.com). Die zahlreichen Anlieferungen sind im dicht bebauten Manhattan ein großes Problem. 2021 wurden südlich des Central Park täglich unglaubliche 34.700 Pakete pro *square mile* (2,6 qkm) angeliefert. Der Transport per Kleintransporter, Auto, Motorrad oder überdimensionierten elektrischen Lastenfahrrädern kann kaum noch bewältigt werden, ganz abgesehen von der Luftverschmutzung und Unfällen mit Lieferfahrzeugen, die häufig auf Bürgersteigen, Radwegen, in zweiter Reihe oder im Halteverbot parken. Da zu befürchten ist, dass angesichts einer weiteren Zunahme des Onlinehandels noch mehr Geschäfte schließen werden und der baldige Verkehrskollaps in Manhattan absehbar ist, hat die New York Times die Bürger aufgerufen, nicht mehr online einzukaufen (Levine 2022, New York Times 29.10.2023, ▶ www.vacantnewyork.com). Ob dieser Appell erfolgreich sein wird, ist fraglich. Der Konsument schätzt nichts mehr als günstige Preise. Seit 2022 ist der chinesische Billiganbieter Temu in den USA aktiv. Keine andere App wurde 2023 häufiger auf Apple-iPhones hochgeladen als die von Temu. Das sind keine guten Nachrichten für den stationären Handel und das Verkehrsaufkommen in Manhattan und in anderen *downtowns* (Deloitte 2024, S. 4).

Zu ener Belebung und Versorgung der innerstädtischen Bevölkerung tragen immer häufiger *farmers markets* bei (◼ Abb. 4.28). Deren Zahl war noch in den 1960er-Jahren rückläufig, denn die Menschen kauften bevorzugt in Supermärkten am Stadtrand, und die Lebensmittel kamen nur selten aus der Umgebung. Es hatte eine Industrialisierung der Landwirtschaft eingesetzt. Der Anbau wurde effizienter und preiswerter, die Transportwege wurden allerdings immer länger. Heute bieten selbst in den Zentren der sehr großen Städte die Farmer der Umgebung regelmäßig ihre Produkte an. Sie sind in Washington, D.C., am Dupont Circle, in Boston am Rande des Boston Common, in Chicago vor dem Museum of Modern Art und auf dem Union Square in Manhattan zu finden. Die Märkte sind bunt, zeichnen sich durch ein wechselndes Angebot aus und ziehen Käufer und Schaulustige an ausgewählten Wochentagen in großer Zahl an. Sie werden ergänzt durch Markthallen wie die im Zentrum von Baltimore und von Los Angeles, die fast ausschließlich von Einheimischen frequentiert werden, und durch *festival markets* mit vielen auswärtigen Besuchern wie Faneuil Hall Marketplace in Boston und Pike Street Market in Seattle. In Boston dominieren seit Langem Filialbetriebe großer Ketten mit einem Angebot vor allem für Auswärtige, während Pike Street Market bemüht ist, seine Authentizität zu erhalten. Hier gibt es eine interessante Mischung aus lokalen Fischverkäufern, Gemüse- und Blumenhändlern und hochwertigen Fast-Food-Anbietern sowie Fischrestaurants. Nur das Angebot weniger Stände richtet sich an Touristen. Obwohl Pike Street Market bewusst auf Werbung verzichtet, ist er angeblich die größte Touristenattraktion im Bundesstaat Washington (Gratz und Mintz 1998, S. 222–223; Beobachtungen der Verfasserin).

4.5.15 Übergangszone

Die Übergangszone verbindet zwei unterschiedlich strukturierte Teile der Stadt miteinander, lässt sich aber

◼ **Abb. 4.28** *Farmers market* im Zentrum von Boston

4

◻ **Abb. 4.29**   Übergangszone am Rand der Downtown von Seattle

keinem dieser beiden Teile zuordnen (◻ Abb. 4.29).
Die Flächen werden anders und oft weniger ge-
ordnet als in den angrenzenden Vierteln genutzt. Häufig ist die Bebauung vor der Einführung von Flächennutzungsplänen entstanden. Gebäude unterschiedlicher Nutzung und Höhe teilen sich daher oft einen
Baublock. Ein enges Nebeneinander von Gewerbe-
betrieben, Lagerhallen und älteren Wohnhäusern ist
charakteristisch für die Übergangzone (Kromer 2010,
S. 77). In postindustriellen Städten legen die Übergangszonen einen Ring um die Innenstädte und tren-
nen diese von den Wohngebieten. Im 19. Jahrhundert
und im frühen 20. Jahrhundert waren hier Fabriken und dicht bebaute Arbeiterquartiere entstanden.
Nach und nach schlossen die Industriebetriebe an diesem Standort. Die aufgegebenen Gebäude blieben ungenutzt stehen oder wurden durch Kleingewerbe, als
Reparaturwerkstätten oder als Lager genutzt. In die
früheren Arbeiterwohnungen zog eine einkommensschwache Bevölkerung, darunter viele Immigranten
und Angehörige ethnischer Minderheiten. Seit Jahrzehnten wurde die Übergangzone aber auch von die-

sen Bewohnern aufgegeben und immer häufiger prägten Brachflächen das Bild. Als sich Ende des 20.
Jahrhunderts einige Innenstädte wieder positiv entwickelten, sank die Einwohnerzahl in den meisten
Übergangszonen noch. Eine Aufwertung der Übergangszone kann die positive Entwicklung der Innenstädte sowie der angrenzenden Wohnviertel unterstützen, denn hier gibt es ein großes Flächenangebot
für neue Wohn- und Bürogebäude, aber auch Parks,
kulturelle Einrichtungen oder Sportstätten. In einigen amerikanischen Städten war der Druck auf
den innerstädtischen Immobilienmarkt so groß, dass
die Investoren in den vergangenen Jahren in die angrenzenden Bereiche ausgewichen sind. Bostons Stadtteil Four Point war nur durch einen Kanal von der
Innenstadt getrennt und früher ein Produktionsstand-
ort. Inzwischen wurden viele der ehemaligen Fabriken
in teure Apartmentgebäude umgewandelt und Four
Point ist zu einem beliebten Wohnstandort geworden.
Auch in Chicago weitet sich die Innenstadt immer
mehr auf Kosten der Übergangzone aus. Im Süden
der Downtown sind in den vergangenen Jahrzehnten

sogar Hochhäuser mit Luxusapartments gebaut worden und seit Jahrzehnten unbewohnte Immobilien wurden saniert und teuer verkauft. Die positive Entwicklung des innerstädtischen Immobilienmarktes ist hier sozusagen auf die angrenzende Übergangszone „übergeschwappt", in die noch vor zwei Jahrzehnten niemand freiwillig einen Fuß gesetzt hätte (Beobachtung der Verfasserin). Andere Städte haben die Revitalisierung der Überganszone durch Fördermaßnahmen unterstützt. Philadelphia hat ein Programm *„Home in Philadelphia"* aufgelegt, das den Wohnungsbau steuerlich unterstützte. Um stadtnahe Alternativen zum suburbanen Raum zu schaffen, entstanden neue Nachbarschaften mit einer lockeren Bebauung. Anhängern des *new urbanism* hätten allerdings eine kompaktere und flächenschonendere Nutzung vorgezogen (Kromer 2010, S. 77, 87). Diese positive Entwicklung der Übergangszone ist aber nicht in allen Städten zu beobachten, da häufig wie in Detroit die Nachfrage nach Immobilien sehr gering ist und außerdem ein Autobahnring um die Downtowns diesen Prozess verhindert.

4.6 Segregation

Die Bevölkerung kann aufgrund ihrer ethnischen Zugehörigkeit, sozioökonomischer oder demografischer Merkmale unterschiedlichen Gruppen zugeordnet werden. Es ist nicht ungewöhnlich, dass sich bestimmte Gruppen auf einzelne Viertel der Stadt konzentrieren und eine ungleiche Verteilung der Bevölkerung im Raum erfolgt. Diese Erscheinung wird als Segregation bezeichnet. Die Segregation kann das Ergebnis eines freiwilligen oder eines unfreiwilligen Prozesses sein. Wenn Menschen mit einem ähnlichen Lebensstil oder derselben Ethnie ein bestimmtes Stadtviertel bevorzugen, ist nichts dagegen einzuwenden, solange sie dieses freiwillig tun und andere Gruppen nicht ausgeschlossen werden. Segregation hat es in den US-amerikanischen Städten immer gegeben, und fast jede ethnische Gruppe hat sich zumindest vorübergehend auf bestimmte *neighborhoods* konzentriert. Bezeichnungen wie Little Sicily, Little Italy, Japantown, Little Havanna oder Chinatown weisen auf eine starke Präsenz einer Ethnie in einem bestimmten Viertel hin, auch wenn die Angehörigen der Ethnien längst an einen anderen Standort gezogen sind. Der wiederholte Austausch der gesamten Bevölkerung in einem größeren Stadtteil oder einer *neighborhood* ist ein wichtiges Charakteristikum der US-amerikanischen Stadt.

Städte treiben Menschen nicht in die Armut, sondern Städte ziehen arme Menschen auf der Suche nach Arbeit an. In den großen amerikanischen Städten lassen sich nach wie vor jedes Jahr Tausende von armen Menschen aus der ganzen Welt in der Hoffnung auf ein besseres Leben nieder (Glaeser 2011a, S. 9–10). Die armen Einwanderer der ersten Generation haben in überfüllten Quartieren in völlig unzureichenden hygienischen Verhältnissen gelebt, die gleichzeitig eine große Dynamik entwickelten, da alle Bewohner eine Verbesserung der Lebensverhältnisse anstrebten. Die Enge und Diversität der Bewohner förderten die Entstehung sozialer Spannungen und sogar Gewalt zwischen Neueinwanderern und schon länger Ansässigen und zwischen Protestanten und Katholiken (Muller 2010, S. 316–318). Das North End in Boston, wo sich Mitte des 19. Jahrhunderts die Iren niederließen, oder die Lower East Side in New York sind Beispiele für einst stark segregierte Stadtviertel. Die Lower East Side, die sich in Manhattan zwischen Canal St., Houston St., Bowery und East River befindet, war Mitte des 19. Jahrhunderts Eingangstor für die Iren, ab 1880 kamen die Deutschen und bald auch osteuropäische Juden in großer Zahl und außerdem Italiener und Polen. Als sich die Chinatown immer mehr ausdehnte, zogen zudem Chinesen an die Lower East Side. 1915 lebten hier 320.000 Menschen und die Lower East Side hatte eine der größten Bevölkerungsdichten der USA. Bei der Berufswahl war die ethnische Zugehörigkeit entscheidend. Die Iren stellten die Polizisten, die Deutschen brauten Bier, und die Chinesen unterhielten Wäschereien. Die Lower East Side entwickelte sich außerdem zu einem frühen Zentrum der Textil- und Bekleidungsindustrie in New York. Erst vor wenigen Jahren wurde das Viertel von *gentrification* erfasst und so für wohlhabendere Bürger interessant (Roman 2010, S. 129–131).

4.6.1 Ethnische Segregation

Noch zu Beginn des 20. Jahrhunderts lebten kaum Schwarze in den Städten. 1900 galt dieses nur für 2 % der Einwohner New Yorks und 1,8 % der Bewohner Chicagos. In den folgenden Jahrzehnten zogen zunehmend Schwarze auf der Suche nach einem Arbeitsplatz aus dem Süden in die Industriestädte im Nordosten. Die meist mittellosen Zuwanderer mussten sich gezwungenermaßen auf die ärmsten Viertel konzentrieren, die umgehend von den Weißen verlassen wurden, sodass nicht selten Ghettos mit einer fast ausschließlich schwarzen Bevölkerung entstanden. Außerdem wiesen die Städte Viertel aus, in die die Schwarzen nicht ziehen durften (*ethnic zoning*). Obwohl die National Association for the Advancement of Colored People (NAACP) 1917 erfolgreich gegen dieses Vorgehen am Supreme Court der USA geklagt hat, schritten die Kommunen selten ein, wenn sogenannte Unerwünschte von Vermietung oder Kauf ausschlossen wurden.

4

Die Bundestaaten unterstützten die Rassentrennung auf dem Wohnungsmarkt, indem sie die Vergabe von Hypotheken in ethnisch gemischten *neighborhoods* erschwerten und ein Verbot für den Zuzug von Schwarzen in bestimmte Viertel erließen. Diese sogenannten *restrictive convenants* wurden erst 1948 durch den Supreme Court aufgehoben, woran sich aber immer noch nicht alle Bundesstaaten hielten. Erst als 1964 der Kongress der Vereinigten Staaten mit dem *Civil Rights Act* die Diskriminierung der Schwarzen und die Rassentrennung endgültig aufhob, konnte die nachteilige Behandlung bestimmter Gruppen der Bevölkerung durch Banken oder die Politik erfolgreich beseitigt werden (Freund 2007, S. 207; Glaeser 2011a, S. 82–83; Gotham 2000, S. 618–619) (◗ Abb. 4.30). Zu diesem Zeitpunkt zog die weiße Bevölkerung aber bereits in großer Zahl in den suburbanen Raum. Die Städte verloren ihre wirtschaftliche Basis und die Schwarzen ihre Arbeitsplätze. Das Ergebnis war die räumliche Trennung der armen Schwarzen, die in den durch Verfallsprozesse gekennzeichneten Kernstädten blieben, von der wohl-

habenden und überwiegend weißen Mittelschicht, die im suburbanen Raum einen guten Zugang zum Immobilienmarkt und zu Arbeitsplätzen hatte (Freund 2007, S. 6). Nur wenige Schwarze konnten es sich leisten, in den suburbanen Raum zu ziehen, wo sie sich dann auf nur wenige *neighborhoods* konzentrierten.

Es gibt aber auch seltene Ausnahmen. In Detroit beträgt der Anteil der Schwarzen 78 %, die über ein durchschnittliches Haushaltseinkommen von nur 34,762 US$ verfügen. Der Großteil lebt in *neighborhoods* mit vielen Brachflächen, und die Bausubstanz ist selbst für US-amerikanische Verhältnisse ungewöhnlich schlecht. Palmer Woods, das nördlich der Seven Mile Road und westlich der Woodward Avenue in Detroit liegt, bildet eine Enklave innerhalb der Kernstadt. 1915 hatte die Familie Palmer hier 76 ha Land gekauft. Landschaftsarchitekt Ossian Simonds legte eine *neighborhood* mit geschwungenen Straßen und unregelmäßig geformten Grundstücken an, um das Schachbrettmuster Detroits zu unterbrechen und jeden Eindruck von Gleichmäßigkeit zu vermeiden. Straßennamen wie

◗ **Abb. 4.30** Straßenband schwarzer Musiker in Washington, D.C.

Gloucester, Balmoral und Cumberland erinnern an die britische Geschichte. Viele Industrielle, die dem Lärm und Schmutz der nahen Großstadt entkommen wollten, haben hier nach dem Vorbild europäischer Aristokraten großzügige Villen mit Bibliotheken und eigenen Eingängen und Treppenhäusern für Dienstboten gebaut (◘ Abb. 4.31). Die Häuser wurden im Stil der britischen elisabethanischen und jakobinischen Periode (1588–1625), die man in den USA als *Tudor revival* bezeichnet, errichtet. Unter den Architekten der teils schlossartigen Anwesen waren so bekannte Namen wie Frank Lloyd Wright und Albert Kahn (Palmer Woods Association 2011). Die Bauherren legten fest, dass die exklusiven Häuser ausschließlich an Weiße zu verkaufen seien. Nach dem Verbot von *restrictive convenants* 1948 zogen zunächst einige wenige erfolgreiche Schwarze nach Palmer Woods, als aber die Weißen die Gemeinde zunehmend verließen, kamen immer mehr Schwarze. Jahrzehntelang galt Palmer Woods, zu dem knapp 300 Wohnhäuser gehören, als die erfolgreichste von Schwarzen bewohnte Gemeinde in den USA.

Aktuell sinkt allerdings der Anteil der schwarzen Bewohner. 2010 betrug dieser in Palmer Woods 81 %; 2020 waren es nur noch 64 %. Das durchschnittliche Haushaltseinkommen war 2020 mit 133.571 US$ rund viermal so hoch wie in der Gesamtstadt und doppelt so hoch wie in den USA (▸ www.census.gov).

Der Fillmore District im Zentrum von San Francisco, der rund 50 Baublocks westlich der Van Ness Avenue zwischen California St. und Geary Blvd. einnimmt, bietet ein gutes Beispiel für die Verschärfung von Gegensätzen durch die Stadtplanung und den Wandel, den viele *neighborhoods* binnen weniger Jahrzehnte erlebt haben (◘ Abb. 4.32). Bis zu dem Erdbeben im Jahr 1906 hatten bevorzugt Juden im Fillmore District gelebt. Da das Viertel vergleichsweise wenig zerstört wurde, übernahm es viele Funktionen der angrenzenden Downtown, und die Bevölkerungsdichte stieg stark an. Ab 1910 zogen Tausende Japaner zu, und der Fillmore District wurde als Japantown bekannt. Nach dem japanischen Angriff auf Pearl Harbor Ende 1941 fielen die Japaner in Ungnade und wurden mehrere Jahre in

◘ **Abb. 4.31**   Einfamilienhaus in Palmer Woods

4

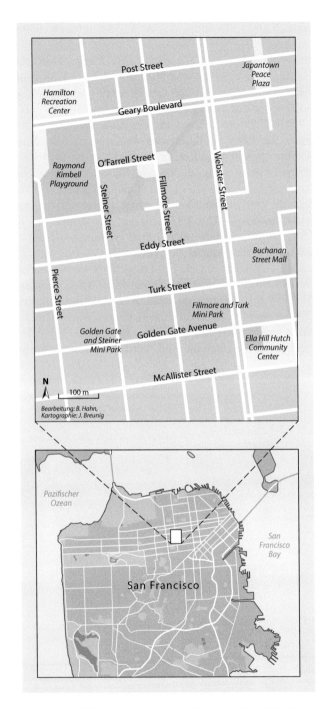

🔲 **Abb. 4.32** Fillmore District in San Francisco (Lai 2012, Fig. 2; stark verändert)

Lagern interniert (Raeithel 1995, Bd. 3, S. 146–147). In die leeren Wohnungen mit oft schlechter Bausubstanz zogen Schwarze und Weiße, von denen viele im Hafen von San Francisco arbeiteten. Der Fillmore District entwickelte sich zum bedeutendsten Zentrum afro-amerikanischer Musik. In den zahlreichen Nachtclubs traten bekannte Künstler wie Ella Fitzgerald, Louis Armstrong und Billie Holiday auf. Da der Fillmore District nach dem Zweiten Weltkrieg als eines der herunter-

gekommensten Viertel im Zentrum von San Francisco galt, wurde er 1948 zum Sanierungsgebiet erklärt, was zur damaligen Zeit vor allem Flächensanierung, d. h. Abriss und Neubau bedeutete. Allein in den 1970er-Jahren wurden rund 5000 preiswerte Wohnungen zerstört, und 13.500 Bewohner verloren ihr Obdach. Es wurden überwiegend niedriggeschossige Wohnhäuser und multifunktionale Gebäude neu gebaut, und entlang der Fillmore St. errichtete man mit öffentlichen Mitteln Sozialbauten. Die preiswerten Sozialwohnungen waren begehrt bei schwarzen und weißen Arbeitern sowie bei Japanern, die wieder in ihr angestammtes Viertel drängten. Zunächst galten Schwarze wie Japaner als wenig beliebt; aber im Lauf der Jahrzehnte änderte sich mit der steigenden politischen und wirtschaftlichen Bedeutung Japans der Status der Japaner. Die Stadt unterstützte zunehmend den Bau von Einrichtungen für Japaner im Fillmore District. In offiziellen Karten und Plänen tauchte wieder die alte Bezeichnung Japantown auf, was den anderen Bewohnern des Viertels wenig gefiel. Aber selbst die Japaner waren von dem Umbau nicht uneingeschränkt begeistert, denn die neuen Gebäude wurden teils so gebaut, wie sich weiße Amerikaner Japan vorstellten. Es fand eine *disneyfication* statt, und Japantown entwickelte sich zu einem beliebten Touristenziel. Die Japaner haben allerdings selbst zur Vermarktung des Viertels durch den Verkauf von japanischem Kunstgewerbe, japanische Restaurants, ein Japanese Cultural and Trade Center sowie ein Miyako Hotel beigetragen (🔲 Abb. 4.33). Man betrieb eine Kommerzialisierung und Ausbeutung in Anlehnung japanischer Motive, obwohl der Fillmore District immer seltener Wohnstandort von Japanern war. In den vergangenen Jahren hat außerdem eine Aufwertung des Viertels mit einem weitgehenden Austausch der Bevölkerung stattgefunden. Der Prozess der *gentrification* ist weit fortgeschritten, und an die Stelle weißer und schwarzer Hafenarbeiter sind gut verdienende Weiße und Asiaten getreten (Lai 2012).

Bekannter als die Japantowns sind die Chinatowns, von denen viele bereits Mitte des 19. Jahrhunderts entstanden sind, als die ersten Chinesen von den Goldfunden in Kalifornien angezogen und wenig später zu wichtigen Arbeitskräften im Eisenbahnbau wurden. Die fast ausschließlich männlichen Einwanderer planten baldmöglichst nach China zu ihren Familien zurückzukehren. In den Städten bildeten sie mit den Chinatowns segregierte Enklaven mit einer eigenen Ökonomie, die sich gegen Einsicht und Einflüsse von außen abschotteten. Viele der Chinatowns sind bis heute erster Wohnstandort chinesischer Einwanderer, da sie hier ihre Kultur und Sprache beibehalten können. Andere Chinatowns wie die am Rand der Innenstadt von Washington, D.C., haben sich zu *entertainment districts* entwickelt, in denen allenfalls noch die

◧ **Abb. 4.33** Vermarktung von Japantown in San Francisco

charakteristischen Torbögen an die früheren Bewohner erinnern (Beobachtung der Verfasserin). In den 1970er-Jahren drängten erstmals *hispanics* aus Mexiko, der Karibik und Zentralamerika in größerer Zahl in die Städte, wo sie sich wie die Angehörigen früherer Einwanderungswellen zunächst bevorzugt in den zentralen Stadtvierteln niederließen. Sie übernahmen schlecht bezahlte Jobs und bauten ihre eigenen Netzwerke und Institutionen auf. Die Segregation einzelner ethnischer Gruppen ist sehr nachhaltig und bis zum heutigen Tag sehr ausgeprägt in den großen Städten des Landes. Chicago ist in 77 Wards gegliedert. Auf der Lower West Side dominieren die Hispanics mit 68,7 %, auf der nur wenige Kilometer entfernten South Side die Schwarzen mit 72,6 % und in dem im Norden gelegenen Norwood die Weißen mit 72,6 % (▶ www.census.gov).

4.6.2 Sozioökonomische Segregation

In den Städten haben Arme und Reiche stets auf engstem Raum nebeneinander in isolierten Welten gelebt. Chicagos Near North Side war lange ein Stadtteil der Extreme, denn hier standen sich nicht nur sehr unterschiedliche sozioökonomische Gruppen, sondern

auch Baublöcke mit den höchsten und den niedrigsten Bodenpreisen der Stadt gegenüber. Die Near North Side erstreckt sich mit einer Länge von 2,4 km und einer Breite von 1,6 km westlich des Lake Michigan und wird im Süden und im Westen durch den Chicago River begrenzt. In den 1920er-Jahren teilten sich rund 90.000 Menschen aus 29 Nationen diesen engen Raum. Die meisten Politiker und fast alle 400 Familien, die dem Social Register (einer Art Verzeichnis prominenter und wohlhabender Einwohner) der Stadt angehörten, lebten östlich der State St. direkt am See an der sogenannten Gold Coast. Ihr Leben verlief nach genauen gesellschaftlichen Regeln. In den Baublöcken westlich der State St. breitete sich extreme Armut aus. Typisch waren die *rooming houses* (billige Hotels), denn viele Bewohner waren auf der Durchreise und lebten nur vorübergehend hier. Da die Kriminalitätsrate sehr hoch war, wurde das Viertel als „*Little Hell*" bezeichnet. Die Reichen überquerten nie die State St., um die armen Straßenzüge aufzusuchen (Zorbaugh 1929).

Heute sind die meisten US-amerikanischen Städte großräumig in Viertel mit einer großen Konzentration von Armut und Reichtum unterteilt. In Chicago leben die Wohlhabenden bevorzugt auf der North Side und die Armen konzentrieren sich auf die South Side, in Manhattan wohnen die Bessergestellten im Südteil und die Einkommensschwachen im Norden, in Washington konzentrieren sich die Vermögenden auf den Nordwestsektor der Stadt und die Armen leben südlich des Anacostia River. Die sozioökonomische Verteilung der Bevölkerung korreliert häufig mit der ethnischen Segregation. Die kleinräumigen Gegensätze sind heute vielleicht nicht mehr so krass wie von Zorbaugh 1929 für Chicago dargestellt, aber immer noch deutlich zu erkennen. Bis Mitte des 20. Jahrhunderts war es den Angehörigen von Minderheiten gesetzlich verboten, in bestimmte Viertel zu ziehen. Auch wenn diese Gesetze längst aufgehoben sind, erfolgte keine wirkliche Durchmischung der einzelnen Gruppen, da der Zugang zu einem Wohnstandort über den Bodenwert geregelt wird (◧ Abb. 4.34). Asiaten haben das mit Abstand höchste Einkommen, gefolgt von den Weißen, während Schwarze und Hispanics über vergleichsweise niedrige Einkommen verfügen. Erstere können den Wohnstandort relativ frei wählen; Hispanics, Schwarze und andere Minderheiten aber nur selten (▶ www.census.gov). Da sich die Bewohner benachteiligter Viertel einen Umzug in eine bessere *neighborhood* nicht leisten können, verbleiben sie an ihrem langjährigen Wohnstandort, selbst wenn dieser keinerlei Aufstiegschancen bietet oder von Bandenkriminalität beherrscht wird.

Ein besonderes Problem stellen die großen Areale konzentrierter Armut mit hoher Arbeitslosigkeit, Armut, Bandenkriminalität, Drogenmissbrauch,

4

◪ **Abb. 4.34**   Immobilien für Superreiche

hohen Geburtenraten und einem großen Anteil allein-
erziehender Mütter dar. Diese Benachteiligungen kor-
relieren oft mit einer schlechten medizinischen Versorgung. Da viele Arme keine Krankenversicherung
haben und kein Lohn im Krankheitsfall gezahlt wird,
gehen sie nur selten zum Arzt. Dieses gilt insbesondere
für die in den Ghettos lebende schwarze Bevölkerung.
In Washington, D.C., lebt die weiße, eher wohlhabende
Bevölkerung nördlich des Anacostia River und die
überwiegend schwarze und arme Bevölkerung südlich des Anacostia River, wo es nur wenige Ärzte und
Krankenhäuser gibt. In WARD 8, das die höchste
Konzentration von Schwarzen in der Hauptstadt aufweist, sterben die Menschen durchschnittlich 16 Jahre
früher als in WARD 3, das sich durch den höchsten Anteil weißer Bevölkerung in der Hauptstadt auszeichnet (The Washington Post, 05.01.2024). In baulicher Hinsicht zeichnen sich diese *hyperghettos* durch
einen großen Verfall und durch einen Mangel an öffentlicher Infrastruktur aus. Selbst die, die Arbeit
haben, können oft nicht ihre Familien ernähren und

gelten als *working poor* (Schneider-Sliwa 2005, S. 148–
149). Alle Programme zur Bekämpfung der Armut
haben bislang versagt. Wilson (1987, S. 109–124) bezeichnete die Armen der Kernstädte als *„truly disadvantaged"* oder *„ghetto underclass"*, wozu überproportional häufig die Schwarzen gehören. Anders als Weiße, die im Zuge der Deindustrialisierung
ihren Arbeitsplatz verloren haben, haben sie weit seltener eine neue Beschäftigung gefunden und sind nicht
so häufig in den suburbanen Raum gezogen (Rothstein 2012). Bis heute hat sich ihre Situation kaum verbessert und durch den Abriss vieler *public housing projects* der Zugang zu bezahlbarem Wohnraum sogar
noch verschlechtert. Wacquant (2008, S. 1) beschäftigt
sich mit der in den *hyperghettos* der Großstädte lebenden schwarzen Bevölkerung der USA und bezeichnet
die Verlierer der amerikanischen Gesellschaft sogar als
„urban outcasts". Seiner Meinung nach stigmatisieren
Politiker, Presse und andere Stimmen die Armen und
ihre Wohnviertel, die sie als *lawless zones, problem es-
tates, no-go areas* oder *wild districts* bezeichnen. In

der Tat trauen sich die Bewohner der „besseren" Viertel nur äußerst selten oder nie in die *hyperghettos* und sind Ohnmachtsanfällen nahe, wenn ausländische Besucher in die Armutsviertel fahren oder sich dort sogar zu Fuß bewegen (Beobachtung der Verfasserin). Diese Reaktionen zeigen, dass die städtische Bevölkerung in den USA in unterschiedlichen Welten lebt. Mike Davis (1992a, S. 265–322) hat den Einfluss der verschiedenen sozialen Gruppen und Ethnien auf die zukünftige Entwicklung von Los Angeles untersucht und eine Radikalisierung angesichts steigender Konkurrenz um Ressourcen vorausgesagt. Die Gegensätze zwischen den Angehörigen der Unterklasse, bestehend aus Neueinwanderern und den *working poor,* und den sozial und wirtschaftlich etablierten Bewohnern der Stadt werde wachsen und somit auch das Konfliktpotenzial, das sich früher oder später gewaltsam entladen werde. Obwohl sich seit den 1990er-Jahren die Gegensätze angesichts gesunkener Sozialleistungen eher verschärft als verringert haben, ist die prophezeite Radikalisierung erstaunlicherweise noch nicht eingetreten. Möglicherweise sind die Armen der *hyperghettos* so sehr mit dem täglichen Überleben beschäftigt, dass keine Kraft für größere Aufstände bleibt.

4.6.3 Demografische Segregation

Aufgrund höherer Geburten- und Einwanderungsraten altert die US-amerikanische Bevölkerung langsamer als die deutsche, aber auch hier nimmt der Anteil älterer Menschen an der Gesamtbevölkerung zu. Im Jahr 2000 war gut jeder siebte Amerikaner 65 Jahre oder älter; 2030 wird dieses auf jeden fünften Amerikaner zutreffen. Die demografische Segregation hat in den US-amerikanischen Städten in den vergangenen Jahrzehnten zugenommen, da selten mehr als zwei Generationen unter einem Dach leben. Die *empty nesters* (Paare, deren Kinder das Haus verlassen haben) ziehen in *retirement communities* oder bleiben an dem früheren Standort wohnen. Die *neighborhoods* altern mit ihren Bewohnern und werden de facto zu *retirement communities* (NORC = *naturally occurring retirement communities*), obwohl sie nicht als solche geplant wurden. 2023 haben 39 % der Hausbesitzer, die 65 Jahre oder älter waren, wenigstens 30 Jahre in ihrem Haus gelebt. Viele dieser *neighborhoods* sind in den 1950er- bis 1970er-Jahren errichtet und nicht altengerecht gebaut worden. Gleichzeitig werden neu erschlossene *subdivisions* häufig ausschließlich von jungen Familien bezogen (Joint Center for Housing Studies of Harvard University 2023, S. 19; Kirk 2009, S. 115).

4.6.4 Segregation in jüngerer Zeit

Obwohl der amerikanische *census* seit 1890 regelmäßig kleinräumliche Daten zur ethnischen Zugehörigkeit erhoben hat und die Entwicklung über 120 Jahre nachvollziehbar ist, ist umstritten, ob die ethnische Segregation in amerikanischen Städten in den vergangenen Jahrzehnten zu- oder abgenommen hat. Die meisten Studien beschäftigen sich mit den Wohnstandorten weißer und schwarzer Amerikaner, die aufgrund der kontrastierenden Hautfarbe und der unterschiedlichen Einkommen die beiden Pole der US-amerikanischen Gesellschaft verkörpern. Der Dissimilaritätsindex misst das Ausmaß der räumlichen Unterschiede zwischen schwarzer und weißer Bevölkerung. Je höher der Index ist, desto größer ist die Segregation. Dieses gilt auch für den Index der Isolation. Mit dem Zuzug der Schwarzen in die Städte in den ersten Jahrzehnten des 20. Jahrhunderts haben Segregation und Isolation zugenommen, sind seit 1970 aber deutlich gesunken (Glaeser und Vigdor 2012, S. 6–7).

Während vor 50 Jahren ein Fünftel aller städtischen *neighborhoods* nicht einen einzigen schwarzen Bewohner hatte, traf dieses 2010 nur noch für eine von 200 *neighborhoods* zu. 1960 lebte fast die Hälfte der Schwarzen in Ghettos, in denen sie einen Anteil von mehr als 80 % der Bevölkerung hatten; 2010 galt dieses nur noch für 20 % aller Schwarzen. Im Rahmen einer Langzeitstudie wurden 658 regionale Immobilienmärkte in den 85 größten *metropolitan areas* untersucht und festgestellt, dass abgesehen von einem einzigen Immobilienmarkt der Segregationsindex 2010 unter dem des Jahres 1970 gelegen hat. Auch zwischen 2000 und 2010 war die Segregation in 522 dieser Märkte rückläufig. Das gilt für große und kleine Städte gleichermaßen. Unter den zehn größten Städten ist die ethnische Segregation am höchsten in Chicago, New York und Philadelphia, aber dennoch rückläufig. Besonders niedrig ist der Wert in den texanischen Städten Dallas und Fort Worth. Heute gibt es kaum noch *neighborhoods*, in denen nicht ein einziger Schwarzer lebt. Diese Entwicklung ist auf die Aufhebung der Gesetze, die die Rassentrennung gefördert haben, den besseren Zugang zu Hypotheken und die freie Wohnstandortwahl für alle ethnischen Gruppen zurückzuführen. In jüngerer Zeit haben viele Schwarze die traditionellen innerstädtischen Wohnstandorte, in denen sie oft mehr als 90 % der Bevölkerung stellten, verlassen, um in weniger segregierte *suburbs* oder Städte des *sunbelt* zu ziehen. Darüber hinaus wurden in vielen Städten Sozialbauten wie der Pruitt-Igoe-Komplex in St. Louis oder die Robert Taylor Homes in Chicago, die fast ausschließlich von Schwarzen bewohnt waren, abgerissen. Der Census

4

2020 hat gezeigt, dass die Segregation von Schwarzen und Weißen auf der Ebene der *neighborhoods* in den *metropolitan areas* in den vorausgegangenen Jahren leicht rückläufig war, Hispanics und Asiaten aber ähnlich segregiert von den Weißen lebten wie im Jahr 2010. Asiaten sind mit einem Dissimilaritätsindex von 40 bereits seit Langem die am wenigsten segregierte Gruppe. Dies bedeutet, dass 40 % der Asiaten in *neighborhoods* leben, in denen sie überrepräsentiert sind. 1980 lebten 79 % aller Schwarzen in *neighborhoods,* in denen sie überrepräsentiert waren. Bis 2020 ist der Index nur auf 55 gesunken, d. h., mehr als die Hälfte aller Schwarzen lebt immer noch räumlich stark isoliert von anderen ethnischen Gruppen. Die Zahl der Hispanics ist in den vergangenen Jahren aufgrund von Einwanderung stark gestiegen. Die Immigranten siedeln sich gerne dort an, wo bereits Vertreter der eigenen Ethnie leben. Dennoch ist der Dissimilaritätsindex der Hispanics von 1980 bis 2020 von 50 auf 45 gesunken. Wenn die derzeitigen Trends anhalten, werden die Schwarzen im Jahr 2050 ähnlich segregiert leben wie die Hispanics (◙ Abb. 4.35). In *den metropolitan areas* lebt der typische Weiße heute in einer *neighborhood,* die zu 69 % weiß, zu 9 % schwarz, zu 12 % hispanisch und zu 6 % asiatisch ist, bei allerdings großen regionalen Unterschieden. 1980 lebten noch 88 % der Weißen unter ihresgleichen. Trotz der Veränderungen in neuerer Zeit, scheint das Ende der Segregation auch Jahrzehnte nach der Bürgerrechtsbewegung der 1960er- und 1970er-Jahre noch in weiter Ferne zu liegen (Logan und Stults 2022, S. 1–3).

Der Wohnstandort wirkt sich auf die Ausbildung und Zukunft der Kinder aus. In einer *neighborhood* mit einer überproportional schwarzen oder hispanischen

Bevölkerung sind die Schulen meist schlechter als in einer *neighborhood* mit einer überwiegend weißen oder asiatischen Bevölkerung. Es ist nicht unüblich, dass Eltern vor der Einschulung des ersten Kindes in einen anderen, „besseren" Schuldistrikt ziehen, was wiederum die Segregation fördert (Owens 2020). Schlechte Schulen und ein geringer Bildungsstand der Bevölkerung stellen in den *hyperghettos* nach wie vor ein großes Problem dar. Viele der öffentlichen Schulen in den Kernstädten gelten sogar bei Lehrern als unsicher, und die Schüler werden als *„monsters created by poverty and racism"* bezeichnet (Winters 2010, S. 2). Einen vielversprechenden Ansatz zur Beseitigung dieses Problems sind *charter schools*, die vom Steuerzahler finanziert werden, aber weitgehend von den Vorgaben der Schulbehörden befreit sind. In New York ist es seit 1998 möglich, eigenständig mit neuen Formen des Unterrichts zu experimentieren. In Harlem stellt die Promise Academy große Anforderungen an die Leistungen von Lehrern und Schülern. Nach dem ersten Jahr wurde fast die Hälfte der Lehrer entlassen, da sie den Zielen nicht gerecht wurde. Ende 2023 gab es in den fünf New Yorker *boroughs* bereits 274 Charter Schools, die von 15 % aller Kinder der Stadt besucht wurden. 80 % der Schüler kommen aus ökonomisch benachteiligten Haushalten. Der Erfolg der Charter Schools beruht nicht auf spektakulären neuen Unterrichtsmethoden oder kleineren Klassen, sie stellen aber hohe Ansprüche an die Lernbereitschaft und die Disziplin der Schüler und setzen die zur Verfügung stehenden Ressourcen optimal ein. Auch kleinste Verstöße gegen die Schulordnung werden nicht toleriert und hart bestraft. Da die Schüler wissen, welche Chancen ihnen die *charter schools* bieten, sind Verletzungen der Regeln selten. Schüler und Lehrer fühlen sich an den Schulen wohl und können sich auf den Unterricht konzentrieren. Anders als an anderen öffentlichen Schulen fallen kaum Kosten für durch Schüler verursachte Schäden an. In Tests schneiden die Schüler sehr gut ab und erreichen Bewertungen, die mit denen der Schüler in wohlsituierten Gemeinden des suburbanen Raums vergleichbar sind. Zu kritisieren ist, dass der Zugang zu den Schulen limitiert ist und durch Los entschieden wird. Der Zufall entscheidet über den weiteren Lebensweg. Befürworter des Systems sehen sich auf dem richtigen Weg und hoffen, dass das Losverfahren eines Tages überflüssig wird und für alle Kinder Plätze an *charter schools* zur Verfügung stehen werden (▶ https:// nyccharterschools.org; Glaeser 2011a, S. 88; Winters 2010). Auch in anderen amerikanischen Städten gibt es *charter schools*. Allerdings ist zu befürchten, dass die gut Ausgebildeten nach Abschluss der Schule die Ghettos verlassen und nicht zu deren positiver Entwicklung beitragen werden.

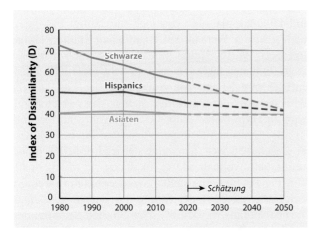

◙ **Abb. 4.35** Index of Dissimilarity der schwarzen, hispanischen und asiatischen Bevölkerung 1980 bis 2050 (adaptiert nach Logan und Stults 2022, S. 2, Abb. 1)

4.7 Gentrification

Vereinfacht ausgedrückt bezeichnet *gentrification* die Aufwertung von Wohnvierteln durch den Zuzug der Mittelklasse bei gleichzeitiger Verdrängung der ortsansässigen Bevölkerung und sollte nicht als Synonym von Reurbanisierung verwendet werden ( Abb. 4.36). Obwohl es Überschneidungsbereiche gibt und die Prozesse weitgehend parallel verlaufen, ist *gentrification* „als spezifische Ausprägung und Begleiterscheinung von Reurbanisierung anzusehen" (Brake und Herfert 2012, S. 16).

Der Begriff *gentrification* (Gentrifizierung) ist 1964 in Anlehnung an die *gentry* (Landadel) von der britischen Soziologin Ruth Glass geprägt worden, um Prozesse der Veränderung im Zentrum Londons zu beschreiben, wo nach und nach Arbeiterviertel durch die Mittelschicht besetzt, einst schäbige Wohnungen saniert und die ursprünglichen Bewohner verdrängt worden waren. Was zunächst eine einmalige Entwicklung in Islington zu sein schien, hat sich zu einem weltweiten

Phänomen und zu einem wichtigen Instrumentarium der Stadtplanung entwickelt. *Gentrification* hat sehr unterschiedliche Formen angenommen, und auch die Akteure haben sich verändert. Im London der 1960er-Jahre waren die *gentrifier* Mitglieder der Mittelschicht, die sich nicht vor einem Leben in direkter Nachbarschaft zur Unterschicht fürchteten. Heute sind *public private partnerships* sowie nationale und internationale Unternehmen auf der Suche nach Standorten mit optimalen Investitionsmöglichkeiten und hohen Renditen wichtige Akteure der *gentrification,* die sich unter dem Einfluss internationaler Kapitalströme und einer liberalen Politik zu einer globalen Strategie zur Aufwertung verfallener Stadtteile entwickelt hat. Allerdings ist *gentrification* einer der umstrittensten Prozesse der modernen Stadtentwicklung (Smith 2006, S. 191–193). Franz (2015, S. 67–77) gibt einen umfassenden Überblick über die unterschiedlichen Definitionen und Erklärungsansätze von *gentrification* im zeitlichen Wandel, die sie anhand ausgewählter Beispiele in New York City überprüft und weiterentwickelt.

◻ Abb. 4.36 Einsetzende *gentrification* im Stadtzentrum von Philadelphia

4

Gentrification hat es bereits gegeben, lange bevor Ruth Glass ihre Beobachtungen in London gemacht und den Begriff geprägt hat. Zwischen 1871 und 1914 hatten die Neureichen der Stadt Chicago ihren Wohnsitz von der südlich des *loops* gelegenen Prairie Avenue in den Norden der Stadt an das Ufer des Lake Michigan verlegt und die dort ansässigen Gärtner verdrängt (Zorbough 1929). Die sogenannte Gold Coast ist heute noch ein bevorzugter Wohnstandort mit sehr hohen Immobilienpreisen und wird aufgrund der sehr frühen Aufwertung in Anlehnung an das Erdzeitalter von Conzen und Dahmann (2006, S. 9) als *paleo-gentrified* bezeichnet (◨ Abb. 4.37). Außerdem hatte es in den 1930er-Jahren in bestimmten Vierteln in New York, New Orleans, Charleston und Washington, D.C. (Georgetown), eine Aufwertung der Bausubstanz bei gleichzeitiger Verdrängung der ursprünglichen Bewohner gegeben. In den 1960er-Jahren setzte *gentrification* in Chicago und anderen US-amerikanischen Städten in größerem Umfang ein. Dupont Circle und Capitol Hill in Washington, D.C., das South End in Boston, Lincoln Park in Chicago, Inman Park in Atlanta, Haight-Ashbury und The Castro in San Francisco gehören zu den bekanntesten *gentrified neighborhoods* der USA. Entsprechend hat das wissenschaftliche Interesse an den Umstrukturierungsprozessen zugenommen. In den 1970er- und frühen 1980er-Jahren konzentrierte sich die Forschung auf empirische Untersuchungen. Man erhob Daten zu Alter, Einkommen, Beruf, Lebensstil und ethnischer Zugehörigkeit der *gentrifier*. Von wenigen Ausnahmen abgesehen, standen die neuen Bewohner und nicht die Alteingesessenen im Vordergrund. Da die Gründe auf der Hand zu liegen schienen, konzentrierte man sich auf die Auswirkungen. *Gentrification* galt bald als Allheilmittel für verfallene innerstädtische *neighborhoods,* zumal die Städte von höheren Grundsteuereinnahmen profitierten. Der Begriff *brownstoning* entwickelte sich zu einem Synonym für *gentrification*, da in New York ältere Gebäude aus Sandstein (*brownstones*), die im Lauf der Zeit dunkler und rötlicher werden, bei den *gentrifiern* besonders beliebt waren (Lees et al. 2008, S. 5–6). Seit Ende der 1970er-Jahre fragte man zunächst in Großbritannien und etwas später in den USA außerdem nach den Gründen für die Restrukturierungsprozesse und entwickelte erste theoretische Erklärungsansätze (Smith und Williams 1986, S. 2). Gleichzeitig wurde der Prozess der *gentrification* immer komplexer, und man stellte fest, dass sich Ursachen und Auswirkungen an einzelnen Standorten deutlich voneinander unterscheiden. Während sich frühe Definitionen noch sehr an Ruth Glass anlehnten, wurden mit zunehmender Diversifizierung des Prozesses die Erklärungsansätze und Begriffsbestimmungen diffuser. Im Lauf der 1980er-Jahren wurde klar, dass sich *gentrification* nicht

auf die Aufwertung der Bausubstanz, die lange von Verfallsprozessen gekennzeichnet war, und den Austausch der Bevölkerung in einzelnen *neighborhoods* beschränkte, sondern zu einer weitreichenden wirtschaftlichen, sozialen und räumliche Restrukturierung führte (Lees 2003, S. 2490).

Clay hat 1979 ein fünfphasiges Modell entwickelt, das den kommunalen Einfluss der *gentrification* betont und den Austausch der Bevölkerung sowie die Auswirkungen auf die Erneuerung verfallener *neighborhoods* berücksichtigte. In den ersten beiden Phasen werden die Veränderungen durch die öffentliche Verwaltung eingeleitet. Hierzu können der Abriss von Sozialsiedlungen oder die Erweiterung von Krankenhäusern oder Universitäten mit staatlichen Mitteln gehören. In beiden Fällen wird die ansässige Bevölkerung umgesiedelt. In der dritten Phase erkennen private Investoren das Potenzial und investieren in sanierungsbedürftige Häuser, und in der folgenden Phase werden die Flächennutzungspläne verändert, um eine größere Bandbreite gewerblicher Nutzungen zu erlauben. Gleichzeitig verlassen immer mehr langjährige Bewohner die *neighborhoods,* da sie die steigenden Grundrenten nicht mehr zahlen können. In der fünften Phase werden die sanierten Straßenzüge möglicherweise unter Denkmalschutz oder andere Veränderungssperren gestellt und weitere private oder öffentliche Investitionen treiben den Wert der Immobilien weiter in die Höhe. Denkbar ist aber auch, dass jetzt wieder ein Verfallsprozess einsetzt. Beides führt zu einer Verdrängung der Bevölkerung (Clay 1979, S. 31–32). Neil Smith (1982, S. 151) hat Verfall und Entwicklung einzelner Stadtteile mit den Bewegungen einer Wippe verglichen, die sich im ständigen Auf und Ab befindet. Eine *neighborhood,* die sich im Abschwung befindet, schafft die Gelegenheit für einen späteren Aufschwung. Smith (1986, S. 22–24, 1987) hat ebenfalls einen Zusammenhang von Kapitalismus und Stadtentwicklung hergestellt und einen noch heute wichtigen und unumstrittenen Erklärungsansatz entwickelt. Mehrere Jahrzehnte war das Kapital von den Kernstädten in den suburbanen Raum abgeflossen, wo der Großteil der Neubauten errichtet worden war, während in den Städten die alte Bausubstanz verfiel und die Grundrente sank (Deinvestition). Die Mieten in den verfallenen *neighborhoods* waren dementsprechend niedrig. Den Abstand zu den potenziell höheren Mieten nach der Renovierung der Immobilie bezeichnet Smith (1986) als *rent gap*. Die Differenz zwischen tatsächlicher und potenzieller Miete stellt einen Anreiz für Investoren dar, da in einer freien Marktwirtschaft jeder bemüht ist, mit einem Grundstück den größtmöglichen Profit zu erzielen. Der Kauf eines verfallenen Gebäudes lohnt sich, wenn nach Zahlung aller für die Sanierung und die Hypothek anfallenden Kosten ein ansehnlicher Gewinn

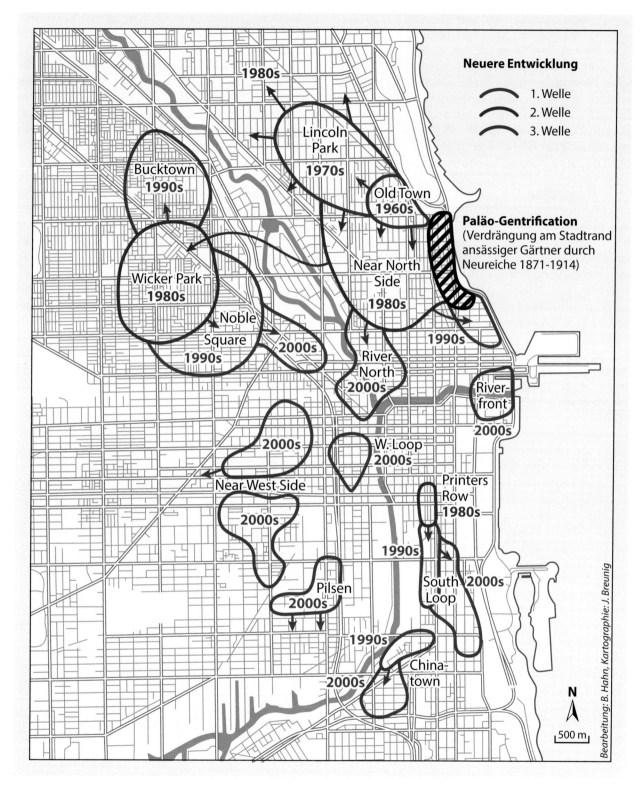

■ **Abb. 4.37** *Gentrification* in Chicago (adaptiert nach Conzen und Dahmann 2006, S. 9)

erwartet werden kann. Das gilt insbesondere, wenn sich die Wirtschaft positiv entwickelt und die Nachfrage nach Wohnraum steigt. Angesichts der Fülle der Er-

klärungsansätze bezeichnete Beauregard bereits 1986 *gentrification* als einen chaotischen und komplexen Prozess. Heute beschreibt *gentrification* eine Vielzahl von

4

Aufwertungsprozessen nicht nur im urbanen, sondern auch im suburbanen und sogar im ländlichen Raum (Lees 2003, S. 2490) und hat sich zu einem wirtschaftlichen, kulturellen, politischen, sozialen und institutionellen Phänomen entwickelt (Lees et al. 2008, S. 3). Inzwischen liegen unzählige Fallstudien und eine große Zahl theoretischer Erklärungsansätze vor, und es scheint, dass nicht nur der Prozess der *gentrification*, sondern auch der Begriff selbst äußerst umstritten ist.

4.7.1 Gentrifier

Der Prozess der *gentrification* setzte ein, bevor die Städte gezielt einkommensstärkere Einwohner anzogen, und steht in einem engen Zusammenhang mit der Deindustrialisierung und der damit verbundenen Zunahme von Beschäftigten in gehobenen Dienstleistungen, die häufig sehr gut verdienen (Osman 2011). Als typische *gentrifier* wurden früh junge Ein- oder Zweipersonenhaushalte mit einem hohen Einkommen, das sie im Finanzsektor erzielten, ausgemacht. Sie suchten das aufregende Leben der Stadt und wollten in der Nähe des Arbeitsplatzes wohnen. Da es in den Stadtzentren allenfalls Schulen mit einem schlechten Ruf gab, gehörten Familien nicht zu den neuen Bewohnern (Beauregard 1986, S. 37). Empirische Studien zeigen aber, dass *gentrification* durch sehr unterschiedliche Gruppen ausgelöst werden kann. In den 1970er-Jahren erlaubte die Stadt New York den Einzug von Künstlern in leer stehende Lagerhäuser in SoHo und die Umwidmung der Lagerflächen in Lofts. Die Stadt unterstützte den Prozess der Umwandlung, förderte ihn aber nicht finanziell. Zum damaligen Zeitpunkt waren in den Geschäftsräumen im Erdgeschoss noch viele kleine Gewerbetriebe zu finden. Die einzelnen Etagen der vier- bis sechsstöckigen Lagerhäuser aus dem 19. Jahrhundert waren durchweg nicht in mehrere Zimmer aufgeteilt, sondern boten eine einzige rund 250 m² große Fläche mit hohen Decken und großen Fenstern. Die Lofts waren attraktiv für Künstler und aufgrund des großen Angebots preiswert. In den 1980er-Jahren zogen die ersten Kunstgalerien nach SoHo, und in den 1990er-Jahren dominierten sie das Viertel. Seit Ende der 1990er-Jahre wurden die Galerien durch die Boutiquen amerikanischer und internationaler Designer wie Ralph Lauren oder Burberry verdrängt, die höhere Mieten zahlen konnten. Auch wenn SoHo nicht mehr für Newcomer erschwinglich war, stärkte es das kreative Potenzial und das globale Image der Stadt. Aufstrebende Jungkünstler siedelten sich in anderen Vierteln wie der Lower East Side oder dem Meat Packing District an und leiteten hier die *gentrification* ein. Indem ehemaligen Schlachthofviertel standen zudem größere Ausstellungsflächen zur Verfügung, was auch viele der

etablierten Galerien zu einem Umzug von SoHo hierher veranlasste (■ Abb. 4.38) (Gratz und Mintz 1998, S. 295–298 und 308; Zukin 2010, S. 238).

Brooklyn Heights war im frühen 19. Jahrhundert auf einem Felsen am Ufer des East River mit einem sehr guten Blick auf Lower Manhattan angelegt worden und war lange bevorzugter Wohnstandort vermögender Händler und Geschäftsleute. Als zu Beginn des 20. Jahrhunderts zunehmend weniger vermögende Pendler nach Brooklyn zogen, verließ die Oberschicht Brooklyn Heights und die Bausubstanz verschlechterte sich zusehends. Die Aufwertung wurde in den 1940er-Jahren eingeleitet, als Schriftsteller wie Arthur Miller, Thomas Wolf und W. H. Auden hierher zogen (Lees 2003, S. 2491–2491). Nachdem in Brooklyn der Bau der umstrittenen Cadman Plaza West genehmigt worden war, hatte die Stadt Maßnahmen zum Schutz der angrenzenden Baublöcke ergriffen und hier 1964 den ersten *historic district* New Yorks eingerichtet. In den folgenden Jahren und Jahrzehnten zogen immer mehr Bewohner Manhattans nach Brooklyn, das eine gute Alternative zwischen dem lauten und teuren Manhattan und dem verkehrsfernen suburbanen Raum bot (Osman 2011). In den 1990er-Jahren setzte eine neue Welle ein, die Lees (2003) als *super-gentrification*

■ **Abb. 4.38**   Galerie im Meat Packing District

bezeichnet. Die neue Generation von *gentrifiern* sind vielfach Banker, die die Häuser mit den jährlichen Boni bar bezahlen und in einem zuvor unbekannten Maß einer Edelsanierung unterziehen. Geld scheint keine Rolle mehr zu spielen. Häufig handelt es sich um relativ junge Käufer, die in anderen Teilen der USA oder im suburbanen Raum aufgewachsen und die beengten New Yorker Wohnverhältnisse nicht gewohnt sind. Häuser, die zuvor von mehreren Parteien bewohnt worden waren, bauen sie zu Einfamilienhäusern um und legen die Gärten nach suburbanen Vorbildern neu an. Alte Baumbestände und Sträucher werden durch monotone Rasenflächen mit überdimensionierten Grills ersetzt. Binnen weniger Jahre haben Immobilienpreise und Einkommen der Bewohner von Brooklyn Heights astronomische Höhen erreicht. Bei der *super-gentrification* erfahren Viertel ohne bauliche Verfallserscheinungen und ohne sozioökonomische Defizite eine weitere Aufwertung, wobei die Pioniere der *gentrification* verdrängt werden. Ein Ende des Prozesses ist nicht absehbar (Lees 2003). An anderen Stand-

orten haben Homosexuelle die *gentrification* eingeleitet, da sie schon früh in die Zentren der Städte zogen, um den durch Familien geprägten *suburbs* zu entfliehen (Lees et al. 2008, S. 234). In San Francisco haben in den 1960er- und 1970er- Jahren Homosexuelle den Arbeiterstadtteil The Castro gentrifiziert und zu einem Symbol entwickelt (◨ Abb. 4.39). Andere *neighborhoods,* in denen Homosexualität, Bisexualität und Transsexualität sehr offen zur Schau gestellt werden, sind das New Yorker West Village und Miami South Beach. In dem ebenfalls im Zentrum von San Francisco gelegenen Haight-Ashbury waren Hippies an der *gentrification* beteiligt. Aus der Protestbewegung während des Vietnamkriegs (1964–1973) hatte sich eine Gegenkultur entwickelt. Während viele Menschen auf dem Land oder im suburbanen Raum ein besseres Leben suchten, zogen andere in die Städte, um einen neuen Lebensstil zu entwickeln. San Francisco hatte für Hippies den größten Reiz. Auch heute gibt es in Haight-Ashbury noch Läden und Cafés, die den Lebensstil der Blumenkinder erkennen lassen. Aber ein Teil der

◨ **Abb. 4.39** The Castro in San Francisco

4

Hippies ist zu Unternehmern aufgestiegen. Vielleicht haben sie erst Drogen verkauft, dann psychedelische Poster, anschließend Gebrauchtkleidung und irgendwann höherwertige Produkte. Sie haben ihre Wohnungen saniert und verkauft oder sind dort wohnen geblieben, weil sie das immer noch bunte Viertel schätzen. Die ortsansässige Bevölkerung hat den Stadtteil verlassen, weil ihnen der Lebensstil der Hippies nicht gefiel oder weil der Standort zu teuer wurde (Zukin 2010, S. 15). Dies trifft inzwischen sogar auf Standorte zu, die auf den ersten Blick nicht für eine *gentrifizierung* geeignet sind. Der östliche Teil der Innenstadt von Los Angeles wird als Skid Row bezeichnet und ist Wohnort Tausender Wohnungsloser, die nachts in Obdachlosenunterkünften oder in Zelten auf den Bürgersteigen nächtigen. Selbst hier sind in neuerer Zeit hippe Kneipen und Galerien entstanden, und es hat eine Aufwertung des Viertels und Verdrängung der Mittellosen eingesetzt (Gerhard 2017b, S. 150).

Da die *gentrifier* andere Konsumgewohnheiten haben und die Städte anders nutzen als die früheren Bewohner, verändern sich auch die Lokale und die Geschäfte. In manchen *neighborhoods* sitzen Künstler, Softwareentwickler, Schriftsteller und Musiker am späten Mittag beim Brunch und gehen um Mitternacht zur Arbeit oder zur Entspannung in Clubs, die in brachgefallenen Industriegebäuden eingerichtet worden sind. Andere haben sich schon lange aus dem Erwerbsprozess verabschiedet und Shoppen ist zur wichtigsten Beschäftigung geworden. Die ursprünglichen Bewohner leiden unter dem Verlust der Identität und Authentizität ihrer Viertel, womit die Ursprünglichkeit gemeint ist. Zukin (2010, S. 4–9) schlägt vor, diese durch die Pflege der historischen Bausubstanz und den Erhalt kleiner Geschäfte und Cafés zu bewahren. Die *gentrifier* fördern den Entfremdungsprozess dadurch, dass sie den aufgewerteten *neighborhoods* gerne neue „schickere" Namen wie Boerum Hill, Gobble Hill oder Caroll Gardens in Brooklyn geben. Problematisch ist, dass sie die städtische Politik in ihrem Sinne beeinflussen. Auf dem Gelände der ehemaligen Atlantic Yards in Brooklyn haben sie den Bau eines Basketballstadions durchsetzen können, während die einkommensschwächere Bevölkerung die Ansiedlung neuer Industrien mit einem großen Arbeitsplatzangebot auf der Industriebrache bevorzugt hatte (Osman 2011).

4.7.2 Öffentliche Förderung

Gentrification wurde bereits in der Anfangsphase nicht nur von Individuen, sondern auch von der öffentlichen Hand eingeleitet. 1974 war das *Federal Urban Homesteading Program* verabschiedet worden, um gefährdete *neighborhoods* zu stabilisieren und Wohnraum für weniger Vermögende zu schaffen. Im Rahmen des Programms wurden leer stehende Häuser für einen sehr geringen Preis von teils nur einem US-Dollar unter der Bedingung verkauft, dass die Käufer das Haus renovieren und selbst mindestens drei Jahre dort leben würden (Lees et al. 2008, S. 9). Baltimore hat außerdem *ein Healthy Neighborhoods Program* entwickelt, das den Erwerb von Wohnhäusern in verfallenen *neighborhoods*, die noch über ein gewisses Potenzial verfügen, mittels reduzierter Hypotheken erleichtert. Zudem wurden kleinere Aufwertungsmaßnahmen durchgeführt, um das Vertrauen in die Viertel zu stärken und den Wert der Häuser zu steigern (The American Assembly 2011, S. 10). In dem innenstadtnahen Stadtteil Fells Point, der nordwestlich des Patapsco River liegt und lange der traditionelle Wohnort der Hafenarbeiter gewesen war, war das Programm äußerst erfolgreich. Die Häuser erfreuten sich bald großer Beliebtheit bei Interessenten und die Immobilienpreise stiegen. Gleichzeitig erlebte das Viertel eine soziale Stabilisierung und das Wohnumfeld verbesserte sich. Der Preis war allerdings die Verdrängung der ursprünglichen Bevölkerung. Staatliche und kommunale Programme hatten unbeabsichtigt die *gentrification* von Fells Point eingeleitet. In neuerer Zeit wurde das Potenzial der *gentrification* für die Stadtentwicklung erkannt und gezielt unterstützt. Die Städte arbeiten mit der Privatwirtschaft zusammen, um den Prozess zu erleichtern. Verfallene *neighborhoods* stellen ein Sammelbecken der Armut und leider häufig auch der Kriminalität dar. Da die Kommunen ein großes Interesse an der Aufwertung der unattraktiven Viertel haben, entwickelte man *gentrification* zu einem Planungsinstrument, das zur wirtschaftlichen, physischen und sozialen Aufwertung verfallener Viertel eingesetzt wird. Dieser Prozess wird als *state-led gentrification* oder *third-wave gentrification* bezeichnet (Gerhard 2012, S. 73; Lees 2008, S. 2454; Lees et al. 2008, S. 178). Darüber hinaus wird *gentrification* durch globales Kapital auf der Suche nach hohen Renditen gefördert. International tätige Investoren haben Tausende Apartmenthäuser mit preiswerten Wohnungen gekauft, saniert und für hohe Mieten als Eigentumswohnungen verkauft (Zukin 2010, S. xi). Bauunternehmen haben so die frühere Rolle der individuellen *gentrifier* übernommen. Teils wird sogar von einer *gentrification* durch die Errichtung von Neubauten gesprochen (Lees 2003, S. 2490). Der Bau neuer Häuser trägt allerdings nicht zu einer Aufwertung der vorhandenen Bausubstanz bei, die ein wesentliches Element der *gentrification* darstellt. Die Bebauung von Brachflächen kann aber das Interesse an benachbarten Immobilien steigern und zu höheren Mieten und damit indirekt zu einer Verdrängung der ansässigen Bevölkerung führen (Davidson und Lees 2010, S. 408).

San Francisco ist durch starke sozioökonomische Gegensätze geprägt. Während nördlich der zentralen innerstädtischen Verkehrsachse Market St. (NoMa) stets die Wohlhabenden lebten, war der hafennahe Mission District südlich der Market St. (SoMa) Wohngebiet der Arbeiter und ärmeren Bevölkerung und Standort von Industrie und Gewerbe (Abb. 4.40). Mit der Deindustrialisierung verfiel das Viertel zusehends und wurde zum Auffangbecken der Armen der Stadt. Der Wohnungsmarkt reagierte auf die steigende Nachfrage der neuen Urbaniten mit dem Bau von Luxusapartments und der Luxussanierung älterer Gebäude, wobei man sich gerne mit Superlativen übertraf. Den Immobilienmaklern reicht schon lange das Adjektiv *luxury* nicht mehr bei der Vermarktung von Wohnraum; sie sprechen inzwischen von *super luxury* oder *beyond luxury*. Viele der einfachen und preiswerten Häuser wurden abgerissen und durch neue Apartmenthäuser ersetzt. Allein von 2001 bis 2005 sind 4000 neue Wohneinheiten entstanden, gleichzeitig wurde die einst ansässige Bevölkerung verdrängt. Die

Stadt hat das Problem erkannt und 2002 die *Inclusionary Housing Ordinance* verabschiedet, die vorschreibt, dass bei jedem neuen Immobilienprojekt 12 % aller Wohnungen dauerhaft zu Preisen unterhalb des üblichen Mietniveaus angeboten werden müssen, um die heterogene Bevölkerung des Viertels zu erhalten. Außerdem wird bei der Ausweisung von Flächennutzungen weit genauer als früher auf die Wahrung öffentlicher Belange und die Berücksichtigung aller Gruppen der Bevölkerung geachtet (Cohen und Marti 2009). Allerdings sind diese Maßnahmen wohl nur ein Tropfen auf den heißen Stein.

4.7.3 Bewertung

Gentrification kann man aus unterschiedlichen Blickwinkeln bewerten. Zweifelsohne sind verfallene und unattraktive Viertel aufgewertet worden und die Grundsteuereinnahmen der Städte gestiegen. Der Austausch der Bevölkerung ist für die Verdrängten aber ein großes

Abb. 4.40 Mission District in San Francisco

Problem. Politiker und Planer ziehen seit Jahrzehnten sozioökonomisch gemischte *neighborhoods* segregierten Vierteln vor. Ob *gentrification* die Segregation und die soziale Polarisierung verstärkt oder zu einer besseren Durchmischung der Bevölkerung beiträgt, ist umstritten. Da die verfallenen Viertel vor dem Eintreffen der ersten *gentrifier* oft durch große Armut geprägt waren, trägt der Zuzug ortsfremder Bewohner zu einer diversifizierten Bevölkerungsstruktur bei. Allerdings hat man festgestellt, dass es nur wenig Interaktion zwischen den *gentrifiern* und der ortsansässigen (ärmeren) Bevölkerung gibt. Die Neulinge neigen dazu, sich von den Alteingesessenen fernzuhalten und nur zu Ihresgleichen, d. h. zu anderen *gentrifiern* Kontakte zu pflegen. Die *gentrifier* haben kein Interesse an einem Zusammenleben mit Angehörigen der Arbeiterklasse oder Angehörigen anderer Ethnien und ziehen die Selbstsegregation der Begegnung mit unbekannten Lebensstilen vor. Ihr Ziel ist sogar die völlige Verdrängung der angestammten Bevölkerung, was durch ständig steigende Boden- und Immobilienpreise mittel- bis langfristig oft tatsächlich gelingt. Da es keine Anzeichen dafür gibt, dass sozioökonomisch und ethnisch gemischte *neighborhoods* den Zusammenhalt der Gesellschaft fördern, ist zu hinterfragen, ob das Leitbild der durchmischten Stadt tatsächlich weiter verfolgt werden sollte (Lees 2008). Schwarz (2010) ist der Meinung, dass die Aufwertung und Umstrukturierung früherer Arbeiterwohnviertel und Gewerbestandorte zu sehr kritisiert wird. Er wirft Zukin (s. o.) vor, dass sie ihre Beobachtung zur *gentrification* New Yorks nur in wenigen kleinen *neighborhoods* gemacht habe. New York war bis Mitte des 20. Jahrhunderts die größte Industriestadt der Welt, und die untersuchten *neighborhoods* in Manhattan waren nur wenige Blöcke vom New Yorker Hafen entfernt, der 200.000 Arbeiter beschäftigte. Zukin glorifiziere eine Zeit, in der die Deindustrialisierung bereits einen tief greifenden Wandel eingeleitet hatte. Auch Zukins Forderung nach staatlicher Förderung zur Wiederbelebung der Viertel durch die Ansiedlung von Handwerkern und inhabergeführten Läden kritisiert Schwarz, da sich New York von der weltgrößten Industriestadt zur Hauptstadt des globalen Kapitalismus entwickelt habe.

4.8 Privatisierung

US-amerikanische Städte werden zunehmend rund um die Uhr durch private Sicherheitskräfte oder Videokameras überwacht, die die Arbeit der Polizei unterstützen. Dieser Trend wurde durch den Bau der ersten geschlossenen und klimatisierten Shopping Center in den 1950er-Jahren eingeleitet, die allenfalls halbprivate Räume mit beschränktem Zugang darstellen. Als in den 1980er-Jahren die Attraktivität der Innenstädte erhöht werden sollte, wozu neben der Beseitigung von Schmutz auch die aller Unerwünschten gehörte, übertrug man die Kontrollmechanismen der Shopping Center auf viele öffentliche Plätze und Grünanlagen. Außerdem wurden großzügig BIDs ausgewiesen, um Umsatz und Bodenrendite zu steigern, was ebenfalls mit einer Privatisierung des öffentlichen Raums verbunden war. Bereits vor 20 Jahren hat Mike Davis (1992a, S. 223–226) zufolge die Überwachung öffentlicher Plätze durch Videokameras nicht nur dazu geführt, dass keine Handlung oder Bewegung mehr unbeobachtet bleibt, sondern auch die Angst der Menschen vor diesen Räumen verstärkt. Die terroristischen Anschläge in New York und Washington, D.C., im Herbst 2001 rechtfertigten den Ausbau der Überwachung des öffentlichen Raums, was aus deutscher Sicht teils an Paranoia grenzt. Es ist eine *fear economy* (Davis 2002, S. 12) entstanden, die von der Angst der Bürger profitiert. Sicherheit hat sich zu einem wichtigen Industriezweig entwickelt. Es gibt natürlich große regionale Unterschiede und auch bei einzelnen Verbrechensarten, aber insgesamt hat die Kriminalität in den USA in den vergangenen zwei Jahrzehnten eher ab- als zugenommen, wenn man die Cyber-Kriminalität nicht berücksichtigt. Die Ausgaben für die Polizei haben sich in diesem Zeitraum kaum verändert und betragen zwischen 3,67 % und 3,81 % des US-amerikanischen Bruttosozialprodukts. Die Kosten für private Sicherheitsleistungen lassen sich nur schwer ermitteln, sind aber möglichweise viermal so hoch (Blackstone et al. 2023, S. 2–5). Die Sicherheitskräfte übernehmen ein weites Feld von Aufgaben wie den Personenschutz oder die Bewachung von Transporten, öffentlichen Plätzen, Einkaufszentren oder Bürogebäuden sowie Schulen und Universitäten. Auch die Türsteher in Restaurants oder Geschäften sowie die Pförtner in *gated communities* werden von privaten Sicherheitsfirmen gestellt, deren Befugnisse und Aufgaben sehr unterschiedlich sein können. Manche sind sogar bewaffnet und dürfen Verdächtige verhaften, andere wirken nur durch ihre Präsenz abschreckend. In New York City gibt es 86 verschiedene Typen von Sicherheitskräften mit sehr unterschiedlichen Befugnissen, deren Einsatz meist auf klar definierte Standorte wie Battery Park City an der Südspitze Manhattans oder Roosevelt Island begrenzt ist (Stringham und Salz 2023, S. 245–247). Außenstehende kennen die Kompetenzen der einzelnen privaten Sicherheitskräfte nicht und oft erscheinen sie sehr willkürlich. Bei nur leicht abweichendem Verhalten von der Norm erfolgt schnell ein Platzverweis von „öffentlichen" Räumen durch Sicherheitskräfte. Bei einer Exkursion mit 20 Studierenden nach Chicago im Jahr 2011 unter der Leitung der Verfasserin verging kaum ein Tag, an dem wir nicht teils mehrfach mehr oder weniger freundlich zum sofortigen Verlassen unseres vermeintlich öffentlichen Standorts aufgefordert wurden, da Gruppen (von verdächtig aussehenden Jugendlichen?) unerwünscht waren. Was bei einer Exkursion allenfalls ärgerlich ist, ist für die zahlreichen Obdachlosen ein echtes Problem, denn für sie bleiben nur die schmuddeligen Ecken der Stadt. Gleichzeitig verschanzen sich immer mehr Menschen in *gated communities*, schicken ihre Kinder in private Schulen und verbringen ihre Freizeit in privaten Golf- und Tennisclubs oder sogar in nicht öffentlich zugänglichen Skigebieten (Frank 2007, S. 34–80). Für die Probleme der weniger Begüterten interessieren sie sich selten. Die USA haben sich zu einer Zweiklassengesellschaft entwickelt, was sich in auch in räumlicher Hinsicht niederschlägt. Die Wohlhabenden entscheiden darüber, in welcher Weise und von wem Räume genutzt werden dürfen, während die sozial Schwachen allenfalls geduldet oder sogar ganz ausgeschlossen werden (Harvey 2003, S. 32). Es gibt seit Jahren eine öffentliche Debatte zu der Frage, wem die Stadt gehört und ob es moralisch vertretbar sei, bestimmte Gruppen der

Bevölkerung systematisch aus dem öffentlichen Raum oder bestimmten *neighborhoods* zu verbannen (Davis 1992a, 2001; Harvey 2003; Mitchell 2003). Viele Einheimische insbesondere in Los Angeles und New York ärgern sich zudem über die häufigen Absperrungen des öffentlichen Raums für Filmaufnahmen (◨ Abb. 4.41). Für die Städte ist die zeitweise Vermietung des öffentlichen Raums ein gutes Geschäft, aber den Anwohnern wird tagelang der Zugang zu Parks und anderen *locations* verwehrt (Sorkin 2009, S. 114).

Der Individualverkehr hat die nordamerikanische Stadt binnen weniger Jahrzehnte grundlegend verändert. Dem fließenden und ruhenden Verkehr wurde ein größerer Stellenwert beigemessen als dem Fußgänger. In vielen Innenstädten nehmen Parkhäuser und Parkplätze mehr Flächen ein als Gebäude, und Autobahnen isolieren die Innenstädte von angrenzenden Vierteln, die *neighborhoods* sind von Straßen umgeben, die zu Fuß kaum überwunden werden können, und in den *neighborhoods* fehlen Gehwege, die zu einem Spaziergang einladen könnten. Garagentore

◨ **Abb. 4.41**   Filmaufnahmen am Pershing Square in Los Angeles

4

haben die Eingangstüren privater Wohnhäuser ersetzt, und öffentliche Gebäude werden nicht mehr durch repräsentative Eingänge oder gar über Freitreppen betreten, sondern durch Aufzüge, die den Besucher von den Tiefgaragen auf direktem Weg in die angestrebte Etage bringen. Außerhalb der Innenstädte liegen Shopping Center, *office parcs* und frei stehende Geschäfte, Banken und Bürogebäude wie Inseln in einem See von Parkplätzen. Die Menschen nutzen die Städte nicht mehr als Fußgänger, sondern nicken sich allenfalls noch aus dem Auto zu. Informelle Kontakte sind äußerst selten geworden (Gratz und Mintz 1998, S. 33–34). Auf den traditionellen Geschäftsstraßen der Innenstädte war niemand ausgeschlossen worden. Hier begegneten sich alle Ethnien und Angehörige unterschiedlicher sozioökonomischer Gruppen ohne jegliche Einschränkungen.

4.8.1 Shopping Center

1956 wurde mit der Eröffnung des ersten überdachten und klimatisierten Shopping Centers Southdale in der Nähe von Minneapolis eine Wende eingeleitet. Das von dem deutschstämmigen Architekten Viktor Gruen konzipierte Shopping Center sollte nicht nur ein Geschäftszentrum, sondern darüber hinaus ein Erlebnisraum für die Bevölkerung von Minneapolis sein. In dem von einem Glasdach überspannten Atrium blühten ganzjährig Blumen, und regelmäßig fanden hier Konzerte und andere Veranstaltungen statt (Gruen 1973, S. 22 f.). Gruen dürfte nicht geahnt haben, welche Entwicklung er mit diesem Konzept eingeleitet hat. Southdale war ein großer Erfolg, und bald wurden im ganzen Land ähnliche Shopping Center gebaut, die immer mehr Funktionen wie ein großes gastronomisches Angebot, Dienstleistungen aller Art von der Post über den Zahnarzt bis zum Steuerberater, Kinos und andere Freizeiteinrichtungen ausübten. Ein Leben ohne Shopping Center ist für die Mehrzahl der Amerikaner schon lange nicht mehr vorstellbar. Teenager verbringen einen großen Teil ihrer Freizeit hier, und ältere Menschen treffen sich schon vor der Öffnung der Geschäfte zum morgendlichen *mall walking* (Kowinski 1985). Im suburbanen Raum gibt es heute oft keine Alternative mehr zu Shopping Centern, auch wenn längst nicht alle überdacht und klimatisiert sind. In den Innenstädten haben sie sich ebenfalls durchgesetzt und nicht selten ein Ausbluten der traditionellen Einkaufsstraßen verursacht. Die Shopping Center versuchen mit allen zur Verfügung stehenden Mitteln wie Lichteinfall, großen Spiegeln, Baumgruppen, Springbrunnen und der ständigen Bewegung der vertikalen Beförderungsmittel das bunte Treiben eines städtischen Lebens zu kopieren. Es ist aber nur eine Imitation des realen städtischen Lebens. Im Vordergrund steht immer die Steigerung des Umsatzes. Nichts geschieht spontan, alles ist geplant. Gleichzeitig werden alle negativen Erscheinungen des wirklichen Lebens ausgesperrt. Hierzu gehören nicht nur die aktuelle Witterung und der Straßenverkehr, sondern auch bestimmte Gruppen der Bevölkerung. Obdachlose, ärmer wirkende alte Leute und größere Gruppen von Jugendlichen werden in der Regel höflich, aber bestimmt vor die Tür gewiesen. Nichts und niemand soll die kaufkräftige Kundschaft davon abhalten, ungestört Geld auszugeben. In jedem Shopping Center weist ein Aushang darauf hin, dass dieses unter privatem Management steht und Besucher die Hausregeln einhalten müssen. Diese verbieten ein bestimmtes Verhalten, das in den Straßen zwar nicht immer gerne gesehen, aber toleriert wird. In Shopping Centern ist es üblicherweise verboten, sich auf den Boden zu setzen oder sich in irgendeiner Weise auffällig zu benehmen. Die Einhaltung der Hausregeln wird von Videokameras und privaten Sicherheitskräften überwacht. Shopping Center sind keine öffentlichen, sondern allenfalls semi-öffentliche Räume. Unwillkommenen Besucher können nicht am „städtischen Leben" der künstlichen Räume teilnehmen. Dieses wiegt umso schwerer, je mehr Funktionen, die über das reine Einkaufen hinausgehen, in die Shopping Center integriert sind. In einigen Städten wie in Minneapolis und St. Paul in Minnesota sind viele innerstädtische Gebäude durch *skyways*, d. h. geschlossene Fußgängerbrücken in der ersten oder in einer höheren Etage miteinander verbunden. Besucher der Downtowns können in ein Parkhaus fahren und von dort trockenen Fußes Büros, Shopping Center, Restaurants und andere Einrichtungen erreichen. Diese Innenstädte orientieren sich fast ausschließlich am Innenraum, die Straßenebene ist denkbar uninteressant, da Geschäfte mit attraktiven Schaufenstern fehlen (Crawford 1992, S. 21–22; Hahn 1996b). Die Hochphase der Shopping Center ist allerdings eindeutig vorbei (▶ Abschn. 2.2.6). Die Schließung vieler Einkaufstempel bedeutet aber nicht das Ende der Privatisierung, denn diese findet längst auch auf einst öffentlichen Plätzen statt.

4.8.2 Innerstädtische Plätze

Der restriktive Zugang der Shopping Center ist seit den 1980er-Jahren diskutiert und vielfach kritisiert worden, ist aber nicht auf diese beschränkt. In fast jeder Innenstadt lassen sich Plätze und Grünanlagen finden, die privat gemanagt und kontrolliert werden. In den vergangenen Jahrzehnten sind viele Städte sicherer und sauberer geworden, allerdings ist heute gleichzeitig die Vielfalt städtischen Lebens durch den erhöhten Einsatz von privaten Sicherheitskräften und

Kameras eingeschränkt. Allein in New York gibt es Hunderte solcher Plätze, an deren Anlage oder Bau zwar die Steuerzahler beteiligt waren, die aber nicht in der Obhut der öffentlichen Hand stehen. Hierzu gehören die Atrien des Trump Towers auf der Fifth Avenue und der benachbarten Sony Plaza und IBM Plaza sowie der Winter Garden des Financial Centers in Lower Manhattan, aber auch viele kleine Parks wie der Bryant Park hinter der New York Public Library und Tompkins Square Park an der Lower East Side, die zunächst nicht als privat wahrgenommen werden (Kayden 2000) (□ Abb. 4.42). Der im Zentrum von Manhattan an der Kreuzung von 42nd St. und 6th Avenue gelegene 3,2 ha große Bryant Park wurde 1871 angelegt, aber über mehrere Jahrzehnte fast ausschließlich von Drogenhändlern und Junkies genutzt. Da der Park über dem Straßenniveau lag und von außen kaum einsehbar war, war er bestens für die unterschiedlichsten kriminellen Handlungen geeignet. Die breite Öffentlichkeit fühlte sich unwohl und mied den Park als Aufenthaltsort. Auf private Initiative wurde in den 1980er-Jahren die Bryant Park Corporation gegründet und der Park für mehrere Jahre geschlossen und umgestaltet. Als Bryant Park 1992 wiedereröffnet wurde, war er von allen Seiten einsehbar und mit neuen Erholungsflächen und Sitzgelegenheiten ausgestattet. Private Sicherheitskräfte sorgen heute für Recht und Ordnung, und die Kriminalität gehört der Vergangenheit an. Der Platz ist eine Oase der Erholung mitten in New York, aber auch einer der umstrittensten „öffentlichen" Plätze der Stadt. Eine teure Eislaufbahn im Winter und ein Weihnachtsmarkt zählen zu den vielen Attraktionen. Besonders die Fashion Week, die viele Jahre im Frühjahr und im Herbst im Bryant Park stattfand, ist auf große Kritik gestoßen. In großen Zelten präsentierten weltbekannte Designer ihre Kollektionen ausschließlich geladenen Gästen. Die Öffentlichkeit hatte in diesen Wochen keinen Zugang zum Bryant Park, der sich durch die Vermietung von Flächen zu einem guten Geschäft mit Einnahmen von bis zu rund 7 Mio. US$ jährlich entwickelt hatte. Der Protest gegen die Modenschau wurde schließlich so stark, dass das Megaereignis

□ **Abb. 4.42**   Bryant Park in Manhattan

4

2010 erstmals in den Damrosh Park nahe des Lincoln Center of the Performing Art verlegt wurde (Madden 2010, Vanderkam 2011). Bryant Park ist heute weit attraktiver als in den 1970er-Jahren. Mütter mit Kindern, *shopper,* Büroangestellte, Touristen und Obdachlose, die allen Ethnien angehören, nutzen gemeinsam den Platz, um sich hier auszuruhen, Freunde zu treffen, andere Menschen zu beobachten, Schach zu spielen oder auf dem Laptop zu arbeiten. Der Platz zieht immer noch Unerwünschte an wie Trinker, Obdachlose oder auch nur Menschen, die auffallend schlecht gekleidet sind und offensichtlich tagsüber keinen anderen Aufenthaltsort haben. Aber diese Menschen sind in der Minderheit und werden von anderen Besuchern nicht als störend wahrgenommen (Gratz und Mintz 1998, S. 38–42). Die BIDs, die mit privaten Mitteln zu einer Aufwertung ausgewählter Bereiche in den Innenstädten beitragen sollen, werden ähnlich stark kontrolliert wie Bryant Park oder Shopping Center. Die Schaffung sauberer und sicherer Räume gilt als eine wichtige Voraussetzung zur Revitalisierung. Hierzu gehören die permanente Überwachung durch Kameras, private Sicherheitskräfte und städtische Polizei sowie notfalls die Vertreibung von unerwünschten Personen (Marquardt und Füller 2008, S. 126–127).

4.8.3 Obdachlose ohne Bürgerrechte

Da es in den USA nur in sehr begrenztem Umfang Arbeitslosenunterstützung und Sozialleistungen gibt und mittellose Hausbesitzer schnell ihr Eigentum verlieren, wenn sie die Hypotheken nicht zahlen, ist die Zahl der Obdachlosen weit höher als in Deutschland (◘ Abb. 4.43). Da die *shelter* (Notunterkünfte) meist nur nachts zur Verfügung stehen, ziehen die Obdachlosen tagsüber mit ihrem Hab und Gut, das sie oft auf Einkaufswagen geladen haben, durch die Städte. Viele Obdachlose meiden die unattraktiven und angeblich unsicheren *shelter* ganz und schlafen in Parks, in Hauseingängen oder unter Brücken, wo sie natürlich nicht immer gerne gesehen sind. Besonders wenn sich eine größere Zahl von Obdachlosen auf bestimmte Standorte konzentriert, entsteht bei den Anwohnern ein Gefühl der Unsicherheit. Besonderes Aufsehen erregte die gewaltsame Räumung von Tompkins Square Park an New Yorks Lower East Side. Nachdem mehrfach erfolglos versucht worden war, die „Bewohner" des Parks zu vertreiben, rückten am 3. Juni 1991 morgens um fünf Uhr 300 Polizisten in Kampfkleidung an, weckten die rund 200 dort lebenden Obdachlosen und vertrieben sie. Die Zelte und alles, was die Obdachlosen angesichts der überstürzten Flucht zurückgelassen hatten, fielen Bulldozern zum Opfer. Die Räumung von Tompkins Square Park war zwar besonders rabiat, aber

◘ **Abb. 4.43**   Obdachloser bei bitterer Kälte auf der luxuriösen Michigan Avenue in Chicago

kein Einzelfall. New York sollte in den 1990er-Jahren gesäubert und von allen unerwünschten Elementen befreit werden. Nach dem Vorbild New Yorks führten bald andere konservative Städte wie Miami und Atlanta, aber auch liberalere Orte wie San Francisco oder Seattle ähnliche Maßnahmen durch (Smith 2010, S. 203–207). Besonderes Aufsehen erregten die wiederholten gewaltsamen Auseinandersetzungen im People's Park in Berkeley unweit von San Francisco, auch wenn die Hintergründe hier zunächst andere waren. Hier hatte es bereits 1969 Spannungen zwischen Anwohnern und Studenten der Berkeley University gegeben. Als in dem Park unerlaubterweise gegen den Vietnamkrieg demonstriert wurde, griff die National Guard ein und es kam zu einer großen Zahl von Verletzten. In den folgenden zwei Jahrzehnten entwickelte sich der Platz zu einem (illegalen) Wohnort von Obdachlosen, und 1989 kam es zum 20. Geburtstag der Unruhen wieder zu Ausschreitungen. Im Folgenden wurde die Debatte um die Duldung von Obdachlosen auch an anderen Standorte wie im Golden Gate Park von San Francisco aufgegriffen (Mitchell 2003, S. 118–160).

Angesichts stark gestiegener Preise für Grundstücke, Immobilien und Hypotheken in Verbindung mit mangelhaftem Mieterschutz hat die Zahl der

Obdachlosen in neuerer Zeit stark zugenommen. 2023 waren pro Nacht durchschnittlich 653.100 US-Amerikaner (2016: 550.000) oder rund 2 % der Bevölkerung ohne Wohnung. Sechs von zehn Betroffenen haben die Nächte in Notunterkünften verbracht, während der Rest auf Straßen, Plätzen, unter Brücken oder im Auto genächtigt hat. Obdachlose sind eine äußerst heterogene Gruppe und entsprechen keinesfalls dem Vorurteil, alle geisteskrank oder zu faul zum Arbeiten zu sein. Auffallend hoch ist der Anteil der Kriegsveteranen. Weiße sind unterrepräsentiert, während Schwarze deutlich überrepräsentiert sind. In knapp einem Drittel aller Fälle handelt es sich um Familien mit Kindern, und es sind weit mehr Männer als Frauen obdachlos. Es gibt große regionale Unterschiede. In den im Westen des Landes gelegenen Staaten Kalifornien, Oregon, Washington und Nevada sowie im Staat New York sind mehr als 5 % der Bevölkerung obdachlos, während anderenorts die Werte teilweise unter 1 % liegen. Hinzu kommt eine unbekannte Zahl von Wohnungslosen, die von der Statistik nur unzureichend

erfasst werden, da sie bei Freunden oder Familienangehörigen unterkommen. Der überwiegende Teil der Bedürftigen lebt in Städten, wobei New York City und Los Angeles die meisten Obdachlosen zählen (The U.S. Department of Housing and Urban Development 2023). In den Zentren der großen Städte sind die Obdachlosen allgegenwärtig. Sie verbringen den Tag mit ihren Tüten oder Einkaufswagen in Parks, auf Bänken, Treppen, Bürgersteigen oder auch in der U-Bahn oder öffentlichen Büchereien, denn die Notunterkünfte sind nur nachts geöffnet. Eine Reihe von Städten hat Sit-Lie-Ordinances verabschiedet, die die liegende oder sitzende Nutzung von Bürgersteigen durch Obdachlose meist zwischen 7 und 23 Uhr verbietet. Die Behörden können im Fall von Anwohnerbeschwerden Zwangsräumungen durchführen. Mit der COVID-19-Pandemie haben sich die Probleme verschärft. Da die Ansteckungsgefahr in den mit vielen Menschen auf engstem Raum belegten Notunterkünften groß war, wurden vielerorts die Aufnahmekapazitäten gesenkt. Außerdem mieden viele Obdachlose die Unterkünfte aus Angst

4

vor Ansteckungen. Hinzu kommt, dass es in den USA eine schnell wachsende Rauschgiftkrise gibt. Immer mehr Menschen sind von der synthetischen Droge Fentanyl abhängig, die 100-mal stärker als Morphium sein soll. Unfähig, einer regelmäßigen Arbeit nachzugehen, verlieren die Betroffenen ihre Wohnung und leben auf der Straße. Im Zuge der Pandemie und der steigenden Zahl der Fentanyl-Abhängigen schlugen immer mehr Menschen ihre Zelte in den Stadtzentren für jedermann sichtbar auf den Bürgersteigen und in innerstädtischen Parks auf, was den Zorn der Anwohner und Geschäftsinhaber hervorrief, zumal oft für alle sichtbar Drogen konsumiert und verkauft werden. Im Zentrum von San Francisco gibt es ganze Straßenzüge, in denen ein Zelt neben dem anderen steht. Die Städte sind in einer Zwickmühle. Einerseits verstehen sie die Proteste der Anwohner, andererseits müssen die Obdachlosen irgendwo leben. Dennoch haben die Bundesstaaten Texas, Missouri und Tennessee seit 2021 das Aufstellen von Zelten im Öffentlichen Raum verboten. In anderen Bundesstaaten haben einzelne Städte wie Portland, OR, und die beiden kalifornischen Städte Sacramento und Los Angeles ebenfalls die Errichtung von Zelten im Öffentlichen Raum eingeschränkt. Missouri verbietet es sogar gesetzlich, den Bau preiswerten Wohnraums mit öffentlichen Mitteln zu fördern (Glock 2023; Lehman 2023). Kalifornien hat gute Ideen entwickelt, um den Bau preiswerter Wohnungen zu fördern, die Verabschiedung der Gesetze ist aber schwierig, und die Probleme sind angesichts der großen Zahl Wohnungsloser kaum lösbar (Lopez del Rio 2023).

Seit rund 20 Jahren entstehen außerhalb der Stadtzentren und entfernt von den besseren Wohnvierteln immer mehr Zeltstädte *(tent cities)*, die zunächst illegal von den Obdachlosen errichtet wurden. Inzwischen haben die Kommunen viele Zeltstädte legalisiert und unterstützen ihre Entstehung sogar. So werden „zwei Fliegen mit einer Klappe geschlagen". Die Obdachlosen werden „unsichtbar" und müssen keine Angst mehr haben, vertrieben zu werden. Diese Vorgehensweise ist sehr bedenklich, da die Bedürftigen jetzt in sozialer wie räumlicher Hinsicht an den Rand der Gesellschaft gedrängt werden. Die Segregation der Wohnungslosen von den Wohlhabenden ist perfekt. Die Kommunen legen feste Regeln für das Zusammenlegen der Obdachlosen fest, die oft mit denen in Gefängnissen oder psychiatrischen Abteilungen verglichen werden. Zunehmend werden die Zeltstädte aber auch in Absprache mit den Kommunen und unterstützt von Hilfsorganisationen durch die Bewohner selbst verwaltet, was – soweit bekannt – relativ gut funktioniert. Teils wurden sogar nach und nach die Zelte durch kleine Häuser *(tiny houses)* ersetzt, wodurch den Bewohnern ein menschenwürdigeres Leben ermöglicht

wird. Hiermit hat allerdings auch eine Verstetigung der zunächst als Übergangslösung gedachten Zeltstädte stattgefunden. Es dürfte nicht leicht sein, aus einer dieser Siedlungen räumlich und sozial wieder in die Mitte der Gesellschaft aufgenommen zu werden (Hering und Lutz 2015; Przybylinski und Mitchell 2022). Inzwischen sind die Zeltstädte in den USA nicht nur in den großen Städten wie Los Angeles, sondern auch in vielen kleineren Orten zu finden. Ihre Zahl kann nicht genau ermittelt werden, aber es sind Hunderte. Seit Kurzem werden auch Zeltstädte für die wachsende Zahl der Flüchtlinge aus Mittel- und Südamerika angelegt, was aber besonders in den nördlichen Landesteilen im Winter problematisch ist. In Chicago werden die Obdachlosen bei Kälteeinbrüchen vorübergehend in Kellern, Kirchen, am Flughafen oder auch Polizeistationen untergebracht. Eine dauerhafte Lösung des Problems ist nicht in Sicht (New York Times 06.10.2023).

4.8.4 Gated communities

Bereits im späten 18. Jahrhundert haben sich reiche Bürger von St. Louis und New York in Privatstraßen oder Siedlungen mit kontrolliertem Zugang zurückgezogen, und in der ersten Hälfte des 20. Jahrhunderts haben Mitglieder der Oberschicht oder Hollywood-Schauspieler auf der Suche nach Privatsphäre, Sicherheit oder Prestige hinter Toren und Mauern in privaten *neighborhoods* gelebt (◘ Abb. 4.45) (Blakely und Snyder 1999, S. 4). Seit den 1960er- und 1970er-Jahren haben sich *gated communities* zu einem Massenphänomen entwickelt. Die Zufahrten und Eingangstore werden durch Sicherheitskräfte oder Videoanlagen bewacht. Bei weniger exklusiven *gated communities* werden die Tore durch die Bewohner selbst geöffnet oder stehen sogar offen (◘ Abb. 4.46). Schilder weisen darauf hin, dass sich hinter den Toren privater Grund und Boden befindet und Unbefugten der Zugang verboten ist. In den *gated communities* gelten andere Regeln als außerhalb (Atkinson und Blandy 2006, S. viii). Die exklusive *gated community* Desert Park in der MA Phoenix wird sogar radarüberwacht. Außerdem gibt es in dem großen Areal weitere *gated communities*, die wiederum durch Mauern und Tore von der Umgebung abgegrenzt sind (Frantz 2001, S. 18).

Da der Übergang von *gated* zu *non-gated communities* fließend ist, fehlen genaue Daten zur Zahl der privaten Siedlungen. Wahrscheinlich lebten bereits 1997 mehr als drei Mio. Menschen in rund 20.000 *gated communities* (Blakely und Snyder 1999, S. 7). Basierend auf Angaben des U.S. Census Bureau soll die Zahl der Wohneinheiten in *gated communities* von 2001 bis 2009

◨ **Abb. 4.45**   Luxuriöse *gated community* in Scottsdale (Greater Phoenix)

um 53 % auf mehr als 10 Mio. angestiegen sein (New York Times 29.3.2012). Die Homepage ► www.privat-ecommunites.com stellt rund 250 *gated communities* im Luxussegment in 22 Bundesstaaten vor (Stand Jan. 2024). Der Spitzenreiter ist Florida mit 70 *gated communities*, gefolgt von South Carolina (47) und North Carolina (41). Betuchte Interessenten können sich hier einen umfassenden Überblick verschaffen. Je nach Bedürfnis können Siedlungen mit Golf-, Tennis-, Bootsanlegeplätzen, Skiliften und vielem anderen mehr gewählt werden. Es stehen sogar *gated communities* mit Rollbahnen für Privatflugzeuge bereit. Nicht selten werden Häuser, die oft als *villas* bezeichnet werden, für einen Preis von mehr als 1 Mio. US$ angeboten, aber es gibt auch viele Angebote für mehr als 10 Mio. US$. Besonders häufig sind *gated communities* im Süden und Südwesten des Landes zu finden, da hier der Siedlungsausbau erst relativ spät einsetzte und überwiegend durch private *developer* erfolgte. Es wurden homogene *master planned communities* für jeweils klar definierte Zielgruppen angelegt. Neben den *retirement communities* sind *lifestyle* oder *golf communities,* bei denen die Häuser rund um einen Golfplatz gebaut werden, besonders häufig. Wie in einem Club werden klar definierte Bedürfnisse bedient. Im traditionellen Sinne sind die Club-Güter weder privat noch öffentlich; sie dürfen aber nur von einer eindeutig definierten Gruppe genutzt werden. Die Nutzer teilen sich die Kosten für die Club-Güter, die so für alle kostengünstiger und erschwinglich

werden (Manzi und Smith-Bowers 2006, S. 154). Sehr exklusive *gated communities* mit großen Grundstücken und Häusern, die alle mehrere Mio. US-Dollar gekostet haben, stehen *gated communities* mit vergleichsweise preiswerten Häusern und kleinen Grundstücken und einem nur geringen oder gar keinem Freizeitangebot gegenüber, denn auch die Mittelschicht zieht sich zunehmend hinter Mauern oder Tore zurück. Die *developer* suggerieren bei der Vermarktung zwar das Gefühl von Sicherheit, werben aber nicht damit, um nicht im Fall von Verbrechen hinter den Mauern haftbar gemacht zu werden. Ob die *gated communities* sicherer als *non-gated communities* sind, ist umstritten. Die geplanten *gated communities* befinden sich überwiegend im suburbanen Raum und werden in den Städten durch sogenannte *city perches* ergänzt. Hierzu gehören Sozialsiedlungen mit hohen Kriminalitätsraten, die nachträglich durch einen Zaun von der Umgebung abgegrenzt wurden, um den Zugang besser kontrollieren zu können. Es ist aber auch möglich, dass sich die Bewohner einzelner Straßen unsicher fühlen und den öffentlichen Zugang durch Tore, für die alle Anwohner zahlen müssen, verhindern. Hier ist oft die Angst größer als die Gefahr (Blakely und Snyder 1999, S. 99–103).

Kaum eine Siedlungsform ist so umstritten wie die *gated communities*, deren Bewohner sich freiwillig sehr restriktiven Regeln, die oft weit über die normaler *common interest developments* (CIDs) hinausgehen, und einer 24-stündigen Kontrolle unterwerfen. Besucher

4

☐ **Abb. 4.46**   Einfache *gated community* in Atlanta

dürfen die *gates* nur nach Rücksprache mit den Bewohnern passieren, und sogar die Besuchszeiten können reguliert sein. Da die *gated communities* umfangreiche Leistungen bieten, wird die Nutzung durch nichtzahlende Gäste limitiert. Es ist möglich, dass man nur 14 Tage im Jahr Übernachtungsgäste im eigenen Haus haben darf und für jede weitere Nacht eine Gebühr an die *homeowner association* zu zahlen ist. Angesichts solch tiefer Einschnitte in die Privatsphäre stellt sich die Frage nach den Gründen für ein Leben in einer *gated community,* das zudem noch teuer ist, da alle Sicherheitsmaßnahmen Geld kosten. In luxuriösen Siedlungen kann die Suche nach Sicherheit und Exklusivität ausschlaggebend sein, während in Seniorensiedlungen steuerliche Gründe im Vordergrund stehen können. Allerdings sind auch in *non-gated retirement communities* die Steuern niedrig, da keine Schulen unterhalten werden müssen. Außerdem glauben viele Bewohner von *gated communities*, dass der Wert der Häuser hier schneller steigt als in frei zugänglichen *subdivisions* (Pouder und Clark 2009, S. 217).

Low (2010) hat Bewohner von *gated communities* in der texanischen Stadt San Antonio und in dem New Yorker Stadtteil Queens, wo dieser Siedlungstyp allerdings sehr selten ist, interviewt. Die meisten Befragten hatten den Eindruck, dass an ihren früheren Wohnstandorten die Kriminalität gestiegen sei; entsprechend wichtig sei die Suche nach Sicherheit bei der Entscheidung für eine bewachte *neighborhood* gewesen. Außerdem wollten sie in homogenen *neighborhoods* leben und hofften, dass Immobilien in *gated communities* besser vor einem Preisverfall geschützt seien. Darüber hinaus glaubten die Interviewpartner, dass sie mit dem Umzug in eine *gated community* auf der sozialen Leiter aufgestiegen seien. Obwohl sie sich sicherer als in ihren früheren frei zugänglichen *neighborhoods* fühlten, war die Angst vor Fremden nicht geschwunden, da die umgebenden Zäune oder Mauern nicht als unüberwindbar angesehen wurden und sich ständig Dienstleister wie Handwerker oder Gärtner innerhalb der *gated communities* befänden, über die man zu wenig wisse. Es schien, als habe sich mit dem Umzug in eine *gated commu-*

nity die Angst vor den außerhalb lebenden Menschen vergrößert (Low 2010). Auch der Werterhalt der Immobilien ist keinesfalls garantiert. Wenn in geplanten *golf communities* nicht alle Häuser verkauft werden, ist der Unterhalt der Golfplätze zu teuer. Ohne Golfplatz verlieren die Häuser einen großen Teil ihres Wertes (Berger 2007, S. 140–141).

Nirgendwo ist in den USA die Segregation größer als in *gated communities,* die fast ausschließlich von Weißen der gleichen Einkommensklasse mit einem identischen Lebensstil bewohnt werden. Die Menschen leben wie auf Inseln und nehmen die Gesellschaft um sich herum nicht mehr wahr. Sie kapseln sich ab und leben nur noch unter ihresgleichen. Gesellschaftliche Prozesse außerhalb der eigenen Mauern werden ausgeklammert. Ritzer (2003, S. 128–130) bezeichnet *gated communities* als *„island of the living dead".* Diese Kritik ist möglicherweise übertrieben, aber im Internet lassen sich zahlreiche Beschwerden darüber finden, dass Mitarbeiter des U.S. Census Bureau im Rahmen der Erhebungen für den *census* 2010 und 2020 aus der Sicht der Bewohner unrechtmäßig die *gated communities* aufgesucht haben. Diese Menschen scheinen tatsächlich der Ansicht zu sein, außerhalb (oder über) der Gesellschaft zu stehen. Andere Bewohner von *gated communities* beschweren sich darüber, dass sie für Lieferdienste teils kaum erreichbar seien. Fahrer, die eine Pizza oder Pakete anliefern wollen, haben oft große Probleme, in die bewachten Siedlungen zu kommen. Dieses gilt auch für Krankenwagen oder Notärzte. In den wenigsten *gated communities* regeln Wächter, die notfalls die Tore öffnen können, den Einlass. Teils ist sogar jegliche Anlieferung nach 20 Uhr verboten. In Blogs, in denen diese „Probleme" angesprochen werden, wird nicht erkannt, dass diese hausgemacht sind. Gravierender ist natürlich, dass es viele Menschen gibt, die sich nicht hinter Mauern zurückziehen können, weil sie zu arm sind. Wieder andere müssen weite Umwege fahren, weil Durchgangsstraßen fehlen. Diesen Missstand thematisieren die Bewohner der *gated communities* nicht in den Blogs.

Ausgewählte Beispiele

Inhaltsverzeichnis

5.1   Los Angeles. Der neue Prototyp der nordamerikanischen Stadt? – 149

5.1.1   Chicago School – 149

5.1.2   Los Angeles School of Urbanism – 151

5.1.3   Ausblick – 155

5.2   Lower Manhattan nach dem 11. September 2001 – 156

5.2.1   Zerstörung – 156

5.2.2   Wiederaufbau – 159

5.2.3   Ausblick – 163

5.3   Chicago. Von der Industrie- zur Konsumentenstadt – 163

5.3.1   Stadtumbau – 164

5.3.2   Millennium Park – 167

5.3.3   Reurbanisierung – 167

5.4   Boston und das „Big Dig"-Projekt – 171

5.4.1   Central Artery – 172

5.4.2   Realisierung – 173

5.4.3   Bewertung – 174

5.5   Detroit. Eine dem Untergang geweihte Stadt? – 174

5.5.1   Stadt des Automobils – 175

5.5.2   Bevölkerung und Bausubstanz – 177

5.5.3   Revitalisierungsbemühungen – 180

5.5.4   Ausblick – 184

5.6   Miami: Wirtschaftlicher Aufschwung einer polarisierten Stadt – 184

5.6.1   Bevölkerungsstruktur – 185

5.6.2   Postindustrielle *global city* – 187

5.6.3   Tourismus – 188

5.6.4   Zukunftsaussichten – 190

5.7   Atlanta. Der suburbane Raum als Standort von Dienstleistungen – 190

5.7.1   Aufschwung zum Dienstleistungszentrum – 190

B. Hahn, *Die US-amerikanische Stadt im Wandel*,
https://doi.org/10.1007/978-3-662-69931-7_5

5.7.2   Dezentralisierung – 192
5.7.3   Stadtzentrum – 195

5.8   **New Orleans nach Hurrikan „Katrina" – 196**
5.8.1   Hurrikan „Katrina" – 197
5.8.2   Wiederaufbau – 200
5.8.3   Downtown – 204
5.8.4   Bewertung – 204

5.9   **Phoenix – Ein Paradies für Senioren? – 205**
5.9.1   Sun City – 205
5.9.2   Sun City als Vorbild – 208
5.9.3   Kritik – 210

5.10   **Seattle: Hightech-Standort am Pazifik – 210**
5.10.1   Aufstieg zur Hightech-Region – 211
5.10.2   Diversifizierung – 212
5.10.3   Ausblick – 215

5.11   **Las Vegas zwischen Hyperrealität und bitterer
         Wirklichkeit – 216**
5.11.1   Hyperreale Welten – 218
5.11.2   Elend – 222
5.11.3   Ausblick – 223

5.1 · Los Angeles. Der neue Prototyp der nordamerikanischen Stadt?

149

5

5.1 Los Angeles. Der neue Prototyp der nordamerikanischen Stadt?

Die Zahl der Einwohner von Los Angeles hat sich von 1880 bis 1900 von nur 11.200 auf 102.000 fast verzehnfacht, und es wurde schon früh mit Bauland spekuliert (Jackson 1985, S. 178). Während die Städte der Ostküste und des Mittleren Westens ihre Hauptentwicklungsphase zu Zeiten der Industrialisierung hatten, fand der Aufstieg von Los Angeles erst in der postfordistischen Phase statt. Die Bevölkerung von Los Angeles war lange weit homogener als die der Städte an der Ostküste und des Mittleren Westens. Noch um 1980 waren weniger als 15 % der Bewohner im Ausland geboren und weniger als 20 % nicht weißer Hautfarbe. Erst in den folgenden Jahrzehnten setzte ein schneller Wandel ein. Die Weißen stellen heute nur noch gut 40 % der Bevölkerung der Stadt, und rund 36 % der Angelenos sind im Ausland geboren. Gleichzeitig ist der Anteil von *hispanics* und Asiaten rapide angestiegen (Erie und MacKenzie 2011, S. 105–106, 121; ▶ www.census.gov). Der legale und illegale Zuzug der überwiegend schlecht ausgebildeten Einwanderer aus Mexiko und den mittelamerikanischen Staaten stellt einerseits ein großes Problem für die Stadt dar, garantiert aber andererseits ein großes Heer preiswerter Arbeitskräfte.

Die Städte an der Ostküste und im Mittleren Westen wurden vergleichsweise kompakt angelegt, da ihre Hauptwachstumsphase vor der Erfindung des Automobils stattgefunden hat, während Los Angeles mit dem Individualverkehr gewachsen ist und als autogerechte Stadt konzipiert wurde. Im Umland hatte die Zersiedelung Ende des 19. Jahrhunderts eingesetzt, als an vielen Standorten Erdöl gefunden wurde und industriell geprägte *suburbs* entstanden (Jackson 1985, S. 179). Da man früh erkannte, dass die enge Verzahnung der emissionsreichen Industrie mit der Wohnfunktion eine große Belastung für die Bevölkerung darstellte, verabschiedete die Stadt Los Angeles 1908 die *Residence District Ordinance*, die eine konsequente Trennung unterschiedlicher Nutzungen vorsah und jede Nutzungsmischung ausschloss. An Wohnstandorten durften keinerlei Industrie oder Gewerbe und noch nicht einmal von Chinesen geführte Wäschereien oder Einzelhandel entstehen. Da die *Ordinance* außerdem eine sehr geringe Bebauungsdichte vorschrieb, war es kaum möglich, das tägliche Leben ohne ein eigenes Fahrzeug zu organisieren. Los Angeles bestand bald überwiegend aus Einfamilienhäusern, die um kleinere Zentren angeordnet waren, die zunächst mit der Eisenbahn und später durch Highways miteinander verbunden waren. 1915 wurde das San Fernando Valley eingemeindet, das sich östlich der bis zu gut 500 m hohen Santa Monica Mountains in einem Talkessel befindet. Familien der Mittel- und Oberschicht erhielten

so die Gelegenheit, in Nachbarschaften mit einem gehobenen suburbanen Charakter fernab jeder Industrie zu ziehen. 1930 waren 93 % aller Wohnhäuser in Los Angeles Einfamilienhäuser, ihr Anteil war damit fast doppelt so hoch wie in Chicago. Eine Besonderheit stellt die Enklave Beverly Hills dar, die an allen Seiten von der Stadt Los Angeles umgeben ist. Um die Jahrhundertwende hatte die Amalgamated Oil Company in der Hoffnung auf Ölfunde hier große Flächen gekauft. Als sich die Erwartungen nicht realisierten, teilten die Investoren ein 13 km² großes Gelände nördlich des Santa Monica Boulevards in großzügige Grundstücke auf und gründete hier 1914 die Stadt Beverly Hills, die sich schnell zum bevorzugten Wohnstandort der Reichen und Superreichen entwickelte. Gleichzeitig konzentrierten sich die Arbeiter und sozial Schwachen in den Stadtvierteln zwischen der Innenstadt von Los Angeles und den südwestlich gelegenen Häfen (Jackson 1985, S. 179; Kotkin 2001, S. 4).

Los Angeles County und das südliche angrenzende Orange County bilden gemeinsam die MA Los Angeles, die auch als Greater Los Angeles bezeichnet wird. Auf knapp 13.000 km² leben hier heute fast 13 Mio. Menschen. Los Angeles County ist in 88 selbstständige Gemeinden wie die Städte Los Angeles, Santa Monica, Inglewood, Pasadena und Long Beach sowie weitere rund 140 unselbstständige Gemeinden untergliedert und ist mit knapp 10 Mio. Einwohnern das bevölkerungsreichste *county* der USA. Das kleinere Orange County mit den Städten Anaheim und Irvine ist ähnlich fragmentiert. Die Los Angeles *combined statistical area* (CSA) umfasst außerdem Ventura, San Bernardino und Riverside County, die teils sehr dünn besiedelt sind. In der CSA leben rund 18,5 Mio. Menschen oder knapp die Hälfte aller Kalifornier in 177 Städten, von denen allein seit den späten 1970er-Jahren rund 30 neu ausgewiesen wurden. Mit den neuen Gemeinden wurden oftmals bewusst homogene politische Einheiten geschaffen, um so eine Trennung von *us* (uns) und *them* (euch) vorzunehmen. Die Region wird zusätzlich von einem Netz von mehr als 1000 Behörden für besondere Aufgaben überlagert. Die einzelnen Zuständigkeiten sind von den Bürgern kaum zu durchschauen und gelten daher als undemokratisch. Gleichzeitig ist die Stadtregion kaum regierbar (Dear und Dahmann 2011, S. 72–75; Judd 2011, S. 9; ▶ www.census.gov).

5.1.1 Chicago School

Da die drei klassischen Modelle der Chicagoer Schule seit Jahrzehnten fester Bestandteil jedes Lehrbuchs der Stadtgeographie sind (Carter 1980, S. 205–213; Heineberg 2006, S. 109–117), werden an dieser Stelle nur die wichtigsten Ideen zusammengefasst. Die Modelle wurden

5

in Chicago entwickelt, weil die Stadt im 19. Jahrhundert aufgrund hoher Einwandererzahlen so schnell wie keine andere gewachsen ist und weil 1892 an der University of Chicago der erste Lehrstuhl für Soziologie in den USA eingerichtet worden war. Die Soziologen Park, Burgess und McKenzie verstanden die Stadtentwicklung als sozioökologischen Prozess und veröffentlichten 1925 den Sammelband *The City,* der als erster systematischer Versuch gilt, die Gründe und Ursachen der Urbanisierung zu erklären. Im Mittelpunkt des Interesses der Soziologen standen die möglichen Gefahren des schnellen Stadtwachstums und der Einfluss europäischer Einwanderer, die zur damaligen Zeit hauptsächlich aus Polen und anderen osteuropäischen Ländern nach Chicago kamen, auf die bestehenden Strukturen. Empirische Untersuchungen hatten Regelhaftigkeiten der räumlichen Ordnung der Stadt festgestellt, die Burgess (1925, S. 47–62) in seinem Modell der konzentrischen Ringe zusammenfasste (◨ Abb. 5.1). Die Einwanderer zogen zunächst in Viertel mit einer schlechten und daher preiswerten Bausubstanz in der Nähe des Stadtzentrums, das in Chicago als *loop* bezeichnet wird. In einem konzentrischen Ring um den

loop entstand *die zone of transition* (Übergangszone) mit den Wohnstandorten der jüngsten Einwanderergeneration. Da die Immigranten aus den unterschiedlichen Herkunftsländern *neighborhoods* bevorzugten, in denen bereits Menschen aus ihrer Heimat lebten, bildeten sich stark segregierte Viertel. Die *zone of transition* war außerdem durch Gewerbe und Leichtindustrie und hohe Kriminalitätsraten geprägt. Mit der zunehmenden Assimilation verlagerten sich die Einwanderer in den angrenzenden konzentrischen Ring, wo sie jetzt als Einwanderer der zweiten Generation in besseren Häusern und auf größeren Grundstücken lebten, während in die *zone of transition* eine neue Generation von Einwanderern nachrückte. Im Lauf der Zeit bildeten sich weitere konzentrische Ringe, in die sich die Menschen im Zuge des sozialen Aufstiegs verlagerten. Wichtigstes Ergebnis der Untersuchungen von Burgess war, dass das Zentrum die Peripherie organisiert. Das Modell der konzentrischen Ringe schuf die Grundlage für alle weiteren Überlegungen zur räumlichen Organisation der Stadt.

Homer Hoyt hat an der University of Kansas studiert und wurde 1933 an der University of Chicago

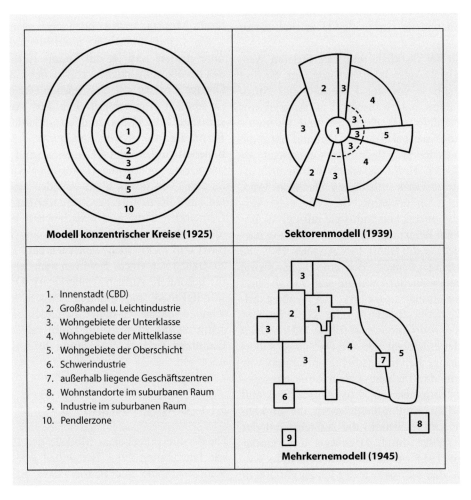

Modell konzentrischer Kreise (1925)

Sektorenmodell (1939)

1. Innenstadt (CBD)
2. Großhandel u. Leichtindustrie
3. Wohngebiete der Unterklasse
4. Wohngebiete der Mittelklasse
5. Wohngebiete der Oberschicht
6. Schwerindustrie
7. außerhalb liegende Geschäftszentren
8. Wohnstandorte im suburbanen Raum
9. Industrie im suburbanen Raum
10. Pendlerzone

Mehrkernemodell (1945)

◨ **Abb. 5.1** Stadtmodelle der *Chicago School* (adaptiert nach Dear 2005, Abb. 2)

5.1 · Los Angeles. Der neue Prototyp der nordamerikanischen Stadt?

151

5

promoviert. In seiner Dissertation hat er die Entwicklung der Boden- und Mietpreise in Chicago seit der Entstehung der Stadt 100 Jahre zuvor untersucht (Hoyt 1933). Ab 1934 war Hoyt als Experte für Immobilien- und Bodenpreise bei der Federal Housing Administration (FHA) in Washington, D.C., tätig, für die er detaillierte Untersuchung in Wohnvierteln von 142 US-amerikanischen Städten durchführte. Er hat Daten zur Höhe der Mieten in insgesamt 100.770 Bau-blocks erhoben und zusätzlich Angaben zu den Bewohnern, dem Zustand der Häuser und zur Mietdauer miteinander verglichen. Aus dem umfangreichen Material hat Hoyt Schlussfolgerungen zur Dynamik der Stadtentwicklung abgeleitet (Hoyt 1939). Erstmals war die FHA im Besitz konkreter Daten zum Zustand einzelner *neighborhoods*. Zur damaligen Zeit galten *neighborhoods* mit einer ethnisch gemischten Bevölkerung als instabil und nicht kreditwürdig. Da man diese Wohnviertel auf Karten mit roter Farbe einkreiste, wurde das sogenannte *redlining* zum Synonym für *neighborhoods*, für die keine Kredite bewilligt wurden (Beauregard 2006, S. 83). Hoyt ist zu dem Ergebnis gekommen, dass die Bodenpreise nicht gleichmäßig vom Stadtzentrum in Richtung Peripherie abnahmen, sondern dass sich recht stabile Sektoren unterschiedlicher Bodenpreise gebildet hatten. Bodenpreise und Mieten waren in der Nähe von Industrieanlagen oder Verkehrswegen sehr niedrig. Hier befanden sich die Wohnstandorte der Arbeiter, während die status-höhere Bevölkerung in Lagen mit weniger Emissionen lebte. Aufgrund seiner empirischen Untersuchungen hat Hoyt ein sektorales Modell der Stadtentwicklung konzipiert. 1945 entwickelten die ebenfalls an der University of Chicago tätigen Geographen Chauncy Harris und Edward Ullmann ein weiteres Modell, das die Nutzung der einzelnen Teilbereiche der Stadt in den Vordergrund stellte. Sie maßen dem Stadtzentrum ebenfalls eine hohe Bedeutung zu, konstatierten aber, dass sich weitere Zentren in der Nähe der gehobenen Wohnviertel gebildet hatten, die ihrerseits Wachstums-kerne bildeten. Dieses dritte Modell der Chicagoer Schule wird als Mehrkerne-Modell bezeichnet (Harris und Ullmann 1945).

Über Jahrzehnte haben die Modelle der Chicagoer Schule große Beachtung erfahren, da sie die ersten und lange einzigen Modelle zur räumlichen Organisation der Stadt waren. Dieses gilt insbesondere für das Modell der konzentrischen Ringe von Burgess. Allerdings wurde häufig übersehen, dass bereits Wirth (1925) darauf aufmerksam gemacht hat, dass sich die Städte in den kommenden Jahren angesichts neuer Möglichkeiten der Kommunikation verändern und somit auch das Verhältnis von Zentrum und Peripherie wandeln würde (Dear 2005, S. 35). Erst als sich seit Ende der 1980er-Jahre in Los Angeles eine neue *School of Urbanism* (s. u.) bildete, stellte man die Modelle der Chi-

cagoer Schule zunehmend infrage. Es wurde kritisiert, dass das Modell von Burgess sehr allgemein sei und sich fast ausschließlich mit dem Stadtzentrum beschäftige, keine Gründe für die Verlagerung der Bevölkerung nenne und die Standorte der Industrie nicht berücksichtige. Außerdem gelte es nur für sehr schnell wachsende Städte in Industrieländern mit einer homogenen Oberfläche (Hise 2002, S. 99; Erie und MacKenzie 2011, S. 111).

5.1.2 Los Angeles School of Urbanism

Los Angeles ist unumstritten der wichtigste Standort der westlichen Filmindustrie und Wohnort bekannter Stars und Sternchen. Darüber hinaus hat die Stadt ein eher schlechtes Image, denn sie verkörpert die zersiedelte Stadtlandschaft schlechthin und ist für eine äußerst hohe Luftverschmutzung bekannt (Abb. 5.2). Allerdings ist die Metropole am Pazifik besser als ihr Ruf. In Houston, Dallas, Atlanta und in San Jose ist die Bevölkerungsdichte weit geringer, und tatsächlich ist das in einem Talkessel gelegene Salt Lake City in Utah in neuerer Zeit durch weit schlechtere Luftwerte aufgefallen. Wahrscheinlich bedingt durch den höheren Bekanntheitsgrad oder die vielen Universitäten in Los Angeles mit engagierten Geographen, wurde in dieser Stadt unter besonderer Berücksichtigung des fragmentierten Siedlungskörpers eine neue *School of Urbanism* proklamiert, die dem altbekannten Modell der *Chicago School* gegenübersteht.

Bereits 1959 hatte Grey die wichtigsten Charakteristika von Los Angeles wie die geringe Bevölkerungsdichte, die Dezentralisierung von Wohnen und Dienstleistungen, die ethnische Polarisierung, die große Bedeutung des Automobils und die politische Fragmentierung beschrieben und durch das erst spät einsetzende Wachstum erklärt. Da sich Los Angeles in vielfacher Hinsicht von den Ostküstenstädten und sogar von San Francisco unterschied, bezeichnete er die Stadt als neuen *urban prototype*. Noch exakter schrieb Fogelson (1967, S. 2): *„Los Angeles succumbed to the disintegrative though not altogether undesirable, forces of suburbanization and progressivism. And as a result it emerged by 1930 as the fragmented metropolis, the archetype, for better or worse, of the contemporary American metropolis".* An anderer Stelle vergleicht er Los Angeles mit Chicago: *„It was not like Chicago – a typical concentrated metropolis – inhabited largely by impoverished and insecure European immigrants"* (Fogelson 1967, S. 144). Die armen Einwanderer in Chicago mussten eng zusammengepfercht in der Nähe der Arbeitsplätze leben, während die Bürger von Los Angeles selbst in der Anfangsphase der Stadt relativ wohlhabend waren und die Gesetze des Bodenmarktes kannten. Aber erst rund 20 Jahre später

5

◻ **Abb. 5.2**   Blick aus der obersten Etage des Bonaventure Hotel über die zersiedelte Stadt

wurden in Anlehnung an die räumlichen Strukturen der Stadt Los Angeles von einer locker miteinander verbundenen Gruppe von Wissenschaftlern die postmoderne Entwicklung der Stadt diskutiert und bestehende theoretische Ansätze weiterentwickelt. Viele der Arbeiten zu Los Angeles sind Ende der 1980er- und in den 1990er-Jahren entstanden, als sich die Region aufgrund der Schließung von Militärstützpunkten und des Zusammenbruchs der Luft- und Raumfahrt im südlichen Kalifornien in der Rezession befand. Außerdem zählten die Rassenunruhen der frühen 1990er-Jahre zu den größten Ausschreitungen der US-amerikanischen Geschichte (Erie und MacKenzie 2011, S. 126). Der Ansatz der *Los Angeles School of Urbanism* ist allerdings umstritten, und gleichzeitig ist eine Diskussion um die *Chicago School of Urbanism* und deren Weiterentwicklung entbrannt, die jetzt als *New Chicago School* oder auch *Chicago Not-Yet-a-School of Urban Politics* bezeichnet wird (Clark 2011, S. 221). Da die Publikationen zu den genannten Schulen inzwischen ganze Regalwände einnehmen, können an dieser Stelle nur die wichtigsten Aussagen wiedergegeben werden.

Das gilt auch für die umfangreiche Kritik an den einzelnen Schulen.

Los Angeles gilt als postmoderne Stadt par excellence (Caves 2005, S. 93). Für den Begriff „postmodern" gibt es eine Vielzahl von unterschiedlichen Definitionen, er steht aber immer für einen radikalen Bruch mit allem Vorausgegangenen, d. h. für eine Diskontinuität zwischen Vergangenheit und Gegenwart (Dear 2002; Dear und Dahmann 2011, S. 68). Die Westküstenmetropole unterscheidet sich in vielerlei Hinsicht von Chicago und anderen Städten der amerikanischen Ostküste und des Mittleren Westens. Das gilt für die geringe Bevölkerungsdichte, die Zersiedelung und Fragmentierung, die große Zahl der sekundären Downtowns und den damit verbundenen dezentralen Aufbau der Stadt, den inzwischen ausschließlich privat organisierten Bau neuer *neighborhoods,* die große ethnische Vielfalt der Bevölkerung und die zahlreichen ethnisch geprägten Viertel sowie die festungsartigen Megakomplexe und zahlreichen künstlichen Themenwelten. Beim Anflug auf Los Angeles sieht man nicht nur eine fast endlose Stadtlandschaft, sondern hat

5.1 · Los Angeles. Der neue Prototyp der nordamerikanischen Stadt?

153

5

auch Probleme, die alte Downtown eindeutig zu identifizieren, da es mehrere weitere Zentren wie das von Hollywood oder Mid-Wilshire gibt, die sich durch ähnlich viele Hochhäuser wie das historische Zentrum von Los Angeles von der Umgebung absetzen. Garreau (1991, S. 431–432) hatte in der MA Los Angeles 16 voll entwickelte *edge cities* und acht weitere, die auf dem Weg zur *edge city* waren, ausgemacht. Auch wenn Lang (2003, S. 136) aufgrund seiner empirischen Untersuchungen nur sechs *edge cities* eindeutig identifizieren konnte, wird die große Zahl von mehr oder weniger gleichberechtigten Zentren in der Region deutlich. Ein weiteres Charakteristikum der Region sind *neighborhoods*, die durch private Interessenverbände organisiert sind und *privatopias* darstellen. In Greater Los Angeles gibt es rund 15.000 *common interest developments* (*CIDs*), in denen rund 20 % der Bewohner der Region leben. Der Anteil der privat verwalteten *neighborhoods* wird in den nächsten Jahren weiter ansteigen, denn derzeit sind ausnahmslos alle in Planung oder im Bau befindlichen *neighborhoods* in der Form von CIDs organisiert (▶ www.cacm.org).

In kaum einer anderen Stadt der USA ist die ethnische Vielfalt so groß wie in Los Angeles. Fast 50 % der Bevölkerung sind *hispanics* und nur noch knapp 28 % sind nicht-hispanische Weiße. Gut 12 % sind asiatischen Ursprungs mit einem großen Anteil Koreaner und weitere knapp 9 % der Bevölkerung gehören der schwarzen Minderheit an. In Los Angeles leben mehr Mexikaner, Salvadorianer, Bulgaren, Ungarn, Israelis, Iraner, Armenier, Äthiopier, Philippiner, Thais und Koreaner als an jedem anderen Ort der Welt außerhalb ihres Heimatlandes. Außerdem leben in Los Angeles mehr Japaner und mehr Angehörige der indianischen Ursprungsbevölkerung als an jedem anderen Ort der USA (www.census.gov). Wahrscheinlich gehören zudem mehr als 500.000 Menschen dem jüdischen Glauben an; nach New York hat Los Angeles somit die zweitgrößte jüdische Bevölkerung der USA. Die Stadt setzt sich aus einer großen Zahl ethnischer Enklaven mit eigener Identität wie Chinatown, Koreatown, Thai Town, Filipinotown, Little Tokyo, Little India, Little Armenia, Little Ethiopia und Little Persia zusammen. Die einzelnen Ethnien stehen unter einem großen Anpassungsdruck und dem Wunsch, ihre eigene Identität zu erhalten. Die kulturelle Dynamik und das Neben- und Miteinander der vielen Ethnien, das Dear und Flusty (1998, S. 54) als *„culture of heteropolis"* bezeichnen, spiegeln sich in einer heterogenen Architektur, aber auch in sozialer Ungleichheit, Polarisierung und gelegentlichen sozialen Unruhen wider. Typisch für Los Angeles ist weiterhin die große Zahl von Themenparks und künstlichen Welten, die die Stadt simulieren, aber selbst keinen ortstypischen Bezug haben. Soja (1992) bezeichnet Orange County als *simulacra*, da es die wichtigsten Wesenszüge

einer Stadt kopiere, selbst aber eine Fälschung sei. Diese „städtischen" Themenparks werden ergänzt durch zahlreiche Freizeitparks wie Disneyland in Anaheim, die Universal Film Studios in Hollywood mit dem angrenzenden Universal CityWalk mit Restaurants, Nightclubs und erlebnisorientierten Geschäften. Irvine Spectrum Center in Orange County ist ein im Stil der orientalischen Stadt gebautes Shopping Center mit einem großen gastronomischen Angebot. Die Themen der *urban entertainment center* dienen der besseren Vermarktung und sollen dem Kunden das größtmögliche Erlebnis bieten (Hahn 2001). In Los Angeles sind nicht nur die Freizeitparks und Shopping Center außerhalb der Öffnungszeiten nicht zugänglich und ist in den *gated communities* Fremden der Zugang völlig verwehrt; darüber hinaus gibt es viele abweisende Orte, an denen ein Teil der Bevölkerung offensichtlich nicht erwünscht ist. Dieses gilt insbesondere für Teile der Innenstadt von Los Angeles, deren Bedeutungsverlust in den 1940er-Jahren eingeleitet wurde. In den 1960er-Jahren standen die meisten der alten Bankgebäude leer. Seit den 1970er-Jahren sind auf dem Bunker Hill mit finanzieller Unterstützung aus öffentlichen Mitteln zahlreiche Bürogebäude und Hotels wie das Bonaventure Hotel, das World Trade Center und das Arco Center, aber auch ein neuer *entertainment district* mit der von Gehry entworfenen Disney Concert Hall gebaut worden (◪ Abb. 4.2.4, ◪ Abb. 5.3). Davis hat bereits zu Beginn der 1990er-Jahre den festungsartigen und abweisenden Character von Bunker Hill beklagt und dessen Selbstgenügsamkeit kritisiert: *„The new financial district is best conceived as a single, self-referential hyperstructure, a Miesian skyscape of fantastic proportions"* (Davis 1992b, S. 157). *Miesian* bezieht sich auf die abweisenden und überwiegend schwarz verkleideten Bürogebäude des deutschstämmigen Architekten Mies van der Rohe. Zwischen den Zitadellen der großen Unternehmen befinden sich attraktive private Platzanlagen, die abends und nachts nicht zugänglich sind, um die unerwünschten Obdachlosen fernzuhalten. Davis (1992b) kritisiert diesen Zustand auf das Schärfste mit Vokabeln wie *forbidden city, fortress* oder *militarization of urban space*. In den vergangenen 20 Jahren und insbesondere seit den terroristischen Anschlägen im Jahr 2001 ist die Überwachung des öffentlichen Raums weiter ausgebaut worden.

Die Standorte der einzelnen Nutzungen sind in Los Angeles scheinbar ziellos gewählt. Da alle Flächen durch Datenautobahnen miteinander verbunden sind, müssen sich ergänzende Nutzungen nicht benachbart sein. Wie bei dem Glücksspiel Keno wählt das Kapital blindlings bestimmte Grundstücke und ignoriert die angrenzenden Flächen. Quasi-zufällig entsteht eine Collage aus benachbartem entwickeltem und nicht entwickeltem Land. Die isolierten Flächen können mit der Zeit bebaut werden, müssen dieses aber

5

◘ **Abb. 5.3**   Bunker Hill in Los Angeles

nicht, denn die fragmentierte Stadtlandschaft dehnt sich ungehemmt in jede Richtung aus (Dear und Dahmann 2011, S. 70). Basierend auf ihren Beobachtungen in Los Angeles haben Dear und Flusty (1998, S. 66) das Modell der *Los Angeles School of Urbanism* (◘ Abb. 5.4) entwickelt, das das Modell der konzentrischen Ringe der Chicagoer Schule verneint. Während Burgess davon ausging, dass das Zentrum das Hinterland organisiert, bestimmt in dem neuen Modell das Hinterland, „was vom Zentrum übrigbleibt" (Dear 2005, S. 35). Der postmoderne *urbanism* verkehrt die Logik der Moderne, der zufolge sich Städte vom Zentrum in Richtung Peripherie ausdehnen und die Entwicklung vom Zentrum gesteuert wird, ins Gegenteil. Der Postmoderne zufolge dominiert das Zentrum nicht mehr die Peripherie, sondern die Peripherie organisiert das Zentrum, sofern dieses überhaupt noch vorhanden ist. Suburbanisierung im klassischen Sinn, d. h. die Verlagerung von Bevölkerung, Industrie und Dienstleistungen vom Zentrum in das Umland, gibt es in Los Angeles nicht mehr. Auch die Bezeichnung *sprawl* ist den Anhängern der *L. A. School of Urbanism* zufolge veraltet. Im südlichen Kalifornien entstehen seit

einiger Zeit städtische Gebilde ohne Zentrum, die teils später aus Gründen der Ästhetik und der besseren Vermarktung oder auch nur um den Konsum zu fördern, ergänzt werden. Diese Stadtzentren sind aber nur bedeutungslose Äußerlichkeiten der postmodernen urbanen Entwicklung (Dear und Dahmann 2011, S. 68–76).

Die Vertreter der *L. A. School of Urbanism* sind der Meinung, die Stadt Los Angeles sei der Prototyp für die Entwicklung städtischer Räume nicht nur in den USA, sondern weltweit (Erie und MacKenzie 2011, S. 107). In zahlreichen Untersuchungen sei inzwischen empirisch nachgewiesen worden, dass sich auch andere amerikanische Städte in neuerer Zeit wie Los Angeles entwickelt haben. Scott (2002) hat für mehrere Städte Kaliforniens dokumentiert, dass die Industrie andere Standorte als in den altindustrialisierten Städten gewählt und so die räumliche Entwicklung beeinflusst habe. Auch in New York, Chicago und Washington, D.C., ist die Bevölkerung ethnisch heterogener geworden, während gleichzeitig der Gegensatz von Weißen und Schwarzen aufgelöst wurde (Myers 2002). In vielen großen Städten gibt es heute *edge cities,* und private Lebenswelten sind in den USA allgegenwärtig.

```
Datenautobahn/
Interdictory Spaces        Ethnische Viertel

Edge Cities                Gefängnisse

Themenparks                Konsum

Gated Communities          Überwachungs- und
                           Kontrollzentren
Straßenkrieg
                           Spektakel
Zitadellen großer
Unternehmen
```

Bearbeitung: B. Hahn,
Graphik: J. Breunig

◨ **Abb. 5.4** *Los Angeles School of Urbanism* (adaptiert nach Dear 2005, Abb. 4)

Zudem haben der Postfordismus und die Netzwerkgesellschaft überall die Anforderungen an die Produktionsstandorte verändert. Dear und Dahmann (2011, S. 66–77) glauben daher, dass Los Angeles ein Modell für die zukünftige Entwicklung aller amerikanischen Städte sei. Selbst Chicago, der einst wichtigste Vertreter der Moderne, entwickele sich inzwischen wie in dem Modell der *L.A. School* gezeigt.

Das Modell der *Los Angeles School of Urbanism* ist vielfach kritisiert worden, wobei man berücksichtigen muss, dass die Kritiker teils andere wissenschaftliche Ansätze zur Erklärung von Stadtentwicklungsprozessen verfolgen als die Verfechter des neuen Stadtmodells. Abu-Lughod (1999) begründet die Unterschiede und Gemeinsamkeiten der drei Städte New York, Chicago und Los Angeles aus der historischen Perspektive und steht dazu, dass sie keine Theoretikerin ist. Auch Beauregard (2011, S. 195–199), der weit theoretischer als Abu-Lughod arbeitet, betont, dass räumliche und historische Entwicklungen bei der Suche nach Gemeinsamkeiten und Unterschieden von Städten nicht vernachlässigt werden dürfen. Insgesamt steht er der Bildung von Theorien, die auf Entwicklungen in einer einzigen Stadt basieren, kritisch gegenüber. Bridges (2011, S. 97–98) bemängelt, dass die *L.A. School of Urbanism* die räumlichen und wirtschaftlichen Dimensionen der Stadt untersuche, aber die in der Stadt lebenden Menschen vernachlässige. Erie

und MacKenzie (2011, S. 118) kritisieren den ökonomischen Determinismus der *L.A. School of Urbanism,* der aber auch dem Modell konzentrischer Ringe zugrunde lag. Während Letzteres die durch die Industrialisierung hervorgerufene Urbanisierung darstellte, bildet die *L.A. School of Urbanism* die durch die postmoderne hervorgerufene Entwicklung ab. Clark (2011) wiederum bemängelt die Ausführungen zur Fragmentierung von Los Angeles von Mike Davis und Michael Dear insgesamt, da sie nur auf den Gegensätzen von Wohlhabenden *(haves)* und weniger Wohlhabenden oder Armen *(have-nots)* beruhen. Das Modell der *L.A. School of Urbanism* basiert auf der Idee, dass das Stadtzentrum kaum noch Bedeutung hat, allerdings haben wichtige Investitionen selbst in der Innenstadt von Los Angeles in neuerer Zeit einen deutlichen Aufschwung eingeleitet (Spirou 2011, S. 278). Um die Jahrtausendwende wurden das 375 Mio. US$ teure Staples Center und die 274 Mio. US$ teure Walt Disney Concert Hall eröffnet. Gleichzeitig wurden die Cathedral of Our Lady of Los Angeles und die Los Angeles City Hall einer aufwendigen Renovierung unterzogen. Aufgrund der positiven Bevölkerungsentwicklung wurde 2007 nach mehreren Jahrzehnten wieder ein Supermarkt in der Innenstadt von Los Angeles eröffnet.

5.1.3 Ausblick

Als Gegenposition zur *L.A. School of Urbanism* hat sich eine New Yorker Schule entwickelt, die die Auflösung des Stadtzentrums verneint und bezweifelt, dass das neue Modell der Westküste *(sprawled, centerless and fragmented)* einen neuen Prototyp der amerikanischen Stadt darstellt. Es gibt zwar keine geschlossene *New York School,* aber bestimmte Entwicklungen sind bei den Ostküstengeographen unstrittig. Hierzu gehören die große Bedeutung des Zentrums und die Erkenntnis, dass ein Wachstum des suburbanen Raums nicht dessen Lebendigkeit einschränkt. Außerdem wird anerkannt, dass die Politik die Entwicklung der Stadt beeinflusst und die Verteilung öffentlicher Mittel wichtig sei (Mollenkopf 2011, S. 171). Halle (2003) zufolge hat die New York School, in deren Mittelpunkt das Potenzial und die Bedeutung der zentralen Stadtbereiche und insbesondere Manhattans steht, ihre Ursprünge in dem Werk von Jane Jacobs und deren Zeitgenossen in den 1950er-Jahren. Die Vertreter dieser Schule seien entschlossen, das städtische Leben zu verteidigen und zu verbessern. Sie sind überzeugt, dass das Leben in der Stadt dem Leben im suburbanen Raum gegenüber zu bevorzugen sei und dass in den Kernstädten die Wohlhabenden, die Mittelschicht und die Armen Seite an Seite leben können. Neben Jane Jacobs seien der Architekt Robert Stern, der bereits früh

Gedanken zur Revitalisierung des Times Square entwickelt hat, die Soziologen Richard Sennett und Sharon Zukin und der Stadtplaner William Whyte wichtige Vertreter der *New York School* gewesen (die sich aber selbst nicht als solche bezeichnen), da sie ein Bewusstsein für den Wert und die Lebensqualität der Stadt geschaffen haben. Zukin (1982) habe mit ihrer Analyse zur Umwandlung der zuvor gewerblich genutzten Lofts in Wohnungen eine frühe Arbeit zur *gentrification* von New York vorgelegt (Halle und Beveridge 2011, S. 138–139). Man darf nicht übersehen, dass das Modell von Burgess aus dem Jahr 1925 heute auch nicht mehr für die Stadt Chicago zutrifft; allerdings kann das Modell der *L. A. School* auch nicht die heutige Struktur Chicagos erklären. Obwohl Chicago inzwischen ebenfalls eine stark fragmentierte Stadt ist, gibt es doch ein sehr dominierendes Zentrum. Es ist letztlich überflüssig, über die Existenz einer *Chicago, Los Angeles* oder *New York School* zu streiten; wichtiger ist es, bestimmte Charakteristika, die die Städte prägen oder unterscheiden, herauszuarbeiten (Mollenkopf 2011, S. 182).

5.2 Lower Manhattan nach dem 11. September 2001

Wer an die USA denkt, denkt häufig an New York oder genauer gesagt, an Manhattan, obwohl die Ostküstenmetropole in vielerlei Hinsicht nicht typisch für die US-amerikanische Stadt ist. New York ist vergleichsweise alt, sehr kompakt, und der private Pkw spielt nur eine untergeordnete Rolle. New York hat schon viele Krisen erlebt, wurde aber durch die terroristischen Anschläge am 9. September 2001, die das World Trade Center und mehrere benachbarte Gebäude zum Einsturz brachten, bis ins Mark getroffen, und zeitweise wurde sogar die Zukunft der Stadt infrage gestellt. Während und nach den Terroranschlägen im September 2011 und während und nach Hurrikan „Sandy" im Herbst 2012, der große Schäden in den küstennahen Bereichen angerichtet hat, wurden die New Yorker in Radio und Fernsehen immer wieder als *tough* oder *resilient* beschrieben, was sich wohl am besten mit „hart im Nehmen" oder „widerstandsfähig" übersetzen lässt. Die New Yorker kämpfen um ihre Stadt und lassen sich nicht durch terroristische Anschläge oder Naturgewalten vertreiben (Beobachtungen der Verfasserin; Hahn 2004).

Manhattan südlich des Central Parks wird in drei Teile untergliedert. Zwischen der 59th St. und 23rd St. befindet sich Midtown, an das sich im Süden bis zur Canal St. Midtown South anschließt. Die Blöcke an der Südspitze Manhattans werden als Lower Manhattan oder Downtown bezeichnet. Hier dominierte lange die Hafenfunktion. Viele der Piers, die die ganze Südspitze einst umgeben haben, werden schon lange nicht mehr genutzt. Die verfaulten Überreste lassen sich kaum noch erahnen oder wurden abgerissen. Außerdem befinden sich in Lower Manhattan mit der Wall Street das wohl wichtigste Finanzzentrum der Welt, das Rathaus der Stadt, mehrere Gerichtsgebäude und die Pace University. Da die *downtown* als Wohnstandort lange kaum Bedeutung hatte, war sie in den Abendstunden und an den Wochenenden unattraktiv und menschenleer. Der Bau eines World Trade Center (WTC) in New York war schon in den 1940er-Jahren diskutiert worden, aber erst in den 1960er-Jahren hat man mit der Errichtung der weithin sichtbaren Zwillingstürme am Ufer des Hudson Rivers in Lower Manhattan begonnen. Der aus sieben Gebäuden bestehende Komplex war im Auftrag der Port Authority of New York and New Jersey von den Architekten Minoru Yamasaki und Emery Roth & Sons entworfen worden. Die beiden 1973 fertiggestellten, 417 m hohen Türme WTC 1 und WTC 2 hatten jeweils 110 Stockwerke. Die anderen fünf Gebäude des Komplexes, WTC 3 bis WTC 7, waren deutlich kleiner und wurden bis 1987 eröffnet. Außer Büros waren ein Einkaufszentrum mit 70 Geschäften, ein Hotel und die unterirdische Station der PATH-Trains nach New Jersey in das World Trade Center integriert. Der Aushub für den neuen Gebäudekomplex wurde am Hudson River südlich des WTC aufgeschüttet. Hier entstand mit Battery Park City eine Hochhaussiedlung mit Wohnungen gehobenen Standards, in der im Jahr 2000 knapp 8000 Menschen lebten. Außerdem wurde auf frisch aufgeschüttetem Land zwischen WTC und Hudson River das Financial Center mit weiteren 0,8 Mio. m² Bürofläche eröffnet. Obwohl die Zwillingstürme nicht die höchsten Gebäude in den USA waren und vom Sears Tower in Chicago um rund 100 m überragt wurden, galt das World Trade Center als Symbol für das kapitalistische Amerika (◘ Abb. 5.5) (Pries 2002, S. 61; Pries 2005, S. 8–9).

5.2.1 Zerstörung

Die zwei Boeing 767, die am 11. September 2001 in das World Trade Center geflogen sind, haben die Zwillingstürme zum Einsturz gebracht. Die anderen fünf Gebäude des Komplexes sind unter der Last des Schutts von WTC 1 und WTC 2 zusammengebrochen bzw. so stark beschädigt worden, dass man sie abreißen musste. Weitere 23 Gebäude in der Nachbarschaft des World Trade Centers wurden stark beschädigt. Insgesamt sind 2752 Menschen getötet worden. Mehr als 20.000 Bewohner von Lower Manhattan mussten zeitweilig ihre Wohnungen verlassen. Der unter dem WTC gelegene Bahnhof wurde ebenfalls zerstört, und mehrere U-Bahnlinien und die Zugverbindungen nach New Jersey waren durchtrennt worden. Darüber hinaus haben Hunderte Geschäfte und Restaurants vorübergehend

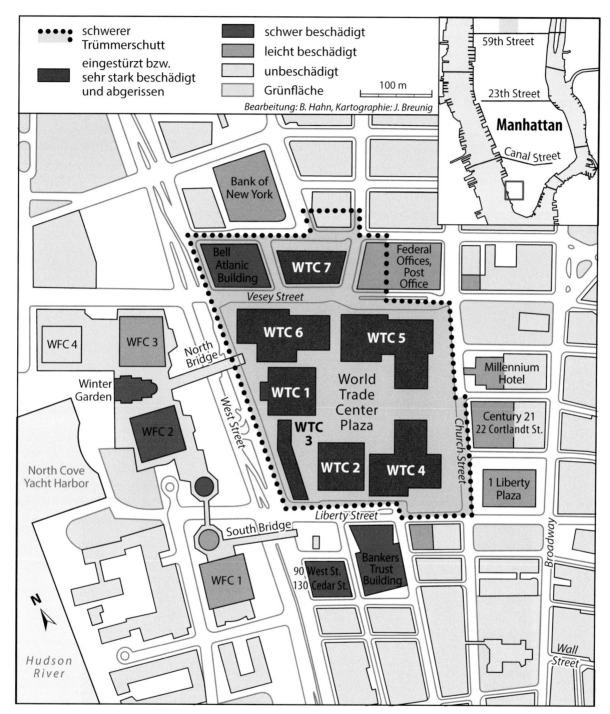

schwerer
Trümmerschutt

eingestürzt bzw.
sehr stark beschädigt
und abgerissen

schwer beschädigt

leicht beschädigt

unbeschädigt

Grünfläche

100 m

Bearbeitung: B. Hahn, Kartographie: J. Breunig

59th Street

23th Street

Manhattan

Canal Street

Bank of
New York

Bell
Atlanic
Building

WTC 7

Federal
Offices,
Post
Office

Vesey Street

WFC 4

WFC 3

North
Bridge

Winter
Garden

WFC 2

North Cove
Yacht Harbor

West Street

WTC 6

WTC 1

WTC
3

World
Trade
Center
Plaza

WTC 5

Millennium
Hotel

Century 21
22 Cortlandt St.

WTC 2

WTC 4

Church Street

1 Liberty
Plaza

Liberty Street

South Bridge

N

WFC 1

90 West St.
130 Cedar St.

Bankers
Trust
Building

Broadway

Wall
Street

*Hudson
River*

Abb. 5.5   World Trade Center in New York. (Adaptiert nach Pries 2002, Abb. 2)

oder für immer schließen müssen (Alliance for Down-town New York 2010, S. 4). In den sieben WTC-Ge-bäuden wurden 1,23 Mio. m² Bürofläche oder 12,5 % der Bürofläche von Lower Manhattan zerstört und wei-tere knapp 2 Mio. m² in 23 benachbarten Gebäuden beschädigt. Insgesamt waren 60 % der Class-A-Büro-fläche von Lower Manhattan nicht mehr nutzbar. Eine

Verlagerung von Arbeitsplätzen war unausweichlich. 50.000 Beschäftigte des Finanzsektors haben ihren Arbeitsplatz verloren. Von Vorteil war, dass als Folge der Rezession, die nach der Jahrtausendwende ein-gesetzt hatte, in Manhattan viele Büroimmobilien zum Zeitpunkt der Anschläge leer standen. Knapp ein Drit-tel der zerstörten Flächen konnten daher umgehend

5

an anderen Standorten in Manhattan angemietet werden. Für rund 19.000 Beschäftigte wurden im suburbanen Raum Büros angemietet, wobei das auf der
anderen Seite des Hudson River gelegenen Hoboken in
New Jersey bevorzugt wurde (Gong und Keenan 2012,
S. 373; Pries 2005, S. 4–6) (◘ Abb. 5.6).

Hudson Yards
1849 erhielt New York Anschluss an die Eisenbahn,
als die Hudson River Railroad auf einer Trasse entlang der 11th Avenue auf Manhattans Westside die
Stadt mit Albany verband. Endpunkt war die 32st

Street. Die Eisenbahn wurde stillgelegt, nachdem in
den 1950er-Jahren das Interstate Highway System
ausgebaut und der Verkehr auf die Straße verlagert
wurde. Ab 1986 wurden auf dem früheren Bahnhofs-
gelände auf 30 Gleisen tagsüber Pendlerzüge, welche
die Pennsylvania Station mit dem suburbanen Raum
verbanden, geparkt. 2001 tauchte erstmals der Name
Hudson Yards auf, als Bürgermeister Bloomberg die
Bewerbung für die Olympischen Sommerspiele 2012
einreichte und an dem Standort die Sportstätten errichten wollte. Als New York nicht den Zuschlag für
die Olympiade bekam, wurde eine Bebauung des

◘ **Abb. 5.6**   Die Hudson Yards auf der West Side wurden auf einer Plattform über den Gleisen für die Abstellung von Pendlerzügen errichtet. Im Zentrum ist das umstrittene Kunstwerk The Vessel zu sehen

Areals mit Büros, Apartments und Einzelhandel zwischen 30th und 34th Street westlich der Eighth Avenue geplant. 2012 wurde mit dem Bau des Megaprojekts auf einer Plattform, die die östlichen Teile der Gleise für die Pendler überspannt, begonnen. Bereits 2013 erhielten die Hudson Yards Anschluss an die U-Bahn. Die 34th Street Station war die erste neue Station in Manhattan seit 1989. 2019 wurde das erste der geplanten 16 Hochhäuser fertiggestellt. Das mit rund 25 Mrd. US$ teuerste Bauprojekt in der Geschichte der USA wurde 2024 abgeschlossen (◨ Abb. 5.6). Die Hudson Yards erstrecken sich über 11 ha und verfügen über eine Nutzfläche von rund 1,7 Mio. m^2 (Plitt 2019; Williams 2019).

Die Hudson Yards haben die West Side verändert. Der Blick vom Hudson River auf die Skyline sowie von der offenen Aussichtsplattform in der 100. Etage von 30 Hudson Yard, mit 395 m das höchste Gebäude des Projekts, über Midtown Manhattan ist spektakulär. Bei genauerer Betrachtung relativiert sich der erste Eindruck. Die Hudson Yards wirken wie ein Fremdkörper auf der West Side, denn es ist keine Verschmelzung mit den östlich angrenzenden Baublöcken vorhanden. Es fehlen Grünflächen, und der öffentliche Raum ist wenig einladend. Die Kritik ist allerdings ungerecht, wenn der frühere Zustand des Geländes berücksichtigt wird, denn es hat zweifelsohne eine Aufwertung stattgefunden (Beobachtung der Verfasserin). Problematisch sind aber die hohen Kosten. Anfangs hieß es, dass sich das Projekt aufgrund späterer Steuereinnahmen selbst finanzieren werde. Dies ist nicht der Fall. Die Investoren erhielten großzügige Steuererleichterungen, und die öffentliche Hand wurde mit 2,2 Mrd. US$ hauptsächlich für den Bau der neuen U-Bahn-Linie und die Anlage neuer Straßen und Parks belastet (Fisher und Leite 2022). Profiteure sind die Investoren. Es sind Büros für kapitalkräftige Unternehmen wie AT&T, HBO, CNN, Meta und Alphabet in glitzernden Türmen entstanden. Die Apartments kosten im Schnitt rund 5 Mio. US$, aber viele Käufer wohnen hier nur gelegentlich und betrachten ihr Eigentum als Renditeobjekte. Im Falle eines Verkaufs hoffen sie auf einen hohen Gewinn (Scoditti 2022, S. 25 und 31). Hier haben reiche Investoren für wohlhabende Käufer aus der ganzen Welt gebaut. Besonders scharf wird ein 16-geschossiges und an einen Bienenkorb erinnerndes Kunstwerk namens The Vessel mit 2500 Stufen kritisiert, das rund 100 Mio. US$ gekostet hat. Da bereits mehrere Selbstmörder von den oberen Stufen gesprungen sind, wurde es wiederholt monatelang geschlossen (Schwartz 2022). Wie anderenorts auch, hat sich die COVID-19-Pandemie nachteilig auf die Hudson Yards ausgewirkt. Dem luxuriösen Einkaufszentrum fehlen Kunden, und es gibt viele Leerstände, was auch für Büros und Apartments gilt.

5.2.2 Wiederaufbau

Die terroristischen Anschläge und das Ausmaß der Zerstörung haben die Amerikaner tief getroffen, aber kaum Zweifel an einem Wiederaufbau Lower Manhattans entstehen lassen. Eine der wenigen Ausnahmen stellte Mike Davis (2001, S. 5) dar, der die Meinung vertrat, dass die Attentate unzweifelhaft das Ende der Revitalisierung der New Yorker Downtown und anderer Innenstädte bedeuteten. Er prophezeite, dass die Dezentralisierung von Arbeitsplätzen rasch voranschreiten und das Hochhaus bald der Vergangenheit angehören werde. Davis befürchtete, dass sich der Flug der beiden Boeing-Maschinen in das World Trade Center auf die Zukunft des Hochhauses genauso zerstörerisch auswirken könne, wie einst der Einschlag eines Asteroiden auf die Dinosaurier. Schon bald zeigte sich, dass diese pessimistische Einschätzung falsch war. Die New Yorker haben die Stadt nicht in großer Zahl verlassen, und der Bau von Hochhäusern wurde nicht eingestellt. Tatsächlich sind in den vergangenen Jahren sehr viele besonders hohe Häuser, in denen die Wohnfunktion überwiegt, gebaut worden (▶ Abschn. 4.5.10). Man scheint also keine Angst vor dem Leben in luftiger Höhe zu haben (▶ https://skyscraperpage.com). Die meisten Arbeitsplätze, die man zwangsweise an andere Standorte ausgelagert hatte, wurden so schnell wie möglich zurück in die Downtown verlegt. Das große Prestige und die Fühlungsvorteile wurden höher bewertet als die Angst vor weiteren Anschlägen (Gong und Keenan 2012). Manhattan ist nach wie vor ein beliebter Standort für Dienstleistungsunternehmen und attraktiv für karrierebewusste Hochschulabgänger.

Erstaunlicherweise hat sich Lower Manhattan in den vergangenen Jahren besonders positiv entwickelt. Der Aufschwung ist nicht auf die erhöhte Medienaufmerksamkeit nach den Anschlägen zurückzuführen, sondern hatte bereits in den 1990er-Jahren eingesetzt. An der Südspitze Manhattans, die durch einen von den Holländern angelegten Grundriss mit relativ schmalen und teils gewundenen Straßen geprägt ist, waren seit Ende des 19. Jahrhunderts die ersten Hochhäuser der Stadt gebaut worden, die überwiegend von Finanzdienstleistern genutzt wurden. Die enge Bebauung erlaubte bald kaum noch die Errichtung neuer Bauten. Hochhäuser wurden seit den 1930er-Jahren und verstärkt seit den 1950er-Jahren bevorzugt in Midtown Manhattan entlang der 5th Avenue oder 6th Avenue errichtet. Lower Manhattan zeigte zunehmend Verfallserscheinungen, die denen anderer amerikanischer Städte ähnelten. Viele der alten Bürogebäude entsprachen nicht mehr den neuen technischen Anforderungen und konnten nur noch zu schlechten Konditionen vermietet werden. 1993 standen 26,4 % der Bürofläche leer, ein Wert, der zur damaligen Zeit nur von Dallas übertroffen wurde. Problematisch war, dass

5

die Südspitze Manhattans nach Schließung der Büros und am Wochenende weitgehend ausgestorben war. 1995 haben Immobilienbesitzer und Unternehmer den *business improvement district* Alliance for Downtown New York mit dem Ziel gegründet, die Lebensqualität für Bewohner, Beschäftigte und Besucher zu verbessern. Hierzu sollten soziale Dienstleistungen, die Aufrechterhaltung von Sauberkeit und Sicherheit, die Anlage und Pflege von Grünflächen, aber auch eine bessere Vermarktung beitragen. Zeitgleich wurde der *Manhattan Revitalization Plan* mit einer Laufzeit bis 2001 verabschiedet, der im Wesentlichen mittels Steuerermäßigungen die Ansiedlung neuer Unternehmen förderte. Der Plan unterstützte die Umwandlung alter

Bürogebäude in Wohngebäude. Die Zahl der Bewohner in der Downtown stieg an. Außerdem waren mehrere Hotels im Bau oder in Planung. Die Trendwende von einem monofunktionalen Stadtteil zu einer multifunktionalen Nutzung war deutlich zu erkennen, als das World Trade Center 2001 zerstört wurde (Gong und Keenan 2012; Pries 2001, 2005, S. 8; ▶ www. downtowny.com) (◘ Abb. 5.7).

Die amerikanische Regierung und der Bundesstaat New York haben den Wiederaufbau von Lower Manhattan finanziell großzügig unterstützt. 2002 wurde ein Architektenwettbewerb für die zukünftige Bebauung des rund 6,5 ha großen World-Trade-Center-Geländes, das seit den terroristischen Angriffen als *Ground Zero*

◘ **Abb. 5.7** One World Trade Center

bezeichnet wurde, ausgeschrieben. Bereits im Februar 2003 gab man den Gewinner Daniel Libeskind bekannt, der fortan für die Umsetzung des Gesamtkonzepts verantwortlich war. Die einzelnen Gebäude wurden aber von unterschiedlichen Architekten wie David Child, der das höchste Gebäude auf dem Gelände entwarf und dessen Grundsteinlegung 2004 erfolgte, errichtet. Anstelle der Zwillingstürme wurde nur ein Gebäude gebaut, das seit der Fertigstellung im November 2014 mit 541 m (1776 ft. = Jahr der Unabhängigkeit der Vereinigten Staaten) der höchste Wolkenkratzer der USA ist. Bis 2009 war geplant, den neuen Turm „Freedom Tower" zu nennen, dann erfolgte aber eine Umbenennung in „One World Trade Center" (◘ Abb. 5.7). Wie in einem der Vorgängerbauten befinden sich in den oberen Etagen eine Aussichtsplattform und ein Restaurant. Das Gebäude ist ebenso markant wie das frühere World Trade Center, und Pessimisten befürchten, ein ebenso begehrtes Ziel für Terroristen. Allerdings kann das neue Gebäude angeblich nicht wie die Zwillingstürme zusammenbrechen, und die Sicherheitsvorkehrungen sollen weit besser sein. Außerdem wurden bis 2023 auf dem Gelände mit Three World Center (Höhe 357 m), Four World Trade Center (Höhe 298 m) und Seven World Trade Center (Höhe 228 m) drei weitere Bürogebäude errichtet. Die Vermietung der umfangreichen Büroflächen war allerdings nie einfach und wurde durch die Pandemie und den damit verbundenen Trend zum Home Office noch erschwert. One World Trade Center hat eine Nutzfläche von 325.000 m² und die drei anderen Gebäude haben insgesamt nochmals rund 540.000 m². Das Verlagshaus Condé Nest hatte bereits 2011 einen Mietvertrag über 25 Jahre für gut 90.000 m² im One World Trade Center abgeschlossen, versuchte aber 2021 den Vertrag aufzulösen, da ein Teil der Büros nach Hoboken in New Jersey gegenüber von Manhattan verlegt werden sollte. Die Durst Organization und die Port Authority, zwei weitere bedeutende Mieter des Gebäudes, äußerten ähnliche Absichten (Coen 2021). Allerdings ziehen auch immer wieder neue Mieter wie das Münchener Start-up Celonis in das prestigeträchtige Gebäude. Angeblich war One World Trade Center im März 2022 zu 95 % vermietet, was weit über den Werten für Lower Manhattan liegt (Bloomberg 2022). Im Herbst 2023 betrug die Leerstandsquote in Lower Manhattan 23,9 %, nachdem sie in den Jahren vor der Pandemie um die 10 % geschwankt hatte. In anderen Teilen Manhattans standen weniger Büros leer und die Mieten waren stabiler als an der Südspitze (Alliance of Downtown New York 2023a, S. 1–4). Die Flächen, auf denen die Zwillingstürme gestanden haben, wurden von der Bebauung ausgespart. Hier wurde am zehnten Jahrestag der Anschläge das National September 11 Memorial zu Ehren der Opfer eröffnet (◘ Abb. 5.8). Auf den Grundrissen

der zerstörten Türme wurden zwei zehn Meter tiefe quadratische Granitbecken angelegt, in die kontinuierlich Wasser von allen vier Seiten strömt. Die Namen der Opfer sind auf den Brüstungen der Becken graviert (Alliance of Downtown New York 2011; Lewis und Holt 2011; ▶ www.911memorial.org).

Angesichts der schnellen Entscheidung, *Ground Zero* wieder zu bebauen, hat auch der private Sektor in Lower Manhattan investiert. Vor den Attentaten haben 325.000 Menschen in *downtown* gearbeitet; 2023 waren es 306.800, davon 230.000 im privaten Sektor. Pandemiebedingt hatte es seit 2020 einen Rückgang der Beschäftigten in den Büros gegeben. Da viele Angestellte zu Hause arbeiten, ist auch die Nachfrage im Einzelhandel und in der Gastronomie gesunken. Viele Dienstleister haben geschlossen und kehren nur sehr zögerlich an den alten Standort zurück. Der größte Arbeitgeber in Lower Manhattan ist nach wie vor der FIRE-Sektor *(finance, insurance, real estate)* mit einem Anteil von 31,6 %. In den vergangenen Jahren haben sich auch viele Unternehmen aus den Bereichen Technologie, Werbung, Medien und Information in Lower Manhattan angesiedelt, die unter dem Begriff TAMI *(technology, advertising, media, information)* zusammengefasst werden und 21,5 % der Arbeitsplätze stellen (▶ https://downtownny.com, ▶ www.census.gov).

Der Wohnungsbau in Lower Manhattan wurde nach 2001 mit öffentlichen Mitteln unterstützt. 2008 konnte ein Spitzenwert erreicht werden, als 3300 Wohneinheiten auf den Markt kamen. Zehn Jahre nach den terroristischen Anschlägen lebten 56.000 Menschen an der Südspitze Manhattans, bis 2023 hatte sich die Zahl der Bewohner auf 66.000 in 345 Gebäuden mit gut 34.000 Wohnungen erhöht, die überwiegend dem Luxussegment zuzuordnen sind. 18 weitere Gebäude mit 5776 Wohneinheiten waren im Bau. Die durchschnittliche Miete für ein Apartment lag 2023 mit 4768 US$ monatlich rund 10 % über der im restlichen Manhattan und war höher als vor der Pandemie. Die Preise für den Kauf einer Wohnung schwanken von Jahr zu Jahr in Abhängigkeit vom Standard der fertiggestellten Gebäude. 2020 und 2022 waren für eine Wohnung durchschnittlich gut 2 Mio. US$ zu zahlen (Alliance for Downtown New York 2023a, S. 10–11). Besondere Aufmerksamkeit erregte der von dem Stararchitekten Frank Gehry geplante Beekman Tower (8 Spruce Street), der Anfang 2011 in der Nähe des East River bezogen wurde. Mit 76 Geschossen und einer Höhe von 267 m war der markante Bau zum Zeitpunkt der Eröffnung das höchste Wohngebäude der USA. Erstaunlich ist aber, dass seit der Jahrtausendwende in Lower Manhattan 12.000 Wohneinheiten durch die Umwandlung früherer Bürogebäude und nur 9000 in Neubauten entstanden sind, obwohl die Konversion sehr teuer ist, da die Grundrisse völlig verändert werden müssen. Der Mangel an Freiflächen

◩ **Abb. 5.8**   National September 11 Memorial

und die Aussicht auf hohe Renditen an diesem Standort haben sicherlich das Interesse der Bauherren an diesen kostspieligen Investitionen begründet. Hinzu kam die Möglichkeit, die Kosten durch steuerliche Abschreibungen zu reduzieren. Geradezu spektakulär ist die Umwandlung alter repräsentativer Bankgebäude in der Wall Street und benachbarter Straßen. Hierfür werden weder Kosten noch Mühen gescheut. In den Jahren 2015–2022 wurde das 1931 im Art-déco-Stil errichtete Gebäude One Wall Street, das einst Sitz der Bank of New York war, umgebaut. Die Konversion des knapp 200 m hohen Gebäudes mit 76 Etagen, einer riesigen Lobby und 43 Aufzügen war wahrscheinlich die teuerste in New York oder sogar den USA. Heute befinden sich hier 566 luxuriöse Wohnungen und nur noch zehn Aufzüge.

Der Concierge-Service erfüllt alle Wünsche der Bewohner rund um die Uhr (Forbes Magazine, 29.10.22; ▸ https://onewallstreet.com). Aktuell (Stand Januar 2024) werden hier Apartments zu einem Preis von bis zu 10 Mio. US$ zum Verkauf angeboten. Das Wohnen an der Südspitze Manhattans ist teuer und nur für Menschen mit einem sehr hohen Haushaltseinkommen erschwinglich. 2023 lag dieses in Lower Manhattan bei 265.050 US$ (NYC: 76.607 US$). Das durchschnittliche Alter liegt bei 35 Jahren, und 85 % der erwachsenen Bewohner haben wenigstens einen Bachelorabschluss (NYC: 40,3 %). Obwohl in der *downtown* Bürohochhäuser dominieren und Freiflächen eher selten sind, leben in einem Viertel der Haushalte Kinder. Im Rahmen einer Befragung gaben die in Lower Manhattan Lebenden an, die hohe Lebensqualität, das hochwertige Angebot, den hervorragenden Zugang zum Nahverkehr, die guten Schulen und den hohen Sicherheitsstandard zu schätzen. Rund 30 % der Befragten war es möglich, ihren Arbeitsplatz zu Fuß zu erreichen. Außerdem wurden die Parks, die Uferpromenade und das gute Freizeitangebot positiv bewertet (Alliance for Downtown New York 2011, S. 15–17, 2023b).

Vor 2001 waren Touristen kaum an einem Hotel in Lower Manhattan interessiert. Das hat sich mit der Diversifizierung der Wirtschaft und der zunehmenden Zahl der Bewohner geändert. Außerdem wurde *Ground*

163 5

5.3 · Chicago. Von der Industrie- zur Konsumentenstadt

Zero zu einer Attraktion, von der andere Sehenswürdigkeiten wie Federal Hall, die New Yorker Börse, St. Paul's Chapel und Trinity Church profitiert haben. Die Zahl der Hotels hat sich von 2001 bis 2023 von sechs auf 43 vergrößert. Es stehen 9087 Zimmer für Übernachtungen bereit, davon viele im gehobenen oder im Luxussegment. 2023 waren weitere sechs Hotels mit 929 Zimmern im Bau. Während der Pandemie und der damit verbundenen Reisebeschränkungen hatte der Tourismus in Lower Manhattan naturgemäß einen Einbruch erlebt, 2023 lag die Auslastung wieder bei 82 % zu einem durchschnittlichen Preis pro Übernachtung von rund 300 US$ (NYC 188 US$). 55 % der Touristen kamen aus dem Ausland, wobei die Deutschen die größte Gruppe stellten (Alliance for Downtown New York 2023a, S. 7–8).

Ein Teil des Erfolgs von Lower Manhattan ist auf den hervorragenden Anschluss an den Nahverkehr zurückzuführen. 13 U-Bahnlinien verbinden den Stadtteil mit dem restlichen New York. Die unterirdische Station des PATH Train war 2001 ebenfalls völlig zerstört worden. 2016 wurde in Verbindung mit einem architektonisch spektakulären oberirdischen Gebäude, in dem sich ein weitverzweigtes Einkaufszentrum befindet, die Station neu eröffnet. Von hier lässt sich New Jersey unterirdisch in wenigen Minuten erreichen. Die Station des PATH Train und mehrere U-Bahn-Linien sind über Tunnel direkt an die umliegenden Bürogebäude angebunden. Fast alle Bürogebäude in Lower Manhattan sind von ÖPNV-Haltestellen aus binnen fünf Minuten zu erreichen. Drei Fähren verbinden Lower Manhattan mit New Jersey, Staten Island und Brooklyn. Der Nahverkehr wird durch ein schnell wachsendes Radwegenetz ergänzt (Alliance for Downtown New York 2023c).

5.2.3 Ausblick

Lower Manhattan hat seit 2001 einen bemerkenswerten Aufschwung verbunden mit einem Strukturwandel erlebt. Aus dem Finanzzentrum und Sitz der öffentlichen Verwaltung ist ein beliebter Wohn- und Hotelstandort mit einer differenzierten Wirtschaft geworden. Die gelungene Gedenkstätte für die Opfer der terroristischen Anschläge vom 11. September 2001 bildet einen weiteren Anziehungspunkt für New Yorker und Touristen. Viele der neuen Gebäude wie das One World Trade Center und die Station der PATH-Train sind weit besser gegen Anschläge geschützt als ihre Vorgänger. Am 12. Oktober 2012 mussten Bewohner, Beschäftigte und Hotelgäste der *downtown* schmerzhaft erfahren, dass Gefahr nicht nur durch Terroristen droht. Hurrikan „Sandy" hat weite Teile der mittleren Atlantikküste zerstört. In New York wurden Long Island und Lower Manhattan hart getroffen. Der Strom fiel tagelang aus, Wasser lief in U-Bahnschächte und drang besonders am Ufer des East River in Geschäfte, Restaurants sowie die Lobbys von Büro- und Wohngebäuden. Für einige Tage herrschte völliges Chaos, aber den Umgang mit Katastrophen gewöhnt, beseitigten die New Yorker die Schäden schnell, und der normale Alltag kehrte bald wieder ein. Angesichts des Klimawandels ist nicht auszuschließen, dass sich solche Naturkatastrophen in Zukunft häufen werden.

5.3 Chicago. Von der Industrie- zur Konsumentenstadt

Chicago (◘ Abb. 5.9) hatte immer eine weit diversifizierte Wirtschaft als das monostrukturierte Detroit, und die Voraussetzungen für einen erfolgreichen Strukturwandel waren vergleichsweise gut. Heute sind mehr als 90 % aller Beschäftigten der Stadt in Dienstleistungen und weniger als 10 % in der Industrie und im Baugewerbe tätig. Als Arbeitgeber sind Banken, Versicherungen, die Terminbörsen und zahlreichen Unternehmenssitze, aber auch die Universitäten, das Hotel- und Gastgewerbe und der Einzelhandel von großer Bedeutung (City of Chicago 2023, Tab. 1; Hahn 2004). Chicago ist eine stark segregierte Stadt. Während der Süden und Teile des Westens der Stadt durch starke Armut geprägt sind, konzentrieren sich die wohlhabenden Bürger im Norden. Im Lauf der kurzen Geschichte Chicagos ist es immer wieder zu Gewalt und

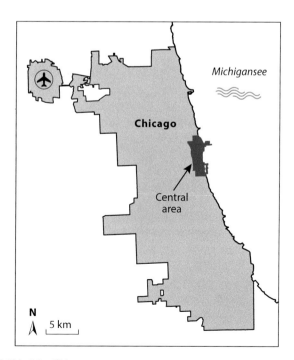

◘ Abb. 5.9 Chicago

5

Ausschreitungen gekommen, und noch in den 1980er-Jahren wurde die ethnisch polarisierte und zu Gewalt neigende Stadt als *„Beirut by the Lake"* bezeichnet (Bennett 2010, S. 5–7). In den folgenden Jahrzehnten ist die Kriminalitätsrate zwar gesunken und ist nicht höher als in den meisten anderen Großstädten des Landes; das schlechte Image ist aber geblieben. Die auf der North Side Lebenden und die Touristen, die höchst selten oder nie in die Ghettos auf der South Side fahren, nehmen die vielen Probleme nicht wahr.

Die Innenstadt hat sich zu einem Schaufenster einer modernen Stadt entwickelt und zieht heute Suburbaniten sowie nationale und internationale Besucher in großer Zahl an. Das Zentrum hat einen Aufwertungsprozess und einen Funktionswandel wie keine andere amerikanische Stadt erlebt. Nach Jahrzehnten des Verfalls sprießen Apartmenthochhäuser wie Spargel aus dem Boden, alte Bürogebäude werden zu Wohngebäuden umgewandelt, Hoteltürme und Shopping Center werden gebaut, internationale Designer eröffnen Flagship-Stores, Parks und Grünflächen werden angelegt und attraktive Freizeiteinrichtungen eröffnet.

Eine Innenstadt, die lange als gefährlich galt und ein denkbar schlechtes Image hatte, hat sich zu einem lebendigen Zentrum entwickelt, in dem die Menschen im Sommer gerne bis in die Nacht in Straßencafés sitzen oder anderen Vergnügungen nachgehen (◘ Abb. 5.10).

5.3.1 Stadtumbau

Chicago wurde immer durch erfolgreiche Unternehmer geprägt, deren Erfolg allerdings der Ausbeutung der Arbeiterschicht zu verdanken war. Wahrscheinlich wurde keine andere Stadt Amerikas stärker durch den Kapitalismus geprägt als die Metropole am Lake Michigan. Chicago stand immer in Konkurrenz zu New York. Ein Unternehmer, der den Aufstieg in Chicago geschafft hatte, ging nicht nach New York, sondern setzte sich für Chicago ein, das größer, schöner und besser werden sollte als der Konkurrent an der Ostküste. An Selbstbewusstsein hat es Chicago nie gemangelt: *„North Michigan Avenue is the Fifth Avenue of the Middle West; and already it looks forward to the day*

◘ **Abb. 5.10**   Die Hochbahn umschließt das alte Zentrum von Chicago, das daher als *Loop* bezeichnet wird

when Fifth Avenue will be the North Michigan Avenue of the East" (Zorbaugh 1929, S. 7). Wohlhabende Bürger setzten sich stets ideell und finanziell für die Stadt ein, und der Chicago Commercial Club sponserte bereits den 1909 veröffentlichten *Plan of Chicago* („Burnham-Plan") von Daniel Burnham und Edward Bennett (Burnham und Bennett 1909).

Die Bürgermeister hatten naturgemäß noch weit mehr Einfluss als engagierte Bürger. Bürgermeister Richard J. Daley (1955–1976) ist es gelungen, Chicago zu einer postindustriellen Stadt umzubauen. Der Bau oder Ausbau großer Infrastrukturprojekte wie des Flughafens O'Hare, des Kongresszentrums McCormick Place, des Campus' der University of Illinois sowie des U-Bahn- und des Stadtautobahnnetzes waren ihm besonders wichtig. Die Stadt koordinierte die Flächennutzung und zeigte großen Erfolg bei der Einwerbung öffentlicher und privater Mittel. 1958 gründete Daley das Department of City Planning, das noch im selben Jahr den *Development Plan for the Central Area of Chicago* verabschiedete. Das Stadtzentrum sollte langfristig zu einem zentralen Dienstleistungszentrum für die ganze Region umgebaut werden. Neue Parks und Freizeiteinrichtungen am Ufer des Lake Michigan sollten die Lebensqualität der zentralen Stadtbereiche erhöhen, und eine moderne und futuristische Architektur sollte an frühere architektonische Leistungen anschließen. Allein im *loop* sollte Wohnraum für 50.000 Menschen aller Einkommensgruppen entstehen (Bennett 2010, S. 5–7 und 39; Clark et al. 2002, S. 503–508; Newman und Thornley 2005, S. 105). Der Plan *Chicago 21: A Plan for the Central Area Communities* von 1973 war eine Fortschreibung des Plans von 1958, löste aber heftige Kontroversen aus, da er sehr großen Wert auf den Bau hochwertiger Wohnungen für einkommensstarke Käufer oder Mieter im Stadtzentrum legte. Die Pläne von 1958 und 1973 knüpften beide an den Burnham-Plan von 1909 an. Die weltbesten Architekten sollten moderne Gebäude errichten, Freiflächen die Innenstadt auflockern, und das Seeufer sollte aufgewertet werden. Man wollte Chicago auf eine große Zukunft als ein national, wenn nicht sogar global führendes Dienstleistungszentrum vorbereiten (Bennett 2010, S. 38–43) (◘ Abb. 5.11).

Der 1983 veröffentlichte *Chicago Central Area Plan: A Plan for the Heart of the City* verfolgte ähnliche Ziele. Mit der Expansion des südlich des Stadtzentrums gelegenen Messe- und Kongresszentrums McCormick Place, dem Bau eines Museum Campus mit Planetarium, Aquarium und dem Field Museum of Natural History sowie einer Aufwertung und Verschönerung der wichtigsten Straßen sollte das Stadtzentrum an Attraktivität gewinnen (City of Chicago 2003, S. 6). Der *Chicago Development Plan 1984* wurde von Harold Washington (1983–1987), dem ersten schwarzen Bürgermeister der Stadt, verabschiedet und

verfolgte unter dem Leitbild *„Chicago works together"* nicht mehr das Ziel, Chicagos Stellung als bedeutendes Dienstleistungszentrum und Weltstadt zu sichern. Vielmehr sollten die Folgen der Deindustrialisierung beseitigt werden, indem man neue Arbeitsplätze insbesondere für die benachteiligte schwarze Bevölkerung schuf und Sozialwohnungen baute. Nach dem plötzlichen Tod von Washington 1987 und zwei Interimsbürgermeistern wurde Richard M. Daley, ein Sohn von Richard J. Daley, 1989 Bürgermeister. Daley übte das Amt bis 2011 aus, als er aus Altersgründen zurücktrat. Er leitete die Stadt wie ein Unternehmen, in dessen Mittelpunkt der Umbau der Central Area stand. Diese umfasst das südlich des Chicago River gelegene historische Zentrum der Stadt, das als *loop* bezeichnet wird (◘ Abb. 5.10), die nördlich des Flusses gelegene Near North Side, die südlich des *loops* gelegene Near South Side und die Near West Side westlich des Chicago River. Bürgermeister Richard M. Daley setzte sich wie sein Vater einige Jahrzehnte zuvor für die Realisierung großer Infrastrukturprojekte ein (Bennett 2010, S. 6 und 43–45). Obwohl es seit den 1950er-Jahren Pläne für die Revitalisierung der Innenstadt gegeben hatte, war diese Ende der 1980er-Jahre immer noch sehr unattraktiv und zeichnete sich durch Verfallserscheinungen und Leerstände aus. Investitionen hatten sich hauptsächlich auf den öffentlichen Sektor wie den Bau des 1985 eröffneten State of Illinois Center (heute James R. Thomson Center) im *loop* begrenzt. Auch der Bau des Sears Tower (heute Willis Tower) zu Beginn der 1970er–Jahre, das mit 442 m für Jahrzehnte das höchste Gebäude der USA war, hatte keinen Aufschwung einleiten können (◘ Abb. 5.11). Die Voraussetzungen für die Schaffung einer attraktiven Innenstadt waren allerdings nicht schlecht und bereits durch den Burnham-Plan von 1909 gelegt worden. Der 3,2 km lange und rund 800 m breite Grant Park hatte die Verbauung des Seeufers östlich des *loop* verhindert. Da außerdem die besten Architekten der USA in Chicago tätig gewesen waren, verfügte die Stadt über viele interessante Gebäude (Cremin 1998, S. 22–26; Judd 2011, S. 16; Larson und Pridmore 1993).

Richard M. Daley ist es endlich gelungen, die seit Langem bestehenden Pläne für den Umbau der Central Area umzusetzen (◘ Abb. 5.12). Dieses ist weitgehend im Rahmen von *public private partnerships* sowie durch private Spenden geschehen. Eines der ersten Projekte, die man realisierte, war die Umgestaltung des 1916 eröffneten Navy Piers, das zunächst als Anlegestelle für Frachtschiffe, dann für Vergnügen aller Art, während des Zweiten Weltkriegs durch die Marine und anschließend bis 1965 von der neu gegründeten University of Illinois als Campus genutzt worden war. Mitte der 1990er-Jahre wurde das rund einen Kilometer lange Pier für mehr als 200 Mio. US$ zu einer großen Freizeiteinrichtung mit einem Kindermuseum, einem

5

🔲 Abb. 5.11   Blick vom Willis Tower in Richtung North Side

Gewächshaus, einem 15 Stockwerke hohen Riesenrad, einem IMAX-Theater, Restaurants, Einzelhandel und einem Ballsaal umgestaltet und mit einer umlaufenden Promenade versehen und wurde ein sofortiger Besuchermagnet (Spirou 2006, S. 297; Spirou 2011, S. 282).

Der südliche Teil der Central Area war mit vielen Brachflächen und verfallenen Gebäuden besonders unattraktiv, hatte aber aufgrund des Grant Parks ein großes Entwicklungspotenzial. In den 1980er-Jahren wurden Planungen aufgenommen, einen Teil der Brachflächen auf der Near South Side, die lange durch den 1972 geschlossenen Bahnhof Central Station und durch Lagerhäuser genutzt worden waren, in Wohnbauflächen umzuwandeln. 1993 wurde die erste *neighborhood* mit dem Namen *Central Station* mit luxuriösen *townhouses* in damals noch trostloser Umgebung eröffnet. Um ein Zeichen zu setzen und auf den neuen innenstadtnahen Wohnstandort aufmerksam zu machen, ist Bürgermeister Daley selbst in die neue *neighborhood* gezogen (Bennett 2010, S. 78). Um die Jahrtausendwende hat die Stadt Chicago den in die Jahre gekommenen

Grant Park umgestaltet und mehrere an dessen Südende gelegene Museen renoviert oder teils erweitert und zu einem Museum Campus umgestaltet. Das südlich anschließende Footballstadion Soldier Field und das Messe- und Ausstellungsgelände McCormick Place wurden ebenfalls erweitert und saniert. 1948 war auf einer künstlichen Insel im Lake Michigan der Flughafen Meigs Field eröffnet worden, der 2003 geschlossen wurde, um auf der rund 1,2 km langen Insel einen Park anzulegen. Die genannten Projekte waren sehr bedeutend für die Entwicklung der südlichen Innenstadt und angrenzender Bereiche (Spirou 2006, S. 297; Spirou 2011, S. 284–285). Beeindruckend ist die Umwandlung der Uferbereiche des Chicago River, der noch vor nicht allzu langer Zeit als Transsportkanal und Standort der wichtigsten Industrien der Stadt gedient hatte. Mit der Deindustrialisierung waren zahlreiche Flächen entlang des Flusses aufgegeben und einer neuen Nutzung zugeführt worden. Die Wasserfläche wird heute für Freizeit und Erholung genutzt, und am Ufer ist eine Uferpromenade mit Cafés und attraktiven Terrassen entstanden (City of Chicago 2003, S. 11).

5.3 · Chicago. Von der Industrie- zur Konsumentenstadt

167　**5**

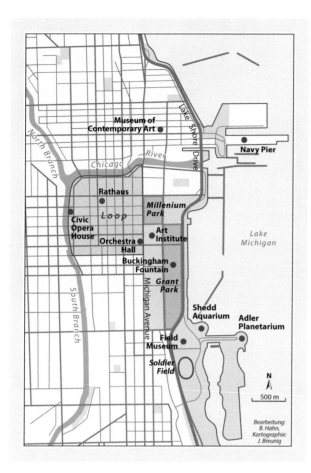

Museum of
Contemporary Art

Navy Pier

North Branch

Chicago River

Lake Shore Drive

Rathaus

Loop

Millenium
Park

Civic
Opera
House

Orchestra
Hall

Art
Institute

Lake
Michigan

Buckingham
Fountain

Grant
Park

Michigan Avenue

South Branch

Shedd
Aquarium

Adler
Planetarium

Field
Museum

Soldier
Field

N

500 m

Bearbeitung:
B. Hahn,
Kartographie:
J. Breunig

Abb. 5.12 Attraktionen in der Innenstadt von Chicago (Entwurf der Verfasserin auf der Grundlage von Plänen für Touristen)

5.3.2 Millennium Park

Ein neues Gesicht erhielt die Stadt Chicago aber besonders 2004 durch die Eröffnung des Millennium Park nördlich des Chicago Art Institute auf einem lange brachliegenden Eisenbahngelände zwischen dem Lake Michigan und dem nördlichen *loop*. Die Anlage des Parks hat rund 500 Mio. US$ gekostet, wovon rund die Hälfte durch Spenden von Unternehmen wie Boeing, McDonald's oder Wrigley und von Privatpersonen aufgebracht wurde. Die Grünflächen des Parks werden durch Werke renommierter Künstler und Architekten ergänzt. Zu nennen sind insbesondere die riesige Konzertmuschel aus Stahl mit Plätzen für rund 11.000 Besucher des Stararchitekten Frank Gehry, das Kunstwerk „Cloud Gate" und Crown Fountain. Das „Cloud Gate" ist eine 20 m hohe und 11,5 Mio. US$ teure Edelstahlskulptur in der Form einer Wolke, in der sich die Skyline von Chicago und die in der Nähe stehenden Menschen spiegeln (■ Abb. 5.13). Die größte Attraktion des Parks ist der durch den spanischen Künstler Jaume Plensa und von der Crown-Familie gestiftete Crown Fountain, der von zwei 15 m hohen Türmen gebildet wird, die sich mit einer Entfernung von rund

77 m gegenüberstehen (■ Abb. 5.14). Die Türme sind mit Glasbausteinen verkleidet, die als LED-gesteuerte Videobildschirme fungieren. Vom Dach der Türme fließt im Sommer ständig Wasser und zusätzlich kommen im Abstand von wenigen Minuten aus den Mündern der auf die Türme projektierten Gesichter von Bürgern der Stadt Chicago starke Wasserstrahle. Das Wasser fließt in zwei flache Becken zwischen den beiden Türmen, mit denen Plensa den Eindruck vermitteln wollte, dass es möglich sei, auf Wasser zu laufen. An heißen Sommertagen und -nächten bietet das Wasser Abkühlung vor allem für Kinder, die kreischend zwischen den Wasser speienden Türmen hin und herlaufen (The Crown Foundation 2008).

Im Millennium Park sind durch Spenden finanzierte Attraktionen entstanden, die kostenlos von wohlhabenden und armen Besuchern gleichermaßen genutzt werden können. Das gilt ebenso für die zahlreichen Konzerte auf der Freilichtbühne des Gehry-Pavillons. Viele Kunstwerke laden zum Mitmachen ein und bereiten sichtlich Freude. Gleichzeitig sind global vermarktbare Icons entstanden. Obwohl der Millennium Park das Zentrum Chicagos sichtbar aufwertet, wird er häufig kritisiert, da es sich nicht um einen öffentlichen, sondern um einen privaten und stark kontrollierten und regulierten Raum handelt. Außerdem ist zu befürchten, dass die Spaßgesellschaft bald etwas Neues und noch Aufregenderes verlangen wird und Abnutzungserscheinungen selbst bei bester Pflege nicht ausbleiben werden. Die polierte Edelstahlwolke glänzt schon heute nicht mehr so wie in den ersten Jahren nach der Fertigstellung. Das Navy Pier hatte nach der Eröffnung des Millennium Park an Attraktivität verloren und wird nur 20 Jahre nach der Eröffnung saniert und teils umgestaltet (Beobachtungen der Verfasserin; Calbet i Elias et al. 2012, S. 392; Jayne 2006, S. 192; Spirou 2011, S. 282–285). Navy Pier und Millennium Park sind nicht die einzigen Freizeiteinrichtungen, die in den vergangenen zwei Jahrzehnten im Zentrum Chicagos entstanden sind (■ Tab. 5.1). Im *loop* sind ältere Bühnen für Theater oder Shows saniert oder wiedereröffnet worden, und nördlich des Chicago River ziehen zahlreiche Restaurants bis in die späten Abendstunden Besucher an. Das Chicago Art Institute, eines der besten Museen der USA, ist 2009 um einen Flügel für moderne Kunst erweitert worden. Seit den 1990er-Jahren ist eine neue Downtown entstanden, in der Angebote für Freizeit und Unterhaltung eine große Rolle spielen (Newman und Thornley 2005, S. 105).

5.3.3 Reurbanisierung

Die Innenstadt von Chicago weist alle Merkmale einer Reurbanisierung auf. Seit Jahrzehnten hat die Stadt auf den Umbau des Zentrums gesetzt und es geschickt

5

◘ **Abb. 5.13**   „Cloud Gate" im Millennium Park. Hier spiegeln sich die Umstehenden sowie die benachbarten Hochhäuser

verstanden, privates Kapital für die Revitalisierung zu mobilisieren. Die Central Area hat sich weit positiver entwickelt als es wahrscheinlich selbst die kühnsten Optimisten zu Beginn der 1990er-Jahre gehofft hatten (◘ Abb. 5.15). Allein von 2000 bis 2010 ist die Zahl der Einwohner um 36 % auf 182.000 und bis 2020 um weitere 35 % auf 244.455 Einwohner gestiegen. 8,9 % der Bewohner Chicagos leben heute auf 4,6 % der Gemarkungsfläche in der Central Area. Eigenen Aussagen zufolge ist keine *downtown* einer US-amerikanischen Großstadt in den vergangenen Jahrzehnten so stark gewachsen wie die der Stadt am Lake Michigan. Neue Wohneinheiten wurden nicht nur in Hochhäusern, sondern auch in älteren Bürogebäuden, die umgewandelt wurden, erstellt. Im *loop,* der einst unter sehr starken Verfallserscheinungen gelitten hat, hat sich die Zahl der Einwohner von 1990 bis 2020 auf gut 42.000 fast vervierfacht. Die Weißen bilden die größte Gruppe, werden aber sicherlich bald von den Asiaten und Hispanics, deren Zahl von 2010 bis 2020 um 88 % bzw. 74 % angestiegen ist, überholt werden (Chicago Loop Alliance 2022). Auch als Bürostandort gewinnt die Central

Area von Chicago immer mehr an Attraktivität. Hier befinden sich gut 19 Mio. m^2 Bürofläche, davon mehr als die Hälfte im *loop.* Fast ein Viertel der gesamten Bürofläche ist erst nach der Jahrhundertwende entstanden. Neue Bürogebäude sind insbesondere westlich des Chicago River gebaut worden, wo es noch größere Freiflächen gab. Die Zahl der Arbeitsplätze im privaten Sektor ist in der Central Area von 2010 von rund 500.000 bis 2019 auf 640.000 gestiegen. Ende 2022 war fast wieder der Stand von vor der Pandemie erreicht. Somit befindet sich mehr als die Hälfte der Arbeitsplätze der Stadt Chicago in diesem Bereich im Stadtzentrum. Nur in Manhattan gibt es eine ähnlich hohe Konzentration (City of Chicago, Department of Planning and Development 2023a, S. 28–29). Knapp 20 Hochschulen wie die DePaul University und die Roosevelt University haben ihren Sitz oder einen Campus im *loop.* Die Studierenden tragen sehr zur Lebendigkeit des Stadtzentrums bei. Der Einzelhandel hat sich zumindest bis Ausbruch der Pandemie ebenfalls positiv entwickelt. Während sich auf der State St. im *loop* eher trendige Läden für junge Menschen wie Old Navy

5.3 · Chicago. Von der Industrie- zur Konsumentenstadt

169

5

◘ Abb. 5.14 Crown Fountain im Millennium Park. Auf die Türme werden Bilder projiziert, und im Sommer fließt Wasser von den Türmen auf den Zwischenraum

oder Urban Outfitters angesiedelt haben (beide Läden sind während der Pandemie verschwunden), ist die North Michigan Avenue Standort internationaler Designer. Wie in anderen Stadtzentren, haben Einzelhandel und Gastronomie während der COVID-19-Pandemie stark gelitten, da sehr viele Menschen zu Hause gearbeitet haben und die Nachfrage stark gesunken ist. Viele Anbieter mussten schließen. Die North Michigan Avenue erweckte schon vor Ausbruch der Pandemie den Eindruck, als habe sie ihre beste Zeit bereits hinter sich. Die Leerstandsrate in den überwiegend in den 1970er- und 1980er-Jahren gebauten innenstädtischen Einkaufszentren hat von Jahr zu Jahr zugenommen. Diese waren einst große Magneten für Kunden aus der ganzen Region. Eine Renovierung und die Anpassung an den Zeitgeist stellen ein großes Risiko für die Investoren dar, da sich das Konsumentenverhalten kaum abschätzen lässt. Eventuell wird die Nachfrage im Stadtzentrum Chicagos aber wieder ansteigen, denn es ist nicht auszuschließen, dass die Zahl der Einwohner und Arbeitsplätze in der Central Area weiter steigen

wird. Obwohl das Zentrum von Chicago auf europäische Besucher den Eindruck großer Dichte vermittelt, stehen noch Brachflächen oder untergenutzte Flächen zur Verfügung, die entwickelt werden können. Außerdem wird ein Teil der Gebäude, die nicht mehr dem heutigen Standard entsprechen, durch (meist höhere) Neubauten ersetzt werden (City of Chicago, Department of Planning and Development 2023a, 2023b). Besonders bemerkenswert ist die Entwicklung südlich des *loop*. Bis Ende des 19. Jahrhunderts hatten hier die reichsten Bürger der Stadt gewohnt (Zorbaugh 1929). Nachdem diese an die Gold Coast nördlich des *loop* gezogen waren, verfielen die Prachtvillen. Die Häuser der einstigen Superreichen an der Prairie Avenue wurden seit Ende der 1990er-Jahre renoviert und zu Preisen im zweistelligen Millionenbereich verkauft. In der Nachbarschaft entstanden zahlreiche Hochhäuser mit Hunderten neuer Apartments.

Die Zahl der Touristen lag 2000 wie auch 2010 bei rund 40 Mio., obwohl die Stadt den Kultursektor stark ausgebaut hatte und das Zentrum äußerst attraktiv ist.

5

◨ **Abb. 5.15**   Trump Tower, Hotels und Apartments neben dem Wrigley Building

Bis 2019 erfolgte ein großer Sprung auf 61 Mio. Besucher, von denen 2,2 Mio. aus dem Ausland kamen. Besonders beliebt war Chicago bei Kanadiern und Mexikanern, gefolgt von Briten und Indern. Bei deutschen Touristen spielt die Stadt fast keine Rolle. Nach einem großen Einbruch während der COVID-19-Pandemie besuchten 2022 wieder rund 48 Mio. Auswärtige Chicago, aber nur 1,4 Mio. Ausländer. Der Großteil der Touristen wohnt in Hotels im Zentrum, wo in 154 Hotels knapp 46.000 Zimmer zur Verfügung stehen. Ungefähr ein Drittel kommt geschäftlich. Obwohl Chicago die drittgrößte Metropole der USA ist, belegt sie nur Rang zehn auf der Liste der beliebtesten Städte bei ausländischen Besuchern (Chicago Office of Tourism and Culture 2023). Der Stadt ist es noch nicht gelungen, auch bei internationalen Touristen auf sich aufmerksam zu machen. Zu einer globalen Vermarktung hätten die geplanten Olympischen Spiele im Jahr 2016 beitragen können, für die Chicago aber leider nicht den Zuschlag erhalten hat.

Die Innenstadt von Chicago gilt heute als Aushängeschild der Region. Es wurde auf die Anforderungen einer globalisierten Welt reagiert und die richtigen Akzente in der Stadtpolitik gesetzt (Simpson und Kelly 2011, S. 218). Dennoch kann man die Entwicklung auch kritisieren. Es sind fast ausschließlich Apartments für die Reichen und die Superreichen entstanden, die Zahl der Familien mit Kindern ist gering, und es hat eine Privatisierung des öffentlichen Raumes stattgefunden. In den 1970er-Jahren war die Innenstadt allerdings denkbar unattraktiv und wurde als gefährlich wahrgenommen. Heute ist sie sauber, die Kriminalitätsrate ist gesunken, und die Lebensqualität der *downtown* ist höher denn je. Besonders erfreulich ist, dass sich die Reurbanisierung inzwischen ausgehend vom *loop* kreisförmig wie Jahresringe um einen Baum immer weiter ausdehnt und selbst die lange vernachlässigten Stadtteile südlich des *loop* und westlich des Chicago River erfasst hat. Bedenklich ist aber, dass fast alle Kräfte auf die Revitalisierung der Innenstadt gelegt wurden, während man die Probleme der restlichen Stadt vernachlässigt hat. Die südlichen und westlichen Stadtteile verloren von 2010 bis 2020 bis zu 20 % der Bevölkerung. Weite Teile der Bevölkerung haben nicht vom Umbau der Central Area profitiert. Die Armutsrate liegt mit knapp 17 % weit über dem US-amerikanischen Durchschnitt von 11,5 % (Chicago Loop Alliance 2022, S. 3; Newman und Thornley 2005, S. 106; ▶ www.census.gov).

In Chicago sind weiche Standortfaktoren mittlerweile wichtiger als der Ausbau der Industrie. Die Politik hat öffentlich zugängliche Güter wie saubere Luft, sichere öffentliche Räume und Parks und ein attraktives Freizeitangebot geschaffen. Hier halten sich die Menschen gerne auf und geben ihr Geld aus (Clark 2002, S. 510–512). Die Unterhaltungsindustrie hat sich zum Wachstumsmotor der Stadt entwickelt, und zur Jahrtausendwende war der Freizeit- und Kultursektor der wichtigste Industriezweig der Stadt. Der Konsum steht eindeutig im Mittelpunkt. Die einst führende Industriestadt Amerikas hat sich zu einer Konsumentenstadt entwickelt. Selbst angesichts sinkender Einwohnerzahlen in der Gesamtstadt strotzt Chicago wieder vor Zuversicht. 2003 hat die Stadt einen Central Area Plan verabschiedet, der sehr ehrgeizige Ziele für die kommenden 20 Jahre definiert: „*The Central Plan is a guide for the continued economic growth, and environmental sustainability of Chicago's downtown for the next 20 years. It is driven by a vision of Chicago as a global city, the ‚Downtown of the Midwest', ‚the heart of Chicagoland', and the ‚greenest' city in the county*" (City of Chicago 2003, Introduction). Der nächste Central Area Plan ist in Vorbereitung. Die Stadt Chicago ist sehr bemüht, die Bevölkerung in die Pläne einzubeziehen. Es gab die Gelegenheit, an einer umfangreichen Online-Befragung zur Central Area teilzunehmen, und es fanden regelmäßige Treffen mit interessierten Bürgern statt. Die Ergebnisse der Befragung und Gesprächsrunden wurden ausführlich im Internet dokumentiert (City of Chicago, Department of Planning and Development 2023b). Es zeigt sich, dass die Bürger weitgehend mit den seit 2003 getroffenen Maßnahmen zufrieden sind. Besonders der Ausbau des Millennium Park und der Uferwege entlang des

Chicago River wurde sehr gelobt. Natürlich gab es auch kritische Anregungen, die den Mangel an Radwegen oder die geringe nächtliche Beleuchtung öffentlicher Plätze kritisierten. Aber auch hier zeigt sich eine Bevorteilung der neuen Urbaniten. Den Wünschen der Bewohner der verarmten South Side und West Side wird weniger Aufmerksamkeit geschenkt.

5.4 Boston und das „Big Dig"-Projekt

Boston ist eine der ältesten und traditionsreichsten Städte der USA. 1630 legten elf Schiffe mit rund 700 Puritanern aus England in der Massachusetts Bay auf der Suche nach einem Ort an, an dem sie sich frei entfalten konnten. Schon bald entwickelte sich Boston zu einem Zentrum des Schiffsbaus, der Fischerei und des Walfangs. Das Streben der Puritaner nach Bildung wirkt sich bis heute positiv aus. 1636 wurde im benachbarten Cambridge ein College gegründet und 1639 nach seinem Gründer Harvard benannt. 1730 zählte die Stadt bereits 13.000 Einwohner. Spannungen zwischen den Kolonisten und dem Mutterland führten 1773 zu der bekannten Boston Tea Party. Nachdem die USA 1776 die Unabhängigkeit erlangt hatten, baute Boston Hafen und Handel aus und wurde 1822 mit gut 40.000 Einwohnern offiziell zur Stadt erhoben. Ab Mitte des 19. Jahrhunderts entwickelte sich Boston im Zuge der Industrialisierung zu einem Standort der Nahrungsmittel- und Lederindustrie, des Schiff- und Maschinenbaus sowie der Stahlindustrie. Auch der Bildungssektor wurde nicht vernachlässigt. 1848 wurden in Boston die erste öffentliche Bibliothek des Landes und 1861 das Massachusetts Institute of Technology eröffnet. Gleichzeitig wuchs die Bevölkerung mit der Einwanderung armer Iren, die ab 1846 in großer Zahl eintrafen, stark an. Ende des 19. Jahrhunderts wanderten außerdem Chinesen und osteuropäische Juden zu. 1900 hatte Boston knapp 560.000 Einwohner. Wie andere Ostküstenstädte litt Boston ab Mitte des 20. Jahrhunderts unter der Deindustrialisierung. Die Zahl der Einwohner erreichte 1950 mit 801.000 den Höchstwert, um bis 1980 bedingt durch die Suburbanisierung auf 563.000 zu sinken. Gleichzeitig setzte in einigen Vierteln ein starker Verfall ein (Blume 1988, S. 369–375; Kennedy 1992, S. 43–71).

In den vergangenen Jahrzehnten ist ein Strukturwandel gelungen. Boston konnte sich zum führenden Dienstleistungszentrum Neuenglands entwickeln und hatte 2020 wieder 651.000 Einwohner (▶ www. census.gov). Gleichzeitig setzte ein Aufwertungsprozess der Innenstadt und angrenzender Bereiche ein. Hierzu gehörten seit den 1970er-Jahren die Revitalisierung von Quincy Market und Umwandlung zu einem beliebten *festival market* (◻ Abb. 5.16), der Bau des Prudential Centers mit mehreren Hotels und

5

◨ **Abb. 5.16**   Quincy Market

einem großen Einkaufszentrum und die *gentrifica-tion* der innenstadtnahen Wohnviertel Beacon Hill und Back Bay (◨ Abb. 5.17). In neuerer Zeit hat die Innenstadt durch die Verlegung der Central Artery deutlich an Attraktivität gewonnen. Die mutige (und teure) Baumaßnahme zeigt, wie wichtig Einsatz und Durchsetzungsfähigkeit von Planern und Politkern für die Realisierung spektakulärer Großprojekte sind.

5.4.1   Central Artery

Die Küstenlinie Massachusetts ist eiszeitlich geprägt und zeichnet sich durch eine enge Verzahnung von Land und Wasser aus. Im 19. Jahrhundert hat es mit dem Ausbau des Hafens Landaufschüttungen und Veränderungen der Küstenlinien gegeben, die im 20. Jahrhundert fortgesetzt wurden (Miller 2002). Das auf einer Halbinsel gelegene Zentrum von Boston war zu keinem Zeitpunkt gut an die restliche Stadt angeschlossen. Die Probleme vergrößerten sich mit dem Anstieg des Individualverkehrs, und in den schmalen Straßen der Innenstadt staute sich der Verkehr immer

mehr. Da sich Mitte des 20. Jahrhunderts die Stadtentwicklung am Leitbild der autogerechten Stadt orientierte, hoffte man in Boston, durch den Ausbau der Straßen den Verkehrsfluss verbessern und gleichzeitig die Attraktivität der Stadt erhöhen zu können. 1948 wurde für die Boston *metropolitan area* ein ehrgeiziger Master Highway Plan verabschiedet, der u. a. den Bau des Autobahnrings Route 128 und der Central Artery, eine aufgeständerte Stadtautobahn durch das Zentrum, vorsah. Man wollte die Erreichbarkeit der Innenstadt verbessern und die Straßen vom fließenden Verkehr befreien. Obwohl sich früh gegen die Pläne Protest regte, wurden die Bauarbeiten 1950 aufgenommen. Mehr als 100 Wohngebäude und 900 Betriebe fielen der Abrissbirne zum Opfer. 34 Auf- und Abfahrtsrampen sollten eine größtmögliche Zugänglichkeit garantieren, beanspruchten aber mehr Platz als die Central Artery selbst. Von den Bau- und Abrissmaßnahmen waren besonders das North End, das völlig von der Innenstadt abgeschnitten wurde, China Town und der Leather District betroffen. Zur damaligen Zeit war der (Teil-)Abriss sanierungsbedürftiger und problematischer Stadtviertel im Rahmen von Infrastrukturmaßnahmen

◨ **Abb. 5.17**   Blick über die Back Bay (Boston)

nicht unüblich, da man hoffte, so zwei Fliegen mit einer Klappe schlagen zu können. Die 1959 dem Verkehr übergebene Central Artery stellte sich bald als völlige Fehlplanung heraus. Die vielen Rampen bewirkten zwar tatsächlich, dass viele Autofahrer die neue Hochstraße nutzten, die aber schnell ihr Fassungsvermögen erreichte. Anstatt zu einer Aufwertung beizutragen, hatte die Hochstraße zu einem weiteren Attraktivitätsverlust der Innenstadt geführt (Aloisi 2004, S. 6–11).

5.4.2 Realisierung

Ein Paradigmenwechsel setzte ein, als 1975 der Demokrat Michael Dukakis Gouverneur von Massachusetts wurde und dieser Fred Salvucci zum Verkehrsminister ernannte. Beide waren der Meinung, dass der weitere Ausbau des innerstädtischen Straßennetzes der Stadt mehr schaden als helfen würde und dass die Lebensqualität Bostons in den Mittelpunkt gerückt werden müsse. Zu dieser Zeit wurde die für 75.000 Fahrzeuge pro Tag geplante Central Artery von mehr als doppelt

so vielen Fahrzeugen genutzt. Salvucci hatte die Idee, die innerstädtische Hochstraße unter die Erde zu legen und einen dritten Tunnel unter dem Hafen zur Entlastung des Verkehrs zu bauen. Kein weiteres Haus sollte zerstört werden. Alte Nachbarschaften sollten vereint und innerstädtische Grünflächen angelegt werden, wobei Salvucci hoffte, dass die Federal Highway Administration (FHWA) bis zu 90 % der Baukosten übernehmen würde. Allerdings wurde das Projekt zunächst Spielball parteipolitischer Interessen. Gouverneur Dukakis wurde 1979 von Edward J. King abgelöst, der zwar ebenfalls Demokrat war, aber den Ausbau der Verkehrswege zum Flughafen, der sich auf einer vorgelagerten Halbinsel befindet, als oberste Priorität betrachtete. Alle Zufahrtsstraßen zum Flughafen führten durch East Boston, wo viele Häuser und ein Naherholungsgebiet abgerissen bzw. geopfert werden sollten. Angesichts der misslungenen Central Artery wuchs in Boston der Protest gegen den Bau weiterer Straßen und die geplante Zerstörung von East Boston. Die Gegner erhielten Unterstützung von dem charismatischen Demokraten Tip O'Neill (1912–1994), dessen

Wahlkreis East Boston war. O'Neill war 34 Jahre Mitglied im Repräsentantenhaus in Washington und seit 1977 dessen Sprecher. Aufgrund der Opposition gegen das Projekt und anderer unglücklicher Umstände wie die Inhaftierung des Verkehrsministers von Massachusetts wegen Bestechlichkeit während der Amtszeit von King wurden O'Neills Pläne nicht umgesetzt. 1983 bis 1991 war Dukakis wieder Gouverneur von Massachusetts. In Washington scheiterte die Übernahme der Finanzierung des Bostoner Verkehrsprojekts jetzt aber an dem republikanischen Präsident Reagan (1981–1989). Dem demokratischen Senator Edward Kennedy aus Boston gelang es schließlich, eine Reihe von Republikanern auf die Seite der Demokraten zu ziehen und 1987 für das Projekt zu stimmen. Da jetzt die Übernahme eines Großteils der Kosten durch die FHWA gesichert war, konnten endlich die konkreten Planungen beginnen (Aloisi 2004, S. 16–27).

Ein wichtiges Ziel des Central Artery/Tunnel-Projekts, das im Volksmund als *„Big Dig"* bezeichnet wurde, war die Verbesserung der Lebensqualität. Durch die Hochstraße zerschnittene *neighborhoods* sollten wieder vereint, der öffentliche Nahverkehr verbessert und Freiflächen und Grünanlagen in einem Umfang von 120 ha angelegt werden. An dem Standort der früheren Hochstraße sollte auf dem Dach des Tunnels mit dem Rose Kennedy Greenway ein neuer innerstädtischer Park entstehen. Die Grünanlagen versprachen einen attraktiven Zugang zum Ufer, das zuvor nur nach einer Unterquerung der Hochstraße erreicht werden konnte (Aloisi 2004, S. 22–32). Mangels Alternativen musste der Verkehr während der ganzen Zeit der Bauarbeiten weiterhin durch das Zentrum Bostons geführt werden. Zunächst baute man den Tunnel, und erst nach dessen Fertigstellung konnte die alte Hochstraße abgerissen werden. Der Bau des mehrstöckigen Tunnels war schwierig, da man die rechts und links stehenden Hochhäuser des Financial District abstützen musste, bevor mit den Aushubarbeiten begonnen werden konnte. Die unterirdische Schnellstraße wurde Ende 2003 dem Verkehr übergeben (◘ Abb. 5.18). Zeitweise waren bis zu 5000 Arbeiter an dem Bau beteiligt, der bis zu 3 Mio. US$ pro Tag verschlungen hat. Ein Jahr später wurde mit dem Abbau der alten Hochstraße und der Anlage des geplanten Rose Kennedy Greenway begonnen. Ein großes Problem war die geplante Untertunnelung des Fort Point Channels am östlichen Ufer des Charles Rivers, für deren Realisierung man 1,5 Mrd. US$ veranschlagt hatte. Fort Point Channel ist ein wenig attraktives versumpftes Gelände, an dessen Ufer Gillette jährlich mehr als eine Mrd. Rasierklingen produziert. Eine Untertunnelung der Produktionsanlagen hätte die Herstellung der Klingen in Präzisionsarbeit gefährdet. Um diese Probleme zu umgehen, baute man eine Brücke über den Kanal. 2002 wurde die von Architekt Leonard P. Zakim ent-

worfene Bunker Hill Memorial Bridge, die in Boston als Zakim Bridge bezeichnet wird, mit zehn Fahrspuren eröffnet (◘ Abb. 5.19). Die Hängebrücke verbindet den neuen innerstädtischen Tunnel mit der Interstate 93 und U.S. Highway 1 und gilt als neues Wahrzeichen der Stadt (Aloisi 2004, S. 43–68). Das *„Big Dig"*-Projekt inklusive Bau eines dritten Tunnels zum Flughafen, Abriss der alten Hochstraße und Anlage des Rose Kennedy Greenway wurde nach 15 Jahren Bauzeit Ende 2007 fertiggestellt. Die gesamte Länge aller neuen Fahrspuren in Tunneln, auf der Brücke und den Zufahrtsrampen beträgt 270 km. Die Kosten des Projekts lagen mit 24,3 Mrd. US$ weit höher als anfangs kalkuliert (Miller 2002; Associated Press 10.7.2012).

5.4.3 Bewertung

Wie häufig bei Großprojekten gab es während des Baus und nach der Fertigstellung viele Probleme wie herunterfallende Deckenteile, eine nicht funktionierende Beleuchtung in den Tunneln sowie ein Belag auf den Zufahrtsrampen, der nicht für die winterlichen Temperaturen Neuenglands geeignet war, die ausführlich in der Presse diskutiert wurden. Dennoch besteht kein Zweifel, dass die Innenstadt von Boston und besonders die der Stadt vorgelagerte Spectacle Island, die zuvor als Müllhalde gedient hatte, enorm an Attraktivität gewonnen haben. Der größte Teil des Aushubs für den Tunnelbau war auf Spectacle Island abgelagert worden. Die Insel wurde in ein Naherholungsgebiet mit 28.000 neu gepflanzten Bäumen und Sträuchern, Rad- und Wanderwegen, Stränden, einem Pier mit Anlegeplätzen für 38 Boote und einer Anlegestelle für die Fähre aus Boston umgestaltet (Aloisi 2004, S. 32). Im Zentrum Bostons hatte die Central Artery einen fast unüberbrückbaren Riegel zwischen Innenstadt und *waterfront* dargestellt, heute bietet der Rose Kennedy Greenway Erholungsflächen und öffnet die Stadt zum Wasser. Das North End wurde wieder Teil des Zentrums von Boston und ist nur wenige Jahre nach Abschluss der Arbeiten kaum wiederzuerkennen (◘ Abb. 5.20). Vor nicht allzu langer Zeit zeigten die Häuser starke Verfallserscheinungen und viele Leerstände. Inzwischen ziehen Straßencafés Touristen an, und es sind Anzeichen einer *gentrification* mit all ihren Vor- und Nachteilen erkennbar (Beobachtung der Verfasserin).

5.5 Detroit. Eine dem Untergang geweihte Stadt?

Aufstieg und Niedergang der Stadt Detroit lassen sich in drei Phasen untergliedern. Von 1910 bis Ende der 1940er-Jahre wuchs die Stadt sehr schnell, die folgenden drei Jahrzehnte waren durch eine starke

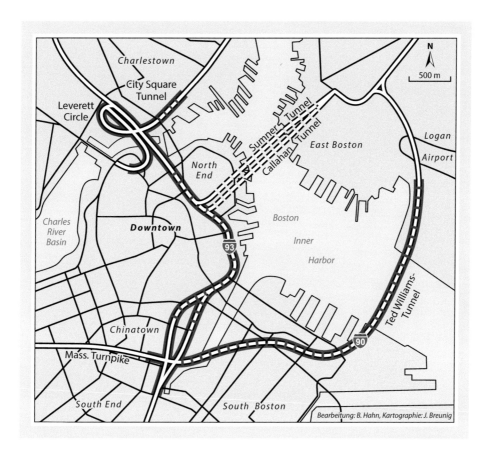

◨ **Abb. 5.18**   Boston: *The Big Dig* (adaptiert nach Unterlagen der Stadt Boston)

Suburbanisierung geprägt, und seit Ende der 1970er-Jahre leidet Detroit unter der Konkurrenz durch andere Regionen der USA (Hill und Feagin 1987). Unter den schrumpfenden Städten nimmt Detroit eine besondere Rolle ein. Die Stadt hat mit rund 1,2 Mio. Menschen seit 1950 mehr Einwohner verloren als jede andere Stadt der USA, und ein Ende des Schrumpfungsprozesses ist nicht abzusehen. Gleichzeitig zeichnet sich Detroit durch eine hohe Armutsrate und Arbeitslosigkeit sowie einen geringen Bildungsstand der Bevölkerung aus. In neuerer Zeit hat es im Zentrum der Stadt jedoch einige wenige Lichtblicke gegeben.

Detroit wurde 1701 als ein französisches Fort an dem gleichnamigen Fluss, der den Lake Erie mit den westlichen Großen Seen verbindet, von dem französischen Kapitän Cadillac gegründet und bis 1760 durch die Franzosen kontrolliert. Die Gegenseite des Detroit River blieb in französischer Hand und gehört seit 1867 zu dem neu gegründeten Kanada. Mitte des 19. Jahrhunderts hatte die Stadt erst rund 20.000 Einwohner, erlebte aber einen ersten Aufschwung im Zuge der Industrialisierung ab 1850, als hier Öfen und andere Küchengeräte gebaut wurden. Bekannt wurde Detroit auch als Standort von Brauereien und Süßwaren. 1900 zählte die Stadt schon 285.000 Einwohner und nahm Rang 13 unter den amerikanischen Städten ein (▶ www.census.gov).

5.5.1 Stadt des Automobils

Den entscheidenden Entwicklungsschub löste Henry Ford aus, der 1896 sein erstes Automobil in Detroit baute. Weitere Pioniere des Fahrzeugbaus waren die Brüder Dodge, Packard, Studebaker und Chrysler. Außerdem entstand in der Stadt eine umfangreiche Zulieferindustrie für die Automobilfertigung. Bis 1920 stieg die Zahl der Einwohner Detroits auf eine knappe Million und kletterte auf Rang vier nach New York, Chicago und Philadelphia (▶ www.census.gov). Die Phase des ungebremsten Wachstums ging Hand in Hand mit der Einführung der Fließbandarbeit und der Massenproduktion durch Henry Ford. 1913 brach mit der Eröffnung der Fabrik in der Enklave Highland Park in rund 10 km Entfernung vom Zentrum Detroits das moderne Industriezeitalter an (◨ Abb. 5.21). Ford war es gelungen, mit dem „Model T" ein Automobil für jedermann zu bauen und Amerika zu verändern. Bis 1927, als die Produktion des „Modell T" eingestellt wurde, rollten 15 Mio. Fahrzeuge vom Band. Die Bevölkerung von Highland Park stieg von nur 427 Einwohnern im Jahr 1900 auf 52.000 im Jahr 1930. Da in dem Werk in Highland Park auf mehreren Ebenen produziert wurde, Ford aber alle Produktionsschritte an einem Standort vereinen wollte und kein Platz für eine Expansion vorhanden war, eröffnete er 1918 das Werk

5

◨ **Abb. 5.19**   Die Zakim Bridge gilt als neues Wahrzeichen der Stadt Boston

„River Rouge" im südlich von Detroit gelegenen Dearborn, wo er ein 800 m langes Fließband bauen ließ. Das neue Werk verfügte sogar über eigene Hochöfen und war zum damaligen Zeitpunkt der größte Industriekomplex der Welt. Binnenfrachter konnten Erz und Kohle aus dem Norden Michigans anliefern. Das Werk in Highland Park wurde Ende der 1950er-Jahre geschlossen (Lacey 1987, S. 9, 114).

Die Fließbandarbeit hat Detroit mehrere Jahrzehnte Wohlstand und Wachstum gebracht, aber auch den Niedergang eingeleitet. Ungebildete Arbeiter konnten schnell angelernt werden und mussten kaum über Kenntnisse verfügen. Da jeder Arbeiter nur für einen geringen Teil der Produktion verantwortlich war, konnte er kein größeres Wissen ansammeln. Schädlich für die Innovationskraft der Region war, dass von den anfänglich vielen Produzenten nur die *big three* Ford, General Motors und GM übrigblieben. Detroit entwickelte sich zu einer monostrukturierten Stadt, in der Hunderttausende schlecht ausgebildete Arbeiter bei nur drei großen Autobauern arbeiteten, die langfristig den Wettbewerb und die Kreativität der Arbei-

ter unterdrückten. Erschwerend kam hinzu, dass die Stadt nie viel in den Ausbau des Bildungssektors investiert hat (Glaeser 2011a, S. 48–58). Seit Mitte des 20. Jahrhunderts häuften sich in Detroit die Probleme. In dem Jahrzehnt nach Ende des Zweiten Weltkriegs bauten die *big three* 20 neue Automobilwerke ausschließlich im suburbanen Raum, wohin sich auch die Zuliefererindustrie und die Bevölkerung verlagerten. Die Löhne in der Automobilindustrie waren schon immer hoch, aber jetzt setzte die mächtige Gewerkschaft United Auto Workers (UAW) unangemessen hohe Löhne durch, die Detroit geschadet haben. Löhne und Lebensstandard der Industriearbeiter in Detroit waren zeitweise höher als in jeder anderen amerikanischen Stadt. Aber die Schwarzen wurden nur sehr zögerlich eingestellt, durften nur die schmutzigsten Jobs verrichten und wurden auf dem Wohnungsmarkt benachteiligt (Sugrue 1996, S. 41–47, 91–110). Es verwundert nicht, dass 1967 mehrtägige Rassenunruhen ausbrachen, die zu den brutalsten der USA gehörten und den Exodus der Weißen aus der Stadt förderten. Die in der Automobilindustrie Beschäftigten

5.5 · Detroit. Eine dem Untergang geweihte Stadt?

177

5

◘ **Abb. 5.20** Die aufgeständerte Central Artery verlief früher im Vordergrund des Bildes. Nach Abriss der Hochstraße erwachte das North End zu neuem Leben

waren überwiegend weiß und wohnten in gepflegten Einfamilienhäusern im suburbanen Raum, während in der Kernstadt die verarmte schwarze Bevölkerung zurückblieb und der Baubestand zusehends verfiel. Obwohl die Arbeiter in der Automobilindustrie vergleichsweise gut verdienten, traten sie gestärkt durch die UAW wiederholt in wochenlange Streiks, sodass GM 1945/46 für 113 Tage und Ende der 1990er-Jahre für 54 Tage die Produktion einstellen musste. Außerdem investierten die Automobilproduzenten zu wenig. Zu Beginn der 1970er-Jahre waren die Produktionsanlagen und die Infrastruktur in Detroit veraltet, Steuern und Löhne hoch und die von Gewerkschaften angestachelten Arbeiter aggressiv. Unter diesen Bedingungen war es verständlich, dass sich das Kapital in den Süden der USA oder in das Ausland verlagerte und in Detroit keine neuen Investitionen erfolgten (Gallagher 2010, S. 37; Hill und Feagin 1987; Ross und Mitchell 2004, S. 687–688).

5.5.2 Bevölkerung und Bausubstanz

Die Bevölkerung Detroits ist von 1970 bis 2020 um 74 % auf rund 620.000 gesunken, in *der metropolitan area* aber um 28 % auf 4,4 Mio. angestiegen. In der Kernstadt hatten die Schwarzen 1950 nur einen Anteil von 16 % an der Bevölkerung; 2020 waren es 77,8 % (▶ www.census.gov). Das Bildungsniveau ist niedrig und die Armut groß. In der Enklave Highland Park sind die Verhältnisse noch schlechter. Beide Städte leiden darunter, dass sehr viele Menschen abwandern, aber keine Immigranten aus Mexiko, China oder anderen Ländern zuziehen. Detroit hatte über Jahrzehnte eine der höchsten Kriminalitätsraten der USA. Diese ist nach einer Aufstockung der Polizeikräfte und Einführung verbesserter Überwachungssysteme beeindruckend stark gesunken. 2023 wurden „nur" 252 Menschen in Detroit ermordet, so wenige wie seit 1966 nicht mehr. Auch andere Straftaten gingen deutlich

5

◘ Abb. 5.21   Fordfabrik in Highland Park. Hier wurde 1913 das Fließband erfunden

◘ Tab. 5.1   Sozioökonomische Daten für Detroit, Highland Park und Dearborn 2022

	Detroit	Highland Park	Dearborn	USA
Einwohner	620.376	8657	107.710	3.333.557
Schwarze (%)	79,9	85,2	3,2	13,6
Im Ausland geboren	5,7	1,4	28,5	13,6
Minimum Bachelorabschluss Personen über 25 J. (%)	16,2	16,6	34,2	33,7
Durchschnittl. Pro-Kopf-Einkommen in US$	20.780	19.401	26,773	37.638
Armutsrate	31,8	40,7	24,7	11,6
Arbeitslosenrate	7	19,2	3,8	3,7

Quelle: ▶ www.census.gov

zurück. Diese Entwicklung ist umso bedeutender, wenn man bedenkt, dass Mitte der 1960er-Jahre noch rund dreimal so viele Menschen in Detroit lebten und die Stadt lange als hoffnungslos galt (City of Detroit, Police Department 2024). Die Zusammensetzung der Bevölkerung im benachbarten Dearborn, dem Stand-

ort der River-Rouge-Fabrik, ist völlig anders als die Detroits (◘ Tab. 5.1). Nach Dearborn sind in den vergangenen Jahrzehnten viele Menschen aus den arabischen Ländern und aus Europa gezogen, und mehr als die Hälfte der Bewohner hat heute arabische Wurzeln (▶ www.census.gov).

5.5 · Detroit. Eine dem Untergang geweihte Stadt?

179

5

In Detroit gibt es kaum noch Baublocks mit geschlossener Bebauung, und die Zeichen des Verfalls sind überall sichtbar (◘ Abb. 5.22). Die Besitzer leben nicht mehr oder haben längst die Stadt verlassen. Da sie keine Grundsteuern mehr zahlen, fallen die Grundstücke und Häuser irgendwann in den Besitz der Stadt, für die sie hohe Kosten verursachen. Die Gründung einer *land bank* war lange umstritten. Erst als 2008 Bundesmittel für ein *Neighborhood-stabilization*-Programm zur Verfügung gestellt wurden, hat Detroit eine *land bank* gegründet. Da das Angebot die Nachfrage um ein Vielfaches übertrifft, funktioniert die *land bank* nicht wirklich gut. Außerdem hat es häufig Probleme bei der Übertragung der Eigentumsrechte gegeben. Inzwischen verwaltet die Detroit Land Bank mehr als 100.000 brachliegende Grundstücke und leerstehende Häuser, für die Interessenten ein Angebot abgeben können. Benachbarte Grundstücke können für nur 100 US$ erworben werden. Bis 2018 konnten in 10.000 Fällen die Eigentumsrechte übertragen werden, was allerdings nur rund 10 % der Angebote entspricht (Gallagher 2010, S. 36, 141; ► https://buildingdetroit.org). Bürgermeister Duggan hat vorgeschlagen, die *property tax* für bebaute Grundstücke um 17 % zu senken, aber die Steuer für brachliegende Grundstücke zu erhöhen. Er hofft, dass Grundstücke schneller bebaut werden. Wenn die bundesstaatlichen Behörden zustimmen, soll der Land Value Tax Plan 2025 umgesetzt werden. Auf unzähligen Brachflächen dominiert heute das Graugrün des Präriegrases, und es scheint, als erobere die Natur die Stadt zurück. Die Brachflächen sind größer als in anderen Städten, da nicht nur die Bevölkerung die Stadt verlassen hat, sondern auch viele Automobil- und Zulieferbetriebe, die einst riesige Flächen eingenommen haben. Ungepflegte *neighborhoods* mit überwucherten Grundstücken werden bald auch von den letzten Bewohnern verlassen werden, und neue werden sich nicht finden lassen. Die Stadt Detroit mäht daher jedes Jahr das Gras auf den brachliegenden Grundstücken. Außerdem können Bewohner für benachbarte Grundstücke Zuschüsse für die Pflege, Sanierung oder Anlage von Gemeinschaftsgärten in Höhe von 500–15.000 US$ beantragen (Detroit Evening Report 2024). Die Zahl der aufgegebenen Häuser und Grundstücke wächst kontinuierlich. Auf den Homepages der Stadt Detroit und der Immobilienmakler werden Tausende Wohnhäuser zu unglaublich niedrigen Preisen angeboten. Tatsächlich können sogar viele (sehr verfallene) Häuser für nur 1000 US$ erworben werden. *Neighborhoods* wie Palmer Woods und einzelne Straßenzüge mit einer intakten Bebauung sind eine seltene Ausnahme (► Abschn. 4.6.1). Der durchschnittliche Wert der Wohnhäuser lag daher 2024 immer noch bei rund 65.000 US$, was aber wahrscheinlich weit weniger als in jeder anderen US-amerikanischen Großstadt ist (► www.zillow.com). Viele der leer stehenden Häuser werden sich auch mit viel Aufwand nicht mehr sanieren lassen und können nur noch abgerissen werden.

◘ **Abb. 5.22**   Verfallene Wohnhäuser in Detroit

5

◻ Abb. 5.23   Frisch sanierte Häuser im Zentrum von Detroit

Nicht wenige Häuser sind bereits zusammengebrochen (◻ Abb. 5.22). Zu Beginn des 20. Jahrhunderts war die Stadt in nur kurzer Zeit rasant gewachsen. Die schnell errichteten Holzhäuser waren von schlechter Qualität und verwitterten schnell. Der hohe Grundwasserspiegel trägt dazu bei, dass Feuchtigkeit in die Häuser einzieht. Detroit wird als *urban prairie* bezeichnet oder es wird der Begriff *new suburbanism* verwendet, um die Stadt zu beschreiben (Gallagher 2010, S. 21–30; Hanlon 2010, S. 55). Die Gemarkung von Detroit ist mit 350 km^2 im Vergleich zu der anderer Städte groß und die Bevölkerungsdichte mit 1750 Menschen pro km^2 gering. Ganz Boston, San Francisco und Manhattan mit insgesamt rund 3,2 Mio. Einwohnern würden auf der Gemarkung von Detroit Platz finden (◻ Abb. 5.24). Die meisten *suburbs* haben allerdings eine weit geringere Bevölkerungsdichte als Detroit. Außerdem wurden die *suburbs* als nur locker besiedelte Räume geplant und haben heute weit höhere Steuereinnahmen als Detroit (Gallagher 2010, S. 12, ▶ www.census.gov).

5.5.3 Revitalisierungsbemühungen

Erste Bemühungen zur Revitalisierung der Innenstadt hat es in den 1970er-Jahren gegeben. Henry Ford II, der Enkel des Firmengründers, glaubte, dass ein riesiges Bürogebäude mit dem programmatischen Namen Renaissance Center am Ufer des Detroit River die Stadt retten könne. Es gelang ihm, eine Reihe weiterer Investoren und den Architekten John Portman für den Bau des riesigen Komplexes zu gewinnen. Das aus sieben Gebäuden bestehende Renaissance Center wurde 1981 fertiggestellt und kostete 350 Mio. US$. Mit 221 m ist es bis heute das höchste Gebäude der Stadt, das allerdings wegen seines festungsartigen Charakters, und weil es einen Riegel zwischen Innenstadt und Fluss schob, sehr kritisiert wird. Da es in den 1980er-Jahren viel leere Bürofläche in der Innenstadt gab, konnte das Renaissance Center nicht voll vermietet werden. 1996 wurde es für nur 100 Mio. US$ an General Motors verkauft, das das Innere umbauen ließ und hier sein *world*

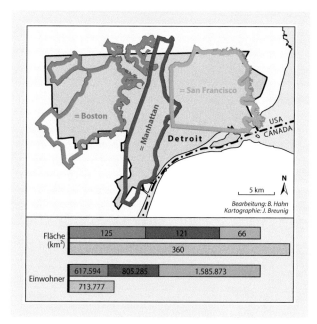

Abb. 5.24 Gemarkung Detroit im Vergleich zu anderen Städten. (Adaptiert nach Gallagher 2010, S. 30)

headquarter und ein Marriott-Hotel einrichtete. Ein verglastes mehrstöckiges Atrium, das sich zum Detroit River öffnet, ist heute sehr attraktiv, zumal zwischenzeitlich eine schöne Promenade entlang des Flusses angelegt wurde. Auch die Verkaufsausstellung von GM zieht Besucher an, während die Ladenlokale, die auf mehreren Ebenen angelegt wurden, teilweise leer stehen. Nach Büroschluss und am Wochenende sind die öffentlichen Flächen des Renaissance Center verwaist (Gay 2001, S. 11; Glaeser 2011a, S. 62; Lacey 1987, S. 373–395; Plunz 1996). Eine Fehlinvestition war auch die in den 1980er-Jahren mit öffentlichen Mitteln für 200 Mio. US$ gebaute knapp 5 km lange Monorail, die auf Stelzen ringförmig um die Innenstadt führt und die wichtigsten Gebäude verbindet. Obwohl die Fahrt zuletzt nur 0,75 US$ gekostet hat, wurde der People Mover täglich nur von wenigen Tausend Passagieren genutzt. Um mehr Menschen anzuziehen und mit der Monorail vertraut zu machen, wurden die Fahrten 2024 vorübergehend kostenlos angeboten. Man hofft, so die hohen städtischen Zuschüsse für die Bahn mittelfristig senken zu können (Glaeser 2011a, S. 62; ► www.thepeoplemover.com). Ende der 1990er-Jahre genehmigte die Stadt Detroit den Bau von drei Spielkasinos mit dazugehörigen Hotels und Parkhäusern im Zentrum der Stadt. Die Besucher der Spielstätten verlassen diese allerdings kaum, und ein Blick in die Kasinos vermittelt den Eindruck, dass die arme Bevölkerung der Stadt hier ihr weniges Geld verspielt. Eine Belebung der Innenstadt findet aber für wenige

Stunden statt, wenn am Wochenende oder abends die Detroit Lions im Footballstadion Ford Field, die Detroit Tigers im Baseballstadion Comerica Park oder die Detroit Red Wings in der Little Caesars Arena spielen. Dann trauen sich selbst die Suburbaniten in großer Zahl in das Zentrum Detroits. Viele Restaurants in der Innenstadt haben nur an den Spieltagen geöffnet (Gay 2001; Meyer und Muschwitz 2008, S. 33–34; Ross und Mitchell 2004; Beobachtungen der Verfasserin).

Positiver ist der Bau einiger Bürogebäude in der Innenstadt in neuerer Zeit zu bewerten. Zu Beginn der 1970er-Jahre haben drei junge Leute die Firma Compuserve im suburbanen Raum gegründet. Ende der 1990er-Jahre ist es der Stadt Detroit gelungen, mit Steuervergünstigungen und dem Versprechen, nur noch Software von Compuserve zu nutzen, das Unternehmen für Detroit zu gewinnen. Im Zentrum der Innenstadt eröffnete Compuserve 2002 sein 15-geschossiges Headquarter mit einer Bürofläche von gut 100.000 m^2 (► www.compuserve.com) (☐ Abb. 5.25). Weitere Arbeitsplätze wurden in der Innenstadt geschaffen, als 2006 in direkter Nachbarschaft das 13-geschossige Bürogebäude One Kennedy Center mit dem Mieter Ernst & Young eröffnet wurde. Die beiden Gebäude befinden sich am Schnittpunkt von Woodward und Michigan Avenue, wo sich früher ein Park, später aber der unansehnliche zentrale Busbahnhof befunden hatte. Nach der Verlegung des Busbahnhofs an einen anderen Standort wurde im Rahmen einer *public private partnership* zwischen der Stadt Detroit und mehreren Unternehmen 2004 Martius Park mit sehr schönen Grünflächen und im Winter mit einer Eislaufbahn wiedereröffnet. Martius Park und die neue Uferpromenade River Walk am Detroit River sind die attraktivsten Plätze der Detroiter Innenstadt, die nach wie vor von vielen Brachflächen und leer stehenden Gebäuden geprägt ist. Aufsehen erregte die Sanierung des früheren Bahnhofs, der 1923 eröffnet und 1988 geschlossen worden war, wenige Meilen westlich der Innenstadt. Viele Jahre symbolisierte der durch Vandalismus und Graffitti verunstaltete Bahnhof den Verfall der Stadt. William Ford, ein Urenkel des Firmengründers, kaufte das verfallene Gebäude 2018 für 90 Mio. US$ und sanierte es mit 3000 Arbeitern für mehrere Hundert Mio. US$. Am 06. Juni 2024 wurde der im alten Glanz erstrahlende Bahnhof mit einem Konzert mit Eminem, Diana Ross und Jack White und 20.000 Besuchern offiziell eröffnet. Noch wichtiger sind weitere Investitionen in der näheren Umgebung des Bahnhofs. Ford plant, insgesamt knapp 1 Mrd. US$ auf 12 Hektar zu investieren, um hier ein Ford Mobility Innovation Center einzurichten. Nach der Fertigstellung sollen hier bis zu 2500 Ingenieure arbeiten (Buss 2020; Ford Media Center 2021; New York Times 03.06.24).

5

◨ **Abb. 5.25**   Compuserve-Gebäude in der Innenstadt von Detroit

Revitalisierung von *downtown* Detroit: Ein Tropfen auf den heißen Stein?

Die nur 3,6 km² große *downtown* Detroits wird im Westen, Osten und Norden von Stadtautobahnen und im Süden vom Detroit River begrenzt und war seit Jahrzehnten von starken Verfallserscheinungen mit vielen Brachflächen und leer stehenden Häusern geprägt. 2010 setzte ein Wandel ein, als der gebürtige Detroiter Geschäftsmann Dan Gilbert die Arbeitsplätze von 1700 Mitarbeitern seines Unternehmens Quicken Loans, das im Internet Hypotheken vermittelt, aus dem suburbanen Raum in die Innenstadt verlegte. Bald folgte die Umsiedlung weiterer Mitarbeiter, und auch andere Unternehmen schufen Arbeitsplätze im Stadtzentrum. Gilbert wollte eine lebendige Innenstadt schaffen, die die Funktionen Wohnen und Arbeiten vereint (Forbes 08.09.2012). Hoffnung vermittelte auch die Umwandlung des 1928 an der zentralen Verkehrsachse Woodward Avenue errichteten Bürogebäudes Broderick Tower in ein Apartmentgebäude durch Motown Construction Partners. Das 1928 eröffnete 35-geschossige Gebäude

hatte Jahrzehnte leer gestanden. Ende 2012 zogen die ersten Mieter in die 125 Apartments ein. Selbst das Penthouse ließ sich für monatlich 5000 US$ mühelos vermieten (Huffington Post 05.04.2012). Schnell folgte die Sanierung weiterer leer stehender Gebäude (Abb. 5.23), wobei oft frühere Büros in Wohnraum umgewandelt wurden. Die Investoren wurden mit großzügigen Steuererleichterungen belohnt. Seit 2014 arbeiten die Grundbesitzer in der Downtown Partnership (DDP) zusammen, um die Attraktivität der Innenstadt zu steigern, das Marketing zu bündeln, die Sauberkeit zu vergrößern, Grünflächen zu pflegen und die Kriminalität zu senken. Zehn Jahre später wurde der BID als großer Erfolg gefeiert (▶ https://downtowndetroit.org).

Die Sanierung und der Bau von Apartmenthäusern leiteten nach Jahrzehnten des Rückgangs ein Bevölkerungswachstum im Zentrums Detroits ein. Von 2010 bis 2020 nahm die Zahl der Einwohner um 16,3 % auf 6151 zu. Mit nur 1649 Bewohner pro km² ist dies zwar immer noch wenig; angesichts weiterer Sanierungsmaßnahmen wird die Dichte aber weiter steigen. Allerdings unterscheiden sich die demographischen Strukturen stark von denen der Gesamtstadt, wo rund 80 % schwarzer Hautfarbe sind. In der *downtown* trifft das nur auf 30 % der Einwohner zu. Hier sind 54 % Weiße (Gesamtstadt 12,2 %). Außerdem ist der Anteil junger Menschen zwischen 25 und 34 Jahren mit einem Bachelorabschluss überproportional hoch (▶ www.census.gov). Politiker und Investoren haben diese Entwicklung unterstützt, indem sie mit einem Freizeitangebot für junge Menschen und hippen Restaurants und Bars geworben haben, um der *downtown* ein positives Image zu verleihen und diese von der mit vielen Problemen beladenen restlichen Stadt abzusetzen (Berglund u. a. 2022. S. 974 und 985; Reese u. a. 2017). Der Bauboom in Detroits Innenstadt hält unvermindert an. Im April 2024 feierte ein neues Hochhaus mit einer Höhe von 207 m Richtfest. Nach dem Renaissance Center ist es das zweithöchste Gebäude der Stadt. Der 1,4 Mrd. US$ teure Bau steht auf dem Grundstück des früheren Hudson Department Store, der lange leer stand und 1998 abgerissen worden war. Investor ist Dan Gilbert mit seiner Baufirma Bedrock (Detroit Free Press 11.04.2024).

Detroits *downtown* hat sich seit 2010 sichtbar und völlig unerwartet positiv entwickelt. Allerdings wirkt die Innenstadt heute wie ein Raumschiff, das inmitten einer von Verfall geprägten Stadtlandschaft gelandet ist. Sogar die Bewohner unterscheiden sich deutlich von denen der anderen *neighborhoods*. Ob sich die Revitalisierung des Zentrums nachhaltig auf die Gesamtstadt auswirken wird, muss bezweifelt werden (Eindruck der Verfasserin).

Während sich die Innenstadt in den vergangenen Jahren unerwartet positiv entwickelt hat (s. Kasten), trifft dieses für die Wirtschaft der Gesamtstadt nicht zu. 2020 zählte Detroit mit nur noch gut 20.000 Industriearbeitsplätzen rund 90 % weniger als im Jahr 1970, ohne dass ein entsprechender Anstieg bei den Dienstleistungen stattgefunden hätte. Hier mangelt es außerdem an hochqualifizierten wissensbasierten Arbeitsplätzen. In neuerer Zeit wurde die Stadt zudem stark durch die COVID-19-Pandemie getroffen. Da viele Bewohner keine Krankenversicherung haben, sind sie nicht zum Arzt gegangen. Offiziell wurden knapp 4000 Todesopfer gezählt, wahrscheinlich war die Zahl aber weit höher. Während der Pandemie hat die Stadt vorübergehend rund 10 % der knapp 230.000 Arbeitsplätze verloren (Wayne State University, Department of Economics 2022, Tab. 1). 2023 sind Experten davon ausgegangen, dass bis 2028 zusätzliche 11.000 Arbeitsplätze in der Stadt geschaffen werden, was angesichts des kontinuierlichen Rückgangs der Bevölkerung

optimistisch erscheint. Sehr problematisch ist, dass nur 36 % der Detroiter einen sogenannten *living wage* erzielen, der einen angemessenen Lebensstandard erlaubt. In anderen Städten trifft das auf weit mehr Menschen zu, wird sich aber angesichts des niedrigen Bildungsstandes der Detroiter Bevölkerung kaum ändern (Wayne State University, Department of Economics 2023). Die Detroiter Schulen werden oft als die schlechtesten der USA bezeichnet. Bürgermeister Bing (2009–2014) hatte sich für die Einrichtung von wenigstens 70 Charter Schools eingesetzt, um die Ausbildung der Schüler zu verbessern. Die Zahl wurde tatsächlich 2019 erreicht, aber nicht wenige der Reformschulen haben in Detroit versagt. Zu viele private Anbieter haben Charter Schools eröffnet, da sie auf großzügige finanzielle Unterstützung hofften. Es hat sich leider gezeigt, dass sie teils sogar schlechter als die verrufenen öffentlichen Schulen ausgebildet haben. Nur 10 % der Detroiter Schüler erzielen Noten, mit denen sie sich an einem College bewerben können (Malanga 2010, New York Times 28.06.2016). In den 1980er-Jahren hat Detroit im Osten der Stadt den Bau der Poletown-Werke von Chrysler Motors subventioniert, wo aber nur wenige Tausend Arbeitsplätze entstanden sind. Für den Bau des neuen Werkes waren rund 1500 Wohnhäuser und 144 Gewerbebetriebe abgerissen worden. In der einst weißen Enklave hatten rund 3500 meist ältere Menschen gelebt (Malanga 2010, S. 4; Sugrue 2004, S. 230–234). Positiver ist eine Initiative der Wayne State University mit Sitz am Rand der Innenstadt zu bewerten. General Motors hat der Universität 2003 ein leer stehendes Gebäude für ein Gründerzentrum zur Verfügung gestellt, um hier jungen Unternehmen Räumlichkeiten zu bieten. Die Einrichtung ist gut angenommen und durch private Spender großzügig unterstützt worden. Im Herbst 2009 hatten sich bereits 111 kleine Unternehmen in der TechTown angesiedelt. Die Bandbreite der neu gegründeten Firmen ist außerordentlich groß und reicht von der Elektro- und Biotechnologie bis zu einem Unternehmen, das alte Bilder aus Südamerika restauriert. Anders als sonst in Gründerzentren üblich, sind die Mietverträge nicht zeitlich begrenzt. Die Mieter werden sogar ermutigt, so lange wie möglich zu bleiben (Gallagher 2010, S. 123). Bis Ende 2023 wurden 406 Mio. US$ eingeworben, mit denen 6090 Betriebe unterstützt und 2200 Arbeitsplätze geschaffen wurden (▶ https://techtowndetroit.org). Die renommierte University of Michigan, die ihren Sitz in Ann Arbour vor den Toren Detroits hat, engagiert sich ebenfalls seit Kurzem in der Stadt. Im Zentrum Detroits wurden 2023 die Arbeiten am Detroit Center of Innovation aufgenommen, für das der Unternehmer Stephen Ross und der Bundesstaat Michigan je 100 Mio. US$ gespendet hatten. Die University of Michigan plant hier, Kurse im Bereich Zukunftstechnologien und Wirtschaft anzubieten (University of Michigan, Pressemitteilung 06.03.2023). Sollten alle diese Pläne realisiert werden, könnte sich das Zentrum von Detroit zu einem neuen Hightech-Zentrum entwickeln.

5.5.4 Ausblick

Die Innenstadt von Detroit hat sich in den vergangenen Jahren dank des Engagements privater Investoren unerwartet gut entwickelt. Aber noch überwiegen leer stehende Gebäude und Brachflächen bei Weitem. Für die Gesamtstadt sieht es noch schlechter aus. Leider muss bezweifelt werden, dass sich der überraschende Aufschwung des Stadtzentrums in den vergangenen 15 Jahren positiv auf die anderen Stadtteile auswirken wird, da die Gemarkung sehr groß und der Verfall weit fortgeschritten ist. Außerdem ist die Zahl der Einwohner und damit die Nachfrage nach Wohnraum weiter rückläufig. Die niedrigen Steuereinnahmen verhindern oftmals die Umsetzung guter Ideen. Detroit ist auf die Unterstützung großer Unternehmen wie Ford oder privater Geldgeber wie Stephen Ross und Dan Gilbert angewiesen. Immerhin hat die gemeinnützige Organisation Greening of Detroit von 1989 bis 2024 rund 150.000 Bäume gepflanzt, und sie unterstützt die *urban community gardens* der Stadt (► www.greeningofdetroit.com). Alle bisherigen Erfolge sind leider nur ein Tropfen auf den heißen Stein, und das private Kapital ist begrenzt. Zwischen Juli 2022 und Juli 2023 hat Detroit erstmals seit 1957 wieder einen leichten Anstieg der Bevölkerung in Höhe von 1852 Neubürgern verzeichnen können (► www.census.gov). Eventuell ist dies ein erster Schritt in eine bessere Zukunft.

5.6 Miami: Wirtschaftlicher Aufschwung einer polarisierten Stadt

Miami, zuvor Standort eines Forts zum Schutz gegen spanische Angriffe, wurde 1896 mit nur 300 Einwohnern gegründet und erhielt im gleichen Jahr Anschluss an die Eisenbahn. Da der Westen Südfloridas durch die sumpfigen Everglades eingenommen wird und der östliche Teil über keinen guten Naturhafen oder Ressourcen verfügt, siedelten sich zunächst nur wenige Menschen an. Die Region entwickelte sich zu einem Ziel für wohlhabende Touristen aus dem Norden, die gerne den Winter in der Wärme Floridas verbrachten. Besonderer Beliebtheit erfreute sich eine nur wenige Hundert Meter breite und rund 30 km lange Insel mit breiten Sandstränden, die Miami vorgelagert ist. Der Südteil der Insel wird von Miami Beach eingenommen, wo in den 1920er- und 1930er-Jahren viele Hotels im entstanden. Aber erst seit den 1950er-Jahren, als sich die Klimaanlage in Privathäusern durchsetzte, zogen immer mehr Menschen dauerhaft in die Region (Grosfoguel 1995, S. 158 f.; Nijman 2007, S. 102).

Mit der Machtübernahme der Kommunisten durch Revolutionsführer Fidel Castro 1959 auf der nur 180 km von der Südspitze Floridas entfernt liegenden Insel Kuba setzte der Aufschwung Südfloridas ein. Bis heute haben mehr als drei Millionen Kubaner in mehreren Wellen ihr Heimatland verlassen. Von 1959 bis 1962 emigrierten gut 200.000 Kubaner, die überwiegend der Oberschicht und der oberen Mittelschicht angehörten, in die USA. Diese Kubaner waren gut ausgebildet, häufig Akademiker oder Unternehmer, und konnten sich am wenigsten mit dem neuen Regime anfreunden. In den USA wurden sie positiv aufgenommen und finanziell großzügig unterstützt. Fast alle Kubaner ließen sich im Süden Floridas und hier bevorzugt in Miami nieder. Das Klima Südfloridas gleicht dem Kubas, und die Nähe zum Heimatland wurde als Vorteil gesehen. Die Flüchtlinge hofften, dass die USA wirksam gegen Fidel Castro vorgehen und ihr Aufenthalt in den USA nur kurz sein würde. Nach dem Scheitern der US-amerikanischen Invasion in der Schweinebucht 1961 verflüchtigten sich diese Hoffnungen allerdings. Um eine zu starke Konzentration von Kubanern im Süden Floridas zu verhindern, haben die USA zu Beginn der 1960er-Jahre die Umsiedlung in andere Teile des Landes finanziert. Nach Auslaufen der finanziellen Unterstützung kehrten die meisten Kubaner allerdings nach Florida zurück, wo sie sich bevorzugt westlich der Stadt ansiedelten (Boswell 2000, S. 155–157; Rothe und Pumariega 2008, S. 250). Mitte der 1960er-Jahre wurden auf Kuba das Privateigentum verstaatlicht und Regimegegner Repressionen ausgesetzt. Da sich Fidel Castro der Kritiker entledigen wollte, erlaubte er Kubanern, die Verwandte in den USA hatten, die Ausreise. Junge Männer unter 27 Jahre und gut ausgebildete Kubaner bestimmter Berufe waren jedoch weitgehend von dieser Regelung ausgenommen. Die *freedom flights* wurden erst 1973 eingestellt, nachdem rund 250.000 bis 300.000 Kubaner in die USA geflohen waren (Boswell 2000, S. 145; Perez 1986; Rothe und Pumariega 2008, S. 251). Die dritte Auswanderungswelle setzte 1980 ein, als die Demonstrationen gegen die kommunistische Regierung zunahmen. Fidel Castro bezeichnete die Aufrührer als „Abschaum" und erlaubte deren Ausreise mit US-amerikanischen Booten. 124.000 Kubaner überwiegend der Arbeiterschicht, die einst den Kommunismus bejubelt hatten, verließen enttäuscht die Insel. Hierzu gehörte erstmals auch eine größere Zahl schwarzer Kubaner. Castro ergriff die Gelegenheit und erklärte rund 2000 Insassen von Gefängnissen und psychiatrischen Anstalten sowie Prostituierte zu Revolutionsgegnern und ließ sie ebenfalls ausreisen. In Miami-Dade County stieg die Kriminalitätsrate umgehend stark an.

Außerdem kam es zu Konflikten zwischen Kubanern und Schwarzen, die in den vorausgegangenen Jahren als Folge der Bürgerrechtsbewegung einen bescheidenen ökonomischen Aufschwung erlebt hatten. Die kubanischen Einwanderer der Arbeiterklasse wurden auf dem Arbeitsmarkt zu Konkurrenten der ebenfalls meist schlecht ausgebildeten Schwarzen. Während die Immigranten früherer Einwanderungswellen in den USA mit offenen Armen aufgenommen worden waren, waren die jetzt eintreffenden Kubaner wenig willkommen. Die vierte Einwanderungswelle wurde durch den Zusammenbruch der befreundeten Sowjetunion ausgelöst, als das kommunistische Kuba einen ökonomischen Rückschlag erlebte und es fast zum Bürgerkrieg gekommen wäre. 1994 erlaubte Castro 37.000 Kubanern das Verlassen der Insel auf Booten und Flößen. Als immer mehr der auf der Insel verbleibenden Kubaner auf den US-amerikanischen Stützpunkt Guantanamo Bay flüchteten, vereinbarten Castro und US-Präsident Bill Clinton die Einreise von jährlich 20.000 Kubanern in die USA. Diese galten nicht mehr als politische Flüchtlinge, sondern als Wirtschaftsflüchtlinge und erhielten keine finanzielle Unterstützung (Boswell 2000, S. 147; Rothe und Pumariega 2008, S. 252–253). 2021 setzte eine neue Flüchtlingswelle ein. Die wirtschaftlichen Verhältnisse und ein Mangel an Lebensmitteln und Medizin zwangen erneut viele Kubaner, ihre Insel zu verlassen. Doch jetzt kommen sie nur noch selten per Boot, sondern zu Fuß über die Grenze. Die Kubaner reisen zunächst in Nicaragua ein, das keine Visa von den Inselbewohnern verlangt. Von dort laufen sie zu Fuß durch Mittelamerika bis zur US-mexikanischen Grenze. 2022 und 2023 reisten knapp 425.000 Kubaner in die USA ein. Es handelt sich um die größte Welle kubanischer Einwanderer, deren Ende nicht abzusehen ist (New York Times 03.05.2022, Politico 24.10.2023). Offizielle Zahlen fehlen zwar noch, aber es ist davon auszugehen, dass viele Immigranten zu Verwandten und Freunden im südlichen Florida ziehen.

5.6.1 Bevölkerungsstruktur

Miami-Dade, das südlichste *county* Festland-Floridas, ist identisch mit Greater Miami. Die Bevölkerung hat sich von 1950 bis 2020 von 495.000 auf 2,7 Mio. mehr als verfünffacht. Das Wachstum basiert zu gut 70 % aus Wanderungsgewinnen. Der Anteil der *hispanics* ist von nur 4 % im Jahr 1950 auf 68,5 % im Jahr 2020 gestiegen, von denen wiederum die Hälfte Kubaner sind. Der Anteil der Kubaner ist allerdings rückläufig, da immer mehr Menschen aus anderen Staaten Mittel- und Südamerikas zuwandern, die größtenteils schlechter ausgebildet sind als die Kubaner. 1970 waren noch gut 90 % aller in Greater Miami lebenden *hispanics* Kubaner. Kolumbianer und Haitianer bilden heute die

zweit- und drittstärkste Gruppe mit einem Anteil von 4,6 % bzw. 4,5 %. Nicht hispanische Weiße und nicht hispanische Schwarze haben nur noch einen Anteil von 15,4 % bzw. 17.1 % an der Bevölkerung Greater Miamis (Croucher 2002, S. 225–226; Portes und Stepick 1993, S. 150–175; ▶ www.census gov).

Greater Miami ist heute ethnisch und sozioökonomisch stark segregiert (◻ Abb. 5.26). Miami, mit 442.000 Einwohnern die größte Stadt, leidet seit Jahrzehnten unter *white flight,* der Abwanderung von Weißen der Mittel- und Oberschicht aus den Städten in die *suburbs* (Croucher 2002, S. 228). In der Stadt haben sich die *hispanics* aufgrund ihrer großen Zahl nicht an die englischsprachige Bevölkerung anpassen müssen. Miami wurde nur vorübergehend zu einer bilingualen Stadt; seit Jahrzehnten ist Spanisch die am meisten verbreitete Sprache. Die nicht-hispanischen Weißen sind in den suburbanen Raum oder die benachbarten nördlichen *counties* gezogen. Dies gilt inzwischen auch für viele erfolgreiche Kubaner. Gleichzeitig sind in die Stadt Miami immer mehr *hispanics* aus anderen Staaten Mittel- und Lateinamerikas gezogen und haben dort ihre eigenen Viertel wie Little Haiti oder Little Managua gebildet. Bevorzugter Wohnstandort der Kubaner ist Hialeah, mit 223.000 Einwohnern nach Miami City die zweitgrößte Stadt der Region. Mit mehr als 80 % kubanische Bevölkerung ist Hialeah die größte kubanische Enklave der Welt. Die nicht-hispanischen Schwarzen konzentrieren sich im Nordwesten von Miami-Dade County, und die nicht-hispanischen Weißen bevorzugen die vorgelagerten Inseln und die Gemeinde Coral Gables. Die ethnische Segregation korrespondiert mit einer sozioökonomischen Segregation. 2020 betrug das mittlere pro-Kopf-Einkommen in Greater Miami 35.563 US$. In Brownsville, wo die Hälfte der Bevölkerung nicht-hispanische Schwarze sind, lag es nur bei 18.774 US$. Diese ethnische Gruppe hatte die geringsten Aufstiegschancen, da sie nicht von der Internationalisierung der Wirtschaft profitieren konnte (s. u.). In Key Biscayne mit einem Anteil von weniger als 1 % nicht-hispanischer Schwarzer betrug das pro-Kopf-Einkommen 87.271 US$. Nur in New York City ist die sozioökonomische Polarisierung noch größer als in Greater Miami. 14,5 % der Bevölkerung leben in Armut, von der die Schwarzen und *hispanics* weit stärker betroffen sind als die Weißen. Dieses gilt auch für Senioren mit der höchsten Armutsrate aller *metropolitan areas.* Die Mittelschicht ist in den vergangenen 50 Jahren von 65 % auf nur noch gut 40 % geschrumpft. Fast die Hälfte der Bewohner Greater Miamis sind in einfachen Dienstleistungen wie im Tourismus, in Restaurants und im Einzelhandel beschäftigt und beziehen nur niedrige Gehälter (Florida und Pedigo 2019, S. 4; Nijman 2000, S. 140; ▶ www.census.gov).

Die Südspitze Floridas hat nicht nur politische Flüchtlinge und Wirtschaftsflüchtlinge aus der Karibik

5

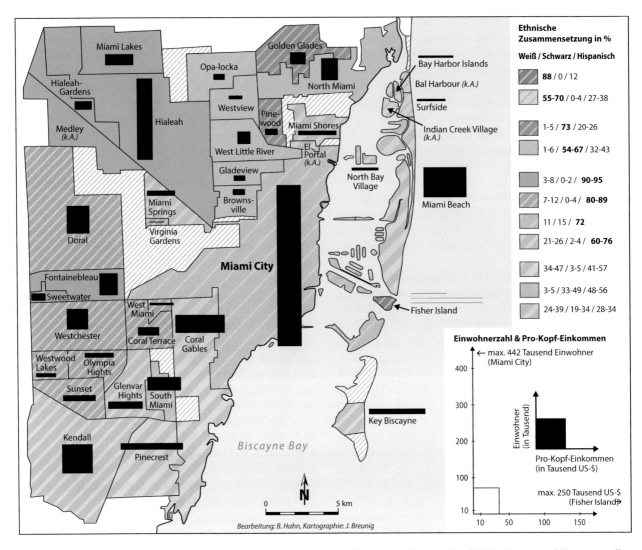

Abb. 5.26 Ethnische und sozioökonomische Zusammensetzung der Bevölkerung in Greater Miami 2020 (Daten- und Kartengrundlage ▶ www.census.gov)

und Lateinamerika angezogen, sondern auch eine kosmopolitische Elite, die bevorzugt Zweitwohnsitze in Küstennähe und auf den vorgelagerten Inseln unterhält. Häufig wohnen diese Menschen in *gated communities* oder besitzen gut bewachte Apartments in den Hochhäusern von Miami Beach. Besonders gut bewacht und für Fremde kaum zugänglich sind Fisher Island und Indian Creek Village mit nur 88 bzw. 55 Einwohnern, darunter angeblich Jared Kushner und Ivanka Trump, Gisele Bündchen und Tom Brady mit einem weit überdurchschnittlichen Pro-Kopf-Einkommen. Beide Inseln sind nur mit privaten Booten zu erreichen (Town & Country 2022, ▶ www.census.gov).

Ohne den Zustrom der Kubaner wären das schnelle Wachstum der Region Miami und der wirtschaftliche Aufschwung nicht möglich gewesen, da es keine endogenen Standortfaktoren gab, um Kapital oder Arbeitskräfte anzuziehen (Portes und Stepick 1993, S. 204–205). Die gut ausgebildeten und zweisprachigen Kubaner der

ersten beiden Einwanderungswellen fanden in den USA optimale Bedingungen für eine schnelle Integration vor. Sie wurden mit offenen Armen empfangen und finanziell großzügig unterstützt (Boswell 2000, S. 248). In Miami bildete sich der Stadtteil Little Havanna, der als Auffangbecken für die kubanischen Einwanderer späterer Wellen fungierte (▶ Abb. 5.27). Es entstanden Netzwerke, die allen später Einreisenden den Einstieg in den Beruf erleichterten. Viele Kubaner wählten die Selbstständigkeit und profitierten von den weniger qualifizierten Kubanern der späteren Einwanderungswellen als billige Arbeitskräfte, die so schnell in die kubanische Gemeinschaft integriert werden konnten. Die Kubaner bewahrten ihre Identität und unterstützten Neuankömmlinge optimal. 1985 übernahmen die Kubaner die politische Führerschaft in Miami, als Xavier Suarez zum ersten Mal ein kubanischer Bürgermeister gewählt wurde (Mohl 1983, S. 73; Nijman 2007, S. 100; Rothe und Pumariega 2008, S. 254).

□ **Abb. 5.27**   Wandgemälde in Little Havanna

Die große Zahl der Gemeinden sowie die starke ethnische und sozioökonomische Segregation führen zu einem Wettbewerb der einzelnen Gruppen. Ein Schmelztiegel, dessen Bewohner ähnliche Interessen verfolgen, ist in Greater Miami nicht entstanden (Gainsborough 2008, S. 420). Gut die Hälfte der Bewohner der Region ist im Ausland geboren und identifiziert sich kaum mit dem Wohnort. Die Lage an der Südspitze Floridas, die Konkurrenz zwischen den einzelnen Gruppen und die fehlende Verwurzelung werden als Gründe für eine seit Jahrzehnten sehr hohe Kriminalitätsrate genannt. Zu Zeiten der Prohibition war Rum aus Havanna über Miami in die USA geschmuggelt worden. In den 1970er-Jahren entwickelte sich die Stadt zu einem wichtigen Einfallstor für den Drogenschmuggel aus Lateinamerika. Der legale und der illegale Sektor sind heute stark miteinander verknüpft und lassen sich nicht immer eindeutig zuordnen (U.S. Census Bureau 2011a; Nijman 2007, S. 101).

5.6.2 Postindustrielle *global city*

Im Vergleich zu den meisten anderen US-amerikanischen Städten hat Miami erst spät eine größere Bedeutung erlangt. Das im frühen 17. Jahrhundert gegründete New York entstand bereits in der präindustriellen Phase. Chicago wurde 1833 zur Stadt erhoben und gilt als Prototyp der Industriestadt. Los Angeles, das häufig als Beispiel einer postindustriellen Stadt dient, erlebte das größte Wachstum zwischen 1900 und 1920. Nijman (2000, S. 137–139) bezeichnet Los Angeles daher als ex-industrielle Stadt und Miami, dessen wichtigste Wachstumsphase erst in den 1950er-Jahren einsetzte, als Prototyp einer postindustriellen Stadt. Miami war nie eine Industriestadt, sondern entwickelte sich direkt zu einem international orientierten Dienstleistungszentrum. Miami-Dade County hat heute eine wichtige Mittlerrolle zwischen Nord- und Südamerika und übt Teilfunktionen einer globalen Stadt aus. In der Karibik überwiegen

5

kleine Inselstaaten, in denen sich aufgrund der wenigen Bewohner nur eine begrenzte Zahl von Industrien und Dienstleistungen entwickeln kann. Einzelne Staaten konzentrieren sich daher auf bestimmte Funktionen. Es hat sich ein arbeitsteiliges und hierarchisches Städtesystem in der Karibik entwickelt, auf dessen oberster Stufe Miami steht. Die Stadt übt wichtige Kontrollfunktionen aus und ist Drehkreuz für Menschen, Waren und Geld des karibischen Raums (Grosfoguel 1995; Hahn 2011).

Bereits in den späten 1920er-Jahren hatte die erste amerikanische Fluggesellschaft Pan Am ihr Drehkreuz in Miami und bot Flüge nach Havanna und zu anderen Zielen Lateinamerikas an. Diese Funktion baute Miami nach dem Zweiten Weltkrieg für den Passagier- und für den Frachtverkehr aus. Miami International Airport fertigt mehr Fracht ab als jeder andere US-amerikanische Flughafen. Rund 80 % der Fracht gehen oder kommen aus Süd- und Mittelamerika. Die wichtigsten Partner, gemessen in US$, sind mit großem Abstand Brasilien, Kolumbien und Chile. Bei den Exporten überwiegen Fahrzeuge und Fahrzeugteile vor Maschinen und Computern, während bei den Importen Blumen an erster Stelle stehen, gefolgt von Fisch und Gemüse. Außerdem werden jährlich rund 50 Mio. Passagiere abgefertigt. Die beliebtesten Routen sind die nach New York City und Atlanta, dicht gefolgt von Mexico City, Bogota und Panama City. Der Flughafen leistet einen wichtigen Beitrag zur Wirtschaft der Region. 2022 wurden hier direkt und indirekt 32 Mrd. US$ generiert, und die Arbeitsplätze von 275.000 Menschen waren von Miami International Airport abhängig (Miami Aviation Department 2022, 2024). Der Hafen von Miami hat aufgrund der peripheren Lage auf dem nordamerikanischen Kontinent und der fehlenden Transportmöglichkeiten auf dem Wasserweg in andere Regionen der USA nur vergleichsweise wenig Bedeutung.

Viele lateinamerikanische Länder sind politisch instabil und die nationalen Banken gelten als unsicher. Es verwundert daher nicht, dass vermögende Bewohner Lateinamerikas und der Karibik bevorzugt ihr Geld auf den Banken in Miami deponieren und in der schnell wachsenden Region in Immobilien investieren.

Hilfreich ist, dass Finanzgeschäfte in spanischer Sprache abgewickelt werden können. Eine Reihe südamerikanischer Banken wie die Banco de Bogota Colombia und die Banco de Brasil haben Niederlassungen in Miami. Allerdings geht es nicht immer mit rechten Dingen zu. Der schnell wachsende Immobiliensektor der Region bietet gute Möglichkeiten der Geldwäsche. Außerdem profitieren die Banken Miamis vom Handel mit Drogen, die an der Südspitze Floridas umgeschlagen werden, und anderen illegalen Geschäften (McPherson 2017). In neuerer Zeit wirbt Miami Start-ups und digitale Unternehmen aus anderen Regionen sehr gezielt an. Im Falle eines Umzugs werden großzügige Steuergeschenke gemacht. Die Rechnung scheint aufzugehen. Microsoft, Spotify, TikTok und andere Hightech-Unternehmen haben angekündigt, Niederlassungen in Miami zu eröffnen (Teneiro 2022). Ein wichtiges Merkmal von *global cities* ist die Steuerung der Weltwirtschaft, die über Headquarters großer Unternehmen ausgeübt wird. In diesem Bereich weist Miami ein Defizit auf. Zu den größten Unternehmen gehören Lennar Corporation, World Fuel Services und Ryder Systems, die aber auch nur hintere Plätze des Fortune-500-Rankings belegen (▶ www.fortune-magazine.com). Dennoch besteht kein Zweifel, dass Miami heute der wichtigste Wirtschaftsstandort der Karibik ist. Förderlich ist, dass in Florida der gewerkschaftliche Einfluss und die Steuern niedrig und daher die Arbeitskräfte vergleichsweise billig sind (Girault 2003, S. 29; Nijman 1997, Nijman 2007, S. 96; Sinclair 2003, S. 219).

Miami ist in kultureller Hinsicht stark mit den spanischsprachigen Ländern Amerikas verknüpft und wird als „Hollywood Lateinamerikas" bezeichnet. Während Los Angeles das unumstrittene Zentrum der Spielfilmindustrie ist, werden in Miami Fernsehsendungen, insbesondere Telenovelas produziert. Außerdem haben mehrere große Sender wie TV Azteca, die den gesamten spanischsprachigen Raum beliefern, in Miami ihren Sitz. Darüber hinaus profitiert Miami von den Einwanderern aus unterschiedlichen Regionen, die die typische Musik ihres Heimatlandes mitgebracht haben. Inzwischen hat Miami einen eigenen Stil entwickelt, der über Fernsehsender wie MTV Latino in viele Länder gesendet wird. Das kreative Potenzial Miamis ist enorm. Dieses spiegelt sich in der Gründung vieler Dotcom-Firmen zumeist in attraktiver Strandnähe wider. Der Standort wird in Anlehnung an das kalifornische Silicon Valley als Silicon Playa bezeichnet (Sinclair 2003). Miami ist zudem einer der bedeutendsten Internetknotenpunkte. Das Terremark Building in der Innenstadt Miamis, das der Internetdienstleister Verizon Anfang 2011 für 1,4 Mrd. US$ gekauft hat, ist Knotenpunkt von mehr als 160 globalen Netzwerken und gehört angeblich zu den größten Internet-*hubs* weltweit (Blum 2011).

5.6.3 Tourismus

Der Tourismus ist ein wichtiger und schnell wachsender Wirtschaftszweig in Miami. 2022 besuchten 19,1 Mio. Touristen (2011: 13,4 Mio.) die Stadt und die angrenzenden Küstenorte, von denen 4,7 Mio. aus dem Ausland kamen. Besucher aus Süd- und Mittelamerika und der Karibik stellen die größte Gruppe der internationalen Gäste, gefolgt von Reisenden aus Europa und Kanada. Die ausländischen Touristen verbringen durchschnittlich sieben Tage in Miami und geben während ihres Aufenthalts 1241 US$ aus, bei den US-Amerikanern sind es 5,1 Tage, an denen sie 1044 US$ ausgeben. 44 % übernachten in Miami Beach, das einen hohen Anteil an Hotels der Luxusklasse hat (Greater Miami Convention & Visitors Bureau 2023, S. 9, 18, 60–66). Eine besondere Attraktion stellen die im Art-déco-Stil errichteten Hotels an der Südspitze von Miami Beach dar (◘ Abb. 5.28). In den 1970er-Jahren waren die alten Bauten in einem sehr schlechten Zustand und das Viertel wäre fast abgerissen worden. Dieses konnte zum Glück verhindert werden und die meisten der Gebäude wurden inzwischen saniert. Außerdem sind viele neue Hotels in einem ähnlichen Stil gebaut worden, sodass es oft schwierig ist, alte und neue Gebäude zu unterscheiden. Wohlhabende Touristen und der hohe Anteil kosmopolitischer Bewohner tragen zu der hohen Kaufkraft und dem hochwertigen Einzelhandel in Miami Beach bei. Darüber hinaus profitiert Miami stark vom wachsenden Interesse an Kreuzfahrten. 14 Reedereien bieten auf 45 Passagierschiffen, die hier ihren Heimathafen haben, Reisen an. Selbst-

bewusst bezeichnet sich Miami als „Cruise Capital of The World". 2019 zählte Miami mit 6,8 Mio. mehr Passagiere als jeder andere Hafen der Welt. Bedingt durch die COVID-19-Pandemie kam dieser Industriezweig 2020 und 2021 fast völlig zum Erliegen, was die Wirtschaft Miamis schwer getroffen hat. Obwohl 2022 noch die Nachwehen die Pandemie zu spüren waren, zählte Miami in diesem Jahr wieder 4 Mio. Passagiere mit stark steigender Tendenz. Am 17. Mai 2023 wurde mit 67.594 abgefertigten Passagieren ein weltweiter Rekord erreicht. Tatsächlich war der Hafen von Miami 2022 aber nicht mehr der größte Passagierhafen der Welt, denn in diesem Jahr zählte Port Carneval nahe Orlando noch geringfügig mehr Passagiere. An 3. Stelle lag der nördlich von Miami gelegene Hafen Port Lauderdale. Die Kreuzfahrten führen überwiegend zu Zielen der Karibik, teils aber auch nach Südamerika. Positiv für den Wirtschaftsstandort Miami ist, dass einige der größten Kreuzfahrtgesellschaften der Welt, wie Carnival Cruise Lines, Royal Caribbean International und sogar die Norwegian Cruise Line, ihren Sitz in Miami haben. Der größte Teil der Kreuzfahrten findet

◘ **Abb. 5.28** Art-déco-Gebäude in Miami Beach

5

im Winterhalbjahr statt, da das schwülheiße Sommerklima und die häufigen Hurrikans im Sommer und Herbst wenig einladend sind (Cruisetricks Pressemitteilung 20.05.2023, Port Miami 2023).

5.6.4 Zukunftsaussichten

Auch wenn die Ansiedlung der Kubaner nicht immer als Vorteil gesehen wurde und die USA sogar zeitweise (wenig erfolgreiche) Umsiedlungsmaßnahmen durchführten, ermöglichte erst die Entstehung einer hispanisch geprägten Enklavenwirtschaft den Aufstieg Miamis zu einem Mittler zwischen Nord- und Südamerika. Greater Miamis Vorteil war, dass die Stadt im Vergleich zu den meisten Staaten Lateinamerikas und der Karibik eine große politische und wirtschaftliche Stabilität garantieren konnte. Es sprach viel dafür, Geld in Miami zu deponieren oder zu investieren. 2022 hat eine neue Welle kubanischer Einwanderung in die USA eingesetzt, deren Ausmaß die jeder früheren Welle übertrifft. Dieser Trend wird voraussichtlich noch einige Zeit andauern. Hinzu kommen Flüchtlinge aus anderen Staaten Mittel- und Südamerikas. Es ist daher ein Einwohnerzuwachs zu erwarten. Viele Regionen Mittel- und Südamerikas befinden sich derzeit in einer politischen oder wirtschaftlichen Krise, was die Attraktivität der Banken und Unternehmen Miamis stärkt. Die Bedeutung der Stadt als Drehkreuz zwischen Nord- und Südamerika wird kurz- bis mittelfristig eher zu- als abnehmen. Langfristig sieht die Zukunft Südfloridas allerdings weniger rosig aus. Auch in der Vergangenheit hat die Region wiederholt unter Hurrikanen mit einer gewaltigen Zerstörungskraft gelitten. Angesichts des Klimawandels werden Häufigkeit und Schwere der Stürme zunehmen. Hinzu kommt, dass ein Anstieg des Meeresspiegels die Stadt nach und nach unter Wasser setzen wird (Portes und Armary 2018, S. 170–186).

5.7 Atlanta. Der suburbane Raum als Standort von Dienstleistungen

Die ersten Weißen siedelten 1823 an dem späteren Standort der Stadt Atlanta. Der Aufschwung setzte 1837 ein, als die aus Tennessee kommende Western and Atlantic Railroad ihre Trasse verlängerte. Die kleine Siedlung am Endpunkt der Eisenbahnlinie nannte sich zunächst Terminus, wurde aber bald in Atlanta, das 1847 die politische Eigenständigkeit erhielt, umbenannt. Die Stadt, die keine natürlichen Standortfaktoren wie Bodenschätze oder eine gute Lage an einem Wasserweg hatte, konnte sich in den folgenden Jahrzehnten mit der Unterstützung weitsichtiger Entscheidungsträger und preiswerter Arbeitskräfte zu

einem wichtigen Handels- und Logistikzentrum entwickeln. In Atlanta wurden schon früh Lagerhäuser für Baumwolle und Nahrungsmittel aus dem Süden und für Industriegüter aus dem Norden errichtet. 1890 bedienten elf Eisenbahngesellschaften die Stadt, und Atlanta entwickelte sich zunehmend zu einer Drehscheibe des Handels zwischen Nord- und Südstaaten und zu einem bedeutenden Standort des Groß- und Einzelhandels. Überregionale Investoren wurden auf Atlanta aufmerksam, als hier 1891 die International Cotton Exposition ausgerichtet wurde. In den folgenden Jahren wurde eine Reihe von Textilfabriken in Atlanta eröffnet; die Stadt entwickelte sich aber nie zu einem bedeutenden Industriestandort (Ross et al. 2009, S. 51–52; Sjoquist 2009, S. 4).

5.7.1 Aufschwung zum Dienstleistungszentrum

Im 20. Jahrhundert baute Atlanta die Rolle als Verkehrsknotenpunkt und Güterverteilzentrum konsequent aus. 1925 wurde mit dem Bau des Flughafens ein wichtiger Grundstein für die weitere Entwicklung der Region gelegt. In den 1990er-Jahren überstieg die Zahl der Passagiere auf Hartsfield International Airport erstmals die Zahl der Passagiere von Chicago O'Hare, dem bis dato größten Flughafen des Landes. Heute hat der Flughafen von Atlanta das mit Abstand größte Passagieraufkommen der USA. Mit dem Ausbau des amerikanischen Autobahnnetzes seit den 1950er-Jahren kreuzen sich in Atlanta drei überregionale Highways (I-85 von der Ostküste nach Alabama, I-20 von der Ostküste nach Texas, I-75 von Michigan zur Südspitze Floridas). Aus dem einstigen Eisenbahnknotenpunkt ist eine Drehscheibe für Güter und Menschen auf Schiene, Straße und auf dem Luftweg geworden. Rund 80 % der US-amerikanischen Bevölkerung lebt maximal zwei Flugstunden oder einen Tag auf der Autobahn von Atlanta entfernt. Atlanta konnte seine Bedeutung als Logistikzentrum ausbauen, als in der Stadt im Zuge der Vorbereitungen auf die Olympischen Spiele 1996 ein U.S. Customs Inland Port angelegt wurde. Seitdem können Container aus dem Ausland zollfrei bis Atlanta transportiert werden. Da zeitnah an der Atlantikküste Georgias in Savannah und Brunswick Tiefseehäfen eröffnet wurden, stieg der Umschlag von Containern in Atlanta Mitte der 1990er-Jahre sprunghaft an. Die Olympischen Sommerspiele haben außerdem das Image verbessern und zu der globalen Vermarktung Atlantas beigetragen können (Hartshorn 2009, S. 135; Ross et al. 2009, S. 52–74).

Einen Aufschwung hat die Region Atlanta in den vergangenen Jahrzehnten auch aufgrund des veränderten politischen Klimas in den Südstaaten erfahren können. Da der Süden der USA bis in die 1960er-Jahre durch Probleme zwischen den Rassen gekennzeichnet war, mieden potenzielle Investoren Atlanta lange. Dieser Standortnachteil ist heute nicht mehr gegeben (Ross et al. 2009, S. 72). Die vergleichsweise neue und gute Infrastruktur sowie die niedrigen Lohnkosten und Bodenpreise sind große Vorteile der Region. Atlanta hat sich in den vergangenen Jahrzehnten von einer Stadt mit regionaler Bedeutung zu einer *global city* zweiter Ordnung entwickeln können. Die lokalen Politiker vergleichen Atlanta gerne mit New York oder Chicago; tatsächlich ähnelt Atlanta in vielerlei Hinsicht aber eher Boston, Denver oder San Diego. 1886 entwickelte der Apotheker John Pemberton in Atlanta mit der Rezeptur für die braunsüße Coca-Cola das wohl weltweit bekannteste Getränk. 1892 wurde das Unternehmen Coca-Cola gegründet, das inzwischen Dutzende Säfte wie etwa Sprite oder Fanta oft angepasst an einen landesspezifischen Geschmack, produziert. Der Sitz des Unternehmens ist nach wie vor in Atlanta. Vor Ort erfolgt die Vermarktung über das Coca-Cola-Museum an der Olympic Plaza in der Innenstadt. Andere bedeutende Unternehmen sind der Logistiker UPS, die Fluggesellschaft Delta Airlines und die Baumarktkette Home Depot. Außerdem hat der Fernsehsender CNN sein Headquarter an der Olympic Plaza gegenüber dem Coca-Cola-Museum. CNN steigert das globale Image der Stadt, da von hier rund um die Uhr Nachrichten in die ganze Welt ausgestrahlt werden. Die Zahl der Beschäftigten im gehobenen Management nimmt in Atlanta ähnlich stark zu wie die der Arbeitskräfte in einfachen Dienstleistungen. Außerdem sind immer noch viele Menschen im Transportsektor, in Lagerhäusern und im Großhandel beschäftigt. In der Industrie arbeiten zunehmend weniger Menschen, aber der Anteil der Beschäftigten im Einzelhandel, in Hotels und in Finanz- und Gesundheitsdienstleistungen ist angestiegen. Atlanta ist auf den ersten Blick keine Hochburg des nationalen und internationalen Tourismus. Dennoch haben die Funktion als Drehscheibe von Gütern und Menschen und eine große Zahl von Messen und Tagungen an diesem verkehrsgünstigen Ort stets viele Besucher angezogen, und die Olympiade 1996 hat die globale Sichtbarkeit der Stadt erhöht (Jaret et al. 2009, S. 45; Newman 1999, S. 268–288; Ross et al. 2009, S. 57).

Atlanta BeltLine
Atlanta ist als Eisenbahnknotenpunkt im 19. Jahrhundert entstanden. Schon früh belasteten mehrere Trassen das Zentrum und behinderten das weitere Wachstum der Stadt. Von 1871 bis 1910 wurde daher ein 35 km langer Schienenring im damals noch ländlichen Umland in einigen Kilometern Entfernung um Atlanta gebaut, der als BeltLine bezeichnet wurde. Hier entstanden viele Lagerhäuser sowie Industrie-

und Gewerbebetriebe. Da ab Mitte des 20. Jahrhunderts zunehmend Lastwagen den Transport von Gütern übernahmen, wurden der Eisenbahnverkehr an der BeltLine wie auch die meisten Gebäude stillgelegt. Es entstand eine äußerst unattraktive Brachfläche, die das Zentrum Atlantas von den peripheren Stadtteilen abschnitt (Badami et al. 2006). 1999 entwickelte ein Student der Georgia Tech University in seiner Masterarbeit ein Konzept für die Sanierung und Revitalisierung der BeltLine, das sehr zügig von den Stadtplanern aufgegriffen wurde. Bald entstand hier eines der größten Stadtentwicklungsprojekte der USA.

2005 wurde die gemeinnützige Atlanta Partnership mit dem Ziel gegründet, die BeltLine von Altlasten zu befreien und benachbarte Grundstücke für neue Nutzungen aufzukaufen. Investoren wurden mit Steuererleichterungen angelockt. Die frühere Eisenbahntrasse wurde rückgebaut und durch einen Fuß- und Radweg mit vielen Kunstobjekten ersetzt (■ Abb. 5.29). Atlanta ist eine stark segregierte Stadt. Grob gesagt, befinden sich im Osten und Norden die wohlhabenderen und im Süden und Westen die ärmeren Stadtteile, die häufig durch große Verkehrsachsen getrennt waren. Hier soll die BeltLine verbindend wirken, da Tunnel und Brücken diese Hemmnisse fußgängerfreundlich überwinden werden. Es sollen 5600 Wohneinheiten für Menschen, die weniger als 60 % des Einkommens der Region beziehen, gebaut werden. Grundstücke für frei finanzierten Wohnungsbau und Leichtgewerbe sind sehr begehrt, und der Verkauf trägt zur Finanzierung des Projekts bei. Außerdem sollen Grünflächen im Umfang von mehr als 526 ha entlang der BeltLine und in benachbarten Parks angelegt werden. Bis Ende 2024 werden rund 85 % der neuen BeltLine fertiggestellt oder im Bau sein, und das Projekt soll bis 2030 abgeschlossen sein. Bis dahin soll zudem eine Straßenbahn das Zentrum Atlantas mit der BeltLine verbinden, was aber noch umstritten ist. Fast täglich werden entlang der BeltLine Aktivitäten wie Kinderfeste, Rad- und Wandertouren oder Yogakurse angeboten. Die bereits bestehenden Teile der BeltLine werden sehr gut von den Bewohnern angenommen und haben die Attraktivität der Stadt gesteigert.

Ein besonderes Highlight stellt der Umbau eines Lagers nahe der östlichen BeltLine dar, das von 1926 bis 1987 von dem Versandhaus von Sears, Roebuck and Co. genutzt wurde und mit einer Fläche von rund 65.000 m² das größte Backsteingebäude der Südstaaten war (■ Abb. 5.30). In den 1940er-Jahren wurden hier sogar lebende Affen und Baby-Alligatoren gehalten und verschickt. Nachdem das Gebäude mehrere Jahrzehnte leer gestanden hatte, wurde es 2014 als Ponce City Market mit einer interessanten Mischung

5

◨ **Abb. 5.29** Die BeltLine überwindet Hindernisse und wird sehr gut von der Bevölkerung angenommen

aus Einzelhandel, Restaurants, Büros und Wohnungen eröffnet. Der multifunktionale Gebäudekomplex zieht Besucher aus der ganzen Region an. Da Einzelhandel, Gastronomie und Apartments im oberen Preisniveau angesiedelt sind, ist allerdings fraglich, ob hier wirklich ein Beitrag zur Integration aller Bürger Atlantas geleistet wird (Atlanta BeltLine Inc. 2024; Beobachtung der Verfasserin ▶ https://poncecitymarket.com).

5.7.2 Dezentralisierung

Atlanta ist die Hauptstadt des Bundesstaates Georgia und wirtschaftliches Zentrum der Südstaaten. Kaum eine andere Region der USA ist in den vergangenen Jahrzehnten so schnell gewachsen wie die MA Atlanta, deren Einwohnerzahl von 1,7 Mio. im Jahr 1970 auf gut 6 Mio. im Jahr 2020 angestiegen ist. Das Bevölkerungswachstum war fast ausschließlich auf den suburbanen Raum begrenzt, denn die Zahl

der Einwohner der Kernstadt hat sich im gleichen Zeitraum nur von knapp 496.000 auf 498.000 erhöht. Der Anteil der in der Kernstadt Lebenden hat sich daher in den vergangenen Jahrzehnten deutlich verringert. Während 1970 noch rund 29 % der Bewohner der MA in der Stadt Atlanta lebten, waren es 2020 nur noch gut 8 %. Metro Atlanta erstreckt sich immer weiter in das Umland. Seit 1950 hat sich die Zahl der *counties,* die der *metropolitan area* zugerechnet werden, von drei auf 24 erhöht. Da die Größe der Grundstücke mit zunehmender Entfernung von der Stadt kontinuierlich zunimmt, verringert sich die Einwohnerdichte in Richtung Peripherie. Den Kernraum bildet die 10-*county region* (Cherokee, Clayton, Cobb, DeKalb, Douglas, Fayette, Fulton, Gwinnett, Henry, Rockdale) mit einer Bevölkerung von rund 4,7 Mio. im Jahr 2020 (2010: 4,1 Mio.). Die weitere Zersiedelung der Stadtlandschaft wird auch nicht durch eine bemerkenswerte Entwicklung der Kernstadt Atlanta seit der Jahrhundertwende aufzuhalten sein. 1990 war hier mit nur 394.000 Einwohnern der niedrigste Stand erreicht worden. Seit-

5.7 · Atlanta. Der suburbane Raum als Standort von Dienstleistungen

193

5

Abb. 5.30 Das multifunktionale Ponce de Leon an der BeltLine war von 1926 bis 1987 ein Lager des Versandhauses von Sears, Roebuck and Co. und erfreut sich seit der Neueröffnung 2014 großer Beliebtheit

dem wächst die Bevölkerung von Dekade zu Dekade schneller. Von 2010 bis 2020 nahm sie um rund 70.000 oder 18 % zu. Die Stadt hat in den vergangenen beiden Jahrzehnten eindeutig an Attraktivität gewonnen. Es wurden altindustrialisierte Flächen für den Bau von Wohnungen umgewidmet und attraktive neue Parks angelegt (Hartshorne 2009, S. 150; Beobachtungen der Verfasserin; ► www.census.gov)

Obwohl die Bevölkerung im suburbanen Raum bereits seit längerem deutlich schneller gewachsen war als in der Kernstadt, waren Politiker und Planer noch in den 1980er-Jahren davon ausgegangen, dass neue Büroarbeitsplätze fast ausschließlich im Zentrum Atlantas entstehen würden. Man sah sich gut vorbereitet, da alle Straßen sternförmig auf das Zentrum zuliefen und dieses aus allen Richtungen optimal zu erreichen war. Die Euphorie nahm noch zu, als sich die Pläne der Metropolitan Atlanta Transit Authority (MARTA) für den Bau mehrerer Schnellbahnlinien konkretisierten (Hartshorn 2009, S. 142). Tatsächlich wanderten die Arbeitsplätze aber zunehmend in den suburbanen Raum ab.

Der Einzelhandel übernahm eine Vorreiterrolle bei diesem Prozess, aber bald wurde neue Bürofläche ebenfalls fast ausschließlich im suburbanen Raum errichtet. Bis Mitte des 20. Jahrhunderts war die im Zentrum Atlantas gelegene Peachtree St. die wichtigste Einkaufsstraße der Region, auch wenn sich an den Ausfallstraßen viele Einzelhändler angesiedelt hatten, um die Kunden, die mit ihren Pkws in den suburbanen Raum fuhren, zu bedienen. Die Zeiten, in denen die Menschen zu Fuß in unmittelbarer Nähe ihres Wohnstandorts einkaufen gingen, waren bald endgültig vorbei. Während früher die Waren zu den Kunden kamen, ermöglichte es das private Fahrzeug, dass die Kunden zu den Waren fuhren. Die Kosten für den Transport sind vom Händler auf den Kunden übergegangen; gleichzeitig konnten Unternehmen aufgrund von Skaleneffekten wie reduzierte Lagerkapazitäten Kosten einsparen. Im Gegenzug nimmt der Kunde lange Wege und somit einen hohen Zeitaufwand und Spritkosten in Kauf. In Atlanta verlagerte sich der Einzelhandel zunächst bevorzugt an der Verbindungsstraße zwischen

5

dem Stadtzentrum und dem im Norden gelegenen Buckhead (Hankins 2009, S. 87–91). Buckhead, das heute ein Dreieck zwischen der Kreuzung von I-75 und I-85 bildet, war im 19. Jahrhundert nördlich der Stadt als Wohnviertel für Wohlhabende angelegt und 1952 von Atlanta eingemeindet worden. Große Grundstücke mit imposanten Wohnhäusern prägen in dem für die Südstaaten typischen Plantagenstil den Stadtteil, denn die Oberschicht hat das parkartig angelegte Buckhead mit seinen geschwungenen Straßen und dichtem Baumbestand nie verlassen. Eine äußerst üppige Vegetation ist ohnedies charakteristisch für Atlanta, das die wohl grünste Stadt der USA ist. Die hohe Kaufkraft in Buckhead und der gute überregionale Verkehrsanschluss dürften die wichtigsten Gründe dafür gewesen sein, dass an diesem Standort 1959 mit Lenox Square Mall mit einer Mietfläche von 62.000 m^2 eines der ersten geschlossenen Shopping Center der USA eröffnet wurde. Lenox Square war ein großer Erfolg und der Standort so gut, dass zehn Jahr später in unmittelbarer Nachbarschaft an der Peachtree Road mit Phipps Plaza ein zweites ähnlich großes Shopping Center entstand. Bald wurden die ersten Shopping Center im suburbanen Raum Atlantas gebaut, wobei verkehrsgünstige Lagen und die einkommensstarken Gemeinden südlich der Stadt Atlanta bevorzugt wurden. Der Süden der Region ist als Wohnstandort wenig attraktiv, da sich hier mit Hartsfield International Airport einer der größten Flughäfen der Welt und außerdem viele Lagerhallen und Industriegebäude befinden. 1964 war in DeKalb County 11 km östlich von Atlanta die Columbia Mall mit einer Mietfläche von 32.000 m^2 eröffnet worden. Das Shopping Center war nie ein großer Erfolg, wurde mehrfach umgebaut und nach einer Totalsanierung in Avondale Mall umbenannt. Da die Kunden dennoch ausblieben, wurde das Center 2007 abgerissen (ICSC: Datenbank Shopping Center).

Bis Beginn der 1970er-Jahre entstanden die Shopping Center bevorzugt an dem Autobahnring, der rund zehn Kilometer vom Zentrum Atlantas um die Stadt führt. Seit Beginn der 1980er-Jahre wurden immer mehr Flächen jenseits des Autobahnrings für den Bau von Wohnsiedlungen erschlossen. Da der Einzelhandel der Bevölkerung im suburbanen Raum folgt oder die großflächigen Anbieter teils sogar Flächen sehr frühzeitig kaufen und bebauen, sind die Shopping Center in einer immer größeren Entfernung zur Kernstadt entstanden. Die meisten Shopping Center, die seit den 1980er-Jahren eröffnet worden sind, legen sich wie ein zweiter Ring in einer Entfernung von gut 30 km um Atlanta. Die Mall of Georgia, die mit einer Mietfläche von knapp 160.000 m^2 nach wie vor das größte Shopping Center der Region ist, wurde sogar rund 55 km vom Zentrum Atlantas entfernt errichtet (⏩ Abb. 5.31). Als die Mall of Georgia 1999 eröffnet wurde, befand sie sich am äußersten nördlichen Rand der Stadtregion.

Es war aber absehbar, dass sich die Suburbanisierung in den kommenden Jahren über die Mall of Georgia hinaus ausdehnen würde, was auch tatsächlich bald geschah. Die Shopping Center stehen unter einem großen Konkurrenzdruck und müssen sich ständig dem Zeitgeist anpassen. Je größer und ausgefallener das Angebot ist, desto mehr Aufmerksamkeit schenken die Kunden den Shopping Centern. Die Lenox Mall ist in den vergangenen Jahrzehnten mehrfach renoviert und zuletzt auf rund 144.000 m^2 und 200 Einzelhändler und Dienstleister erweitert worden. Die einzelnen Shopping Center versuchen unterschiedliche Zielgruppen und Bedürfnisse zu befriedigen. Ein Teil der Center bedient den Versorgungseinkauf, während andere den Erlebniseinkauf in den Vordergrund stellen. Erstere sind eher schlicht gebaut und versuchen über einen niedrigen Preis möglichst viele Kunden anzuziehen. Das erst 2012 in Fulton County eröffnete North Point Market Center ist ein gutes Beispiel für ein sogenanntes *power center*. Discounter wie Matrass Firm, Marshalls und PetSmart bieten hier in großflächigen frei stehenden Verkaufsräumen, die als *big boxes* bezeichnet werden, mit direktem Zugang von den Parkplätzen preiswerte Ware an. Die sehr viel aufwendigere Mall of Georgia versucht mit 18 Kinosälen, einem Imax-Kino, einem Freilichtkino an Sommerabenden in einem zentralen Atrium und mehreren Themenrestaurants nicht nur Käufer, sondern ebenfalls freizeitorientierte Kunden anzusprechen. Phipps Plaza in Buckhead wendet sich mit Filialen der luxuriösen Kaufhausketten Saks Fifth Avenue und Nordstrom als Magneten und Einzelhändlern wie Hugo Boss, Tiffany und Valentino an ein besonders kaufkräftiges Publikum (Hahn 2002, S. 57–141; ICSC: Datenbank Shopping Center).

Der suburbane Raum der Region Atlanta hat nicht nur zunehmend als Wohn- und Einzelhandelsstandort an Bedeutung gewonnen, sondern auch für Büros. Bereits Mitte der 1970er-Jahre gab es im suburbanen Raum genauso viele Büroarbeitsplätze wie in der Kernstadt Atlanta. Heute befindet sich hier nur noch ein Bruchteil der Büros des Großraums. Obwohl die Leerstandrate 2023 in der Stadt Atlanta bei 23,8 % lag, schauen Experten angesichts eines wahrscheinlich weiteren Anstiegs der Bevölkerung optimistisch in die Zukunft (Cushman & Wakefield 2024; Hartshorn 2009, S. 144). Insbesondere an der Ringautobahn I-285 wurden oft in direkter Nachbarschaft zu den Shopping Centern große Bürogebäude und *office parcs* errichtet, und es sind *edge cities* entstanden (Abschn. 2.2.7). Die Angaben zu der Zahl der *edge cities* in der Region Atlanta variieren (. Garreau (1991, S. 426–427) hat vier voll entwickelte *edge cities* und drei weitere Standorte, die sich noch in der Entwicklung zur *edge city* befunden haben, ausgemacht. Lang (2003, S. 134) hat nur zwei *edge cities,* Hartshorn (2009, S. 147–148) aber vier *edge cities* nachweisen können, wobei Letzterer

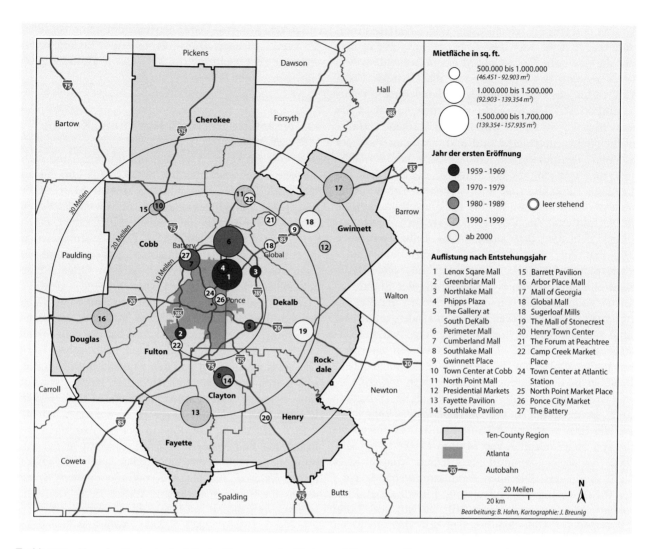

Abb. 5.31 Shopping Center in der Atlanta *10-county region* (Daten- und Kartengrundlage ▶ www.census.gov)

betont, dass nur Buckhead über eine Wohnbevölkerung im nennenswerten Umfang verfügt (■ Tab. 5.3). Die Unterschiede bei der Ausweisung von *edge cities* ergeben sich aufgrund definitorischer Ungenauigkeiten und da exakt definierte Grenzen fehlen. Das Konzept von *edge cities* hat in den vergangenen Jahrzehnten an Bedeutung verloren, da immer häufiger Büros an isolierten Standorten gebaut wurden.

5.7.3 Stadtzentrum

Parallel zu dem Bau von Shopping Centern hat der Einzelhandel in der Innenstadt von Atlanta große Einbußen hinnehmen müssen. Während in Europa der Einzelhandel eine wichtige Leitfunktion in den Innenstädten ausübt und täglich Tausende von Kunden anlockt, sind im Zentrum Atlantas heute fast ausschließlich Bürogebäude und Hotels und leer stehende Ladenlokale zu finden. Seitdem 1991 und 2003 Rich's und das

ohnehin sanierungsbedürftige Macy's geschlossen wurden, gibt es keine Kaufhäuser mehr in der Innenstadt. Auch kleinere Geschäfte lassen sich kaum finden (Hankins 2009, S. 93), obwohl schon früh Bemühungen eingesetzt hatten, die Attraktivität des Stadtzentrums zu steigern. Zu Beginn des 20. Jahrhunderts war im Zusammenhang mit dem Bau einer Eisenbahnbrücke ein unterirdisches Geschäfts- und Vergnügungsviertel entstanden, das aber Ende der 1920er-Jahre geschlossen worden war. 1969 wurde Underground Atlanta mit kleinen Geschäften, Restaurants und Nachtclubs wieder eröffnet und war zunächst sehr erfolgreich, da es davon profitierte, dass hier weit freizügiger als an anderen Standorten der Region Alkohol ausgeschenkt werden durfte. Underground Atlanta verlor an Attraktivität als der Ausschank von Alkohol in der gesamten Region gelockert wurde. 1980 wurde Underground Atlanta geschlossen, aber 1989 nach einer umfassenden Sanierung wiedereröffnet. Der erhoffte Erfolg stellte sich allerdings nicht ein. Seitdem wurde Underground

5

Atlanta wiederholt geschlossen und wiedereröffnet. Halbwegs beliebt war das Zentrum nur bei Touristen, die das nahe Coca-Cola-Museum besuchten. Mit der Verlegung des Museums auf die Olympic Plaza 2007 verlor die *Five Point neighborhood* stark an Anziehungskraft. Negativ wirkt sich auch aus, dass die benachbarten Straßen ebenfalls von starken Verfallserscheinungen gezeichnet sind und ein naher Park ein beliebter Treffpunkt von Obdachlosen ist. Ab 2007 hatte man versucht, die Peachtree St., die einst eine bedeutende Einkaufsstraße war, wiederzubeleben. Aber auch die Umwandlung in eine Fußgängerzone konnte die Attraktivität des Viertels nicht steigern. Heute befinden sich hier fast ausnahmslos Billigrestaurants. 2021 hat ein neuer Investor Underground Atlanta sowie weitere Gebäude in der Umgebung gekauft. Er plant eine umfassende Neuausrichtung des Standorts, den er zu einem Ziel für das Nachtleben der Region ausbauen will. Inzwischen gibt es in Underground Atlanta mehrere Clubs, und es finden regelmäßig Konzerte statt. Es scheint, als sei es tatsächlich gelungen, ein junges Publikum in größerer Zahl anzuziehen. Tagsüber ist der Standort allerdings nach wie vor verödet und sehr unattraktiv (Rice 1983, S. 41; Wheatley 2021; Beobachtungen der Verfasserin). Erfolgreicher war die Eröffnung von Atlantic Station auf einer Fläche von 56 ha nördlich von Midtown Atlanta im Jahr 2005. An diesem Standort hatte früher Atlantic Steel Stahl produziert. Die alten Produktionsgebäude wurden für eine gemischte Nutzung mit Einzelhandel, Freizeiteinrichtungen und Apartments im Stil von Lofts umgewandelt. Außerdem wurden auf dem früheren Werksgelände Eigenheime errichtet. Die Mischung unterschiedlicher Nutzungen soll Tag und Nacht Betriebsamkeit ermöglichen. An die frühere Nutzung erinnern nicht nur die alten Gebäude, sondern ebenfalls mehrere große Stahlplastiken, die eine einmalige Identität schaffen sollen und der besseren Vermarktung dienen. Architekten, Stadtplaner und Investoren feierten Atlantic Station als eine Entwicklungsmaßnahme, die an das frühere städtische Leben erinnerte. Die Annehmlichkeiten des suburbanen Lebens, d. h. Eigenheime als Reihen- oder Doppelhäuser mit manikürtem Rasen und privaten Sicherheitsdiensten sind hier angeblich mit den Vorzügen der Stadt wie fußgängerfreundliches Einkaufen und zahlreichen Geschäften einschließlich eines Supermarkts und Kinos verbunden. Der Einzelhandel von Atlantic Station unterscheidet sich allerdings nicht von dem der Shopping Center im suburbanen Raum, da hier die gleichen Ketten identische Produkte anbieten. Seit den Olympischen Spielen 1996 hat die Einwohnerzahl in der Innenstadt zwar deutlich zugenommen, angesichts der großen Konkurrenz durch die vielen Shopping Center der Region ist aber fraglich, ob sich das alte Zentrum Atlantas wieder zu einem überregionalen Einzelhandelsstandort wird

entwickeln können. Die Innenstadt übt heute vor allem die Funktion eines Büro-, Hotel- und Tagungsstandortes aus (Beobachtung der Verfasserin; Hankins 2009; Hartshorn 2009, S. 146–149).

5.8 New Orleans nach Hurrikan „Katrina"

New Orleans vermarktet sich als *Big Easy* und steht für Jazz, Voodoo-Romantik, Spielkasinos und ein angenehmes Leben. Der bunte Karneval Mardi Gras zieht jedes Jahr Hunderttausende an. Doch der Schein trügt. Die Stadt leidet unter sozialen Problemen, es fehlen Arbeitsplätze in gehobenen Dienstleistungen oder in zukunftsweisenden Industrien, und aufgrund der Lage im Delta des Mississippi ist New Orleans einer der verletzlichsten Orte der USA.

Anders als die meisten anderen Städte im Süden des Landes blickt New Orleans auf eine vergleichsweise lange Geschichte zurück und hat mit dem French Quarter einen weltweit bekannten historischen Kern. Die Stadt wurde 1718 von den Franzosen im Delta des Mississippi gegründet und nach dem Herzog von Orleans benannt. 1762 ging sie an Spanien und 1803 im Rahmen des *Louisiana Purchase* an die USA. An der frühen Besiedlung der Region waren aber nicht nur Franzosen und Spanier beteiligt, sondern in der Anfangsphase auch britische Händler und viele afrikanische Sklaven, die als Arbeitskräfte dienten. Später wuchs die Stadt in mehreren Wellen durch deutsche, irische, italienische und andere Gruppen von Zuwanderern (Fussel 2007, S. 847). Aufgrund ihrer Lage an der Mündung des Mississippi ist New Orleans früh zu einer bedeutenden Hafenstadt herangewachsen. Die landwirtschaftlichen Erzeugnisse des Mittleren Westens wurden über den Mississippi zum Hafen von New Orleans gebracht, in dem gleichzeitig viele Produkte für das Zentrum der USA eintrafen. 1840 war New Orleans nach New York und Baltimore, das aber nur gut 100 Menschen mehr zählte, die drittgrößte Stadt der USA. Im 20. Jahrhundert hat der Hafen angesichts des Ausbaus des Kanal-, Straßen-, Schienen- und Pipelinenetzes und der Containerisierung des Frachtverkehrs als Standortfaktor an Bedeutung verloren. 1960 erreichte New Orleans mit 627.000 Einwohnern den historischen Höchststand, belegte aber nur noch Rang 15 unter den US-amerikanischen Städten. Die Weißen stellten zum damaligen Zeitpunkt mehr als die Hälfte der Bevölkerung. Aufgrund von Suburbanisierung, an der die meist vergleichsweise wohlhabenden Weißen überproportional beteiligt waren, sank die Zahl der Einwohner bis 2000 auf nur noch 484.000, von denen rund zwei Drittel schwarzer Hautfarbe waren. Diese gehörten häufig den unteren sozioökonomischen Gruppen an, denn viele der besser ausgebildeten Schwarzen hatten New Orleans in Richtung Atlanta oder Los

Angeles verlassen. Das durchschnittliche Haushaltseinkommen lag zur Jahrtausendwende rund ein Viertel unter dem amerikanischen Durchschnitt. Entsprechend waren die Armutsrate und die Zahl der Sozialhilfeempfänger in New Orleans überdurchschnittlich hoch. Wie in vielen anderen Städten waren die ethnischen Gruppen stark segregiert. Wenigen sehr exklusiven Stadtvierteln mit einer wohlhabenden und überwiegend weißen Bevölkerung stand eine große Zahl armer Viertel mit einer sehr schlechten Bausubstanz gegenüber. Der am Hochufer des Mississippi gelegene Garden District stellt mit seinen großen im Kolonialstil errichteten Häusern eine Insel des Wohlstands dar. Weit typischer ist für New Orleans der Stadtteil Desire, der durch das 1947 von Tennessee Williams veröffentlichte Drama *A Streetcar named Desire* bekannt wurde. Der Anteil der Schwarzen lag hier im Jahr 2000 bei 94,1 %. Die Bevölkerung in Desire war jünger und die Zahl der Familien mit weiblichem Haushaltsvorstand weit größer als im Garden District. Diese Werte korrelierten mit einer großen Armut und einem niedrigen Haushaltseinkommen in Desire. Die armen Viertel lagen in den tieferen und somit stärker überfluteten Teilen der Stadt. Abgesehen von den erdölverarbeitenden Betrieben im südlichen Louisiana gibt es in der Region keine nennenswerten Industriebetriebe. Viele Menschen arbeiten in schlecht bezahlten Dienstleistungen, wie sie Transport, Hotels, Restaurants und andere touristische Einrichtungen bieten. Überproportional viele Arbeitsplätze gibt es außerdem in der öffentlichen Verwaltung (Gelinas 2010; Hahn 2005b; Hirsch 1983; Vigdor 2008, S. 138–141; ► www.census.gov).

5.8.1 Hurrikan „Katrina"

Der Mississippi war im Lauf der Geschichte immer wieder über die Ufer getreten und hatte einen rund 4 m hohen natürlichen Damm entstehen lassen, auf dem die Franzosen ihre Siedlung mit schachbrettartigem Grundriss anlegten (Ford 2010, S. 13). Nördlich dieses Dammes schloss sich ein sumpfiges Gelände an, das in Richtung des rund 2,5 km entfernten Lake Pontchartrain abfiel. Die Sümpfe stellten ein ideales Brutgebiet für Krankheitserreger dar und mussten vor weiteren Überschwemmungen geschützt werden, bevor eine Besiedlung stattfinden konnte. Mit der Erhöhung der Deiche und der Anlage von Entwässerungskanälen hatten die Franzosen im 18. Jahrhundert angefangen, aber erst im 19. Jahrhundert schritt der Kanalbau planmäßig voran. Mit wachsendem Siedlungsdruck wurde nach dem Zweiten Weltkrieg das gesamte Terrain zwischen Mississippi und Lake Pontchartrain entwässert und besiedelt. Die Trockenlegung der Sümpfe bewirkte ein weiteres Absinken des einst regelmäßig überspülten Landes (◘ Abb. 5.32). Außerdem wurde die Stadt bei

heftigen Stürmen mehrfach überflutet, als die Deiche brachen. Seit Jahren hatten Wissenschaftler darauf hingewiesen, dass die schlecht unterhaltenen Deiche einem Hurrikan nicht standhalten und es eines Tages zu einer großen Katastrophe kommen würde. Ironischerweise erschien ein Buch von Craig Colten (2005), das die Geschichte des Deichbaus und der Siedlungsentwicklung von New Orleans mit allen Gefahren und negativen Auswirkungen sehr detailliert beschreibt, genau zu dem Zeitpunkt, als Hurrikan „Katrina" die Stadt zerstörte.

In den letzten Augusttagen 2005 wurde die Küste der Bundesstaaten Louisiana, Mississippi und Alabama von einem Hurrikan mit extremen Windgeschwindigkeiten getroffen. Da der Sturm vor dem Auftreffen auf Land die Richtung änderte und leicht an Kraft verlor, atmete man in New Orleans zunächst auf. Als aber mehrere Dämme zum Lake Pontchartrain brachen, überflutete das Wasser des Sees rund 80 % der Stadt, und das weitgehend unterhalb des Meeresspiegels liegende New Orleans lief wie eine riesige Wanne voll (◘ Abb. 5.33). Bevor der Hurrikan über New Orleans hinwegfegte, hatte es Warnungen vor dem Monstersturm gegeben, und schließlich war das Verlassen der Häuser angeordnet worden. Der Aufforderung waren aber nicht alle Bewohner der Stadt nachgekommen. Einige hatten Angst vor Plünderungen, andere wollten ihre Haustiere nicht zurücklassen oder hatten kein Auto oder kein Benzin, mit dem sie die Stadt hätten verlassen können. Als das Wasser immer höher stieg, kletterten manche Menschen auf die Dächer ihrer Häuser oder gingen in letzter Minute in das vergleichsweise hoch gelegene Sportstadion Superdome, wo katastrophale Zustände herrschten. Seit 1979 ist die Federal Emergency Management Agency (FEMA) verantwortlich für die Katastrophenhilfe, die nach den terroristischen Anschlägen von 2001 dem neu gegründeten Department of Homeland Security (DHS) unterstellt wurde. Während der Flutkatastrophe von New Orleans versagte FEMA völlig. Die Behörde war finanziell unterausgestattet und auf die Zusammenarbeit mit einer großen Zahl privater Unternehmen und gemeinnütziger Organisationen angewiesen. Da sehr schnell gehandelt werden musste, wurden häufig die falschen Partner ausgesucht, und viele Aufträge wurden schlampig oder zu überhöhten Kosten ausgeführt (Gotham 2012, S. 636–637). Die Rettungsmaßnahmen liefen nur schleppend an, aber letztlich wurde fast die gesamte Bevölkerung evakuiert. Die ärmeren Menschen wurden mit Bussen nach Houston gebracht, während viele der etwas Wohlhabenderen bei Verwandten, Freunden oder in Hotels im ganzen Land unterkamen. Hurrikan „Katrina" hat nicht nur New Orleans weitgehend zerstört, sondern auch die angrenzenden Gemeinden. Das benachbarte St. Bernard wurde noch stärker beschädigt als New Orleans. Leider haben im südlichen Louisiana knapp 1600 Menschen ihr Leben

5

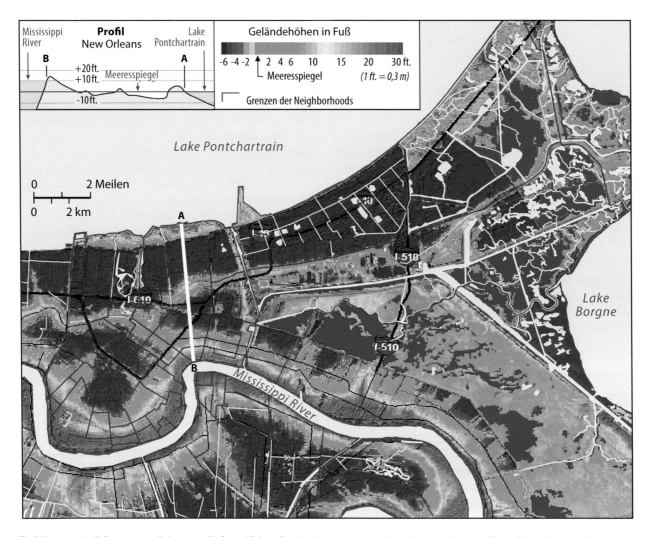

durch Hurrikan „Katrina" verloren. Viele Häuser standen bis zum Dachfirst unter Wasser, und es dauerte Wochen, bis das Schmutzwasser abgepumpt war. Missmanagement bei den Hilfsmaßnahmen und Plünderungen haben die Situation verschärft. Schnell wurde klar, dass einige der tiefer gelegenen Stadtteile völlig zerstört waren. Durch die Überflutung waren zwei Drittel der rund 215.000 Wohneinheiten zerstört oder aufgrund großer Schäden unbewohnbar geworden (▪ Abb. 5.34). Die nahe dem Mississippi gelegenen Stadtviertel wie das French Quarter und die angrenzende Downtown mit vielen Büro- und Hotelgebäuden sowie der Garden District waren kaum betroffen, da sie auf oder nahe des Hochufers lagen, das den Rand der mit Wasser vollgelaufenen Wanne bildet (▪ Abb. 5.35). Hier waren allenfalls die Dächer abgetragen oder die Fenster vom Wind eingedrückt worden. Vor allem die Häuser in tieferen Lagen, in denen die sozial Schwachen oft in angemieteten Häusern lebten, waren zerstört worden. Ganze Viertel waren nicht mehr bewohnbar, und

Wohnraum war zu einem knappen Gut geworden. Insbesondere die ärmere Bevölkerung konnte nicht zurückkehren, da sie alles verloren hatte. Die Versicherungen zahlten nur zögerlich, da viele Menschen zwar gegen Sturm-, nicht aber gegen Wasserschäden versichert waren. Besonders schlecht wurden Mieter bedient, da nur die Eigentümer der Häuser entschädigt wurden. Selbst ein Teil der Wohlhabenden, deren Häuser kaum beschädigt waren, kamen nicht zurück, da sie der versprochenen Verstärkung der Deiche nicht trauten oder die jetzt sehr hohen Versicherungssummen für ihre Häuser nicht zahlen wollten (Hahn 2005b; Vigdor 2008, S. 146–147). In New Orleans hat sich deutlich gezeigt, dass die durch den Neoliberalismus entstandenen neuen Organisationsformen im Falle von Katastrophen versagen. Da private Unternehmen nur erfolgreich arbeiten können, wenn sie Gewinne erzielen, werden Opfer zu Kunden, denen nicht auf der Grundlage sozialer Kriterien, sondern nach einem Abwägen von Kosten und Nutzen geholfen wird (Gotham 2012, S. 635).

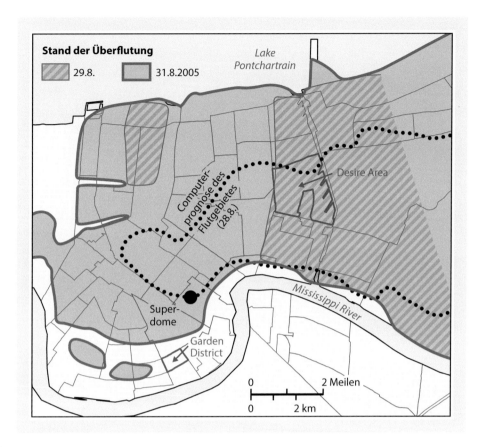

Abb. 5.33 Überflutung durch Hurrikan „Katrina". (Adaptiert nach New York Times 3.9.2005; Hahn 2005b, Abb. 1)

Abb. 5.34 Zerstörte Wohnhäuser in New Orleans

5

◻ Abb. 5.35   Unbeschädigtes Haus im GardenDistrict (März 2006)

5.8.2 Wiederaufbau

Der *census* 2010 zählte 343.829 Einwohner in New Orleans und somit ungefähr genauso viele wie der *census* 1910, aber rund 140.000 Menschen weniger als im Jahr 2000. Lange war mit einem noch weitaus niedrigerem Wert gerechnet worden, denn die vor dem Hurrikan geflüchteten oder zwangsweise evakuierten Bewohner waren anfangs nur sehr langsam zurückgekehrt. Bis 2020 ist die Zahl der Einwohner weiter auf 383.998 angestiegen. Aktuell zeichnet sich aber eine Trendumkehr der positiven Entwicklung ab. Laut Fortschreibung der Daten des Bureau of the Census ist die Bevölkerung der Stadt aufgrund hoher Abwanderungsraten bis Mitte 2023 auf unter 364.000 gesunken. Knapp 20 Jahre nach der Katastrophe wohnten rund 120.000 Menschen weniger in New Orleans als zur Jahrhundertwende. Unabhängig vom Grad der Zerstörung haben fast alle *neighborhoods* von New Orleans Einwohnerverluste verzeichnet. Hurrikan „Katrina" hat auch die soziökonomische und ethnische Struktur der Bevölkerung verändert. Da weit mehr Schwarze als Weiße ihre Häuser

verloren hatten, waren sie seltener in die Stadt zurückgekehrt. Nach Jahrzehnten des Rückgangs ist der Anteil der Weißen wieder gestiegen (◻ Tab. 5.2).

Es gab in New Orleans 2005 natürlich keinen Plan für den Aufbau der Stadt im Fall einer fast völligen Zerstörung und die Verantwortlichen waren überfordert, als das Wasser endgültig abgeflossen war und das volle Ausmaß des Schadens sichtbar wurde. Einige Monate wurde ernsthaft diskutiert, ob New Orleans wieder aufgebaut oder völlig aufgegeben werden solle (McDonald 2007). Die Deiche waren in einem sehr schlechten Zustand und die Sanierung sehr teuer. Es wurde bezweifelt, ob sie jemals in der Lage sein würden, die Stadt im Fall eines weiteren starken Hurrikans zu schützen. Die Bevölkerung war seit Jahrzehnten rückläufig, die Schulen und das Arbeitsplatzangebot schlecht, die Mordrate mit 59 Morden pro 100.000 Einwohner eine der höchsten der USA, und Politiker wie Polizei waren kriminell, korrupt oder unfähig. Es stand außer Frage, dass New Orleans ohne eine umfassende Sanierung der Deiche und des Entwässerungssystems keine dauerhafte Überlebenschance haben würde.

◼ **Tab. 5.2**   New Orleans: Einwohner und soziökonomische Merkmale 2000 und 2020

	2000	2020
Einwohner	484.674	383.998
Weiße (%)	26,6	32,7
Schwarze (%)	66,6	58,1
Einwohner unter 18 Jahre (%)	26,7	20,0
Durchschnittl. Haushaltseinkommen (US$)	43.176	45.594
Menschen, die in Armut leben (%)	27,9	23,8

Quellen: ▶ www.census.gov

Außerdem galt es, den sozialen Zusammenhalt der Bevölkerung zu stärken (Campanella 2006, 2007; Gelinas 2010). Während sich viele Umweltwissenschaftler gegen den Wiederaufbau aussprachen, befürworteten die meisten Politiker den vollständigen Wiederaufbau der Stadt. Wichtiger wurde aber die Frage, ob sich die Stadt wirklich von der Katastrophe im vollen Umfang würde erholen können (Kolb 2006; Vigdor 2008, S. 135). Da dieses zunächst nicht garantiert schien, wollte man zumindest das weltbekannte French Quarter retten (◼ Abb. 5.36). Ohne das städtische Umfeld wäre das beliebte Touristenviertel, dessen *disneyfication* angesichts seines künstlichen Charakters ohnehin schon lange kritisiert wurde, endgültig zu einem inszenierten Themenpark geworden (Souther 2007).

Rückblickend wirken alle Aufbaupläne der folgenden Jahre chaotisch, unüberlegt, teuer und größtenteils wenig nützlich. Wiederholt holte man auswärtige Berater in die Stadt, deren Ideen oder Pläne meist nach kurzer Zeit verworfen wurden. Es wurden immer wieder neue Revitalisierungspläne entwickelt, aber nicht realisiert. Interessanterweise knüpfte keiner der neuen Pläne an den vorausgehenden Plan an. Noch 2005 gründete Bürgermeister Ray Nagin eine *Bring New Orleans Back Commission* bestehend aus Planern, Investoren und Bankern, die Anfang 2006 einen ersten Entwurf zum Wiederaufbau der Stadt präsentierten, der allerdings auf großen Widerstand stieß. *Neighborhoods,* die gänzlich durch „Katrina" zerstört worden waren, sollten nicht wieder aufgebaut und durch Grünflächen ersetzt werden. Der Plan hat die Stadt in zwei Gruppen gespalten: Die Wohlhabenden, die bevorzugt in den höheren Lagen wohnten und deren Häuser kaum zerstört worden waren, waren relativ zufrieden, während sich die Ärmeren, die überwiegend in den tieferen Lagen lebten, unerwünscht fühlten. Der Bürgermeister verabschiedete sich von dieser Idee und schlug vor, dass der Markt, d. h. die Investoren entscheiden

sollten, welche Teile der Stadt zu revitalisieren seien. Die Laisser-faire-Politik stieß auf wenig Gegenliebe. 2006 wurde mit finanzieller Unterstützung der Rockefeller Foundation ein weiterer Plan entwickelt, der 2007 als *Unified New Orleans Plan* verabschiedet wurde. Die gesamte Stadt sollte wieder aufgebaut werden, wofür allerdings rund 13 Mrd. US$ veranschlagt wurden. Das Vorhaben wurde allgemein begrüßt, war aber aufgrund der hohen Kosten nicht finanzierbar. Im Folgenden entwickelte der Bürgermeister die Idee, internationale Stararchitekten anzuwerben, um entlang des Mississippi aufsehenerregende Gebäude zu errichten und so den globalen Bekanntheitsgrad der Stadt zu steigern, was erwartungsgemäß ebenfalls kritisiert und bald verworfen wurde. Da man erkannt hatte, dass räumliche Prioritäten für den Wiederaufbau gesetzt werden mussten, wurde 2007 ein *Target Area Development Plan* erarbeitet. Dieser identifizierte 17 Teilbereiche, auf die die Revitalisierungsmaßnahmen konzentriert werden sollten. Der Stadtrat genehmigte diesen Plan und bewilligte für die Umsetzung 117 Mio. US$ aus Bundesmitteln, die die Stadt für den Wiederaufbau erhalten hatte. Wenig später wurde der neue Flächennutzungsplan *New Orleans. Blueprint for the next 20 Years* verabschiedet (Comfort und Birkland 2010, S. 670–673; Ford 2010). Außerdem unterstützte das Programm *Road Home* Rückkehrwillige mit 8,6 Mrd. US$ aus Bundesmitteln. Die Besitzer zerstörter Häuser erhielten jeweils durchschnittlich 66.000 US$ für den Wiederaufbau. Auch wer nicht in die Heimat zurück wollte, bekam Hilfen aus dem Programm. Was immer von dem Haus noch übrig war, wurde vom Staat gekauft, und mit dem Erlös zahlten die Eigentümer noch bestehende Hypotheken. Die Grundstücke wurden zum Verkauf angeboten, wobei man Nachbarn bei der Vergabe bevorzugte. Wenn die Käufer die Grundstücke gut pflegten und evtl. einen Garten anlegten, konnte ein Teil der Kaufsumme erstattet werden (Gelinas 2010, ▶ www.growinghomenola.org). Die Entscheidung für oder gegen New Orleans wurde durch das Programm erleichtert und wahrscheinlich beschleunigt. Wer zurückgekehrt ist, hat sich bewusst für New Orleans entschieden und war bereit, den Aufbau der Stadt und die Implementierung von Recht und Ordnung tatkräftig zu unterstützen. Ein nicht geringer Teil des Wiederaufbaus ist durch gemeinnützige Organisationen, private Spender, Stiftungen, Hollywood-Stars, bekannte Unternehmer oder Politiker finanziert und mit der Unterstützung berühmter oder aufstrebender Architekten umgesetzt worden. Besondere Förderung erfuhr der Bau von Wohnraum für die zahlreichen Obdachlosen. Da ein umfassender Plan lange fehlte, konnten die Sponsoren die Häuser oder *neighborhoods* nach ihren eigenen Vorstellungen realisieren. Das Ergebnis waren teils mutige Entwürfe, die Architekturkritiker als zukunftsweisend bezeichnen.

5

☐ **Abb. 5.36**   Der Jackson Square ist das historische und touristische Zentrum des French Quarter

Nach dem Sturm wurden auch Häuser abgerissen, die aus Sicht der Bewohner angeblich hätten saniert werden können. Nahe der *downtown* von New Orleans hatten in den Lafitte Projects rund 5000 sozialschwache Familien gelebt, die vor Einsetzen des Sturms zwangsevakuiert worden waren. Die Häuser waren mit Brettern zugenagelt worden und hatten Hurrikan „Katrina" relativ unbeschadet überstanden. Ähnliches galt für drei weitere Sozialsiedlungen. Der Abriss der *projects*, die Zentren des Drogenhandels und anderer krimineller Handlungen waren, war seit Jahren von den Politikern gefordert worden, die jetzt die Chance nutzten, die Verbarrikadierung der Häuser aufrechtzuhalten und diese nach und nach abzureißen. Die Bewohner wurden obdachlos und fühlten sich in New Orleans nicht mehr willkommen (Ford 2010, S. 34). Inzwischen errichtet die gemeinnützige Gesellschaft Providence Community Housing auf der Fläche des früheren Lafitte Projects neue Häuser für unterschiedliche Einkommensgruppen. Der Ärger vieler Bewohner über den Abriss der Lafitte Projects ist zwar verständlich, aber in den vergangenen 20 Jahren sind in anderen Städten wie

Chicago und St. Louis ebenfalls große Sozialsiedlungen abgerissen worden. Die Lafitte Projects waren zu Zeiten des New Deal (1933–1936) gebaut worden und im Lauf der Jahrzehnte in eine Abwärtsspirale geraten, die sich durch eine Überbelegung der Wohnungen verschärft hatte (New York Times 26.12.2006).

Die Nachfrage nach billigem Wohnraum war in den Jahren nach Hurrikan Katrina enorm, da nicht nur die Viertel der ärmeren Bevölkerung überproportional stark zerstört worden waren, sondern auch weil viele eher schlechte bezahlte Bauarbeiter aus dem ganzen Land nach New Orleans strömten und Wohnungen suchten. Da der großen Nachfrage nur ein geringes Angebot gegenüberstand, waren die Kosten für Käufer und Mieter astronomisch hoch. Trotzdem hat die Stadt erst ab 2015 den Bau preiswerter Wohnhäuser unterstützt. Bis 2021 sollten im Rahmen eines Fünfjahresplans 7000 Wohneinheiten saniert und vor dem Abriss geschützt oder gebaut werden. 2017 hat das Amt für Stadtplanung außerdem empfohlen, in Projekten mit mehr als zehn Wohneinheiten mindestens 12 % für sozial Schwache zu bauen. Alle genannten Maßnahmen waren nur ein Tropfen auf den heißen Stein. Es besteht Konsens, dass zu wenig zu spät getan wurde, um der Wohnungsnot zu begegnen (Ehrenfeucht und Nelson 2020, S. 440–442). Heute gibt es in New Orleans einige wenige sehr schöne und gepflegte *neighborhoods* mit teuren Villen auf den Hochufern des Mississippi und des Lake Pontchartrain, die ohnehin nicht stark unter dem Hurrikan gelitten haben. Diesen wohlhabenden Vierteln steht eine große Zahl von *neighborhoods* wie der Ninth Ward oder Desire gegenüber, die auch 20 Jahre nach Hurrikan Katrina noch durch viele zugemüllte Brachflächen und Häuser mit einer äußerst schlechten Bausubstanz auffallen. Es scheint, als habe die Stadt diese Viertel aufgegeben, denn auch die Parks, Straßen und Bürgersteige sind äußerst ungepflegt, und der Anschluss an den ÖPNV ist mangelhaft. Da auch der privat organisierte Einzelhandel diese *neighborhoods* meidet, ist die Versorgungslage der Bevölkerung schlecht.

Touristen setzen New Orleans mit dem French Quarter nordöstlich der Canal Street gleich, das die größte Attraktion der Stadt darstellt. Da das Viertel auf dem Hochufer des Mississippi liegt, war es von Hurrikan Katrina kaum in Mitleidenschaft gezogen worden. Bereits vor Katrina sind die einzelnen Parks und Straßen des French Quarter sehr unterschiedlich genutzt worden. Der Jackson Square bildete das touristische Zentrum, in der Royal Street konzentrierten sich Antiquitätenläden und hochwertige Galerien, und die Bourbon Street stand für billige Bars und ein lockeres Nachtleben. Die spanisch-französische Architektur, der Voodoo-Kult und die lebendige Musikszene verliehen dem French Quarter ein in den USA einzigartiges Flair. Aber auch hier hat eine Abwärtsspirale eingesetzt, die durch die COVID-19-Pandemie verstärkt wurde. Viele Galerien, bessere Geschäfte und Restaurants wurden geschlossen und durch preiswerte Anbieter ersetzt oder stehen leer. Graffitis unterstreichen den ungepflegten Zustand des Viertels (Beobachtungen der Verfasserin).

Brad Pitt Homes: Mehr Schein als Sein

Brad Pitt und seine Make It Right Foundation erregten in New Orleans viel Aufsehen. Der Schauspieler konnte bekannte Architekten wie Thom Mayne und Frank Gehry für den Entwurf der von ihm gebauten 109 Häuser gewinnen. Die Brad Pitt Houses wurden 2008 bis 2015 gebaut und ersetzten von der Flut zerstörte Wohngebäude im traditionell schwarzen und sehr armen Ninth Ward, dessen Häuser während das Hurrikans Katrina bis zum Dachfirst unter Wasser standen. Gemeinsam mit der von Ex-Präsident Bill Clinton gegründeten Clinton Global Initiative wurden Standards für den Bau möglichst nachhaltiger Häuser entwickelt. Alle Häuser wurden mit Solarpaneelen und energieeffizienten Heiz- und Kühlsystemen ausgestattet. Die Make It Right Foundation ist eine gemeinnützige Organisation, die keinen Gewinn machen darf. Sie hat 26,8 Mio. US$ in die Häuser investiert, die für rund 150.000 US$ an Interessenten verkauft wurden. In einer Stadt, die die Natur durch die Trockenlegung der Sümpfe systematisch zerstört hat, bildeten die aus architektonischer Sicht sehr ausgefallenen und technisch anspruchsvollen Häuser eine vorbildliche Ausnahme, und anfangs wurde die Initiative von Brad Pitt auch auf internationaler Ebene hoch gelobt (Curtis 2009).

Das Blatt wendete sich allerdings, als sich sehr schnell eklatante Baumängel zeigten. Es waren Baumaterialien benutzt worden, die für das feucht-heiße Klima von Louisiana völlig ungeeignet waren. Das Bauholz faulte, und Termiten und Schimmel eroberten die Häuser. Es war nicht nur ungesund, in diesen Häusern zu leben, einige waren sogar einsturzgefährdet und mussten von den Bewohnern verlassen werden. Die Make It Right Foundation fühlte sich allerdings nach Fertigstellung der Häuser nicht mehr zuständig und schwieg lange zu den Beschwerden der Bewohner. Diese standen vor einem Dilemma: Für den Kauf der Häuser hatten sie Kredite aufgenommen und konnten weder die Baumängel aus eigener Kraft beseitigen noch in ein anderes Haus ziehen. Es folgte ein jahrelanger Rechtsstreit, der alle Beteiligten viele Nerven kostete. Die Make It Right Foundation hat offensichtlich auch Vorgaben des Internal Revenue Service (oberste Finanzbehörde der USA) verletzt und prozessierte mit Banken sowie Architekten. Die Bewohner wurden gezwungen, eine Geheimhaltungsvereinbarung zu unterschreiben. Aus Angst, im Falle eines Vertragsbruchs keinerlei Entschädigung zu erhalten, hielten sich die meisten Bewohner an das Abkommen, weswegen auch nur wenig in der Presse über die Probleme berichtet wurde. Die Bewohner fühlten sich allein gelassen. Erst 2018 sanierte die Make It Right Foundation die ersten Häuser, was aber viel zu spät war. Treppen und Veranden ließen sich teils nicht mehr sanieren und die feuchten Wände nicht mehr trockenlegen. Einige Häuser waren bereits zusammengebrochen oder mussten aus Gründen mangelhafter Sicherheit abgerissen werden. Der Rechtsstreit mit den Eigentümern der Häuser wurde erst Mitte 2022 beigelegt. Soweit bekannt, sollte jeder Hausbesitzer 25.000 US$ erhalten. Darüber hinaus sollten Mängel in Abhängigkeit von der Schadenssumme beseitigt werden (Frankfurt Allgemeine, 19.08.2022; Hickmann 2022; Gespräche der Verfasserin mit Bewohnern; Keller 2022; Menza 2019).

5

5.8.3 Downtown

Die *downtown* mit Hochhäusern von Banken und Ölgesellschaften und Hotels konzentriert sich auf wenige Blöcke südwestlich der Canal Street gegenüber dem French Quarter. Entlang der Canal Street, die den Mississippi mit dem Lake Pontchatrain verbindet, sind nach wie vor eine Reihe sehr großer und überwiegend teurer Hotels wie das Sheraton oder das Ritz Carlton sowie ein großes Spielcasino zu finden. Nach 2005 wurde die Wirtschaft durch Steueranreize und Steuerermäßigungen angekurbelt, wovon die 3,1 km² große *downtown* sehr profitiert hat, allerdings war auch hier der Grad der Zerstörung 2005 nicht sehr groß. Seit 2005 wurden mehr als 8 Mrd. US$ in neue Büro- und Wohngebäude, Hotels und die Aufwertung des öffentlichen Raums investiert. 20 Jahre nach Hurrikan Katrina befinden sich hier rund 7500 Apartments, gut 20.000 Hotelzimmer, mehr als 800.000 m² Bürofläche, rund 250 Geschäfte und ebenso viele Restaurants und Bars. Mit mehr als 60.000 Beschäftigten stellt die *downtown* von New Orleans die größte Konzentration von Arbeitskräften in Louisiana dar (▶ https://downtownnola.com). Die Zahlen lesen sich zwar auf den ersten Blick gut, aber auch hier gibt es noch Brachflächen in größerer Zahl und als Folge der COVID-19-Pandemie stehen Büros und Ladenlokale leer. Sehr positiv hat sich der westlich anschließende Warehouse District entwickelt, wo im 19. Jahrhundert große Gebäude für die Lagerung von Baumwolle und Zucker errichtet worden waren. Hier hat bereits vor rund 30 Jahren ein Nutzungswandel eingesetzt, der sich nach 2005 fortsetzte. Viele der alten Lagerhäuser wurden aufwendig saniert und beherbergen heute Hotels, Restaurants, Wohnungen und Galerien. Mehrere Museen wie das Ogden Museum of Southern Art und das National WWII Museum sind Besuchermagneten (Beobachtungen der Verfasserin)

5.8.4 Bewertung

Seit 2005 hat sich in New Orleans tatsächlich einiges verbessert, während an anderen Stellen noch große Defizite bestehen. Nach und nach wurden die korrupten Politiker ausgetauscht, und man achtete auf einen verantwortungsbewussten Umgang mit der finanziellen Unterstützung des Bundes und des Staates Louisiana. Der Tourismus, der den mit Abstand wichtigsten Wirtschaftszweig von New Orleans darstellt, hat rund zehn Jahre benötigt, um sich von Hurrikan Katrina zu erholen. 2004 hatten 10,1 Mio. Gäste Metro New Orleans besucht und 4,9 Mrd. US$ ausgegeben. 2006 kamen nur noch 3,7 Mio. Touristen, aber 2016 wurde wieder der frühere Besucherrekord von 2004 erreicht. Die touristischen Ausgaben lagen in diesem Jahr sogar bei 7,41 Mrd. US$ und stiegen bis 2022 auf 8,4 Mrd. US$. 94.000 Menschen waren 2022 im Tourismus beschäftigt, wo die Löhne allerdings traditionell niedrig sind. Die Touristen werden besonders von jährlichen Großveranstaltungen wie dem Karneval, dem Jazz Festival oder dem French Quarter Festival angezogen. Die Stadt profitiert auch von der steigenden Zahl an Kreuzfahrtschiffen, die von hier aus in die Karibik starten, da die meisten Kreuzfahrer wenigstens eine Nacht vor oder nach den Fahrten in New Orleans übernachten (New Orleans & Company 2022; The University of New Orleans 2023, S. 5). Die als Big Easy bekannte Stadt mit einem für US-amerikanische Verhältnisse lockerem Nachtleben wird sicherlich auch in Zukunft viele Besucher anziehen; allerdings muss aufgepasst werden, dass die von der Verfasserin wahrgenommene anhaltende Abwärtsspirale des French Quarter gestoppt wird. Hier sind große Investitionen in den öffentlichen Raum und die Sauberkeit notwendig. Problematisch ist auch, dass sich der Tourismus auf einen sehr begrenzten Raum beschränkt. Bereits der nördliche Teil des French Quarter ist wenig einladend, was noch mehr für den nahe gelegenen Louis Armstrong Park gilt, der sehr ungepflegt ist. Dieses gilt auch für weite Teile der Stadt. In den ärmeren und tiefer gelegenen *neighborhoods* sind immer noch Schäden von Hurrikan Katrina sichtbar, Brachflächen sind zugemüllt, Einzelhandel und ÖPNV fehlen, und die Armut ist überall sichtbar. Leider führte die Stadt auch die US-amerikanischen Kriminalitätsstatistiken mit 72 Morden pro 100.000 Einwohner im Jahr 2023 an, während in den USA „nur" sechs von 100.000 Menschen umgebracht wurden (▶ www.neighborhoodscout.com). Bei anderen Verbrechen wie Raub und Vergewaltigung sieht es nicht besser aus. Entsprechend erreicht New Orleans mit 652 Insassen in staatlichen Gefängnissen pro 100.000 Einwohner ebenfalls einen Spitzenwert, der in den ärmsten *neighborhoods* sogar weit höher ist (Prison Policy Initiative 2023). New Orleans ist als sehr gefährliche Stadt bekannt, was potenzielle Besucher abschrecken dürfte. Es fehlen Steuereinnahmen, um die öffentliche Infrastruktur aufrechtzuerhalten und für Sicherheit zu sorgen. Angesichts abnehmender Einwohnerzahlen und weniger gut bezahlter Arbeitskräfte werden die Steuereinnahmen eher sinken als steigen, und viele Probleme werden sich verschärfen. Die Zukunftsaussichten für die Metropole am Mississippi sind nicht gut. Positiv ist die im Jahr 2012 abgeschlossene Sanierung des Schleusen-, Kanal- und Entwässerungssystems auf einer Länge von 215 km in Greater New Orleans durch das Army Corps of Engineers zu werten. Man investierte 14,6 Mrd. US$, um New Orleans auch vor einer Jahrhundertflut schützen zu können. Die Stadt verfügt heute angeblich über das weltweit beste und sicherste System dieser Art (Zolkos 2012). Da Hurrikan „Katrina" sicherlich nicht der letzte heftige Sturm war, der über New Orleans gefegt ist, bleibt zu hoffen, dass das neue *Greater New Orleans Hurricane and Storm Damage Risk Reduction System* die Stadt effektiv vor Schäden bewahren wird.

5.9 Phoenix – Ein Paradies für Senioren?

Die in Arizona am Rand der Sonora-Wüste gelegene Stadt Phoenix befindet sich in einer der trockensten, wärmsten und sonnigsten Regionen der USA. Die mittlere Temperatur beträgt 26 °C, und selbst im Winter sinken die Temperaturen selten unter 20°C. Im Sommer sind Temperaturen von mehr als 40 °C nicht ungewöhnlich. Das trockene Klima wird allerdings nicht so belastend empfunden wie die feuchtheißen Sommer im Osten und Süden der USA. Mit mehr als 1,6 Mio. Einwohnern ist Phoenix heute eine der schnell wachsenden Städte der USA, obwohl die Besiedlung der Region erst vergleichsweise spät einsetzte. In der MA Phoenix leben sogar knapp 5 Mio. Menschen. Bis zum 14. Jahrhundert waren die Hohokam-Indianer in der Region ansässig gewesen und hatten Bewässerungskanäle angelegt und Landwirtschaft betrieben (Keys et al. 2007, S. 132–133). Nach dem Niedergang der Indianerkultur stieß die Wüstenregion erst wieder auf Interesse, als Mitte des 19. Jahrhunderts ein gewisser Wickenburg auf dem Weg nach Kalifornien hier zufällig Gold fand. Da sich die Goldvorkommen nicht als ertragreich erwiesen, sanierte Wickenburg die alten Kanäle und schuf so die Voraussetzung für eine umfangreiche Bewässerungslandwirtschaft. Als gegen Ende des Ersten Weltkriegs Ägypten als Zulieferer von Baumwolle, mit der damals Reifen gefüllt wurden, ausfiel, kaufte der Reifenhersteller Goodyear das Farmland für die Produktion hochwertiger Baumwolle. Aufgrund des großen Wasserverbrauchs sank der Grundwasserspiegel schnell, und bald war absehbar, dass der Anbau von Baumwolle an diesem Standort nicht lange profitabel sein würde (Sun City Historical Society 2010, S. 14–15). Mit der Erfindung der ersten primitiven Klimaanlagen in den 1930er-Jahren stand einem Leben in Phoenix nichts mehr entgegen. Die kleine Wüstenstadt erlebte den ersten Aufschwung während des Zweiten Weltkriegs, als das amerikanische Militär mehrere Ausbildungslager in der Nähe ansiedelte. Den Luftwaffenstützpunkten folgte bald die Industrie. Seit Beginn der 1940er-Jahre produzierte Goodyear Aircraft im nahen Litchfield, und AiResearch eröffnete ein Werk am Sky Harbour Airport, dem Flughafen von Phoenix. Andere Werke, wie die in den 1920er-Jahren in Phoenix gegründete Allison Steel Company, spezialisierten sich auf die Produktion von Kriegsgerät. Der wirtschaftliche Aufschwung der Region setzte sich nach 1945 fort, und Phoenix entwickelte sich zu einem wichtigen Zentrum der Flugzeug- und Elektronikindustrie.

Zu Beginn der 1950er-Jahre verfügten bereits mehr als 90 % aller Haushalte über Klimaanlagen, von denen viele in Phoenix hergestellt wurden. Da die Produktionskosten aufgrund fehlender gewerkschaftlicher Einflüsse und niedriger Steuern gering waren, konnte sich Phoenix zu einem wichtigen Industriestandort entwickeln. Außerdem profitierte die Stadt von der isolierten Lage und konnte ihre Gemarkungsgrenzen immer weiter nach außen verlegen, um Platz für die wachsende Bevölkerung zu schaffen. Aus dem ganzen Land zogen Menschen in die Region, um die gut bezahlten Arbeitsplätze einzunehmen. Mit der industriellen Entwicklung entstand außerdem eine Nachfrage nach Finanzdienstleistungen (Konig 1982, S. 19–22, 27–33). Allerdings haben nur vier der 500 größten Unternehmen ihr Headquarter in der Stadt Phoenix und drei weitere im benachbarten Tempe und Scottsdale. Keines der Unternehmen gehört zu den 100 umsatzstärksten des Landes (► www.fortunemagazine. com).

5.9.1 Sun City

Die MA Phoenix ist in sozioökonomischer und ethnischer Hinsicht ebenso stark fragmentiert wie andere *metropolitan areas* der USA (◘ Tab. 5.3, ◘ Abb. 5.37). In der Stadt Phoenix und in Tempe liegt das mittlere Haushaltseinkommen knapp unter dem des Bundesstaates Arizona, aber in der Universitätsstadt Tempe leben weit weniger *hispanics* als in Phoenix. Scottsdale ist ein bevorzugter Wohnstandort und zeichnet sich durch ein sehr hohes Haushalteinkommen aus. Außerdem leben hier mehr als doppelt so viele Senioren wie in Tempe oder Phoenix. Besonders auffallend ist, dass in Sun City und in Sun Lakes mehr als 70 % der Bewohner wenigstens 65 Jahre alt sind. In Sun City West gilt dieses sogar für mehr als 80 % der Bevölkerung. Gleichzeitig leben in diesen Gemeinden fast ausschließlich Weiße und ausgesprochen wenige *hispanics.* Die große Zahl von Senioren in einigen Gemeinden der MA Phoenix ist natürlich kein Zufall, sondern geht auf eine geplante Entwicklung zurück. Als Ende der 1950er-Jahre der Bauunternehmer Del E. Webb einen Standort für den Bau einer Seniorensiedlung suchte, schien die knapp 20 km nordwestlich von Phoenix gelegene frühere Baumwollplantage der ideale Standort zu sein, denn hier waren Wasserechte für ein großes Areal vorhanden (Sun Cities Area Historical Society 2010, S. 14–15). Sun City war nicht die erste Siedlung für ältere Menschen in Arizona. In der Nähe war bereits 1958 Youngtown für die gleiche Zielgruppe angelegt worden (Blechman 2008, S. 29). Während sich die Investoren von Youngtown auf den Bau von seniorengerechten Wohnhäusern beschränkt hatten, sollte Sun City alle Voraussetzungen für einen aktiven

5

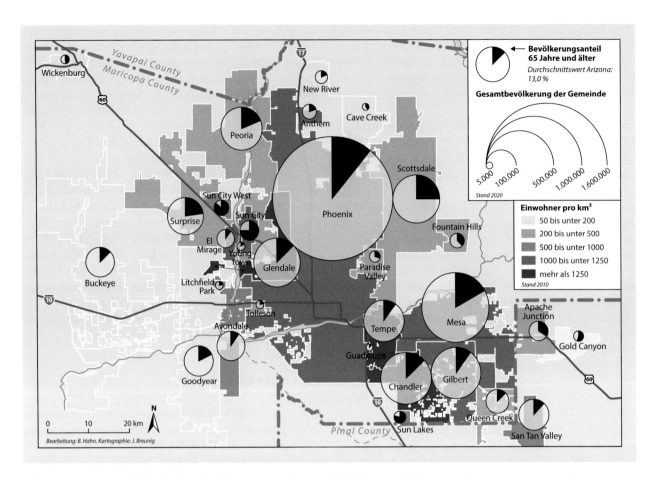

■ **Abb. 5.37**   Demographische Struktur der *Phoenix metropolitan area* 2020 (Daten- und Kartengrundlage ▶ www.census.gov).

■ **Tab. 5.3**   Struktur ausgewählter Gemeinden in der MA Phoenix 2020

Gemeinde	Einwohner	Weiße (%)	Schwarze (%)	Hispanics (%)	Mittleres Haushaltseinkommen (US$)	65 Jahre und älter
Phoenix	1.608.190	64,4	7,3	42,7	64.927	11,1
Tempe	180.576	64,1	7,4	23,1	64.080	10,4
Scottsdale	241.339	85,2	2,2	10,4	97.409	24,6
Sun City*	39.931	93,1	1,6	4,5	46.201	74,5
Sun City West*	25.806	96,4	1,1	1,4	58.837	85,7
Sun Lakes*	14.868	97,1	0,8	2,5	59.207	78,5
Arizona	7.359.197	81,9	5,5	32,5	65.913	18,8

* CPD = census designated area (Quelle: ▶ www.census.gov)

Lebensabend bieten und wurde als *„An Active Way of Life"* vermarktet. Neu war auch der kreisförmige Grundriss von Sun City, der von Grünflächen und kleinen Wasserläufen unterbrochen wird. Ein auf ältere Menschen zugeschnittenes Sport- und Freizeitangebot sowie Einkaufsmöglichkeiten sollten schon zum Zeitpunkt des Einzugs der ersten Bewohner zur Verfügung stehen. Da sich ein vielfältiges Angebot auf Dauer nur für eine große Zahl von Nutzern rechnen konnte, war der Bau von mehr als 16.000 Wohnhäusern und Apartments für rund 32.000 Bewohner auf 67 km² geplant. Obwohl viele Kritiker bezweifelten, dass so viele Menschen ihren Lebensabend nur unter älteren Menschen in einer in jeder Hinsicht homogenen *neighborhood*

◨ **Abb. 5.38** Seniorengerechter Bungalow in Sun City

verbringen möchten, übertraf die Nachfrage die kühnsten Erwartungen der Investoren. Im September 1959, als die ersten Musterhäuser besichtigt werden konnten und das Verkaufsbüro eröffnete, leisteten 400 spätere Bewohner eine Anzahlung auf ein Haus in Höhe von 500 US$. Anfang Januar 1960 wurde die Eröffnung von Sun City mit einem dreitägigen Fest gefeiert, das mehr als 100.000 Schaulustige besuchten. An diesen Tagen wurden 237 Häuser verkauft (Sun Cities Area Historical Society 2010, S. 16–25).

Trotz des großen anfänglichen Interesses an Sun City entwickelten sich die Verkaufszahlen bald rückläufig. Mitte der 1960er-Jahre mussten die Investoren sogar um den dauerhaften Erfolg der Seniorensiedlung bangen. Im Rahmen der zweiten Bauphase war ein Freizeitzentrum exklusiv für die neuen Bewohner errichtet worden. Das Missfallen der „Pioniere" von Sun City war allgemein bekannt geworden und hatte sich negativ auf das Image ausgewirkt. Außerdem hatten die Investoren fälschlicherweise geglaubt, dass möglichst billige Häuser nach dem Vorbild von Levittown besonders begehrt seien. In der Tat waren in Sun City erstmals Häuser für weniger als 10.000 US$ angeboten worden, die direkt an einem Golfplatz lagen. Die Senioren bevorzugten allerdings bessere Häuser und waren auch bereit, dafür zu zahlen. Basierend auf dieser Erkenntnis wurde beschlossen, in Zukunft hochwertigere Häuser zu bauen und alle Gemeinschaftseinrichtungen in den einzelnen Teilbereichen von Sun City allen Bewohnern gleichermaßen zugänglich zu machen. Nachdem 1965 nur 400 Häuser verkauft worden

waren, wurden 1967 wieder rund 1800 Häuser bezogen. Im Lauf der Jahre baute man immer bessere Häuser, teils auch mit eigenem Swimming Pool (Sun Cities Area Historical Society 2010). Die große Nachfrage führte dazu, dass Sun City zunächst um mehrere ebenfalls kreisförmige Siedlungsteile ergänzt und schließlich zwischen Ende der 1970er-Jahre bis 1998 östlich von Sun City die Siedlung Sun City West angelegt wurde. Parallel verlaufende Straßen, die in Form eines Halbkreises angelegt sind, bilden den Grundriss von Sun City West. Die Häuser in den beiden *retirement communities* sind standardisiert und können per Katalog ausgewählt werden. Es handelt sich stets um eingeschossige Bungalows, die in hellen Farben gestrichen sind (◨ Abb. 5.38). Die Häuser werden durch eine Doppelgarage mit direktem Zugang zu den Küchen ergänzt. In den kleinen Vorgärten stehen einige wenige Kakteen wie auch in den rückseitigen Gärten. Die Gärten sind ansonsten vegetationslos und der Grund ist mit Kies bedeckt. Insgesamt vermitteln die Häuser und sehr breiten Straßen einen monotonen Eindruck, sind aber pflegeleicht und seniorengerecht angelegt (Beobachtung der Verfasserin). Anfang 2024 betrug der durchschnittliche Kaufpreis für ein Haus in Sun City 310.336 US$ und in Sun City West 393.325 US$ (▶ www.zillow.com).

1962 haben die Bewohner der Seniorensiedlung die Sun City Home Owners Association (SCHOA) gegründet und die Geschicke der Gemeinschaft in die eigene Hand genommen. Ihr erstes Ziel war die Einführung einer Krankenversicherung, die sie mit der

5

Continental Casualty Company exklusiv für die Bewohner von Sun City entwickelten. Ein Jahr später haben sich die Senioren von Sun City per Bürgerentscheid gegen die politische Eigenständigkeit, d. h. gegen die Ernennung zu einer selbstständigen Stadt ausgesprochen. Sun City wird von Maricopa County (4,4 Mio. Einwohner) verwaltet, stellt aber nur einen Bruchteil der Bevölkerung. Die Seniorensiedlung hat keinen eigenen Bürgermeister, Verwaltung oder Polizei, führt aber dennoch alle kommunalen Aufgaben in Eigenregie aus. Organisatorisch geschieht dieses über Recreation Centers of Sun City, Inc. (RCSC), und SCHOA, die alle Aktivitäten und Planungen bündeln und organisieren. In Sun City und der Schwestergemeinde Sun City West gibt es acht Golfanlagen, mehrere Tennisklubs und Schwimmbäder, Freizeitzentren für die Ausübung aller nur erdenklichen Hobbys und mehrere Shopping Center (◨ Abb. 5.39). Rund 60 % der Bewohner von Sun City betätigen sich gemäß ihren Fähigkeiten als Freiwillige in der Selbstverwaltung oder in den zahlreichen Freizeitclubs der Siedlung. Sogar die Krankenhäuser von Sun City und Sun City West werden von rund 1500 Freiwilligen unterstützt. Das Engagement der Bewohner ermöglicht ein großes Angebot in allen Bereichen, spart Kosten und fördert das Gemeinschaftsgefühl. Sun City ist stolz auf den Einsatz seiner Bewohner und bezeichnet sich gerne als „*The City of Volunteers*" (Sun Cities Area Historical Society 2010, 40–41 und 69).

5.9.2 Sun City als Vorbild

Weltweit sind nach dem Vorbild von Sun City ähnliche Siedlungen für eine ältere Zielgruppe angelegt worden. Für Immobilienentwickler ist der Bau von Seniorensiedlungen ein interessanter Geschäftszweig mit sehr guten Zukunftsaussichten, denn angesichts der auch in den USA alternden Bevölkerung steigt die Zahl potenzieller Käufer schnell an. Die Seniorensiedlungen werden als *retirement community, senior living community, active senior community* oder *+55 community* vermarktet. Da es keine exakte Definition für diesen Siedlungstyp gibt, fehlen genaue Daten zur Zahl der

◨ **Abb. 5.39**   Einer der zahlreichen Swimmingpools in Sun City

Seniorensiedlungen. Die Homepage ▶ www.55community.com präsentiert gut 1000 *retirement communities* im ganzen Land, ist aber vermutlich nicht vollständig. Erwartungsgemäß befinden sich die meisten Seniorensiedlungen im wärmeren Süden und Südwesten der USA mit Schwerpunkten in Florida, Arizona und Kalifornien. Namen wie Sunrise Community, Garden Valley Retirement Community oder Majestic Retirement Living versprechen ein luxuriöses und sorgenfreies Leben in schöner Umgebung. Die Wohnhäuser werden meist zum Kauf angeboten, Mietverträge sind seltener. Teils werden sehr großzügige Villen zu einem Preis von mehreren Mio. US$ angeboten; meist sind die Kosten für die überwiegend ebenerdigen und barrierefreien Bungalows aber überschaubar. Darüber hinaus hängt der Preis vom Freizeitangebot der Siedlungen ab. Anlagen mit mehreren Golfplätzen und Pools sowie Geschäften für den täglichen Bedarf und evtl. sogar einer Landebahn für Privatflugzeuge sind besonders teuer. In neuerer Zeit ziehen es allerdings nicht wenige Senioren vor, in altersgerechte Wohnungen in den Innenstädten oder in innenstadtnahen Lagen zu ziehen, da sie die Annehmlichkeiten der Städte nicht missen und wahrscheinlich nicht nur unter ihresgleichen leben möchten. Hier machen häufig Straßenschilder auf die Nähe von Seniorenheimen aufmerksam (◘ Abb. 5.40). Unattraktiv sind auch ältere Seniorensiedlungen, in denen die meisten Bewohner mit Rollatoren unterwegs sind, die Blechman (2008, S. 7) als *gerotopia* bezeichnet. Die *retirement communities* und neue Bewohner bevorzugen *active adults* oder junge Alte, die fit sind, um vielen Hobbys nachgehen zu können, und die nicht auf Betreuung oder Pflege angewiesen sind. Die vorgestellten Seniorensiedlungen in der MA Phoenix sind frei zugänglich, während einige andere *communities* dieser Art mit Zäunen oder Mauern umgeben sind und der Zugang kontrolliert wird.

Die wahrscheinlich größte *retirement community* ist The Villages rund 70 km nordwestlich von Orlando im Zentrum Floridas mit einer Fläche von inzwischen knapp 90 km² und somit ähnlich groß wie Manhattan. Die Investoren Schwarz und Tarrson hatten hier in den 1970er-Jahren einen Wohnwagenpark angelegt, den sie angesichts des Erfolgs von Sun City nach und nach in eine hochwertige *retirement community* umwandelten, die sie heute als Florida's Friendliest Active Adult +55 Retirement Community vermarkten. Anfang der 1990er-Jahre lebten bereits rund 8000 Senioren in der Siedlung. Der kontinuierliche Zukauf von Bauland erlaubte den großzügigen Ausbau der Siedlung. 2020 lebten 79.000 Menschen in Dutzenden *subdivisions*, die jeweils eine eigenständige Einheit, aber Teil des Ganzen bilden. Mehr als 80 % der sogenannten Villagers sind 65 Jahre oder älter und 95 % sind weißer Hautfarbe. Diese demographischen Charakteristika sind nicht unüblich für *retirement communities*. Die Senioren (meist Großeltern) dürfen jährlich 30 Tage Besuch von Personen unter 19 Jahren (meist Enkel) haben. Die Bewohner von The Villages können zwischen 3000 Clubs

◘ **Abb. 5.40**   In Atlanta bitten Schilder in der Nähe von Seniorenheimen Autofahrer um Rücksicht

5

und Aktivitäten, darunter 42 Golfclubs wählen. Golf-carts sind das bevorzugte Fortbewegungsmittel auf den privaten Straßen und Wegen der Siedlung. Als größter Vorteil wird von vielen Bewohnern die Tatsache betrachtet, dass in The Villages keine Kinder wohnen (Blechman 2008, S. 4–9 und 39; ▶ www.thevillages.com; www.census.gov

5.9.3 Kritik

Keine ethnische oder sozioökonomische Gruppe lebt in den USA so segregiert wie die Senioren in den *retirement communities*, die äußerst umstritten sind, auch wenn eingeräumt werden muss, dass es sich um eine freiwillige Segregation handelt. Die Befürworter der Seniorensiedlungen argumentieren, dass ältere Menschen andere Bedürfnisse haben als jüngere, während die Gegner der Meinung sind, dass Jüngere und Familien diskriminiert werden. Die Bewohner müssen in der Regel ein Mindestalter von 55 Jahren haben. Wiederholt ist es zu Gerichtsverfahren gekommen, weil Großeltern einen minderjährigen Enkel bei sich aufgenommen haben oder weil verwitwete Bewohner eine jüngere Frau geheiratet haben und nicht ausziehen wollten. Die Gerichte haben meist gegen die jüngeren Bewohner entschieden, da eine Diskriminierung aufgrund des Alters in den USA erlaubt ist. Der *Federal Fair Housing Act* von 1968 hat zwar eine Diskriminierung aufgrund ethnischer Zugehörigkeit untersagt, umfasst aber keine Regelungen zur Benachteiligung oder Bevorzugung bestimmter Altersgruppen. 1988 wurde gerichtlich bestätigt, dass Vermietung oder Verkauf von Wohnungen oder Häusern ausschließlich an Ältere gesetzlich nicht verboten sei. Auch sei es erlaubt, den Aufenthalt von Kindern in diesen Siedlungen zu unterbinden (Blechman 2008, S. 66–79). 1995 hat der Kongress mit der Verabschiedung des *Housing for Older Persons Acts* das Wohnrecht ausschließlich für Bewohner ab 55 oder 62 Jahre sogar gesetzlich abgesichert (Lynn und Wang 2008, S. 37). Das wohl größte Problem ist, dass die Senioren nur eingeschränkt die amerikanische Gesellschaft unterstützen, da ihre Steuern nicht für den Unterhalt von Schulen verwendet werden. Dieses wird von vielen Kritikern als äußerst egoistisch beanstandet. In den einzelnen Bundesstaaten gibt es unterschiedliche Regeln dazu, ob und in welchem Maß die Senioren für Einrichtungen zahlen müssen, die sie nicht nutzen. Viele Senioren wählen ihren künftigen Wohnstandort nach der Höhe der Steuern aus und entscheiden sich häufig für Florida, wo eindeutig geklärt ist, dass sie nicht für die Schulen aufkommen müssen. Dies wird als unfair betrachtet, da man so Familien mit Kindern die Steuern allein aufbürdet (Blechman 2008, S. 222–225).

5.10 Seattle: Hightech-Standort am Pazifik

Mit 740.000 Einwohnern im Jahr 2020 ist das an der rund 150 km langen und weitverzweigten Pazifikbucht Puget Sound gelegene Seattle die größte Stadt im Nordwesten der USA. In der MA Seattle, die die drei *counties* King, Snohimish und Pierce mit den Städten Seattle, Bellevue, Everett und Tacoma umfasst, lebt mit 4,0 Mio. Menschen gut die Hälfte der Bevölkerung von Washington State, die aber 70 % der Wirtschaftsleistung des Bundesstaates erbringt. Basierend auf den Pendlerverflechtungen wurde darüber hinaus die Puget Sound-Region ausgewiesen, in der insgesamt 4,3 Mio. Menschen leben (▶ www.census.gov; Katz 2009).

Seattle ist nicht nur rund 4800 km von Boston, New York oder Washington, D.C., sondern auch von den Wirtschaftszentren der amerikanischen Westküste San Francisco und Los Angeles rund 1300 bzw. 1800 km entfernt, aber die isolierte Lage hat sich als vorteilhaft erwiesen. Seattle gilt heute als die Hauptstadt des pazifischen Nordwestens der USA, zu dem die Bundesstaaten Washington, Oregon, Alaska, Idaho und das westliche Montana gehören. Diese Staaten stellen Seattles Hinterland dar, denn sie werden in vielerlei Hinsicht von der Stadt versorgt (Brown und Morrill 2011, S. 5–6, 35). Die positive Entwicklung der Puget Sound-Region beruht auf einem Zusammenspiel endogener und exogener Faktoren. Das milde Klima, der Waldreichtum und der tiefe Naturhafen haben sich günstig ausgewirkt (◻ Abb. 5.41). Außerdem haben sich wiederholt erfolgreiche Unternehmer in der Region niedergelassen und früh die Basis für ein innovatives Milieu geschaffen, aus dem weitere große Talente hervorgingen, und die amerikanische Rüstungsindustrie hat umfangreiche Investitionen an dem Standort getätigt. In neuerer Zeit ist die Flugzeugindustrie durch hohe Subventionen unterstützt worden. Die Puget Sound-Region (◻ Abb. 5.42) verfügt über mehrere sehr gute Universitäten und die Bewohner der Region sind überdurchschnittlich gut ausgebildet. Während nur 34,3 % aller US-Amerikaner wenigstens einen Bachelor-Abschluss haben, trifft das auf 66,7 % der Bewohner Seattles zu. Auch das Haushaltseinkommen liegt weit über dem amerikanischen Durchschnitt, korreliert aber mit hohen Immobilienpreisen und Lebenshaltungskosten. Allerdings sind die Einkommen vergleichsweise gleichmäßig verteilt und die Kinderarmut ist gering. Als Hightech-Standort und Innovationspool ist Seattle mit Boston oder dem Research Triangle in North Carolina vergleichbar, hat aber nicht Bostons stets schwelenden Rassenprobleme und arme Stadtviertel und ist sehr viel kompakter als das ländlich geprägte North Carolina (▶ www.census.gov; Katz und Jackson 2005).

◘ **Abb. 5.41**   Enge Verzahnung von Stadt und Wasser in Seattle

5.10.1 Aufstieg zur Hightech-Region

George Vancouver hatte 1792 in der rund 150 km langen, weitverzweigten Bucht angelegt, aber die erste permanente Siedlung entstand erst 1851. Ein Jahr später wurde die erste Sägemühle eröffnet. Hier wurde Bauholz für San Francisco produziert, das aufgrund des kalifornischen Goldrausches schnell wuchs. In den späten 1860er-Jahren entstanden die ersten Eisenbahnlinien, die die Baumstämme auch aus größerer Entfernung zu den Sägemühlen brachten. Der Anschluss an die transkontinentale Eisenbahn erfolgte 1883. Das Holz aus dem waldreichen Nordwesten des Kontinents wurde jetzt mit der Eisenbahn in weite Teile des nordamerikanischen Kontinents gebracht. 1897 legte ein mit Gold beladenes Schiff, das aus Alaska kam, in Seattle an. Umgehend wanderten viele potenzielle Goldgräber nach Seattle, um sich von dort auf den Weg nach Alaska zu machen. Die meisten blieben allerdings in der Puget-Sound-Region und arbeiteten dort in der Holzindustrie, in der Landwirtschaft, in der Fischerei oder in den nahe gelegenen Kohlengruben. Im Ersten Weltkrieg gründeten Bill Boeing und Conrad Westervelt die Boeing Company und schlossen einen Vertrag für den Bau von Flugzeugen mit der Marine ab. Da es während des Krieges nicht gelungen war, auch nur ein einziges flugtaugliches Gerät zu bauen, produzierte die Boeing Company zeitweise Möbel, war aber weiterhin mit der Entwicklung von Flugzeugen beschäftigt. In den 1920er-Jahren transportierten die ersten Flugzeuge

von Boeing zunächst Post, ab 1929 aber auch Passagiere. 1932 gründete Mac McGee in Seattle Alaska Airlines mit dem Ziel, von hier aus die Versorgung Alaskas sicherzustellen. Noch heute befinden sich Drehkreuz und Unternehmenssitz von Alaska Airlines in Seattle (Brown und Morrill 2011, S. 19–21, 38).

Während des Zweiten Weltkriegs wurden weitere Grundlagen für den späteren wirtschaftlichen Erfolg der Region gelegt. Als Hersteller von Flugzeugen für die Air Force wuchs die Belegschaft der Boeing Company von 4000 im Jahr 1940 auf 50.000 nur vier Jahre später an. Eine wichtige Rolle spielte zudem die Bremerton Naval Shipyard, wo bis zu 32.500 Arbeiter mit der Reparatur von Schiffen beschäftigt waren. Die Beschäftigtenzahlen bei Boeing und auf der Werft brachen zwar nach Kriegsende ein, aber der Koreakrieg (1950–1953) und der Vietnamkrieg (1965–1973) ließen die Investitionen des Militärs in der Puget Sound-Region wieder ansteigen, und die Boeing Company entwickelte sich bald zum weltgrößten Hersteller von Zivil- und Militärflugzeugen. Die Bremerton Naval Shipyard ist heute eine der größten Reparaturwerften für amerikanische Kriegsschiffe. Außerdem dient die Bucht als Stützpunkt für nukleare U-Boote und ist Heimathafen für mehrere Flugzeugträger, und südlich von Tacoma befinden sich die Fort Lewis Army Base und die McChord Air Force Base, die 2010 zur Joint Base Lewis-McChord mit rund 25.000 Soldaten und zivilen Beschäftigten zusammengelegt wurden (Brown und Morrill 2011, S. 21, 27). Die Investitionen des

5

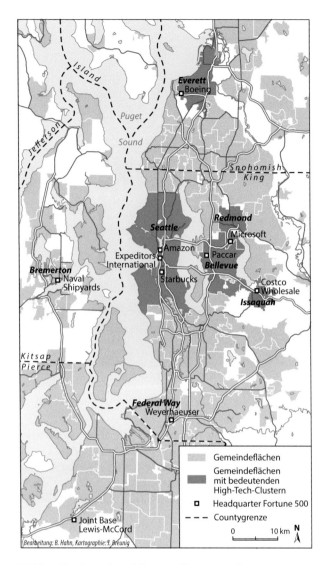

◻ Abb. 5.42 Puget-Sound-Region (Kartengrundlage ▶ www.census.gov)

Militärs haben über Jahrzehnte viele gut ausgebildete Fachkräfte in die Region gebracht, die entscheidend für den Aufstieg zu einer der führenden Hightech-Regionen der USA waren. Von dem Aufschwung des kommerziellen Flugverkehrs in den 1960er-Jahren haben die Boeing Company und somit auch die Stadt Seattle außerordentlich profitiert. Zeitweise war Seattle fast im gleichen Maß von der Flugzeugindustrie abhängig wie Detroit von der Automobilindustrie oder Baltimore mit Bethlehem Steel von der Stahlindustrie und konnte als moderne *company town* bezeichnet werden. Wenn es Boeing schlecht ging, litt auch Seattle. 1969 erreichten die Boeing-Werke in der Region mit 105.000 Beschäftigten einen Höchststand. Im Zuge der Rezession der frühen 1970er-Jahre kündigte Boeing mehr als 60 % der Beschäftigten und stürzte Seattle in eine schwere Krise. Ein deutlicher Aufschwung war erst ab Beginn der 1980er-Jahre zu spüren.

Die Boeing Company hat 2001 den Unternehmenssitz nach Chicago verlegt, was natürlich an der Westküste stark kritisiert wurde. Dennoch handelte es sich bei der Verlegung eher um einen symbolischen Akt mit nur geringen Auswirkungen auf die Puget Sound-Region, da die Produktion der riesigen Flugzeuge in Everett verblieb und in der Region kaum Arbeitsplätze verloren gingen (Brown und Morrill 2011, S. 25–27). Gleichzeitig häuften sich aber die Probleme bei der Produktion von Passagiermaschinen in Everett. Die Entwicklung der Boeing 787, die auch als „Dreamliner" bezeichnet wird, war technisch schwierig, und wie beim europäischen Airbus wurden viele Komponenten an anderen Standorten in den USA, in Japan und Europa produziert und nur noch in Everett zusammengesetzt. Inzwischen wird der „Dreamliner" zusätzlich in South Carolina montiert, wahrscheinlich weil dort die Arbeitskosten und der gewerkschaftliche Einfluss geringer als in Washington State sind. Da die Flugzeuge ohnedies an Fluggesellschaften auf der ganzen Welt geliefert werden und die Städte nicht nur auf nationaler Ebene, sondern auch auf internationaler Ebene in einer starken Konkurrenz zueinander stehen, kann theoretisch die Endmontage an jedem anderen Standort der Welt erfolgen.

Der erste „Dreamliner" wurde 2007 ausgeliefert, aber auch in der Folge gab es viele Pannen. 2013 erhielt die Boeing 787 sogar zeitweise Flugverbot, nachdem wegen Problemen an den Batterien Brände an Bord befürchtet wurden. Umgehend setzte in der Puget-Sound-Region eine Kündigungswelle bei Boeing und Zulieferern ein. 2002 hat Boeing das Headquarter von Chicago nach Crystal City in Virginia unweit von Washington, D.C., dem National Airport und dem Pentagon verlegt, um näher an den politischen Entscheidungsträgern zu sein. Zu diesem Zeitpunkt machte Boeing rund die Hälfte des Umsatzes mit dem Bau von Militärmaschinen, die in einer Reihe von Standorten in den USA produziert werden. Das Unternehmen kommt allerdings nicht aus den negativen Schlagzeilen. Nachdem im Januar 2024 eine Tür aus einem brandneuen Passagierflugzeug gefallen ist, wurden beträchtliche Sicherheitsmängel der von Boeing in Everett gebauten Maschinen festgestellt. Für den Standort Seattle waren das keine guten Nachrichten (▶ www.boeing.com; Kavage 2002; New York Times 23.01.2024; The Washington Post 05.05.2022). Die Zukunft der *Jet City* ist keinesfalls gesichert, zumal sich in den vergangenen Jahren in Europa mit Airbus ein ernsthafter Konkurrent entwickelt hat.

5.10.2 Diversifizierung

Mit Blick auf die unsicheren Aussichten für die Flugzeugindustrie ist es günstig, dass sich in den vergangenen Jahrzehnten in der Puget Sound-Region weitere global tätige Unternehmen mit guten Zukunftsaussichten entwickelt haben (◨ Tab. 5.4). 1975 haben Paul Allen und Bill Gates, die beide ursprünglich aus Seattle stammen, gemeinsam die Firma Microsoft in New Mexico gegründet, um für den dort produzierten Computer „Altair 8800" Programme zu entwickeln. 1978 verlegten sie das Unternehmen Microsoft nach Bellevue nahe der Stadt Seattle, wo sie wenige Jahre später im Auftrag von IBM das Betriebssystem MS-DOS (Microsoft Disk Operating System) entwickelten, ohne das bald kaum noch ein Personal Computer funktionierte. Auch das Unternehmen Amazon, das 1994 in Seattle von Jeff Bezos gegründet worden war und zunächst nur Bücher, später aber zunehmend alle möglichen anderen Produkte über das Internet verkaufte, hat sich schnell zu einem global tätigen Unternehmen entwickelt. Die Zahl der bei Microsoft in der Region Beschäftigen variiert je nach Quelle zwischen gut 40.000 und 50.000, und Amazon hat rund 55.000 Mitarbeiter (Axiosseattle 19.01.23; ► www.amazon.com; ► www.microsoft.com). Auch die Starbucks Coffee Company wurde schnell zu einem globalen Unternehmen. Der erste Starbucks war 1971 im Pike Place Market am Rande der Innenstadt von Seattle von drei Professoren eröffnet worden (◨ Abb. 5.43). Der Aufschwung zu einer weltumspannenden Kaffeehauskette setzte zehn Jahre später ein, als der New Yorker Howard Schultz Miteigentümer wurde und Starbucks erfolgreich nach dem Vorbild italienischer Kaffeebars umwandelte. Auch wenn dieses aus europäischer Sicht nicht wirklich gelungen ist, da der Kaffee in Pappbechern zum Mitnehmen wenig an italienische Lebensqualität erinnert, haben sich die lizensierten und konzerneigenen Kaffeehäuser aufgrund eines sehr guten Marketings inzwischen in rund 80 Ländern durchsetzen können. Sitz des Unternehmens ist nach wie vor Seattle (► www.starbucks.com). Neben den genannten Unternehmen gibt es Hun-

derte, wenn nicht Tausende Klein- und Kleinstunternehmen der Hightech-Industrie, die Zulieferer oder *spinoffs* der Giganten sind. Längst ist der Hightech-Sektor, der sich durch hohe Investitionen und eine große Wertschöpfung auszeichnet, für die Puget-Sound-Region bedeutender als die Flugzeugindustrie. Nur die San Francisco Bay Area zieht mehr Beschäftigte in diesem Bereich an als Seattle, und nirgendwo in den USA sind von 2016 bis 2022 mehr junge Menschen zugewandert als in Seattle. In diesem Zeitraum hat die Zahl der Einwohner im Alter von 30 bis 39 um 14 % zugenommen (Geekwire 2023). Auch die Wirtschaft Seattles hat seit der Jahrhundertwende mehrere Einbrüche erlebt, konnte diese aber anders als Boeing relativ schnell überwinden. Hierzu gehörten der Einbruch der Hightech-Aktien (dot.com crash) im März 2000, die terroristischen Anschläge vom 11. September 2001, die SARS-Epidemie 2002/2003, die Hypotheken- und Bankenkrise 2008 und die COVID-19-Pandemie 2020 bis 2022. Aktuell hofft die Region auf einen weiteren Entwicklungsschub durch die rasant wachsenden Anwendungen der *artificial intelligence,* da es bereits viele gut ausgebildete IT-Entwickler gibt. Man sieht sich für die Zukunft gut gerüstet (The Seattle Times 01.12.2023). Seattle gehört zwar nicht zu den wichtigsten Bankenplätzen der USA, ist aber dennoch das finanzielle Zentrum der Region. Die Häfen von Tacoma und Seattle sind nach denen von Los Angeles und Long Beach die umschlagstärksten Häfen der amerikanischen Pazifikküste. Da hier fast der gesamte Import und Export des Nordwestens der USA umgeschlagen wird, gelten die Häfen als Tor zu Asien. Wichtigster Handelspartner ist mit großem Abstand China vor Japan und Vietnam (The Northwest Saeport Alliance 2023). Die höchste Konzentration an Arbeitsplätzen liegt in der Innenstadt von Seattle und in einem Korridor, der sich Richtung Norden bis zur University of Washington

◨ **Tab. 5.4** Unternehmen in der Puget-Sound-Region 2021, die zu den 500 umsatzstärksten des Landes zählen

Rang (Umsatz)	Unternehmen	Geschäftsfeld	Standort
2	Amazon	E-Commerce Versandhaus	Seattle
12	Costco Wholesale	Großhandel	Issaquah
15	Microsoft	Software- und Hardware-Hersteller	Redmond
125	Starbucks	Caféhauskette	Seattle
159	Paccar	Lkw-Hersteller	Bellevue
289	Nordstrom	Textilhauskette	Seattle
387	Weyerhaeuser	Forstwirtschaft	Federal Way
399	Expeditors International of Washington	Logistik	Seattle
459	Alaska Airlines	Fluggesellschaft	SeaTac
500	Expedia Group	Digitaler Reiseanbieter	Seattle

Quelle: Fortune Magazine 2023

5

Abb. 5.43   Einer der ersten Starbucks in Seattle

erstreckt. Ebenfalls viele Arbeitsplätze gibt es in Belle-vue und im benachbarten Redmond, wo sich neben Microsoft auch das US-Headquarter des japanischen Herstellers Nintendo befindet. In Tacoma, Everett und Bremerton gibt es mehrere Hightech-Cluster, die durch die Flugzeugindustrie und die Produktionsstätten der Rüstungsindustrie geprägt sind (Brown und Morrill 2011, S. 5–6, 28, 43).

Die Bezeichnungen *Competitive Global City, Global Justice City* oder *Curative Philantrophy City* für Seattle sind nur auf den ersten Blick widersprüchlich und un-vereinbar. Da sich weltweit agierende Unternehmen wie Microsoft, Amazon und Starbucks im globalen Wett-bewerb gegen Konkurrenten in den USA und anderen Ländern behaupten müssen, ist die MA Seattle in der Tat eine *Competitive Global City* (competitive = Wett-bewerb). *Global Justice City* (justice = gerecht) geht auf die Straßenkämpfe im Jahr 1999 zurück, als sich die Demonstranten gewalttätig für die Auflösung der Welt-handelsorganisation (WTO) und eine gerechtere Be-

handlung der wenig entwickelten Länder im Rahmen globaler Handelsabkommen einsetzten. *Curative Philan-trophy City* erinnert an das hohe Spendenaufkommen vieler Stiftungen in der Region. Im Hightech-Bereich werden teils hohe Gehälter und Boni gezahlt, die in viele wohltätige Projekte und Spenden für Museen und die Universitäten der Region geflossen sind. Besonders hervorzuheben ist die Bill & Melina Gates Founda-tion mit Sitz in Seattle, die die größte Privatstiftung der Welt ist. Seit der Gründung im Jahr 2000 bis Ende 2022 hat die Stiftung in 45 US-Bundesstaaten und 141 inter-nationalen Staaten Hilfsprogramme in Höhe von be-achtlichen 71,4 Mrd. US$ unterstützt. Schwerpunkte sind die Entwicklung von Medikamenten und die Be-seitigung der Armut in Afrika (Bill & Melinda Gates Foundation 2023). City of Music ist eine weitere Be-zeichnung, mit der sich Seattle gerne schmückt. Der Ruhm als ein wichtiger Standort für Musiker geht auf die 1960er-Jahre zurück und ist eng mit den Namen Jimi Hendrix, Ray Charles und Quincy Jones verbunden.

◘ **Abb. 5.44**   Aufgeständerter Alaskan Way Viaduct, der bis vor wenigen Jahren das Stadtbild beeinträchtigt hat und den Zugang zum Wasser erschwerte

5.10.3 Ausblick

Die fortschreitende Besiedlung der Puget Sounds hat das Ökosystem der Region stark verändert und sich negativ auf Forst-, Fisch- und Wildbestände ausgewirkt. Man hat Hügel eingeebnet, Wasserläufe kanalisiert und Sümpfe trockengelegt und so nicht nur die Lachse auf dem Weg zu ihren Laichplätzen behindert, sondern auch die einst hier ansässige Bevölkerung verdrängt. In Anlehnung an die *Emerald City,* die sich in der Fabel *Land of Oz* von einer mit Diamanten besetzten in eine weniger attraktive Stadt verwandelt, bezeichnet sich Seattle ebenfalls als *Emerald City.* Die Region konnte jedoch schon früh von dem Umweltbewusstsein und Engagement lokaler Politiker profitieren. Die beiden aus der MA Seattle stammenden Senatoren Warren G. Magnuson und Henry M. Jackson haben sich in den 1960er- und 1970er-Jahren in Washington, D.C., für die Verabschiedung des *Coastal Management Act,* des *National Environmental Policy Act,* des *Wilderness Act* und des *Clean Air and Clean Water Act*

eingesetzt. Beflügelt durch den Einsatz der beiden Senatoren wurden in Washington State weitere Initiativen zum Schutz der Umwelt wie der North Cascades Conservation Council eingerichtet (Brown und Morrill 2011, S. 22). Ein großes Problem stellte lange der aufgeständerte Alaskan Way Viaduct dar, der auf zwei Ebenen die Innenstadt vom Wasser abgeschnitten hat (◘ Abb 5.44). Der Freeway war nicht nur hässlich anzusehen und für Fußgänger nicht zu überqueren, sondern im Falle eines Erdbebens auch einsturzgefährdet. Nach langer Diskussion wurde die Hochstraße in einen Tunnel gelegt und 2019 abgerissen. Auf dem Dach des Tunnels wird eine fußgängerfreundlichere Straße mit zwei Fahrspuren in beiden Richtungen und Radwegen angelegt. Ampelgesteuerte Fußgängerüberwege ermöglichen den Zugang zum Ufer. Im Frühjahr 2023 wurde das erste Teilstück der neuen Straße, die sich nach der Fertigstellung über 17 Baublöcke erstrecken wird, eröffnet (Lind 2009; ► https://waterfrontseattle.org). Seattle arbeitet eng mit der im Norden liegenden kanadischen Stadt Vancouver und dem im Süden im US-Bundesstaat Oregon liegenden Portland zusammen. Das Engagement der Bürger und von Nichtregierungsorganisation für die Region ist groß und hat dazu geführt, dass die Puget Sound-Region mit dem Zentrum Seattle als besonders umweltbewusst oder grün bekannt wurde (Ott 2001) (◘ Abb. 5.45).

Obwohl bereits früh versucht worden war, der zunehmenden Zersiedelung entgegenzuwirken, verliert die Kernstadt Seattle relativ betrachtet dennoch an Bedeutung. Gleichzeitig verzeichnet das Umland einen großen Zuwachs, denn in den *outer suburbs* und in den *exurban areas* hat die Bevölkerung in den vergangenen Jahrzehnten weit stärker zugenommen als in der Stadt Seattle und in einigen *inner suburbs*. Die Innenstadt verfügt aber über ein vergleichsweise großes Einzelhandelsangebot. Attraktiv ist vor allem der historische Pike Street Market, der in den 1980er-Jahren renoviert wurde und den Einheimische und Touristen gleichermaßen gerne besuchen.

Der letzte Plan für die wirtschaftliche Entwicklung der Puget-Sound Region wurde 2021 verabschiedet. Angesichts eines starken Anstiegs der Bevölkerung in den vorausgegangenen Jahren und 2,3 Mio. Arbeitsplätzen sieht sich die Region gut für die Zukunft gerüstet. Es wird davon ausgegangen, dass die Zahl der

Einwohner in den nächsten 30 Jahren um weitere 1,6 Mio. auf 5,8 Mio. zunehmen wird und gleichzeitig mehr als eine Million neue Arbeitsplätze entstehen werden. Die Bevölkerung wird ethnisch immer heterogener. Die Hispanics machen inzwischen rund 30 % der Bevölkerung aus und sind anders als die Weißen und Asiaten eher schlecht ausgebildet. Hier soll mit speziellen Bildungsangeboten gegengesteuert werden. Die große Nachfrage nach Wohnraum und die hohen Immobilienpreise werden ebenfalls negativ bewertet. In wirtschaftlicher Hinsicht sieht sich die Region mit einer größeren Zahl von Clustern in den Bereichen Rüstungsindustrie, Gesundheit, saubere Technologien, Information und Kommunikation, Hafen- und Werftindustrie, Transport und Verkehr sowie Tourismus sehr gut aufgestellt für den globalen Wettbewerb. Angeblich ist keine andere Region der USA besser international vernetzt als die Puget-Sound-Region (Puget Sound Regional Council 2021, 2023). Dies schafft allerdings Abhängigkeiten von der Weltwirtschaft. Auch Krisen in entfernten Ländern können sich schnell negativ auf das wirtschaftliche Zentrum des US-amerikanischen Nordwestens auswirken.

5.11 Las Vegas zwischen Hyperrealität und bitterer Wirklichkeit

Das in einem Hochtal der Mojave-Wüste in Nevada gelegene Las Vegas war aufgrund natürlicher Quellen Siedlungsraum der Paiute-Indianer. 1829 entdeckten Händler aus New Mexico den Standort, 1855 siedelten vorübergehend Mormonen in der Region, und in den 1860 Jahren hat die amerikanische Armee hier mit Fort Baker einen Stützpunkt errichtet. Bedeutender für das Wachstum der Siedlung war aber wie so oft in den USA der Anschluss an die Eisenbahn, die die Siedlung kurz nach der Wende zum 20. Jahrhundert mit Salt Lake City und Los Angeles verband. 1905 wurde Las Vegas zur Stadt erhoben (Schmid 2009, S. 92). Das ungehemmte Wachstum hat Las Vegas dem Glücksspiel (*gambling*) zu verdanken, wozu alle Arten von Lotterien, Pferde- und Hundewetten und Kasinos gehören. Da es in Nevada nie eine nennenswerte Industrie gegeben hat, hat der Bundesstaat nicht unter den Folgen einer Deindustrialisierung gelitten, sondern hat sich gleich zu einem Dienstleistungsstandort entwickelt. Allerdings war die Einstellung der Amerikaner zum Glücksspiel stets ambivalent, da die sittenstrengen Puritaner dieses verdammten, während andere es als harmlose Freizeitbeschäftigung ansahen. Im Westen war Kalifornien lange die Hochburg des *gambling*, das dort von Chinesen, die dem Goldrausch Mitte des 19. Jahrhunderts gefolgt waren, kontrolliert wurde. Da die Kriminalität und Korruption in Verbindung

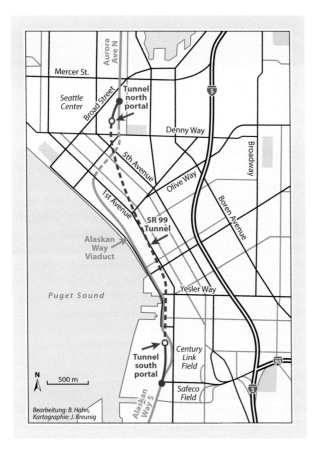

◘ **Abb. 5.45**   Tunnelbau in Seattle (adaptiert nach Unterlagen der Stadt Seattle)

mit dem Glücksspiel zunahmen, wurde dieses 1891 in Kalifornien gänzlich verboten, woraufhin es sich in das benachbarte Nevada verlagerte, wo es aber 1910 ebenfalls untersagt wurde (Dunstan 1997). Während der Rezession, die 1929 durch den Börsencrash ausgelöst worden war, entdeckten einzelne Bundesstaaten das Glücksspiel als Steuereinnahme und erlaubten es vorübergehend; in Nevada wurde es 1933 dauerhaft legalisiert. In der Nähe von Las Vegas war der Boulder Dam (heute Hoover Dam) im Bau, und man hoffte, mit dem Glücksspiel Touristen anziehen zu können. Außerdem ging man davon aus, das bis dato illegale *gambling* besser kontrollieren zu können, denn dieses war weitgehend in der Hand von kriminellen Spielern *(mobstern)*. Das Wachstum von Las Vegas beschleunigte sich auch, weil sich Los Angeles Ende der 1930er-Jahre bemühte, die Stadt von Prostitution und Glücksspiel zu befreien; beides verlagerte sich in die Wüstenstadt. Fortan prägten *gambling,* eine oft fragwürdige Unterhaltungsindustrie, Verbrechen und *mobster* das Bild der Stadt (Jayne 2006, S. 69). Besonders berühmt-berüchtigt war der aus Kalifornien zugezogene Benjamin „Bugsy" Siegel, der trotz seines schlechten Rufs in Las Vegas eine Lizenz erhielt. 1946 eröffnete er mit dem Flamingo Hotel das erste moderne Themenhotel am Strip von Las Vegas. Da *gambling* in den anderen Bundesstaaten nach wie vor verboten war, baute Las Vegas seine Vormachtstellung mehrere Jahrzehnte ungestört aus. In den 1950er-Jahren vergrößerte sich außerdem die Attraktivität für bestimmte Besucher durch die Legalisierung von Striptease-Vorführungen und schnelle Hochzeiten sowie Scheidungen (Rothman 2002; Rothman und Davis 2002). Gleichzeitig stieg der Einfluss der US-amerikanischen Cosa Nostra, die zahlreiche Hotels kontrollierte. Teile der Gewinne der Kasinos wurden von den *mobstern* abgeschöpft, bevor sie versteuert werden konnten, und landeten bei den Familienbossen, die fernab von Las Vegas in Städten wie Chicago oder Miami die Kasinos kontrollierten (Jayne 2006, S. 69). 1976 legalisierte zunächst New Jersey und bald auch andere Bundesstaaten das Glücksspiel. Angesichts der steigenden Konkurrenz versuchte Las Vegas verstärkt, das Image der „sündigen" Stadt zu verlieren und nicht nur Spieler, sondern auch andere Besucher anzuziehen. Der Plan ist aufgegangen. Heute ist Las Vegas wahrscheinlich weltweit der bekannteste Kasino-Standort, und die Traumwelten des Strips verzaubern Jung und Alt. Aber in dem Spielerparadies ist nicht alles Gold, was glänzt (Hahn 2005a).

Kaum ein Besucher, der den weltberühmten Strip mit seinen vielen Hotels und Kasinos besucht, dürfte wissen, dass er sich nicht in Las Vegas, sondern in der *township* Paradise vor den Toren der Stadt befindet, in der außerdem der internationale Flughafen McCarran, die University of Nevada und das Convention Center angesiedelt sind. Las Vegas beschreibt die eigentliche Stadt, den Strip oder die gesamte *metropolitan area* und hat sich zu einem Markennamen entwickelt, den das Büro von Las Vegas Convention und Visitors nutzt, um die Region zu vermarkten (◘ Abb. 5.46). Im Folgenden wird der Name Las Vegas ebenfalls für den gesamten Siedlungsraum verwendet, der auf einer Höhe von rund 600 m fast das ganze Tal zwischen mehreren Gebirgsketten ausfüllt (◘ Abb. 5.47). Greater Las Vegas ist identisch mit Clark County, dem außer der Kernstadt Las Vegas mit 650.000 Einwohnern die sehr viel kleineren Städte North Las Vegas, Boulder City, Henderson, Mesquite und große, nicht kooperierte Flächen wie die *township* Paradise angehören. 1950 lebten in der Region nur 48.289; 2020 aber schon 2,65 Mio. Menschen. Dieses starke Wachstum ist selbst für die USA bemerkenswert. Besonders stark ist die Bevölkerung seit 1990, als Greater Las Vegas erst 770.000 Einwohner zählte, angestiegen (▶ www.census.gov). In den 1990er-Jahre sind teils 4000 bis 6000 Menschen pro Monat nach Las Vegas gezogen. Das Wasser für die Wüstenstadt wird dem Colorado River entnommen, ohne Rücksicht auf die sinkenden Wasserstände des rund 50 km entfernten Stausees Lake Mead zu nehmen. Es ist nicht ausgeschlossen, dass Lake Mead bereits in wenigen Jahren die Wasserversorgung von Las Vegas nicht mehr wird gewährleisten können. Gleichzeitig wird der Hoover-Damm nicht mehr in der Lage sein, genügend Strom aus Wasserkraft für die Wüstenstadt zu generieren (Newsweek 16.01.2023). Las Vegas ist Teil des *new sunbelt*, in den die Menschen nicht nur aus dem *rustbelt* ziehen, sondern auch aus dem *old sunbelt,* zu dem Kalifornien, Texas oder Florida gehören. Aus Kalifornien, woher auch die meisten Besucher der Kasinos auf dem Strip kommen, ziehen mehr Menschen als aus jedem anderen Bundesstaat zu. Außerdem übt Las Vages eine große Attraktion auf hispanische Einwanderer aus, die bereits 30 % der Bevölkerung der Region stellen. Greater Las Vegas ist genauso segregiert wie andere Regionen der USA. Wohlhabenden und überwiegend weißen Gemeinden stehen sehr arme Gemeinden mit einem hohen Anteil *hispanics* gegenüber (▶ www.census.gov). Der Siedlungsausbau erfolgte weitgehend durch private *developer,* die bevorzugt *gated communities* anlegen. Der Rückzug in die bewachten Wohnanlagen offenbart in gewisser Weise ein schizophrenes Verhalten der Bewohner, von denen viele einerseits gerne die teils halbseidenen Vergnügungsstätten und Kasinos der Stadt besuchen, sich selbst aber hinter Mauern oder Zäunen verschanzen. Obwohl keine genauen Zahlen zur Verfügung stehen, soll der Anteil der Menschen, die in *gated communities* leben, in den USA nirgendwo höher sein als in Las Vegas (Ventura 2003, S. 103).

5

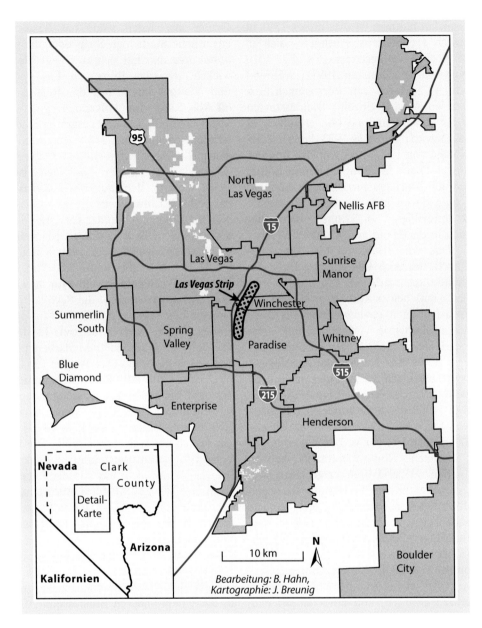

🔲 **Abb. 5.46**   Greater Las Vegas (Kartengrundlage ▶ www.census.gov)

5.11.1 **Hyperreale Welten**

Das1946 eröffnete Flamingo Hotel hat eine neue Epoche eingeleitet. Mit seiner großzügigen Badelandschaft bot es die Gelegenheit, das Glücksspiel mit einem Erholungsurlaub zu verbinden. Das moderne *resort hotel* war geboren. Seit den 1980er-Jahren wurde die Idee immer weiter ausgebaut. Alle neuen großen Hotels von Las Vegas haben ein Thema, wobei aus amerikanischer Sicht exotische Namen wie Excalibur, Bellacio oder Luxor sowie Städte mit einem positiven Image wie New York, Paris oder Venedig gewählt werden (Gottdiener 2001, S. 105–106). Das zum Konzern Metro Goldwyn Mayer (MGM) gehörende Hotel New York-New York vermarktet sich als *The Greatest City in Las Vegas*

(🔲 Abb. 5.48). Der 1997 eröffnete, 460 Mio. US$ teure Komplex setzt sich aus verkleinerten, aber originalgetreuen Nachbildungen New Yorker Wolkenkratzer wie dem Chrysler Building und dem Empire State Building mit mehr als 2000 Hotelzimmern zusammen. Außerdem verfügt es über Nachbauten von Ellis Island, Grand Central Station, der Brooklyn Bridge und der Freiheitsstatue. Zum Freizeitangebot gehören mehrere große Themenrestaurants, eine Achterbahn und eine Badelandschaft. Das knapp 8000 m² große Foyer des Hotels ist thematisch in verschiedene Bereiche wie „Park Avenue", „Times Square" oder „Central Park" untergliedert. Der Anreisende muss sich durch mehr als 2000 einarmige Banditen den Weg zur Rezeption bahnen. Hinzu kommen mehrere Hundert Spieltische für

Abb. 5.47   Blick über Greater Las Vegas

Roulette, Black Jack oder Baccara (Hahn 2005a, S. 25; Onboard Media 2012).

Postmodernen Theorien zufolge kann die Grenze zwischen Realität und Phantasie nicht mehr eindeutig bestimmt werden. Las Vegas erhebt sich schon von Weitem aus der Wüste und preist sich selbst an. Der Strip stellt Hyperrealität in höchster Perfektion dar, denn die Präsentation ist realer als die abgebildete Realität. Las Vegas bildet nicht das reale Amerika ab, sondern dessen Simulation. Die simulierten Welten sind zum authentischen Amerika geworden, das sich inszeniert, sauber und kontrolliert zeigt (Baudrillard 1993, S. 91–93; 1994). In welch großem Ausmaß das hyperreale Las Vegas das reale Amerika verdrängt hat, wurde deutlich, als die United States Postal Service 2011 eine Briefmarke zum 125-jährigen Geburtstag von „Lady Liberty" im New Yorker Hafen herausgegeben hat. Als Vorlage diente die nur 14 Jahre alte Freiheitsstatue des Hotels New York-New York in Las Vegas, deren Proportionen nicht originalgetreu sind. Erst ein aufmerksamer Sammler bemerkte den Fehler (New York Times, 14.4.2011).

Jedes neue Hotel muss größer und aufregender als alle Vorgänger sein. Einige Hotels wie das Caesars Palace und das Venetian beherbergen ganze Einkaufszentren, in denen die teuersten Designer zu finden sind. Viele Vergnügungen sind kostenlos und durchaus auch für Familien geeignet, denn der Strip selbst ist zur Bühne mit vielen Attraktionen wie Piratenschlachten oder den gigantischen Fontänen des Hotels Bellagio geworden. Die *resort hotels* haben riesige Poollandschaften, bieten Achterbahnen und IMAX-Kinos, sodass nie Langeweile aufkommen muss. Es gibt zwar noch die Oben-ohne-Bars, aber sie sind abseits des Strips gut versteckt. In zahlreichen Shows treten weltbekannte Künstler allabendlich oft über Jahre in perfekt inszenierten Vorstellungen auf. Die Kosten für den Bau des Theaters und die Produktion der spektakulären Show „Kà" des Cirque du Soleil, die seit 2004 täglich im MGM Grand Hotel gezeigt wird, soll mehr als 150 Mio. US$ gekostete haben. Der Aufwand hat sich gelohnt. In den folgenden 20 Jahren haben mehr als eine Millionen Besucher die Show gesehen. Glücksspiel, Entertainment und Konsum sind in einem kaum

5

■ **Abb. 5.48** Hotel New York-New York am Strip von Las Vegas

noch zu überbietenden Maß verschmolzen, weswegen die *resort hotels* als Kathedralen des Konsums bezeichnet werden. Es sind postmoderne Konsumlandschaften in höchster Vollendung entstanden, die den Besucher immer wieder in Erstaunen versetzten (und ihm das Geld aus der Tasche ziehen). Darüber hinaus ist es Las Vegas gelungen, mittels mehrerer hochkarätiger Museen wie der Wynn Collection of Fine Art ein Anziehungspunkt für Kulturreisende zu werden (Gottdiener 2001, S. 105–116; Gottdiener et al. 1999, S. 38; Hahn 2005a; Ritzer und Stillman 2001, S. 83–99; Schmid 2009, S. 164–178).

Heute werden Hotels und Kasinos nicht mehr von Kriminellen, sondern von weltweit tätigen Konzernen gebaut und betrieben, und die Investoren kommen oft aus anderen Teilen der Welt. Die Globalisierung des Hotel- und Kasinowesens ist allerdings im Falle weltweiter Rezessionen problematisch. 2004 war auf einem 27 ha großen Grundstück am Strip mit dem luxuriösen multifunktionalen Komplex City Center bestehend aus mehreren Hotels und Apartmentgebäuden sowie einem Einkaufszentrum begonnen worden (■ Abb. 5.49). Die globale Aufmerksamkeit wollte man durch das Anwerben der weltweit renommiertesten Architekten wie Daniel Libeskind, Norman Foster und César Pelli gewährleisten (Schmid 2009, S. 177). Investoren waren

MGM Resort International und Dubai World. Als Dubai World 2009 fast Konkurs anmelden musste, befürchtete man, dass das im Rohbau befindliche Projekt aufgegeben werden musste. Dubai World wurde in letzter Minute von Abu Dhabi gerettet, und die einzelnen Gebäude wurden nach und nach eröffnet. Das Projekt hat insgesamt 8,5 Mrd. US$ gekostet. Das Timing war allerdings schlecht, denn die insgesamt 5900 neuen Hotelzimmer waren überflüssig, da zur gleichen Zeit die Touristenzahlen einbrachen. Auch der Verkauf der Eigentumswohnungen war schwierig (New York Times, 30.11.2009). Ein ähnliches Schicksal hat das 3,9 Mio. US$ teure Cosmopolitan of Las Vegas erlitten, mit dessen Bau finanziert durch die Deutsche Bank 2005 begonnen worden war. Nachdem lange ein endgültiger Baustopp befürchtet worden war, eröffnete das *resort hotel* mit knapp 3000 Zimmern Ende 2010 (Handelsblatt, 17.10.2011). Anderen Hotels ging es noch schlechter, und einige wurden nie eröffnet. 2007 war mit dem Bau des 224 m hohen Fontainebleau Las Vegas begonnen worden. Das Luxushotel ohne ein Thema aus der Phantasiewelt wurde erst 2023 mit über 3600 Hotelzimmern und einem Casino mit einer Fläche von beeindruckenden 14.000 m² fertiggestellt (Las Vegas Review-Journal 29.03.2024). Ende 2019 hatte man wieder sehr optimistisch in die Zukunft geschaut.

■ **Abb. 5.49**   Das multifunktionale City Center wurde Ende 2009 eröffnet

Es wurde davon ausgegangenen, dass in den folgenden drei Jahren 12.000 Hotelzimmer entstehen würden (Las Vegas Review-Journal 19.12.2019). Aber als sich die COVID-19-Pandemie im März 2020 unerwartet schnell ausbreitete, mussten Hotels und Casinos für mehrere Monate schließen. Bei anderen Hotels verzögerte sich der Bau um mehrere Jahre oder wurde sogar eingestellt. Es verwundert nicht, dass 2023 die Zahl der Hotelzimmer mit knapp 155.000 kaum größer war als 2010. Das Gleiche galt für die Zahl der Touristen (■ Tab. 5.5). Erst 2023 schien sich das Blatt wieder zu wenden. Ende des Jahres waren weitere 10.000 Hotelzimmer in Bau oder Planung. Da fast die Hälfte der Arbeitsplätze in Las Vegas vom Tourismus abhängt, waren die Auswirkungen der COVID-19-Pandemie für die Arbeitskräfte fatal. Zeitweise lag die Arbeitslosenrate bei 14 %. Wie bereits während der Finanzkrise 2008 konnten viele Menschen die Kredite für ihre Häuser nicht mehr zahlen und mussten ausziehen. Die Themenwelten der Casinos und Hotels in Las Vegas sind zu oft an anderen Standorten kopiert worden, um

■ **Tab. 5.5**   MA Las Vegas: Ausgewählte Indikatoren der wirtschaftlichen Entwicklung

Indikator	1990	2010	2023
Zimmer in Hotels und Motels	73.730	148.935	154.662
Auslastungsrate (in %)	89,1	80,4	83,5
Touristen (in Mio.)	20,9	37,3	40,8
Passagiere Harry Reid International Airport (in Mio.)	19,0	39,8	57,6
Einnahmen aus dem Glücksspiel (in Mrd. US$)	4,1	8,9	13,5
Besucher von Tagungen/ Messen	1,7	4,5	6,0
Hauspreise in US$ (Median)	k. A	132.294	422.880

Quelle: Las Vegas Convention and Visitors Authority 2024

5

noch großes Interesse an der Wüstenstadt zu erzeugen. Um die globale Aufmerksamkeit buhlend, wurde Ende September 2023 die 2,3 Mrd. teure, 112 m hohe und 157 m breite Kugel The Sphere mit 18.600 Sitzplätzen eröffnet. Die Außenhaut wird von dem weltgrößten 54.000 m² umfassenden LED-Bildschirm gebildet, der nach Einbruch der Dunkelheit atemberaubende Bilder zeigt (◻ Abb. 5.50). Anlässlich der Eröffnung berichteten die internationale Presse und Fernsehsender von dem weltweit „noch" einzigartigen Gebäude. Die Kosten für die Energie sind hoch und die Eintrittskarten entsprechend teuer. Ob sich der kostspielige Bau rechnet, bleibt abzuwarten. Die nächste große Attraktion für Las Vegas wird nicht lange auf sich warten lassen (The Washington Post 10.07.2023; ▶ www.thespherelasvegas.com).

5.11.2 Elend

Seit den 1990er-Jahren schien der Aufschwung der Stadt nicht aufzuhalten zu sein. Es wurden immer ausgefallenere Fantasiewelten geschaffen und die Bevölkerung explodierte geradezu. Allerdings war in Las Vegas der Anteil derjenigen, die in einfachen Dienstleistungen in den Hotels und Kasinos beschäftigt waren, stets groß. Große Einkommensunterschiede gibt es zwischen denjenigen, die auf dem Strip arbeiten und denjenigen, die an anderen Standorten tätig sind, denn auf dem Strip sind fast alle Beschäftigten gewerkschaftlich organisiert, während viele der anderen Hotels keine

Gewerkschaftsmitglieder einstellen. Auf dem Strip ist der gewerkschaftliche Organisationsgrad sogar höher als in jeder anderen Stadt der USA, weshalb Las Vegas auch als *New Detroit* bezeichnet wird, denn auch in der Automobilstadt waren gewerkschaftlicher Einfluss und Löhne stets hoch. In den größten *resort hotels* gehen zehntausende Beschäftigte unterschiedlichen Tätigkeiten nach, die größtenteils in der Hotel Employees und Restaurant Employees Union oder in der Culinary Workers Local 226 organisiert sind. Nach dem Vorbild dieser Gewerkschaften haben sich außerdem die zahlreichen Bauarbeiter des Strips in der Carpenters Union organisiert. Die Gewerkschaftsmitglieder sind überwiegend weißer Hautfarbe und verdienen bis zu 100 % mehr als nicht organisierte Beschäftigte in vergleichbaren Berufen. Am anderen Ende der soziökonomischen Skala stehen viele der hispanischen Neubürger, die sich systematisch aus den Gewerkschaften ausgeschlossen fühlen und häufig ihre Arbeit als schlechtbezahlte Tagelöhner verrichten müssen. Auf den Gehwegen des Strips teilen sie Werbezettel an Passanten aus oder helfen beim Bau von Eigenheimen. Die Diskrepanz zwischen dem Luxus und den vielen Reichen auf der einen Seite und den Tagelöhnern auf der anderen Seite spiegelt in Las Vegas auf engstem Raum die Schattenseite der globalisierten Welt wider (Ventura 2003, S. 98–110).

Obdachlosigkeit ist in Las Vegas offiziell nicht vorgesehen. Die Stadt möchte sich den Touristen möglichst sauber und makellos präsentieren. Insbesondere für obdachlose Männer fehlen Notunterkünfte, und

◻ **Abb. 5.50** The Sphere wurde 2023 eröffnet und ist die neueste Attraktion von Las Vegas

sie werden von der Polizei häufig wegen sehr kleiner Vergehen wie das Passieren der Straßen außerhalb markierter Übergänge bestraft (Borchard 2005). Wohnungslose halten sich bevorzugt in der Nähe von anderen Menschen auf, um evtl. kleine Gelegenheitsjobs oder Almosen zu erhalten. Auf dem Strip in Las Vegas sind ständig Tausende Touristen unterwegs, die von Casino zu Casino, zu den Themenhotels oder anderen Attraktionen eilen. Hier könnte durch Betteln der Lebensunterhalt gesichert werden, aber auch die Bürgersteige gehören den Besitzern der angrenzenden Grundstücke. Obdachlose werden umgehend vertrieben. Viele Obdachlose haben daher unweit des Strips zwischen den Luxushotels ihre Zelte aufgeschlagen. Rund 1500 leben sogar teils seit Jahren in den Tunneln unter dem Zentrum. Die Tunnel wurden angelegt, um im Falle von Starkregen das Wasser aufzufangen. Es regnet zwar nur selten in der Wüstenstadt, aber es kommt immer wieder bei unerwarteten Niederschlägen zu Todesfällen. Die Lebensbedingungen in den dunklen Tunneln könnten nicht schlechter sein. Viele der Bewohner sind drogenabhängig oder frühere Gefängnisinsassen und haben längst den Glauben an eine bessere Zukunft verloren. Sie kommen nur zu den Eingängen der Tunnel, um Lebensmittel von den diversen Wohlfahrtsorganisationen in Empfang zu nehmen (Neue Zürcher Zeitung 26.09.2023). Die Diskrepanz zwischen dem Luxus und den Reichen auf der einen Seite und den Tagelöhnern und Obdachlosen auf der anderen Seite könnte nicht größer sein. Auch wenn es unsichtbar ist, befindet sich in Las Vegas das reale Elend oft nur wenige Meter von den luxuriösen hyperrealen Welten entfernt.

5.11.3 Ausblick

Las Vegas ist weitgehend vom Tourismus und vom Glücksspiel abhängig. Wirtschaftskrisen oder andere nicht vorhersehbare Katastrophen wie die globale COVID-19-Pandemie wirken sich negativ auf die Zahl der Besucher aus oder bringen den Tourismus sogar völlig zum Erliegen. Sehr schnell setzt eine Abwärtsspirale ein: Die Menschen verlieren erst ihren Job, dann ihr Geld und schließlich ihre Häuser. Alle bisherigen Versuche, die Wirtschaft der Stadt zu diversifizieren, waren wenig erfolgreich. Civera et al. (2023) schlagen vor, dass Las Vegas bereits vorhandene Potenziale ausbauen müsse. So sollten die lokalen Universitäten besser mit der Wirtschaft vernetzt werden. Es gilt, Wege

für ein Wirtschaftswachstum außerhalb des Tourismus zu finden. Außerdem sollte die bereits in der Stadt vorhandene Kreativität besser genutzt werden, um zukunftsweisende hochwertige wissensintensive Produkte zu entwickeln.

Las Vegas wäre nicht Las Vegas, wenn es sich nicht schon wieder neu erfinden würde. Seit einigen Jahren arbeitet die Stadt an einem Image als „Sports Capital of the World". 2017 gab der in Oakland ansässige Football Club Raiders bekannt, nach Las Vegas umziehen zu wollen, und kaufte ein Grundstück nahe dem Strip. Der Bau des Allegiant Stadium mit rund 65.000 Plätzen kostete fast 2 Mrd. US$ und wurde bereits 2020 fertiggestellt. Bedingt durch die COVID-19-Pandemie fanden die ersten Spiele ohne Zuschauer statt. Das Stadion wurde weltweit bekannt, als hier im Februar 2024 der Super Bowl zwischen den San Francisco 49ers und den Kansas City Chiefs ausgetragen wurde. Der Super Bowl ist das größte Sportereignis der USA und wurde von 123 Mio. Menschen am Fernseher verfolgt. Die Wirtschaft der Region soll einen Gewinn in Höhe von 500 Mio. US$ durch das Spiel erzielt haben (Las Vegas Review-Journal 13.02.2024). Ostern 2024 hat nach 66 Jahren das berühmte Tropicana Hotel, das das erste Themenhotel der Stadt war, geschlossen. Nach dem Abriss des Casinos und der rund 1500 Hotelzimmer soll hier ein großes Baseball-Stadion mit 33.000 Plätzen für die Oakland Athletics für geschätzte 1,5 Mrd. US$ gebaut werden (Las Vegas Review-Journal 28.03.2024). Noch vor wenigen Jahren war keine bedeutende Sportmannschaft in Las Vegas ansässig. Die Fans der Mannschaften werden sich in großer Zahl mit den Glücksspielern und den Familien, die die Phantasiewelten der Hotel Resorts besuchen, vermischen. Im November 2023 machte Las Vegas mit einem weiteren Großereignis auf sich aufmerksam, als hier die Rennwagen des Formel 1 Las Vegas Grand Prix am Bellagio, Caesars Palace und den anderen Attraktionen des Strip entlangrasten. Der Flughafen der Stadt befürchtete sogar, zu wenige Abstellplätze für die Privatjets der vielen finanzstarken Zuschauer zu haben. Hier wurde ein Gewinn in Höhe von 1,25 Mrd. US$ für die Region erwartet. Es besteht kein Zweifel daran, dass sich Las Vegas auf dem besten Weg zu einer bedeutenden Destination globaler Sportgroßereignisse befindet (Washington Post 17.11.2023). Allerdings darf nicht vergessen werden, dass der Sport ebenso wie das Glücksspiel von Touristen in großer Zahl abhängig ist. Sollten diese aus welchen Gründen auch immer nicht mehr kommen, wird die nächste große Krise nicht ausbleiben.

Die Zukunft der amerikanischen Stadt

6

Anhand vieler Beispiele wurde verdeutlicht, dass es *die* US-amerikanische Stadt nicht gibt. Die Städte an der Ostküste unterscheiden sich aufgrund ihres Alters deutlich von den Städten an der Westküste. Während Erstere ein klar definiertes Zentrum haben, ist dieses für Letztere nicht mehr garantiert. Viele Städte im Nordosten haben in den vergangenen Jahrzehnten große Bevölkerungsverluste erlitten, die meisten Städte im Westen und Süden aber große Einwohnergewinne. Allen Unterschieden zum Trotz sind Megatrends und Charakteristika, die jeweils für eine größere Zahl von Städten gelten, zu erkennen:

- Die Lage der Städte hat an Bedeutung verloren. Während die Industriestädte des 19. Jahrhunderts nur an Wasserwegen erfolgreich sein konnten, befinden sich heute einige der größten Städte des Landes in Wüstenregionen. Leistungsfähige Flughäfen, die gut in das nationale und internationale Luftverkehrsnetz eingebunden sind, sind heute wichtiger als See- oder Flusshäfen und sogar Bahnhöfe.
- Dienstleistungen und Kreativität sind wichtiger als die Industrie für den Erfolg der Städte.
- Viele Städte im altindustrialisierten Nordosten der USA verlieren seit Jahrzehnten Bevölkerung, während die Städte im Westen und Süden teils explosionsartig gewachsen sind. Dennoch ist es zu einfach, schrumpfende und wachsende Städte gegenüberzustellen, denn innerhalb dieser beiden Gruppen gibt es große Unterschiede hinsichtlich der ethnischen Zusammensetzung der Bevölkerung sowie deren Schulbildung und Einkommen. Das gilt auch für das kreative Potenzial der Städte.
- Der suburbane Raum wächst nach wie vor weit schneller als die Kernstädte.
- Der suburbane Raum ist nicht homogen, sondern sehr heterogen. Er gleicht sich in vielerlei Hinsicht in Form und Funktion an die Kernstädte an.
- In den vergangenen 60 Jahren hat sich das Städtesystem der USA grundlegend verändert. Siedlungen wie San Jose, die noch Mitte des 20. Jahrhunderts fast unbekannt waren, gehören heute zu den größten Städten der USA, während Detroit und St. Louis auf dem Weg in die völlige Bedeutungslosigkeit sind. Gleichzeitig haben sich Umfang und Art der materiellen und immateriellen Ströme zwischen den Städten grundlegend verändert.
- Die Globalisierung beeinflusst alle Städte. Die US-amerikanischen Städte stehen weltweit im Wettbewerb um die hellsten Köpfe und größten Investoren. Die Städte bilden Knoten von Verkehr und Kommunikation in einem weltumspannenden Netzwerk, das ständigen Veränderungen unterworfen ist. Die Zukunft einer Stadt hängt von ihrer Rolle im globalen Netz ab.

- Die Verletzlichkeit der Städte hat sich durch den Klimawandel vergrößert. Außerdem stellen terroristische Angriffe eine latente Gefahr dar.
- Neoliberalismus, Deregulierung und neue Formen des *urban government* bestimmen die Entwicklung der Städte.
- Integrität, Durchsetzungskraft und Visionen der Bürgermeister entscheiden über den Erfolg oder Misserfolg einer Stadt. Die Städte werden heute wie große Unternehmen, deren Manager die Bürgermeister sind, geführt.
- Es findet vielerorts eine Reurbanisierung statt, die mit einer Restrukturierung verbunden ist.
- Städte entwickeln sich nach den Gesetzen des freien Marktes oder genauer des Immobilienmarktes.
- Die *downtowns* werden zu Schaufenstern von Stadt und Region mit Flagship-Stores, teuren Museen, Luxushotels, Sportstadien und Gebäuden, die globale Aufmerksamkeit erzeugen sollen, umgestaltet. Es findet eine Festivalisierung statt.
- Der Einzelhandel hatte sich seit den 1980er-Jahren in vielen *downtowns* gut entwickelt, ist aber angesichts des zunehmenden Onlinehandels rückläufig. Die COVID-19-Pandemie hat diesen Trend verstärkt.
- Die Städte sind austauschbar geworden. Viele *downtowns* vermitteln keine Identität mehr, und Shopping Center ähneln sich sowieso im ganzen Land. Auch die auf dem Reißbrett entworfenen *neighborhoods* sehen alle mehr oder weniger gleich aus.
- Neue Urbaniten ziehen in die teuren Apartments und Lofts der Innenstädte. Sie nutzen die *downtowns* anders als ihre Vorgänger.
- Die abweisenden Megastrukturen der 1960er- bis 1980er-Jahre werden zunehmend durch kleinteiligere und offenere Gebäude abgelöst.
- Seit den 1990er-Jahren sind in vielen *downtowns* mehr Hochhäuser als in den vorausgegangenen Jahrzehnten gebaut worden. Neu ist die große Zahl von Wohnhochhäusern.
- Aus Industriestädten werden Konsumentenstädte. Städte, denen dieser Umbau nicht gelingt, werden zu Verlierern, da sie den Wettbewerb um die kreativen Köpfe und globales Kapital verlieren.
- Privates Kapital ist für den Stadtumbau unerlässlich. Die Umsetzung vieler Ideen erfolgt im Rahmen von *public private partnerships* und *business improvement districts*.
- Es hat eine Privatisierung des öffentlichen Raums stattgefunden, der von Kameras und privaten Sicherheitskräften kontrolliert wird. Diese sorgen auch für Sauberkeit und entfernen Unerwünschte.
- Neue *neighborhoods* werden durch private *developer* angelegt. Der Anteil an *gated communities* ist groß,

allerdings beeinflussen die umgebenden Zäune oder Mauern das tägliche Leben weniger als die ausgefeilten Regelwerke der *homeowner associations,* denen sich die Bewohner freiwillig unterwerfen.

- *Gentrification* hat sich zu einem weitverbreiteten Phänomen entwickelt, das in allen Städten zu beobachten ist. Der Aufwertungsprozess verfallener *neighborhoods* wird öffentlich gefördert. Die langansässige Bevölkerung wird verdrängt, ohne dass neuer Wohnraum geschaffen wird.
- Die US-amerikanische Stadt ist eine fragmentierte Stadt. Unterschiedliche Nutzungen liegen scheinbar wahllos nebeneinander.
- Die US-amerikanische Stadt ist eine segregierte Stadt. Wohlhabende und arme Amerikaner leben räumlich voneinander getrennt. Ob die ethnische Segregation rückläufig ist, ist umstritten, da die *Census*-Daten viel Spielraum für eine Interpretation lassen.
- Die Senioren ziehen sich in *retirement communities* mit einem großen Freizeitangebot zurück. Niedrige Steuern sind ein wichtiger Grund für das Leben in den Seniorensiedlungen.
- Mittellose und arme Amerikaner sind die Verlierer der neoliberalen Politik. Die Besitzlosen werden marginalisiert und Obdachlosigkeit wird akzeptiert; diese Gruppen der Bevölkerung werden aus öffentlichen Räumen rücksichtslos an den Rand der Gesellschaft gedrängt.

Alle genannten Megatrends und Charakteristika lassen sich gleichzeitig und häufig auf engstem Raum nebeneinander in der US-amerikanischen Stadt beobachten. In neuester Zeit hat allerdings ein Umdenken eingesetzt:

1. Die Stadt erfährt in der öffentlichen und wissenschaftlichen Diskussion eine neue Wertschätzung.
2. Der öffentliche Nahverkehr wird ausgebaut.
3. Der Schutz der Umwelt nimmt einen größeren Raum ein.
4. *Urban sprawl* wird bekämpft. Brachflächen werden neuen Nutzungen zugeführt. *Urban growth boundaries* sollen das Flächenwachstum einschränken, und im Rahmen des *new urbanism* werden kompakte *neighborhoods* angelegt.

5. Der Aufenthaltsqualität des öffentlichen Raums wird mehr Beachtung geschenkt. In den *downtowns* entstehen kleine Parks in Baulücken oder sogar Fußgängerzonen.

Ob die neuen Ideen zu einem Paradigmenwechsel und mittel- bis langfristig zu Veränderungen führen werden, bleibt abzuwarten. Dies gilt auch für die Auswirkungen der COVID-19-Pandemie auf die Städte. Ob es eine postpandemische Stadt gibt, wird sich erst in einigen Jahren zeigen. Sicher ist aber, dass die US-amerikanische Stadt kein Auslaufmodell ist. Städte werden auch in den nächsten Jahrzehnten und wahrscheinlich sogar Jahrhunderten Zentren der Wirtschaft sein, und es wird immer Menschen geben, die allen Nachteilen wie hohen Bodenpreisen, Lärm und einer großen ökologischen Belastung zum Trotz das quirlige Stadtleben einem eintönigen Landleben gegenüber vorziehen. Auch werden sich Einwanderer aufgrund des großen und differenzierten Arbeitsplatzangebots weiterhin bevorzugt in Städten niederlassen. Noch lässt sich nicht abschätzen, ob die positive Entwicklung, die viele Innenstädte in den vergangenen Jahren erlebt haben, auf die Gesamtstadt übergreifen wird. Von Vorteil wäre es sicherlich, wenn sich Kernstädte und *suburbs* nicht mehr feindlich gegenüberstehen, sondern bei der räumlichen Entwicklung eng zusammenarbeiten würden. Anstatt ständig neue Straßen an der Peripherie zu bauen, sollten bereits bestehende Straßen saniert und der öffentliche Nahverkehr gefördert werden. Eine neue Bebauung sollte nur innerhalb des bereits bestehenden Siedlungsgebiets und bevorzugt in der Nähe von Haltestellen des öffentlichen Nahverkehrs genehmigt werden. Die einzelnen Gemeinden konkurrieren stets um die Ansiedlung von Freizeitparks, Shopping Center oder *office parks,* da diese Einrichtungen hohe Steuereinnahmen versprechen. Die benachbarten Gemeinden gehen leer aus, leiden aber unter dem steigenden Verkehrsaufkommen. Dieser Teufelskreis muss durchbrochen werden (Katz und Bradley 1999).

Auch wenn sich die Zukunft der US-amerikanischen Stadt aus vielen Gründen nicht genau vorhersehen lässt, wird sie mit Sicherheit ein interessantes Forschungsfeld bleiben.

Serviceteil

Literatur – 230

Stichwortverzeichnis – 241

Literatur

Abrams, Samuel J. (2023): What America´s Urban Exodus Means for San Francisco, ► www.newgeography.com, 04.07.23, 1 S.

Abu-Lughod, Janet L. (1999): New York, Chicago, Los Angeles. America`s Global Cities. Minneapolis, London.

Acker, Kristin (2010): Die US-Expansion des deutschen Discounters Aldi. Eine Fallstudie zur Internationalisierung des Einzelhandels. Geographische Handelsforschung 16. Passau.

Alliance for Downtown New York (2010): Downtown Living in New York City´s most Dynamic Neighborhood. New York.

Alliance for Downtown New York (2011): 10 Years later. New York.

Alliance for Downtown New York (2023a): Lower Manhattan Real Estate Report Q3 2023. New York.

Alliance for Downtown New York (2023b): A Growing Market: Lower Manhattan´s Young, Educated & Affluent Residents. New York.

Alliance for Downtown New York (2023c): Commuting to Lower Manhattan. An Unmatched Combination of Choice, Ease and Speed. New York.

Aloisi, James A., Jr. (2004): The Big Dig. Carlisle, Mass.

Amazon Company News (2019): Update on Plans for New York City Headquarters. 14. Februar.

Angel, S., & Blei, A. M. (2016). The Spatial Structure of American Cities: The Great Majority of Workplaces are no Longer in CBDs, Employment Sub-Centers, or Live-Work Communities. Cities 51, 21–35.

Armstrong, Amy et al. (2007): The Benefits of Business Improvement Districts: Evidence from New York City. Furman Center Policy Brief. New York, July.

Arts Economics (► www.artseconomics.com) (2024): The Art Basel & UBS Art Market Report 2024. Basel.

Associated Press, Pressemitteilung (10.07.2012): Big Dig Pegged at $ 24, 3 B, Lawmakers told.

Associated Press, Pressemitteilung (27.12.2012): Silicon Valley´s Light Rail among least Efficient.

Atkinson, Rowland und Sarah Blandy (2006): Introduction: International Perspectives on the New Enclavism and the Rise of Gated Communities. In: Atkinson, Rowland und Sarah Blandy (Hg.): Gated Communities. London, New York, S. i-xvi.

Atlanta BeltLine Inc. (2024): Annual Report 2023: Building for Tomorrow. Atlanta.

Augé, Marc (2011, 1960): Nicht-Orte. 2. Aufl. München.

Axios Seattle (► www.axios.com) (2023): Microsoft Cuts Nearly 900 Seattle-Area Workers. 19. Januar.

Badami, Kadambari et al. (2006): Beltline: A History of the Atlanta Beltline and its Associated Historic Resources. Atlanta.

Baltimore Fishbowl (► www.baltimorefishbowl.com) (30.10.2023): $500M Harborplace Redevelopment Plan Calls for two Residential Towers, Offices, Shops, Restaurants and Public Space.

Barber, Benjamin R. (2013): If Mayors Ruled the World. Dysfunctional Nations, Rising Cities. New Haven und London.

Basten, Ludger (2017): Suburban Worlds. In: Gamerith, Werner und Ulrike Gerhard (Hg.): Kulturgeographie USA. Eine Nation begreifen. Heidelberg, S. 137–144.

Baudrillard, Jean (1993): Hyperreal America. In: Economy and Society 22 (2), S. 243–252.

Baudrillard, Jean (1994): Simulacra and Simulation. Ann Arbor.

Baum-Snow, Nathaniel (2010): Changes in Transportation and Commuting Patterns in U.S. Metropolitan Areas, 1960–2000. In: American Economic Review 100 (2), S. 378–382.

Beauregard, Robert A. (1986): The Chaos and Complexity of Gentrification. In: Smith, Neil und Peter Williams (Hg.): Gentrification and the City. London, S. 35–55.

Beauregard, Robert A. (2006): When America Became Suburban. Minneapolis.

Beauregard, Robert A. (2011): Radical Uniqueness and the Flight from Urban Theory. In: Judd, R. Dennis und Dick Simpson (Hg.): The City, Revisited. Urban Theory from Chicago, Los Angeles, and New York. Minneapolis, S. 186–202.

Beaverstock, Jonathan et al. (1999): A Roaster of World Cities. In: Cities16 (6), S. 445–458.

Belina, Bernd und Sabine Horlitz (2017): Ghetto-Diskurse. In: Gamerith, Werner und Ulrike Gerhard (Hg.): Kulturgeographie USA. Eine Nation begreifen. Heidelberg, S. 153–159.

Bennett, Larry (2010): The Third City: Chicago and American Urbanism. Chicago.

Berg, L. van der, R. Drewett, L.H. Klaassen, A. Rossi et al. (1982): Urban Europe. A Study of Growth and Decline. Oxford, New York.

Berger, Alan (2007): Drosscape. Wasting Land in Urban America. New York.

Berger, Alan M. (2017): Belting Future Suburbia. In: Berger, Alan und Joel Kotkin (Hg.): Infinite Suburbia, S. 522–550.

Berglund, Lisa, Julie Mah, Tam Perry und Patricia Rencher (2022): Missing Older Adults in a Gentrifying Downtown: Detroit's Rebrand for a Young and Talented Pool of Residents. In: International Journal of Urban and Regional Research 46 (6), S. 973–997.

Berry, Brian, J. L. (1980): Inner City Futures: an American Dilemma Revisited. Transactions of the Institute of American Geographers, New Series 5, S. 1–28.

Bettencourt, Luis M. und Geoffrey B. West (2011): Bigger Cities do more with less. In: Scientific American 9, S. 52–53.

Biello, David (2011): How Green is my City. Retrofitting is the best Way to Clean up Urban Living. In: Scientific American, Sept., S. 66–69.

Bill & Melinda Gates Foundation (2023). Factsheet. Seattle.

Birch, Eugéne (2005): Who Lives Downtown. Brookings Report, Living Cities Census Series. Washington, D.C.

Bishop, Peter und Lesley Williams (2012): The Temporary City. London, New York.

Blakely, Edward und Mary G. Snyder (1999): Fortress America. Gated Communities in the United States. Washington, D.C.

Blechman, Andrew D. (2008): Leisureville: Adventures in America´s Retirement Utopias. New York.

Bloomberg (28.03.2022): Pressemitteilung: Manhattan's One World Trade Center Now 95% Leased After New Deal. New York.

Bloomberg, Michael (2011): The Best and the Brightest. New York City´s Bid to Attract Science Talent could serve as a Model for Other Cities. In: Scientific American, Sept., S. 16.

Blum, A. (2011): Tunisia, Egypt, Miami: The Importance of Internet Choke Points. In: The Atlantic 1, Online-Ausgabe, 2 S.

Blume, Helmut (1988): USA. Eine Geographische Landeskunde, Bd. II. 2. Aufl., Darmstadt.

Borchard, Kurt (2005): The Word on the Street: Homeless Man in Las Vegas. Las Vegas.

Boston Consulting Group (2021): Retail Apocalypse: Four Ways Physical Stores Can Survive. Boston.

Boswell, T. D. (2000): Cuban Americans. In: McKee, J. O. (Hg.): Ethnicity in Contemporary America. A Geographical Appraisal. Lanham, S. 139–177.

Bouchon, Frederic und Marion Rauscher (2019): Cities and Tourism, a Love and Hate Story; towards a Conceptual Framework for Urban Overtourism Management. In: International Journal of Tourism Cities 5 (4), S. 598–619.

Brake, Klaus (2012): Reurbanisierung – Interdependenzen zum Strukturwandel. In.: Brake, Klaus und Günter Herfert (Hg.): Reurbanisierung. Wiesbaden, S. 22–33.

Brake, Klaus und Günter Herfert (2012): Auf dem Weg zu einer Reurbanisierung? In.: Brake, Klaus und Günter Herfert (Hg.): Reurbanisierung. Wiesbaden, S. 13–19.

Brake, Klaus und Rafael Urbanczyk (2012): Reurbanisierung – Strukturierung einer begrifflichen Vielfalt. In: Brake, Klaus und Günter Herfert (Hg.): Reurbanisierung. Wiesbaden, S. 34–51.

Brenner, Neil und Nik Theodore (2002): Cities and the Geographies of "Actually Existing Neoliberalism". In: Brenner, Neil und Nik Theodore (Hg.): Spaces of Neoliberalism: Urban Restructuring in North America and Western Europe. New York, S. 2–32.

Bridges, Amy (2011): The Sun Also Rises in the West. In: Judd, R. Dennis und Dick Simpson (Hg.): The City, Revisited. Urban Theory from Chicago, Los Angeles, and New York. Minneapolis, S. 79–103.

Brown, Michael und Richard Morrill (Hg.) (2011): Seattle Geographies. Washington, D.C.

Bruegmann, Robert (2005): Sprawl: A Compact History. Chicago.

Bureau of Labour Statistics (2023): Consumer Expenditure 2022. Washington, D.C.

Burgess, Ernest W. (1925): The Growth of the City. In: Park et al.: The City: Suggestions for Investigation of Human Behavior in the Urban Environment. Chicago (reprint 1967), S. 47–62.

Burke, Katie und Linda Moss (2023): Why Retailers Are Abandoning Traditional Malls. CoStar News, 22. Mai.

Burnham, Daniel H. und Edward E. Bennett (1909): Plan of Chicago. Chicago.

Bushwick, Sophie (2011): The Top 10 Cities for Technology. In: Scientific American, 19. Aug., Online-Ausgabe, 3 S.

Buss, Dale (2020): Can Ford′s Urban Gambit Survive the Pandemic?, ▶ www.newgeography.com, 24.11.2020, 1 S.

Button, Kenneth und Roger Stough (2000): Air Transport Networks. Theory and Policy Implications. Cheltenham, UK u. Northampton, MA.

Calbet i Elias et al. (2012): Standortfaktor Innenstadt – Ambivalenzen der Reurbanisierung in Barcelona, London und Chicago. In: Brake, Klaus und Günter Herfert (Hg.): Reurbanisierung. Wiesbaden, S. 388–404.

Campanella, Thomas J. (2006): Urban Resilience and the Recovery of New Orleans. In: Journal of the American Planning Association 72 (2), S. 141–146.

Campbell, Alexia Fernandez (2016): The City Embraced its Decline. The Atlantic, 7. Juli.

Carter, Harold (1980): Einführung in die Stadtgeographie. Berlin, Stuttgart.

Castells, Manuel (2004): Informationalism, Networks, and the Network Society: A Theoretical Blueprint. In: Castells, Manuel (Hg.): The Network Society: A Cross Cultural Perspective. Cheltenham, U.K., S. 3–45.

Caves, Roger W. (Hg.) (2005): Encyclopedia of the City. London u. New York.

Center for Community Progress (2012): Turning Vacant Spaces into Vibrant Places. 2011 Annual Report. Washington, D.C.

Center for Community Progress (2023): State of Land Banking Results of the 2023 State of Land Banking Survey. Washington, D.C.

Center for Immigration Studies (2024): Map: Sanctuary Cities, Counties, and States. Washington, D.C.

Charter of New Urbanism (2019): Congress for the New Urbanism. Annual Report 2018. Washington, D.C.

Chicago Historical Society (Hg.) (2004): Encyclopedia of Chicago. Chicago.

Chicago Loop Alliance (2022): The Chicago Loop′s Alliance New Demography. Reviewing Change from 2010 – 2020. Chicago.

Chicago Office of Tourism and Culture (2023): Research & Analysis. Chicago.

Chicago Tribune (▶ www.chicagotribune.com) (11.05.2021): In the Wake of Macy′s Exit, here′s a Look at more than a Dozen Retailers and Restaurants that have left Water Tower Place. ▶ www.chicagotribune.com.

Chicago Tribune (▶ www.chicagotribune.com) (19.03.2024): Chicago Officials Begin Evicting Migrants from Shelters under New Policy.

City of Chicago (2003): The Chicago Central Area Plan. Preparing the Central City for the 21st Century. Draft Final Report to the City of Chicago Plan Commission. Chicago.

City of Chicago (2023): State of the Economy – Chicago, IL, Fiscal Years 2020–2022. Chicago.

City of Chicago, Department of Planning and Development (2023a): Central Area. Existing Conditions and Trends Report. Chicago.

City of Chicago, Department of Planning and Development (2023b): The 2024 Central Area Plan Update. Engagement Findings. Draft for Public Review. Chicago.

City of Detroit, Police Department (03.01.2024): Pressemitteilung: Detroit Ends 2023 with Fewest Homicides in 57 Years, Double-Digit Drops in Shootings and Carjackings Thanks to DPD, Federal, County, State, and Community Partnerships.

City of New York, Department of City Planning (2002): 2000/2001 Report on Social Indicators. New York.

Civera, A., K. Craig, N. Erdhofer, E. Larkin, K. P. Leidinger und A. Reichert (2023): The Economic Performance of Las Vegas: Shaping Culture and Identity Through Economic Policy. In: Audretsch, D. B. et al.: The Strategic Management of Place at Work. Future of Business and Finance. Cham, S. 79–97.

Clark, Terry Nichols (2011): The New Chicago School. Notes towards a Theory. In: Judd, Dennis R. und Dick Simpson (Hg.): The City, Revisited. Urban Theory from Chicago, Los Angeles, and New York. Minneapolis, S. 220–241.

Clark, Terry Nichols (Hg.) (2004): The City as Entertainment Machine: Research in Urban Policy 9. Amsterdam.

Clark, Terry Nichols et al. (2002): Amenities Drive Urban Growth. In: Journal of Urban Affairs 24, S. 493–515.

Clay, P. (1979): Neighborhood Renewal: Middle-Class Resettlement and Incumbent Upgrading in American Neighborhoods. Lexington.

Coen, Andrew (2021): Future of 1 World Trade Center Up in the Air. Commercial Observer, 10. März.

Cohen, Peter und Fernando Marti (2009): Searching for the "Sweet Spot" in San Francisco. In: Porter, Libby und Kate Shaw: Whose Urban Renaissance? An International Comparison of Urban Regeneration Strategies. London u. New York, S. 222–233.

Colliers (2023): U.S. Office Vacancy and Sublease Space Reach Record Levels in Q2 2023. U.S. Research Report Q2 2023 Office Market Outlook. Seattle.

Colten, Craig E. (2005): An Unnatural Metropolis. Wrestling New Orleans from Nature. Baton Rouge.

Comfort, Louise und Thomas A. Birkland (2010): Retrospectives and Prospectives on Hurricane Katrina: Five Years and Counting. In: Public Administration Review, Sept./Oct., S. 669–678.

Conzen, Michael (1983): Amerikanische Städte im Wandel. Die neue Stadtgeographie der achtziger Jahre. In: Geographische Rundschau 35 (4), S. 142–150.

Conzen, Michael (2010): The Making of the American Landscape. 2. Aufl., New York, London.

Conzen, Michael P. (2017): Reflection: Cultural Forces in the American Landscapes. In: Gamerith, Werner und Ulrike Gerhard (Hg.): Kulturgeographie der USA. Eine Nation begreifen. Heidelberg, S. 15–20.

Conzen, Michael und Nicholas Dahmann (2006): Re-Inventing Chicago′s Core: The Diversity of New Upscale Housing Districts in and near the Loop. AAG 2006 Annual Meeting, Field Trip Guide. Chicago.

Corso, Anthony W. (1983): San Diego. The Anti-City. In: Bernard, Richard M. und Bradley R. Rice (Hg.): Sunbelt Cities: Politics and Growth since World War II. Austin, S. 328–344.

Cox, Wendell (2010): The Downtown Seattle Jobs Rush to the Suburbs. In: ► www.newgeography.com, 20.4.2010, 2 S.

Cox, Wendell (2011a): Suburbanized Core Cities. ► www.newgeography.com, 26.8.2011, 5 S..

Cox, Wendell (2011b): The Evolving Urban Form: Chicago. ► www.newgeography.com, 18.7.2011, 7 S.

Cox, Wendell (2020): Bicycles: A Refuge For Transit Communities?, ► www.newgeography.com, 21.08.2020, 4 S.

Cox, Wendell (2021a): Metropolitan Growth: 2020 Census. ► www.newgeography.com, 19.August, 2 S.

Cox, Wendell (2021b): Higher Urban Densities Associated with the Worst Housing Affordability, ► www.newgeography.com, 18.Oktober, 5 S.

Cox, Wendell (2021c): Urban Density and Covid Death Rates: Update through April 2021, ► www.newgeography.com, 03. Mai, 2 S.

Cox, Wendell (2023a): Remote and Hybrid Work Continues Appeal in the US and Canada. ► www.newgeography.com, 11. Juli, 3 S.

Cox, Wendell (2023b): America: Moving to Lower Densities Post-2020 Census Data. ► www.newgeography.com, 07.August, 6 S.

Cox, Wendell (2023c): 2022 Residential Building Permits by Housing Market. ► www.newgeography.com, 14. März, 8 S.

Crawford, Margaret (1992): The World in a Shopping Mall. In: Sorkin, Michael (Hg.): Variations of a Theme Park. The New American City and the End of Public Space. New York, S. 181–204.

Cremin, Dennis H. (1998): Chicago's Front Yard. In: Chicago History (Spring), Chicago, S. 22–43.

Croucher, Sheila L. (2002): Miami in the 1990 s: "City of the Future" or "City on the Edge"? In: Journal of International Migration and Integration 3 (2), S. 223–239.

Cruisetricks (2023): Pressemitteilung: Rekord in Miami: 67.594 Kreuzfahrt-Passagiere an einem einzigen Tag. 20. Mai.

CTBUH (Council on Tall Buildings and Urban Habitat) (2008): Tall Buildings in Numbers. The Tallest Buildings in the World: Past, Present & Future. In: CTBUH Journal 2, S. 40–41.

CTBUH (Council on Tall Buildings and Urban Habitat) (2011): Tall Buildings in Numbers. New York Skyscrapers. In: CTBUH Journal 3, S. 54–55.

CTBUH (Council on Tall Buildings and Urban Habitat) (2013): Tall Buildings in Numbers. In: CTBUH Journal 1, S. 46–47.

CTBUH (Council on Tall Buildings and Urban Habitat) (2023): World's Tallest Buildings. ► www.skyscraper.com. Chicago.

Cullingworth, John B. und Roger W. Caves (2008): Planning in the USA: Policies, Issues, and Processes. 3. Aufl., London u. a.

Culver, Greg (2017): Mobilität und die amerikanische Gesellschaft. In: Gamerith, Werner und Ulrike Gerhard (Hg.): Kulturgeographie USA. Eine Nation begreifen. Heidelberg, S. 177–186.

Curtis, Wayne (2009): Houses of the Future. In: The Atlantic 11, Online-Ausgabe, 10 S.

Cushman & Wakefield (2024): Marketbeat Atlanta. Office Q4 2023. Atlanta.

Davidson, Mark und Loretta Lees (2010): New-Build Gentrification: Its Histories, Trajectories, and Critical Geographies. In: Population, Space and Place 16 (5), S. 395–411.

Davis, Mike (1992a): City of Quartz: Excavating the Future in Los Angeles. New York.

Davis, Mike (1992b): Fortress Los Angeles: The Militarization of Urban Space. In: Sorkin, Michael: Variations of a Theme Park: The New American City and the End of Public Space. New York, S. 154–180.

Davis, Mike (2001): The Flames of New York. In: New Left Review 12, Online-Ausgabe, 9 S.

Davis, Mike (2002): Dead Cities and other Tales. New York.

Day, Jennifer, Nicholas A. Phelps, Piret Veeroja und Xin Yang (2022): From Edge City to City? Planning Intentions for Edge Cities. In: Journal of the American Planning Association 88 (4), S. 565–577.

Dear, Michael J. (2005): Die Los Angeles School of Urbanism. In: Geographische Rundschau 57 (1), S. 30–36.

Dear, Michael J. (Hg.) (2002): From Chicago to L. A.: Making Sense of Urban Theory. Thousand Oaks.

Dear, Michael J. und Nicholas Dahmann (2011): Urban Politics and the Los Angeles School of Urbanism. In: Judd, R. Dennis und Dick Simpson (Hg.): The City, Revisited. Urban Theory from Chicago, Los Angeles, and New York. Minneapolis, S. 65–78.

Dear, Michael J. und Steven Flusty (1998): Postmodern Urbanism. In: Annals of the Association of American Geographers 88 (1), S. 50–72.

Deloitte (2024): 2024 US Retail Industry Outlook: Looking for Loyalty in all the Right Places. London.

Denver Business Journal (► www.bizjournals.com) (2014): Stapleton Study Reveals Problems with New Urbanism Development. 10. Juni.

Department of Housing and Urban Development (HUD), Office of Community Planning and Development (2022): Community Development Fund. Washington, D.C.

Detroit Evening Report (► www.wdet.org) (2024): Detroit Evening Report: City Accepting Applications for 2024 Neighborhood Beautification Grants. 17. Januar.

Detroit Free Press (► www.freep.com) (2024): Hudson's Site Building Reaches Full Height, is 2nd Tallest in Detroit. 11. April.

Doel, Marcus A. (1999): Occult Hollywood: Unfolding the Americanization of World Cinema. In: Slater, David und Peter Taylor (Hg.): The American Century. Oxford, S. 243–260.

Dunstan, Roger (1997): Gambling in California. Sacramento.

Ehrenfeucht, Renia u. Marla Nelson (2020): Just Revitalization in Shrinking and Shrunken Cities? Observations on Gentrification from New Orleans and Cincinnati. In: Journal of Urban Affairs 42 (3), 435–449.

Erie, Steven P. und Scott MacKenzie (2011): From the Chicago to the L. A. School. In: Judd, R. Dennis und Dick Simpson (Hg.): The City, Revisited. Urban Theory from Chicago, Los Angeles, and New York. Minneapolis, S. 104–134.

Fainstein, Susan S. (2011): Ups and downs of Global Cities. In: Hahn, Barbara und Meike Zwingenberger (Hg.): Global Cities – Metropolitan Cultures. Publikationen der Bayerischen Amerika-Akademie 11, Heidelberg, S. 11–23.

Fainstein, Susan S. und David Gladstone (1999): Evaluating Urban Tourism. In: Judd, Dennis R. und Susan S. Fainstein (Hg.): The Tourist City. New Haven u. London, S. 21–34.

Fainstein, Susan S. und Denis R. Judd (1999): Global Forces, Local Strategies, and Tourism. In: Judd, Dennis R. und Susan S. Fainstein (Hg.): The Tourist City. New Haven u. London, S. 1–17.

Fisher, Bridget und Flavia Leite (2022): Selling TIF: Positioning Hudson Yards as a Project that Pays for Itself. In: Cities 125, S. 1-5.

Fishman, Robert (1987): Bourgeois Utopias: The Rise and Fall of Suburbia. New York.

Fitch, Robert (1993): The Assassination of New York. New York.

Flint, Anthony (2012): At the 20th Congress for the New Urbanism, a Movement feels its Age. In: The Atlantic 5, Online-Ausgabe, 3 S.

Florida, Richard (2002): The Rise of the Creative Class. London.

Florida, Richard (2005): Cities and the Creative Class. London.

Florida, Richard und Steven Pedigo (2019): Toward A More Inclusive Region: Inequality and Poverty in Greater Miami. Miami Urban Future Initiative 7. Miami.

Fogelson, Robert (1967): The Fragmented Metropolis: Los Angeles, 1850–1930. Berkeley.

Forbes Magazine (► www.forbes.com) (2012): Quicken Billionaire Dan Gilbert on Giving Back to Detroit. 18. September.

Forbes Magazine (▶ www.forbes.com) (2022): Empty Offices Can Be Converted to Apartments—New York's Story. 29.Oktober.

Ford Media Center (2021): Pressemitteilung. Ford and Newlab Announces Startups To Pilot New Electric Vehicle Tech In Mobility Innovation Programm. Detroit, 28. Oktober.

Ford, Kristina (2010): The Trouble with City Planning. What New Orleans Can Teach us. New Haven u. London.

Fortune Magazine (▶ www.fortune.com) (18.10.21): Just How Massive Amazon has Grown During the Pandemic, in 8 Charts.

Fortune Magazine (▶ www.fortune.com) (17.02.2020): Can San Francisco be Saved?

Fortune Magazine (▶ www.fortune.con) (23.07.23): The Largest 500 Companies in the World.

Frank, Robert (2007): Richistan. A Journey though the American Wealth Boom and the Lives of the New Rich. New York.

Frankfurter Allgemeine (▶ www.faz.net) (19.08.2022): Brad Pitt legt Rechtsstreit bei.

Frantz, Klaus (2001): Gated Communities in Metro-Phoenix (Arizona). In: Geographische Rundschau 53 (1), S. 12–18.

Franz, Yvonne (2015): Gentrification in Neighborhood Development. Göttingen 2015.

Freund, David M. P. (2007): Colored Property: State Policy and White Racial Politics in Suburban America. Chicago.

Frey, William (2022a): Big Cities Saw Historic Population Losses while Suburban Growth Declined during the Pandemic. Brookings Research, Washington, D.C.

Frey, William (2022b): Today's Suburbs are Symbolic of America's Rising Diversity: A 2020 Census Portrait. Brookings Research. Washington, D.C.

Frieden, Bernard J. und Lynne B. Sagalyn (1989): Downtown Inc., How America Rebuilds its Cities. Boston.

Fry, Richard (2020): Prior to COVID-19, Urban Core Counties in the U.S. were Gaining Vitality on Key Measures: Suburbs Lag Behind Cities in Growth in Education, Income and Home Values, Pew Research Center.

Fussell, Elizabeth (2007): Constructing New Orleans, Constructing Race: A Population History of New Orleans. In: Journal of American History 94, S. 846–855.

Gaebe, Wolf (2004): Urbane Räume. Stuttgart.

Gainsborough, J. F. (2008): A Tale of Two Cities: Civic Culture and Public Policy in Miami. In: Journal of Urban Affairs 30 (4), S. 419–435.

Gallagher, John (2010): Reimaging Detroit. Opportunities for Redefining an American City. Detroit.

Gannon, Devin (2018): See the Waterfront Site in Long Island City where Amazon will Bring its New Mixed-Use Campus. In: 6sqft New York City, 13. November.

Gapp, Paul et al. (1981): The American City. An Urban Odyssey to 11 U.S. Cities. New York.

Garnett, Nicole Stelle (2017): Old Suburbs Meet New Urbanism. In: Berger, Alan und Joel Kotkin (Hg.): Infinite Suburbia, S. 674 – 679.

Garreau, Joel (1991): Edge Cities. Life on the New Frontier. New York u. a.

Gay, Cheri Y. (2001): Detroit Then and Now. San Diego.

GeekWire (▶ www.geekwire.com) (18.07.2023): Report Ranks Seattle No. 2 in Overall 'Tech Talent' even as Hiring Slows across Industry.

Gehl, Jan (2006): New City Spaces. Kopenhagen.

Gelinas, Nicole (2010): Big Easy Rising. Five Years after Katrina, New Orleans are Showing how to do Recovery Right. In: City 3, Online-Ausgabe, 8 S.

Gelinas, Nicole (2013): New York´s Sandy Scorecard. In: City 4, Online-Ausgabe, 7 S.

Genesee County Land Bank (2023): Genesee County Land Bank FY 2022 Annual Review, Flint.

Gerend, Jennifer (2012): U.S. and German Approaches to Regulating Retail Development: Urban Planning Tools and Local Policies. Diss., Würzburg.

Gerhard, Ulrike (2003): Washington, D.C. – Weltstadt oder globales Dorf. In: Geographische Rundschau 55 (1) S. 56–63.

Gerhard, Ulrike (2004): Global Cities. Anmerkungen zu einem Forschungsfeld. In: Geographische Rundschau 56 (4), S. 4–10.

Gerhard, Ulrike (2007): Global City Washington, D.C. Eine politische Stadtgeographie. Bielefeld.

Gerhard, Ulrike (2012): Reurbanisierung – städtische Aufwertungsprozesse in der Global City-Perspektive. In: Brake Klaus und Günter Herfert (Hg.): Reurbanisierung. Wiesbaden, S. 54–86.

Gerhard, Ulrike (2017): Reurbanisierung – mehr als ein neoliberaler Diskurs. In: Gamerith, Werner und Ulrike Gerhard (Hg.): Kulturgeographie USA. Eine Nation begreifen. Heidelberg, S. 145–152.

Gerhard, Ulrike und Ingo H. Warnke (2007): Stadt und Text. Interdisziplinäre Analyse symbolischer Strukturen einer nordamerikanischen Stadt. In: Geographische Rundschau 59 (7/8), S. 36–42.

Gibson, Michael (2020): America's Havana. Thousands Say Ciao to San Francisco. In: City Journal, Frühjahr, ▶ www.city-journal. com, 2 S.

Girault, C. (2003): Miami, Capital du Bassin Caraïbe? In: Mappemonde 72 (4), S. 29–36.

Glaeser, Edward (2009): Green Cities, Brown Suburbs. In: City Journal 4, Online-Ausgabe, 6 S.

Glaeser, Edward (2011a): Triumph of the City. Basingstoke u. Oxford.

Glaeser, Edward (o.J.): Review of Richard Florida's The Rise of the Creative Class. (▶ https://scholar.harvard.edu)

Glaeser, Edward u. David Cutler (2021): Survival of the City: Living and Thriving in an Age of Isolation. New York.

Glaeser, Edward und Jacob Vigdor (2012): The End of the Segregated Century: Racial Separation in America´s Neighborhoods, 1890–2010. Manhattan Institute (Hg.): Civic Report 66, New York.

Glock, Judge (2023): End of the Encampments? In: City Journal, Sommer, (▶ www.city-jounral.com), 3 S.

Gober, Patricia (1989): The Urbanization of the Suburbs, In: Urban Geography 10 (4), S. 311–315.

Gong, Hongmanu und Kevin Keenan (2012): The Impact of 9/11 on the Geography of Financial Services. In: The Professional Geographer 64 (3), S. 370–388.

Gotham, Kevin Fox (2000): Urban Space, Restrictive Covenants and the Origins of Racial Residential Segregation in a US City, 1900–1950. In: International Journal of Urban and Regional Research 24 (3), S. 617–633.

Gotham, Kevin Fox (2012): Disaster, Inc.: Privatization and Post-Katrina Rebuilding in New Orleans. In: Perspectives on Politics 10 (3), S. 633–646.

Gottdiener, Mark (2001): The Theming of America. American Dreams, Media Fantasies, and Themed Environments. Boulder.

Gottdiener, Mark et al. (1999): Las Vegas. The Social Production of an All-American City. Malden.

Gratz, Roberta B. und Norman Mintz (1998): Cities Back from the Edge: New Life for Downtown. New York.

Greater Miami Convention & Visitors Bureau (2023): Greater Miami and Miami Beach 2022 Visitor Industry Overview. Miami.

Grey, A. L. (1959): Los Angeles: Urban Prototype. In: Land Economics 35 (3), S. 232–242.

Grosfoguel, R. (1995): Global Logics in the Caribbean City System: the Case of Miami. In: Knox, Paul L. und Peter J. Taylor (Hg.): World Cities in a World System. Cambridge, S. 156–170.

Gruen, Viktor (1973): Das Überleben der Städte. Wege aus der Umweltkrise: Zentren als urbane Brennpunkte. Wien, München, Zürich.

Grünsteidel, Irmtraud und Rita Schneider-Sliwa (1999): Community Garden-Bewegung in New York. In: Geographische Rundschau 51 (4), S. 203–209.

Gyourko, Joseph et al. (2006): Superstar Cities. National Bureau of Economic Research Working Paper 12355. Cambridge, MA.

Hahn, Barbara (1992): Winterstädte. Planung für den Winter in kanadischen Großstädten. Beiträge zur Kanadistik 2. Augsburg.

Hahn, Barbara (1993): Stadterneuerung am Ufer des Ontario-Sees in Toronto. In: Die Erde 124, S. 237–252.

Hahn, Barbara (1996b): Die Privatisierung des Öffentlichen Raumes in nordamerikanischen Städten. In: Berliner Geographische Arbeiten 44, S. 259–269.

Hahn, Barbara (2001): Erlebniseinkauf und Urban Entertainment Centers. In: Geographische Rundschau 53 (1), S. 19–25.

Hahn, Barbara (2002): 50 Jahre Shopping Center in den USA. Evolution und Marktanpassung. Geographische Handelsforschung 7, Passau.

Hahn, Barbara (2003): Armut in New York. In: Geographische Rundschau 55 (10), S. 50–54.

Hahn, Barbara (2004): New York, Chicago, Los Angeles. Global Cities im Wettbewerb. In Geographische Rundschau 56 (4), S. 12–18.

Hahn, Barbara (2005a): Die USA: Vom Land der Puritaner zum Spielerparadies. In: Geographische Rundschau 57 (1), S. 22–29.

Hahn, Barbara (2005b): Die Zerstörung von New Orleans. Mehr als eine Naturkatastrophe. In: Geographische Rundschau 57 (11), S. 60–62.

Hahn, Barbara (2011): Miami: Gateway to the Americas. In: Geographische Rundschau 63 (10), S. 20–26.

Hahn, Barbara (2017a): Der Osten der USA. In: Geographische Rundschau 69 (11), S. 4–9.

Hahn, Barbara (2017b): Wohnungsimmobilien in New York City. In: Geographische Rundschau 69 (11), S. 36–43.

Hahn, Barbara (2017c): USA Regional: Die Galerien ziehen weiter – die New Yorker Kunstszene als Stadtentwickler. In: Gamerith, Werner und Ulrike Gerhard (Hg.): Kulturgeographie USA. Eine Nation begreifen. Heidelberg, S.187–191.

Halle, David (Hg.) (2003). New York & Los Angeles. Politics, Society and Culture. A Comparative View. Chicago.

Halle, David und Andrew A. Beveridge (2011): The Rise and the Decline of the L. A. and New York Schools. In: Judd, R. Dennis und Dick Simpson (Hg.): The City, Revisited. Urban Theory from Chicago, Los Angeles, and New York. Minneapolis, S. 137–168.

Hamilton County Planning and Development (2011): Community Revitalization Resulting from Stormwater Management Strategies. Indianapolis.

Hanchett, Thomas (1996): U.S. Tax Policy and the Shopping-Center Boom of the 1950 s and 1960 s. In: American Historical Review 10, S. 1083–1111.

Handelsblatt (► www.handelsblatt.com) (2011): Die Deutsche Bank verzockt sich in Las Vegas. 17. Oktober.

Hankins, Katherine B. (2009): Retail Concentration and Place Identity: Understanding Atlanta's Changing Retail Landscape. In: Sjoquist, David L. (Hg.): Past Trends and Future Prospects of the American City. The Dynamics of Atlanta. Lanham, S. 85–103.

Hanlon, Bernadette (2010): Once the American Dream. Inner-Ring Suburbs of the Metropolitan United States. Philadelphia.

Harden, Blaine (2004): Brain-Drain Städte in den USA. In: Oswalt, Philipp (Hg.): Schrumpfende Städte, Bd. 1, Ostfildern, S. 178–181.

Harris, Chauncy D. und Edward L. Ullman (1945): The Nature of Cities. Annals of the American Academy of Political and Social Sciences 242, S. 7–17.

Hartshorn, Truman A. (2009): Transportation Issues and Opportunities Facing the City of Atlanta. In: Sjoquist, David L. (Hg.): Past Trends and Future Prospects of the American City. The Dynamics of Atlanta. Lanham, S. 133–159.

Hartshorn, Truman A. und Peter O. Muller (1989): Suburban Downtowns and the Transformation of Metropolitan Atlanta's Business Landscape. In: Urban Geography 10 (4), S. 375–395.

Harvey, David (1996): Justice, Nature and the Geography of Difference. Oxford.

Harvey, David (2003): The Right to the City. In: New Left Review 53, S. 23–40.

Heineberg, Heinz (2006): Stadtgeographie. 3. Aufl., Paderborn u. a.

Helbrecht, Ilse (2005): Geographisches Kapital – das Fundament der kreativen Metropolis. In: Kujath, Hans-Joachim (Hg.): Knoten im Netz. Zur neuen Rolle der Metropolregionen in der Dienstleistungswirtschaft und Wissensökonomie. Reihe Stadt- und Regionalwissenschaften des IRS 4. Münster, Hamburg, London, S. 121–157.

Hendrix, Michael (2019): YIMBY, Please. Eager for Solutions to High Housing Costs, Pro-Development Advocates are Making their Presence Felt in American Cities. In: City Journal, Frühjahr (► www.city-journal.com), 2 S.

Hering, Chris und Manuel Lutz (2015): The Roots and Implications of the USA's Homeless Tent Cities. In: City 19 (5), S. 689–701.

Hickmann, Matt (2022): Brad Pitt's Make It Right Foundation Reaches $20.5 Million Settlement with Homeowners in New Orleans' Lower Ninth Ward. In: The Architects Newspaper 22.08.22.

Hill, Richard C. und Joe R. Feagin (1987): Detroit and Houston: Two Cities in Global Perspective. In: Smith, Michael P. und Joe R. Feagin (Hg.): The Capitalist City. London, S. 155–177.

Hirsch, Arnold R. (1983): New Orleans. Sunbelt in the Swamp. In: Bernard, Richard M. und Bradley R. Rice: Sunbelt Cities: Politics and Growth since World War II. Austin, S. 100–137.

Hise, Greg (2002): Industry and the Landscape of Social Reform. In: Dear, Michael J. (Hg.): From Chicago to L. A.: Making Sense of Urban Theory. Thousand Oaks, S. 95–130.

Holcomb, Briavel (1999): Marketing Cities for Tourists. In: Judd, Dennis R. und Susan S. Fainstein: The Tourist City. New Haven u. London, S. 54–70.

Holzner, Lutz (1992): Washington, D.C. – Hauptstadt einer Weltmacht und Spiegel einer Nation. In: Geographische Rundschau 44, S. 352–358.

Homberger, Eric (1995): The Historical Atlas of New York City. New York.

Howland, Daphne (2024): The Former Westfield San Francisco Centre Rebranding to 'Emporium'. In: Retail Dive, 4. März.

Hoyle at al. (1988): Revitalising the Waterfront. International Dimensions of Dockland Redevelopment. London, New York.

Hoyt, Homer (1933): One Hundred Years of Land Values in Chicago: The Relationship of the Growth of Chicago to the Rise of its Land Values, 1830–1933. Chicago.

Hoyt, Homer (1939): The Structure and Growth of Residential Neighborhoods in American Cities. Washington, D.C.

► https://usafacts.org: USAFactsInstitute

► https://beltline.org: Atlanta Beltline

► https://buildingdetroit.org: Detroit Land Bank Authority

► https://downtowndetroit.org: Downtown Detroit Partnership

► https://downtownnola.com: New Orleans Downtown Development District

► https://hurricane.lsu.edu: Hurricane Information Center

► https://nextdoor.com: Nextdoor

► https://nyccharterschools.org: Charter School

► https://onewallstreet.com: One Wall Street

► https://poncecitymarket.com: Ponce City Market

► https://skyscraperpage.com: Skyscraper Source Media

► https://techtowndetroit.org: TechTown Detroit

► https://usabynumbers.com: USA by Numbers:

► https://waterfrontseattle.org: Waterfront Seattle

Hudnut III, William H. (2003): Halfway to Everywhere. A Portrait of America's First-Tier Suburbs. Washington, D.C.

Huffington Post (2012): Broderick Tower Renovation: Detroit Landmark Shows Off Swank Apartments. 5. April.

Husock, Howard (2009): Jane Jacobs's Legacy. In: City Journal, Juli, (▶ www.city-jounral.com, 4 S.

Husock, Howard (2022): What Is the Future of Public Housing in America's Cities? American Enterprise Institute, 29.07.2022.

ICSC (International Council of Shopping Centers): Datenbank Shopping Center. New York (wird laufed aktualisiert).

Jackson, Kenneth T. (1985): Crabgrass Frontier. The Suburbanization of the United States. New York.

Jackson, Kenneth T. (1995): The Encyclopedia of New York. Yale.

Jacobs, Jane (1961): The Death and Life of Great American Cities. New York.

Jaret, Charles et al. (2009): Atlanta's Future: Convergence or Divergence with Other Cities. In: Sjoquist, David L. (Hg.): Past Trends and Future Prospects of the American City. The Dynamics of Atlanta. Lanham, S. 13–47.

Jayne, Mark (2006): Cities and Consumption. London. Milton Park.

Joint Center for Housing Studies of Harvard University (2023): Housing America's Older Adults 2023. Cambridge, MA.

Judd, Dennis R. (2011): Theorizing the City. In: Judd, R. Dennis und Dick Simpson (Hg.): The City, Revisited. Urban Theory from Chicago, Los Angeles, and New York. Minneapolis, S. 3–20.

Kasarda, John D. und Greg Lindsay (2011): Aerotropolis. The Way we Live Next. New York.

Katz, Bruce (2009): Seattle's Opportunity Emerging from the Great Recession. In: The Seattle Times, 12. Okt.

Katz, Bruce und David Jackson (2005): The Great City (Seattle). In: The Seattle Times, 30. Jan.

Katz, Bruce und Jennifer Bradley (1999): Divided we Sprawl. In: The Atlantic 12, Online-Ausgabe, 6 S.

Kavage, Sarah (2004): Today's Company Town: Seattle's Boeing Fixation. In: The Next American City 4, S. 36–39 u. 47.

Kayden, Jerold (2000): Privately Owned Public Space: The New York City Experience. New York.

Keil, Roger (2011): Global Cities: Connectivity, Vulnerability, and Resilience. In: Hahn, Barbara und Meike Zwingenberger: Global Cities – Metropolitan Cultures. Publikationen der Bayerischen Amerika-Akademie 11, Heidelberg, S. 41–63.

Keller, Judith (2022): How Brad Pitt's Green Housing Dream for Hurricane Katrina Survivors Turned into a Nightmare. The Conversation, 31. Januar.

Kelling, George L. und James Q. Wilson (1982): Broken Windows. The Police and Neighborhood Safety. In: The Atlantic 3, Online-Ausgabe, 11 S.

Kennedy, Lawrence W. (1992): Planning the City upon the Hill. Boston since 1630. Amherst.

Keys et al. (2007): The Spatial Structure of Land Use from 1970–2000 in the Phoenix, Arizona, Metropolitan Area. In: The Professional Geographer 59 (1), S. 131–147.

Kirk, P. Annie (2009): Naturally Occurring Retirement Communities. Thriving through Creative Retrofitting. In: Abbott, Pauline, S. et al. (Hg): Re-Creating Neighborhoods for Successful Aging. Baltimore, S. 115–143.

Kneebone, Elizabeth und Emily Carr (2010): The Suburbanization of Poverty: Trends in Metropolitan America, 2000 to 2008. Brookings Institution: Metropolitan Policy Program, Washington, D.C.

Knox, Paul L. (2005): Vulgaria: The Re-enchantment of Suburbia. In: Opolis 1 (2), S. 33–46.

Knox, Paul L. und Linda M. McCarthy (2012): Urbanization: An Introduction to Urban Geography. 3. Aufl., Glenview.

Kolb, Carolyn (2006): Crescent City, Post-Apocalypse. In: Technology and Culture 47 (1), S. 108–111.

Konig, Michael (1982): Phoenix in the 1950 s, Urban Growth in the Sunbelt. In: Journal of the Southwest 24 (1), S. 19–38.

Kotkin, Joel (2001): Older Suburbs: Crabgrass Slums or New Urban Frontier? Policy Study 285. Los Angeles.

Kotkin, Joel (2011): The Next Boom Towns in the U.S. ▶ www.newgeography.com, 6.7.2012

Kotkin, Joel (2017): Suburbia as a Class Issue. In: Alan Berger, Joel Kotkin (Hg.): Infinite Suburbia. Hudson, S. 57–64.

Kotkin, Joel (2019): After Amazon: What Happened in New York isn't just about New York, ▶ www.newgeography.com, 09.05.2019, 1 S.

Kotkin, Joel (14.12.2022): How New York Can Survive. ▶ www.newgeography.com, 2 S.

Kotkin, Joel (07.08.2022a): Why Suburbia will Decide the Future. ▶ www.newgeography.com, 2 S.

Kotkin, Joel (22.02.2022c): Exurbia Rising, ▶ www.newgeography.com, 22.02.2022, 2 S.

Kotkin, Joel (27.03.2022b): The Biggest Cities are Past their Prime, ▶ www.newgeography.com, 1 S.

Kotkin, Joel (21.09.2022d): San Francisco loses another 39,000 taxpayers. ▶ www.newgeography.com, 1. S.

Kotkin, Joel (2023): Kill Off the Old City so New Cities Can be Born, ▶ www.newgeography.com; 07. 07.2023, 2 S.

Kotkin, Joel und Fred Siegel (2000): Digital Geography: The Remaking of City and Countryside in the New Economy. Indianapolis.

Kotkin, Joel und Fred Siegel (2004): Too Much Froth: The Latte Quotient is a Bad Strategy for Building Middle Class Cities. In: Siegel, Fred und Harry Siegel (Hg.): Urban Society, New York, S. 56–57.

Kowinski, William S. (1985): The Malling of America. New York.

Kromer, John (2010): Fixing Broken Cities. The Implementation of Urban Development Strategies. New York.

Kujath, Hans-Joachim (2005): Die neue Rolle der Metropolregionen in der Wissensökonomie. In: Kujath, Hans-Joachim (Hg.): Knoten im Netz. Zur Neuen Rolle der Metropolregionen in der Dienstleistungswirtschaft und Wissensökonomie. Reihe Stadt- und Regionalwissenschaften des IRS 4, Münster, Hamburg, London, S. 23–63.

Laaser, Claus-Friedrich und Rüdiger Soltwedel (2005): Raumstrukturen der New Economy – Tod der Distanz? Niedergang der Stadt? In: Kujath, Hans-Joachim (Hg.): Knoten im Netz. Zur Neuen Rolle der Metropolregionen in der Dienstleistungswirtschaft und Wissensökonomie. Reihe Stadt- und Regionalwissenschaften des IRS 4, Münster, Hamburg, London, S. 65–107.

Lacey, Robert (1987): Ford. Eine amerikanische Dynastie. Düsseldorf, Wien, New York.

Lai, Clement (2012): The Racial Triangulation of Space: The Case of Urban Renewal in San Francisco's Fillmore District. In: Annals of the Association of American Geographers 102 (1), S. 151–170.

Lamster, Mark (2011): Castles in the Air. In: Scientific American 9, S. 76–83.

Lang, Robert E. (2003): Edgeless Cities: Exploring the Elusive Metropolis. Washington, D.C.

Lang, Robert E. et al. (2009): Beyond Edge City: Office Geography in the New Metropolis. In: Urban Geography 30 (7), S. 726–755.

Larson, George A. und Jay Pridmore (1993): Chicago Architecture and Design. New York.

Las Vegas Convention and Visitors Authority (2024): Executive Summary of Southern Nevada Tourism Indicators. Year End Summary for 2023. Las Vegas.

Las Vegas Review-Journal (▶ www.reviewjournal) (28.12.2019): 2020 to be a Banner Year for Las Vegas Hotel Expansion.

Las Vegas Review-Journal (▶ www.reviewjournal.com) (13.02.2024): Touchdown! Super Bowl Brings Big Economic Victory to Las Vegas.

Las Vegas Review-Journal (▶ www.reviewjournal.com) (28.03.2024): Tentative Tropicana Demolition Date Set.

Las Vegas Review-Journal (▶ www.reviewjournal.com) (29.03.2024): When Will the Strip See Another New Hotel-Casino?

Lees, Loretta (2003): Super-Gentrification: The Case of Brooklyn Heights, New York City. In: Urban Geography 40 (12), S. 487–509.

Lees, Loretta (2008): Gentrification and Social Mixing: Towards an Inclusive Urban Renaissance. In: Urban Studies 45 (12), S. 2944–2470.

Lees, Loretta et al. (2008): Gentrification. New York, London.

Lehman, Charles (2023): This Is Your City on Fentanyl. In: City Journal, Sommer, (► www.city-journal.com), 23 S.

Leinberger, Christopher B. und Charles Lockwood (1986): How Business is Reshaping America. In: Atlantic Monthly 258 (10), S. 43–52.

Leiper, Neil (1989): Tourism and Gambling. In: GeoJournal 19 (3), S. 269–275.

Leitner, Helga et al. (2007). Contesting Urban Futures. Decentering Neoliberalism. In: Leitner, Helga (Hg.): Contesting Neoliberalism: Urban Frontiers. New York, S. 1–25.

Levine, Mark (2022): A Blueprint for Tackling the E-Commerce Delivery Challenge. New York City.

Lewis, Kenneth und Nicholas Holt (2011): One World Trade Center. In: CTBUH Journal 3, S. 14–19.

Lexington, Herald Leader (2013): Born Again: Southland Services Beginning at Old Lexington Mall. 4. Januar.(wo gefunden ?)

Li, Wei (2009): Ethnoburb: The New Ethnic Community in Urban America. Honolulu.

Lichtenberger, Elisabeth (1999). Die Privatisierung des öffentlichen Raumes in den USA. In: Weber, Gerlind (Hg.): Raummuster – Planerstoff. Festschrift für Fritz Kastner zum 85. Geburtstag. Institut für Raumplanung und ländliche Neuordnung der BOKU. Wien, S. 29–39.

Lind, Diana (2009): A Battle for Public Space. In: The Next American City 22 (Spring), S. 24–25.

Logan, John R. und Brian J. Stults (2022): Metropolitan Segregation: No Breakthrough in Sight. U.S. Census Bureau, Center for Economic Studies, CES Working Paper 22–14, Washington, D.C.

Lopez del Rio, Karla (2023): Report: How Will California Solve the Housing Crisis?, ► www.newgeography.com, 11.08.23, 2 S.

Low, Setha M. (2010): The Edge and the Center. Gated Communities and the Discourse of Urban Fear. In: Gmelch, George et al. (Hg.): Urban Life: Readings in the Anthropology of the City. Long Grove, Ill., S. 131–143.

Lucy, William und David L. Phillips (2000): Confronting Suburban Decline: Strategic Planning for Metropolitan Renewal. Washington, D.C.

Lunday, Elizabeth (2009): Shrinking Cities U.S.A. In: Urban Land, Nov./Dec., S. 68–71.

Lynn, David und Tim Wang (2008): The U.S. Housing Opportunity: Investment Strategies. In. Real Estate Issues 33 (2), S. 33–51.

Lyons, Heather (2011): Responding to Hard Times in the "Big Easy": Meeting the Vocational Needs of Low-Income African American New Orleans Residents. In: The Career Development Quarterly 59 (4), S. 290–301.

MacDonald, Elizabeth (2018): Urban Waterfront Promenade. New York, London.

Madden, David (2010): Revisiting the End of Public Space: Assembling the Public in an Urban Park. In: City Community 9 (2), S. 187–207.

Mail Online (2023): Retail Apocalypse! The Full List of Brick-and-Mortar Store Closures across America. 29.April.

Malanga, Steven (2004): The Curse of the Creative Class. In: City Journal 4, (► www.city-journal.com), 8 S.

Malanga, Steven (2010): The Next Wave of Urban Reform. In: City Journal 3, (► www.city-journal.com), 9 S.

Malanga, Steven (2021): Just Say No to Parks?! Urban Recreation Areas are Reenergizing Neighborhoods, but Activists Increasingly Fear "Green Gentrification.": City Journal, Winter, (► www.city-journal.com), 4 S.

Manzi, Tony und Bill Smith-Bowers (2006): Gated Communities as Club Goods: Segregation or Social Cohesion? In: Atkinson, Rowland und Sarah Blandy (Hg.): Gated Communities. London, New York, S. 153–166.

Marquardt, Nadine und Henning Füller (2008): Die Sicherstellung von Urbanität. Ambivalente Effekte von BIDs auf soziale Kontrolle in Los Angeles. In: Pütz, Robert (Hg.): Business Improvement Districts. Ein neues Governance-Modell aus Perspektive von Praxis und Stadtforschung. Geographische Handelsforschung 14, Passau, S. 119–136.

Mayer, Harold M. und Richard C. Wade (1969): Chicago. Growth of a Metropolis. Chicago.

McDonald, Heather (2019): San Francisco, Hostage to the Homeless Failure to Enforce Basic Standards of Public Behavior has Made one of America's Great Cities Increasingly Unlivable. In: City Journal, Herbst, (► www.city-journal.com), 4 S.

McDonald, John F. (2007): Rebuilding New Orleans: Editor´s Introduction. In: Journal of Real Estate Literature. 15 (2), S. 199–212.

McKelvey, Blake (1968): The Emergence of Metropolitan America 1915–1966. New Brunswick.

McKenzie, Evan (1994): Privatopia. Homeowner Associations and the Rise of Residential Private Government. New Haven, London.

Menza, Kaitlin (2019): Where Did Brad Pitt's Make it Right Foundation Go Wrong? Architectural Digest Magazine 19. Januar.

Meyer, Christiane und Christian Muschwitz (2008): Detroit. The Motor City´s Decline and its Revitalization. In: Geographische Rundschau. International Edition 4 (2), S. 30–34.

Miller, Bradford (2002): Digging up Boston: The Big Dig Builds on Centuries of Geological Engineering. In: Geotimes 10, Online-Ausgabe, 6 S.

Miller, Donald F. (1996): City of the Century. The Epic of Chicago and the Making of America. New York.

Mitchell, Don (2003): The Right to the City: Social Justice and the Fight for Public Space. New York.

Moen, Ole O. (2004): Mobilitätsdrang in Amerika. In: Oswalt, Philipp (Hg.): Schrumpfende Städte, Bd. 1, Ostfildern, S. 198–205.

Mohl, Raymond (1983): Miami. The Ethnic Couldron. In: Bernard, Richard M. u. Bradley R. Rice (Hg.): Sunbelt Cities: Politics and Growth Since World War II. Austin, S. 58–99.

Mollenkopf, John Hull (2011): School is Out. The Case of New York City. In: Judd, R. Dennis und Dick Simpson (Hg.): The City, Revisited. Urban Theory from Chicago, Los Angeles, and New York. Minneapolis, S. 169–185.

Morris, Jane (2023): How New York Took Over the Art World. Appollo 27. April.

Moses, Robert (1962): Are Cities Dead? In: The Atlantic 1, Online-Ausgabe, 5 S.

Muller, Edward K. (2010): Building American Cityspaces. In: Conzen, Michael (Hg.): The Making of the American Landscape, New York u. London, 2. Aufl., S. 303–328.

Myers, Dowell (2002): Demographic Dynamism in Los Angeles, Chicago, New York, and Washington, D.C. In: Dear, Michael J. (Hg.): From Chicago to L. A.: Making Sense of Urban Theory. Thousand Oaks, S. 17–53.

Nelson, Peter (2022): Federal Data Shows Twin Cities Light Rail Is the Most Dangerous in America, ► www.newgeography.com, 24.11.2022, 1 S.

Neue Zürcher Zeitung (► www.nzz.ch) (30.04.2021): Amazon wächst dank Online-Shopping und Cloud-Computing.

Neue Zürcher Zeitung (► www.nzz.ch) (26.09.2023): The Misery in the Underground of America's Glitzy Metropolis.

New Orleans & Company (2022): Pressemitteilung: New Orleans Breaks Tourism Records for Visitation and Visitor Spending in 2016. 1. November.

New York City, Department of City Planning (2013): Zoning Glossary. New York City.

New York City, Department of Planning (2020): NYC Hotel Market Analysis Existing Conditions and 15-Year Outlook. New York City.

Newman, Harvey K. (1999): Southern Hospitality: Tourism and the Growth of Atlanta. Tuscaloosa.

Newman, Peter und Andy Thornley (2005): Planning World Cities. Globalization and Urban Politics. London.

Newsweek (▶ www.newsweek.com) (16.01.2023): What Will Happen to Las Vegas if Lake Mead Water Level Gets Too Low?

New York Times (▶ www.nytimes.com) (02.07.1981): Obituary. Robert Moses, Master Builder, is dead at 92.

New York Times (▶ www.nytimes.com) (26.12.2006): In New Orleans, Ex-Tenants Fight for Projects.

New York Times (▶ www.nytimes.com) (30.11.2009): Speculation over Rift between Dubai World and Abu Dhabi.

New York Times (▶ www.nytimes.com) (14.04.2011): This Lady Liberty is a Las Vegas Teenager.

New York Times (▶ www.nytimes.com) (04.11.2012): Bonuses on Wall St. Expected to Edge up.

New York Times (▶ www.nytimes.com) (11.07.2012): Must Haves for the Micro-Pad.

New York Times (▶ www.nytimes.com) (21.09.2012): Shrink to Fit. Living Large in Tiny Spaces.

New York Times (▶ www.nytimes.com) (29.03.2012): The Gated Community Mentality.

New York Times (▶ www.nytimes.com) (05.11.2013): De Blasio is Elected New York City Mayor in Landslide.

New York Times (▶ www.nytimes.com) (28.06.2016): A Sea of Charter Schools in Detroit Leaves Students Adrift.

New York Times (▶ www.nytimes.com) (22.11.2018: What Amazon Means for Long Island City.

New York Times (▶ www.nytimes.com) (15.05.2020): The Richest Neighborhoods Emptied Out Most as Coronavirus Hit New York City.

New York Times (▶ www.nytimes.com) (21.11.2021): What Kind of Mayor Might Eric Adams Be? No One Seems to Know.

New York Times (▶ www.nytimes.com) (03.05.2022): Cuban Migrants Arrive to U.S. in Record Numbers, on Foot, not by Boat.

New York Times (▶ www.nytimes.com) (21.07.2023): New Yorkers Got Broken Promises Developers Got 20 Million sq.ft.

New York Times (▶ www.nytimes.com) (07.08.2023): Some Urban Oases are Closed to the Public.

New York Times (▶ www.nytimes.com) (05.09.2023): New York City´s Crackdown on Airbnb is Starting. Here´s what to Expect.

New York Times (▶ www.nytimes.com) (19.09.2023): Why Los Angeles has Avoided the Migrant Crisis Hitting New York.

New York Times (▶ www.nytimes.com) (06.10.2023): As Winter Looms, Venezuelan Migrant Surge Overwhelms Chicago.

New York Times (▶ www.nytimes.com) (29.10.2023): The City that Never Sleeps…or Shops in Person.

New York Times (▶ www.nytimes.com) (17.11.2023): The N.Y.C. Neighborhood where Families are Filling up Empty Offices.

New York Times (▶ www.nytimes.com) (06.12.2023): What to Know about the Migrant Crisis in New York City.

New York Times (▶ www.nytimes.com) (23.01.2024): How Did a Boeing Jet End Up With a Big Hole?

New York Times (▶ www.nytimes) (14.03.2024): New York´s City Population Shrinks by 78.000, According to Census Data.

New York Times (▶ www.nytimes.com) (15.03.2024): New York City to Impose Stricter Limits on Migrant Adults in Shelters.

New York Times (▶ www.nytimes.com) (27.03.2024): New York Takes Crucial Step Toward Making Congestion Pricing a Reality.

New York Times (▶ www.nytimes.com) (25.05.2024): Why N.Y.C. Hotel Rooms are so Expensive?

New York Times (▶ www.nytimes.com) (03.06.2024): Ford Rescues a Detroit Train Station as it Plots its Own Future.

New York Times (▶ www.nytimes.com) (09.06.2024): How Governor Hochul Decided to Kill Congestion Pricing in New York.

New York Times (▶ www.nytimes.com) (30.06.25): The High Line Opened 15 Years Ago. What Lessons Has it Taught Us?

Nijman, Jan (1997): Globalization to a Latin Beat: The Miami Growth Machine. In: The Annals of the American Academy 551, S. 164–177.

Nijman, Jan (2000): The Paradigmatic City. In: Annals of the Association of American Geographers, 90 (1), S. 135–145.

Nijman, Jan (2007): Place-Particularity and "Deep Analogies": A Comparative Essay on Miami´s Rise as a World City. In: Urban Geography 28 (1), S. 92–107.

NYC Landmarks Preservation Commission: Fifty Years in der Greenwich Village Historic District. New York 2019.

NYC Parks (▶ www.nycgovparks.org) (2023): History of the Community Gardening. New York.

Onboard Media (2002): New York-New York Hotel and Casino: The Greatest City in Las Vegas. Las Vegas.

Oregon Metro (2018): Urban Growth Report. 2018 Growth Management Decision. Portland.

Osman, Suleiman (2011): The Invention of Brownstone Brooklyn: Gentrification and the Search for Authenticity in Postwar New York. Oxford.

OToole, Randall (2021): $85 Billion for Empty Buses and Railcars, ▶ www.newgeography.com, 26.05.2021, 2 S.

OToole, Rendall (2023a): Bandon Is Urban After All. In: The Antiplanner, 31 Januar.

OToole, Rendall (2023b): How not to Revitalize Downtown, ▶ www.newgeography.com, 02.Mai, 1 S.

OToole, Randall (2023c): Gen Z Moving out of Cities, ▶ www.newgeography.com, 06. Juli, 1 S.

OToole, Randall (2023d): Transit Carries 66.6% of 2019 Riders in September, ▶ www.newgeography.com, 06.Dezember, 2 S.

Ott, Thomas (2001): Cascadia: Zukunftswerkstatt oder verlorenes Paradies? In: Geographische Rundschau 53 (19), S. 4–11.

Owen, David (2009): Green Metropolis: Why Living Smaller, Living Closer, and Driving Less are the Keys to Sustainability. New York.

Owens, Ann (2020): Unequal Opportunity: School and Neighborhood Segregation in the USA. In: Race and Social Problems 12, S. 29–4.

Palmer Woods Association (2011): History of Palmer Woods. (▶ www.palmerwoods.org)

Park, Robert E. et al. (1925): The City: Suggestions for Investigation of Human Behavior in the Urban Environment. Chicago (reprint 1967).

Peck, Jamie und Adam Tickell (2007): Conceptionalizing Neoliberalism, Thinking Thatcherism. In: Leitner, Helga et al. (Hg.): Contesting Neoliberalism: Urban Frontiers. New York, S. 26–50.

Perez, L. (1986): Cubans in the United States. In: The Annals of the American Academy of Political and Social Sciences 487, S. 126–137.

Piiparinen, Richey (2013): The Psychology of the Creative Class. ▶ www.newgeography.com, 12.3.2013.

Plensa, Jaume (2008): The Crown Fountain. Ostfildern.

Plitt, Amy (2019): Hudson Yards Opening: Timeline of the Megaproject's Major Moments. Curbed, 13. März.

Plunz, Richard (1996): Detroit is Everywhere. In: Architecture Magazine 85, Heft 4, S. 55–61.

Plyer, Allison (2011): Population Loss and Vacant Housing in New Orleans Neighborhoods. Greater Community Data Center. New Orleans.

Politico (▶ www.politico.com) (2023): Record-Breaking Numbers of Cuban Migrants Entered the U.S. in 2022–23. 24. Oktober.

Port Miami (2023): Port Miami. Global Gateway. 2022–2023 Directory. Miami.

Portes, Alejandro u. Ariel C. Armary (2018): The Global Edge: Miami in the Twenty-First Century. Miami.

Portes, Alejoandro und Alex Stepick III (1993): City on the Edge: The Transformation of Miami. Berkeley.

Postrel, Virginia (2007a): Lofty Ambitions. In: The Atlantic 4, Online-Ausgabe, 3 S.

Postrel, Virginia (2007b): A Tale of Two Homes. In: The Atlantic 11, Online-Ausgabe, 4 S.

Pouder, Richard W. und J. Dana Clark (2009): Formulating Strategic Direction for a Gated Residential Community. In: Property Management 27 (4), S. 216–227.

Pries, Martin (2001): Wiederentdeckung der Downtown New York/Lower Manhattan. In: Geographische Rundschau 53 (1), S. 26–32.

Pries, Martin (2002): New York und die Ereignisse des 11. September 2001. In: Geographische Rundschau 54 (11), S. 61–64.

Pries, Martin (2005): New York City und der 11. September – drei Jahre danach. In: Geographische Rundschau 57 (1), S. 4–12.

Pries, Martin (2009): Waterfront im Wandel: Baltimore und New York. Mitteilungen der Geographischen Gesellschaft Hamburg 100. Hamburg.

Prison Policy Initiative (2023): Where People in Prison Come from: The Geography of Mass Incarceration in Louisiana. Northampton, MA.

Przybylinski, Stephen und Don Mitchell (2022): Zeltstädte: Leben (statt sterben) an der Grenze zum Kapital. In: Talesnik, Daniel und Andres Lepik. Who's Next? Obdachlosigkeit, Architektur und die Stadt. München, S. 42–47.

Puget Sound Regional Council (2021): Regional Economic Strategy. Seattle.

Puget Sound Regional Council (2023): Regional Population Trends. Seattle 2023.

Pütz, Robert (2008): Business Improvement Districts als Modell subkommunaler Governance: Internationalisierungsprozesse und Forschungsfragen. In: Pütz, Robert (Hg.): Business Improvement Districts. Ein neues Governance-Modell aus Perspektive von Praxis und Stadtforschung. Geographische Handelsforschung 14, Passau, S. 7–20.

Rand McNally (1998): Chicago and Vicinity. Chicago.

Ratcliffe, Michael, Burd Charlynn, Kelly Holder und Alison Fields (2016): Defining Rural at the U.S. Census Bureau. Washington, D. C.Raeithel, Gert (1995): Geschichte der nordamerikanischen Kultur. 3 Bde., Frankfurt am Main.

Ratti, Carlo und Anthony Townsend (2011): Smarter Cities, The Social Nexus. In: Scientific American 9, S. 42–48.

Reese Laura A., Jeanette Eckert, Gary Sands und Igor Vojnovic (2017): "It's Safe to Come, we've Got Lattes": Development Disparities in Detroit. In: Cities 60, S. 367-377.

Renn, Aaron (2009): Detroit: Urban Laboratory and the new American Frontier. ► www.new geography.com, 11.4.2009.

Rice, Bradley (1983): Atlanta. If Dixie were Atlanta. In: Bernard, Richard M. und Bradley R. Rice (Hg.): Sunbelt Cities: Politics and Growth Since World War II. Austin, S. 31–57.

Ritzer, George (2003): Islands of the Living Dead: The Social Geography of McDonaldization. In: American Behavioral Scientist 47 (2), S. 119–136.

Ritzer, George und Todd Stillman (2004): The Modern Las Vegas Casino-Hotel: The Paradigmatic New Means of Consumption. In: M@n@gement 4 (3), S. 83–99.

Roman, James (2010): Chronicles of Old New York. Exploring Manhattan's Landmark Neighborhoods. New York.

Ross, Bob und Don Mitchell (2004): Neoliberal Landscapes of Deception. Detroit, Ford Field, and The Ford Motor Company. In: Urban Geography 25 (7), S. 685–690.

Ross, Glenwood et al. (2009): Tracking the Economy of the City of Atlanta: Past Trends and Future Prospects. In: Sjoquist, David L. (Hg.): Past Trends and Future Prospects of the American City. The Dynamics of Atlanta. Lanham, S. 51–83.

Rothe, Eugenio M. und Andrés J. Pumariega (2008): The New Face of Cubans in the United States: Cultural Process and Generational Change in an Exile Community. In: Journal of Immigrant & Refugees Studies, Vol. 6 (2), S. 247–266.

Rothman, Hal (2002): Neon Metropolis. New York.

Rothman, Hal und Mike Davis (2002): The Grit beneath the Glitter. Berkeley u. Los Angeles.

Rothstein, Richard (2012): Racial Segregation Continues, and even Intensifies: Manhattan Institute Report Heralding the "End" of Segregation Uses a Measure that Masks Important Demographic and Economic Trends. University of California, Economic Policy Institute, Berkeley.

Rudel, Thomas K. et al. (2009): From Middle to Upper Class Sprawl? Land Use Control and Changing Patterns of Real Estate Development in Northern New Jersey. In: Annals of the Association of American Geographers 101 (3), S. 609–624.

Ruesga, Candida (2000): The Great Wall of Phoenix? Urban Growth Boundaries and Arizona's Affordable Housing Market. In: Arizona State Law Journal 32, S. 1063–1085.

Rushton, Michael (2009): The Creative Class and Economic Growth in Atlanta. In: Sjoquist, David L. (Hg.): Past Trends and Future Prospects of the American City. The Dynamics of Atlanta. Lanham, S. 163–180.

Rybczynski, Witold (1996): City Life. New York.

Saldern, Adelheid von (2014): Wolkenkratzer, Medien-Öffentlichkeiten und Amerikanismus im frühen 20. Jahrhundert. In: Informationen zur modernen Stadtgeschichte 2, S.109-125.

San Jose Spotlight (► https://sanjosespotlight.com) (2022): Silicon Valley Transit Agency's Future May be Falling off the Rails. 23. Februar.

Sanphilippo, John 2022): Friends of the Urban Forest, ► www.newgeography.com, 25.11.2022, 5 S.

Sassen, Saskia (1993): Global City: Internationale Verflechtungen und ihre innerstädtischen Effekte. In: Häußermann, Hartmut und Werner Siebel (Hg.): New York. Strukturen einer Metropole. Frankfurt am Main, S. 71–90.

Sassen, Saskia (1994). Cities in a World Economy. Thousand Oaks.

Sassen, Saskia (2002): Global Networks. Linked Cities. New York.

Sassen, Saskia und Frank Roost (1999): The City. Strategic Site for the Global Entertainment Industry. In: Judd, Dennis R. und Susan S. Fainstein (Hg.): The Tourist City. New Haven u. London, S. 54–70.

Schemionek, Christoph (2005): New Urbanism in US-amerikanischen Städten. Ein effektives Planungskonzept gegen Urban Sprawl. Diss., Würzburg.

Scherr, Albert und Rebecca Hofmann (2024): Sanctuary Cities–Zufluchts-Städte. Handbuch lokale Integrationspolitik. Wiesbaden, S. 1–18.

Schmid, Heiko (2009): Economy of Fascination. Dubai and Las Vegas as Themed Urban Landscapes. Urbanization of the Earth 11, Berlin u. Stuttgart.

Schmidt, Suntje (2005): Metropolregionen als Hubs globaler Kommunikation und Mobilität in einer wissensbasierten Wirtschaft? In: Kujath, Hans-Joachim (Hg.): Knoten im Netz. Zur neuen Rolle der Metropolregionen in der Dienstleistungswirtschaft und Wissensökonomie. Reihe Stadt- und Regionalwissenschaften des IRS 4, Münster, Hamburg, London, S. 285–320.

Schneider-Sliwa, Rita (1999): Nordamerikanische Innenstädte der Gegenwart. In: Geographische Rundschau 51 (1), S. 44–51.

Schneider-Sliwa, Rita (2005): USA. Geographie, Geschichte, Wirtschaft, Politik. Darmstadt.

Schoenfeld, Bruce (2009): The Empty Arena. If you Built it, they might not Come. In: The Atlantic 5, Online-Ausgabe, 2 S.

Schulz, Max (2008): California's Potemkin Environmentalism. In: City Journal 2, (► www.city-journal.com), 7 S.

Schwartz, Scott W. (2022): Nekrology: The End of the Future at the Hudson Yards. In: Antipode 54 (5), S. 1650–1665.

Schwarz, Benjamin (2010). Gentrification and its Discontents. In: The Atlantic 6, Online-Ausgabe, 5 S.

Scientific American`s Board of Editors (2001): In Fairness of Cities. The U.S. needs to Level the Playing Field between City, Suburb and Countryside. In: Scientific American 11, S. 14.

Scoditti, Massimo (2022): Hudson Yards: Hybrid Capital's New Home. CUNY Academic Works. New York City.

Scott, Allan J. (2002): Industrial Urbanism in Late-Twentieth-Century Southern California. In: Dear, Michael J. (Hg.): From Chicago to L. A.: Making Sense of Urban Theory. Thousand Oaks, S. 163–179.

Short, John R. (2007): Liquid City. Megalopolis and the Contemporary Northeast. Washington, D.C.

Simpson, Dick und Tom Kelly (2011): The New Chicago School of Urbanism and the New Daley Machine. In: Judd, R. Dennis und Dick Simpson (Hg.): The City, Revisited. Urban Theory from Chicago, Los Angeles, and New York. Minneapolis, S. 205–219.

Sinclair, J. (2003): "The Hollywood of Latin America": Miami as Regional Center in Television Trade. In: Television & New Media 4 (3), S. 211–229.

Sjoquist, David L. (2009): Past Trends and Future Prospects of the American City. The Dynamics of Atlanta. Lanham.

Smith, Neil (1982): Gentrification and Uneven Development. In: Economic Geography 58 (2), S. 139–155.

Smith, Neil (1986): Gentrification, the Frontier, and the Restructuring of Urban Space. In: Smith, Neil und Peter Williams (Hg.): Gentrification and the City. London, S. 15–34.

Smith, Neil (2006): Gentrification Generalized: From Local Anomaly to Urban "Regeneration" as a Global Urban Strategy. In: Fisher, Melissa und Greg Downey (Hg.): Frontiers of Urban Capital. Ethnographic Reflections on the New Economy. Duke, S. 191–208.

Smith, Neil (2010): After Tomkins Square Park. Degentrification and the Revanchist City. In: Bridge, Gary und Sophie Watson (Hg.): The Blackwell City Reader. 2. Aufl., Malden MA u. Oxford, UK, S. 201–210.

Smith, Neil und Peter Williams (1986): Alternatives to Orthodoxy: Invitation to a Debate. In: Smith, Neil und Peter Williams (Hg.): Gentrification of the City. New York, 3. Aufl. 2007.

Sohmer, Rebecca R. und Robert E. Lang (2003): Downtown Rebound. In: Katz, Bruce und Robert E. Lang (Hg.): Redefining Urban and Suburban America. Evidence from Census 2000. Washington, D.C., S. 63–74.

Soja, Edward W. (1992): Inside Exopolis: Scenes from Orange County. In: Sorkin, Michael: Variations of a Theme Park: The New American City and the End of Public Space. New York, S. 94–122.

Soja, Edward W. (1996): Thirdspace: Journeys to Los Angeles and Other Real and Imagined Places. Oxford.

Sokolovsky, Jay (2010): Civic Ecology, Urban Elders, and the New York City's Community Garden Movement. In: Gmelch, George et al. (Hg.): Urban Life: Readings in the Anthropology of the City. Long Grove, Ill., S. 243–255.

Sorkin, Michael (1992): Variations of a Theme Park: The New American City and the End of Public Space. New York.

Sorkin, Michael (2009): Twenty Minutes in Manhattan. New York.

Souther, Mark J. (2007): The Disneyfication of New Orleans: The French Quarter as Façade in a Divided City. In: Journal of American History 94, S. 804–811.

Spirou, Costas (2006): Urban Beautification: The Construction of a New Identity of Chicago. In: Koval, John et al. (Hg.): The New Chicago. A Social and Cultural Analysis. Philadelphia, S. 295–302.

Spirou, Costas (2011): Both Center and Periphery. Chicago's Metropolitan Expansion and the New Downtown. In: Judd, Dennis R. und Dick Simpson (Hg.): The City, Revisited. Urban Theory from Chicago, Los Angeles, and New York. Minneapolis, S. 273–305.

Spivak, Jeffrey (2008): Edgeless Cities. In: Urban Land 4, S. 131–132.

Steffens, Lincoln (1904): The Shame of Cities. New York.

Stringham, Edward Peter und Louis B. Salz (2023): Private Law Enforcement in New York City. In: Blackstone, Erwin A., Simon Hakim und Brian Meehan (Hg.): Handbook on Public and Private Security. Cham, S. 245 – 263.

Sugrue, Thomas (1996): The Origins of the Urban Crisis. Race and Inequality in Postwar Detroit. 2. Aufl., Princeton.

Sugrue, Thomas J. (2004): Niedergang durch Rassismus. In: Oswalt, Philipp (Hg.): Schrumpfende Städte. Bd. 1, S. 230–237.

Sun Cities Area Historical Society (2010): Reshaping Retirement in America. Sun City, Arizona. Sun City.

Teaford, Jon C. (2017): The Myth of the Homegenous Suburbia. In: Alan Berger, Joel Kotkin (Hg.): Infinite Suburbia. Hudson, S. 126 132.

Teneiro, Daniel (2022): America's Tomorrow City. Miami Seeks to Build a Startup Haven for Tech Entrepreneurs and Cryptocurrency Innovators. Winter. In: City Journal, Winter, (▶ www.city-journal.com), 3 S.

Texas Transportation Institute (2021): 2021 Annual Urban Mobility Report. College Station.

The American Assembly (2011): Reinventing America´s Legacy Cities: Strategies for Cities Losing Population. Detroit.

The City Club of Portland (1999): Increasing Density in Portland. Portland.

The Crown Foundation (Hg.) (2008): Jaume Plensa. The Crown Fountain. Chicago.

The Economist (14.01.2012): The last Kodak Moment?

The Economist (▶ www.economist.com) (25.05.2023): Downtown San Francisco is at a Tipping-Point.

The Economist (▶ www.economist.com) (05.10.2023): By George! Detroit Wants to be the First Big American City to Tax Land Value.

The Northwest Seaport Alliance (2023): 2022 Annual Trade Report Seattle Tacoma. Seattle 2023.

The San Francisco Standard (wwwsfstandard.com) (06.10.2023): Silicon Valley Has a Massive Amount of Empty Office Space.

The San Francisco Standard (sfstandard.com) (31.10.2023): Is San Francisco Really the AI Capital of the World? Here's What Data Shows.

The San Francisco Standard (▶ www.sfstandard.com) (09.03.24): The New Macy's Parade: Will Store's Union Square Exit Lead to a Cascade of Closures?

The San Francisco Standard (▶ www.sfstandard.com) (14.03.2024): California's Exodus Continues, but San Francisco is Growing again.

The Seattle Times (▶ www.seattletimes.com) (2023): Seattle is an Artificial Intelligence Hub in a Rapidly Changing Field. 01.12.2023.

The U.S. Department of Housing and Urban Development (2023): The 2023 Annual Homelessness Assessment Report (AHAR) to Congress. Washington, D.C.

The University of New Orleans, Hospitality Research Center (2023): Defining Tourism Opportunities. New Orleans.

The Washington Post (▶ www.washingtonpost.com) (05.05.2022): Boeing to Move Headquarters from Chicago to Arlington.

The Washington Post (▶ www.washingtonpost.com) (15.06.2023): As Amazon HQ2 Opens its Doors, Neighbors Brace for a Transformation.

The Washington Post (▶ www.washingtonpost.com) (07.07.2023): Crystal City´s Fresh Appeal Goes far beyond Amazon, Locals Say.

The Washington Post (▶ www.washingtonpost.com) (17.11.2023): From Sin City to America's Sports Capital.

The Washington Post (▶ www.washingtonpost.com) (10.07.2023): Here's the Deal with the Giant Sphere Causing a Buzz in Las Vegas.

The Washington Post (▶ www.washingtonpost.com) (19.08.2023): Homicides are Falling in many Big Cities. In D.C., they're Rising.

The Washington Post (▶ www.washingtonpost.com) (15.05.2023): Want to Walk to DCA? Plans for Pedestrian Bridge Moves forward.

The Washington Post (▶ www.washingtonpost.com) (05.01.2024): Post 05.01.24: Half of Black D.C. Residents Lack Easy Medical Care.

The White House (2023): Building a Clean Energy Economy: A Guidebook to the Inflation Reduction Act's Investments in Clean Energy and Climate Action, Version 2, Washington, DC.

Thoreau, Henry David: (1854): Walden, or Life in the Woods. New York (reprint 1969).

Times Square Alliance (2012): 1992 Times Square Alliance 2012. New York.

Times Square Alliance (2023): 2023 Annual Report. New York City.

Times Square District Management Association (2022): Financial Statements and Auditors' Report. New York City.

Tomer, Adie und Lara Fishbane (2020): Big City Downtowns are Booming, but Can their Momentum Outlast the Coronavirus? Brookings Institution Research. Washington, D.C.

Town & Country (▶ www.tc.com) (2022): Everything You Need to Know About Indian Creek Island, Miami's Most Exclusive Enclave. 03. Februar.

Transition New Orleans Task Force (2010): Economic Development. New Orleans.

Troy, Tevi (2022): The de Blasio Debacle. Eight Years of Awful Leadership have Left New York in Desperate Need of Revival. In: City Journal, Winter, (▶ www.city-journal.com), 4 S.

Troy, Trevi (2014): Bloombergism. Looking Back on a Mayoralty of Accomplishment, Overreach, and Ambiguity. In: City Journal, Winter, (▶ www.city-journal), 3 S.

Ture, Norman B. (1967): Accelerated Depreciation in the United States 1954–60. Washington, D.C.

U.S. Census Bureau (2011a). Urban Area Criteria for the 2010 Census. Federal Register 76 (164). Washington, D.C.

U.S. Census Bureau (2011b): The 2012 Statistical Abstract. The National Data Book. Washington, D.C.

U.S. Census Bureau (2012): Patterns of Metropolitan and Micropolitan Population Change: 2000 to 2010. 2010 Census Special Report. Washington, D.C.

U.S. Census Bureau, Geographic Products Branch (2023): Census Tracts. Washington, D.C.

U.S. Department of Housing and Urban Development (2023): Community Development Block Grant Program. Washington, D.C.

United States Congress, Joint Committee (2019): Losing Our Minds: Brain Drain across the United States. Washington, D.C.

University of Michigan (2023): Pressemitteilung: U-M Outlines New Commitments to Detroit. Ann Arbor, 06.03.23.

Vanderkam, Laura (2011): Parks and Recreation. How Private Citizens Saved New York's Public Spaces. In: City Journal 2, (▶ www.city-journal.com), 5 S.

Ventura, Patricia (2003): Learning from Globalization-Era Las Vegas. In: Southern Quarterly 42 (1), S. 97–111.

Vigdor, Jacob (2008): The Economic Aftermath of Hurricane Katrina. In: The Journal of Economic Perspectives 22 (4), S. 135–154.

Vranich, Joseph (2019): Amazon: New York Caused the Divorce – Don't go Back, ▶ www.newgeography.com, 04.03.2019, 3 S.

Wacquant, Loic (2008): Urban Outcasts. A Comparative Sociology of Advanced Marginality. Cambridge, UK, u. Malden, USA.

Waterfront Partnership of Baltimore (2022): Annual Report 2022. Baltimore.

Wayne State University, Department of Economics (2022): City of Detroit Economic Outlook 2021–2026. Detroit.

Wayne State University, Department of Economics (2023): City of Detroit Economic Outlook 2022–2028. Detroit.

Wheatley, Thomas (2021): Underground Atlanta will Try, Try again. Atlanta Magazine. 15. März.

Whyte, William H. (1988): Rediscovering the Center. New York.

Williams, Keith (2019): The Evolution of Hudson Yards: from 'Death Avenue' to NYC's most Advanced Neighborhood. The Megaproject-in-Progress has had Many Lives. Curbed, 12. März.

Wilson, William Julius (1987): The Truly Disadvantaged: the Inner City, the Underclass and Public Policy. Chicago.

Winograd, Morley und Michael D. Hais (2017): Millennials' Hearts are in the Suburbs. In: Alan Berger, Joel Kotkin (Hg.): Infinite Suburbia. Hudson 2017, S. 66 – 72.

Winters, Marcus A. (2010): The Life-Changing Lottery. In: City Journal 3, (▶ www.city-journal.com), 5 S.

Wirth, Louis (1925): A Bibliography of the Urban Community. In: Park et al. (Hg.): The City: Suggestions for Investigation of Human Behavior in the Urban Environment. Chicago (reprint 1967), S. 161–228.

▶ www.55communityguide.com: 55 Communities:
▶ www.55communityguide.com: Robert Fowler Retirement Media Inc.
▶ www.911memorial.org: National September 11 Memorial & Museum
▶ www.amazon.com: Amazon
▶ www.avemaria.com: Ave Maria, Fl.
▶ www.bls.gov: U.S. Bureau of Labor Statistics
▶ www.boeing.com: Boeing Company
▶ www.census.gov: U.S. Census Bureau
▶ www.cityofchicago.org: City of Chicago
▶ www.cnu.com: Charter of the New Urbanism
▶ www.compuserve.com: Compuserve
▶ www.crimereport.com: Crime Reports
▶ www.ctbuh.org: Council on Tall Buildings and Urban Habitat
▶ www.deadmalls.com: Dead Malls
▶ www.downtowny.com: Alliance for Downtown New York
▶ www.DRHorton.com: D.R. Horton, Inc.
▶ www.epa.gov: Environmental Protection Agency
▶ www.everyblock.com: umbenannt in www.nextdoor.com (s.u.)
▶ www.familywatchdog.us: Family Watchdog Holdings, Inc.
▶ www.friendsoftheurbanforest.org: Friends of the Urban Forest
▶ www.greeningofdetroit.com: Greening of Detroit
▶ www.growinghomenola.org: New Orleans Redevelopment Authority
▶ www.highline.org: High Line and Friends of the High Line
▶ www.houston.com: Greater Houston Partnership
▶ www.hud.gov: U.S. Department of Housing and Urban Development
▶ www.interxion.com: Interxion Digital Reality Company
▶ www.kentlandsusa.com: Kentlands
▶ www.krimilex.de: Kriminologie-Lexikon ONLINE
▶ www.microsoft.com: Microsoft
▶ www.neighborhoodscout.com: Neighborhood Scout:
▶ www.nps.gov: National Register of Historic Places
▶ www.nyc.gov/landmarks: New York City Landmarks Preservation Commission
▶ www.principlesofafreesociety.com: Ayn Rand Institute
▶ www.privatecommunities.com: Gated Communities
▶ www.qualitylogoproducts.com: Quality Logo Products
▶ www.recovery.gov: American Recovery and Reinvestment Act
▶ www.stanford.edu: Stanford University
▶ www.starbucks.com: Starbucks
▶ www.thepeoplemover.com: Detroit People Mover:
▶ www.thespherevegas.com: The Sphere
▶ www.thevillages.com: The Villages Retirement Community
▶ www.timessquarenyc.org: Times Square
▶ www.vacantnewyork.com: Vacant New York
▶ www.whitehouse.gov: White House
▶ www.zillow.com: Zillow Real Estate

Youngstown Neighborhood Development Corporation (2023): YNDC Strategic Plan Update 2023–2025. Youngstown.

Zolkos, Rodd (2012): New Orleans Boosts Flood Defenses. In: Business Insurance 46 (2), Online-Ausgabe, 4 S.

Zorbaugh, Harvey W. (1929): The Gold Coast and the Slum: A Sociological Study of Chicago's New North Side. Chicago.

Zukin, Sharon (1982): Loft Living: Culture and Capital in Urban Change. New Brunswick, N.J.

Zukin, Sharon (2010). Naked City: The Death and Life of Authentic Urban Places. Oxford.

Stichwortverzeichnis

A

Abwärtsspirale 2, 18, 29, 48, 93
aerotropolis 32
Alaskan Way Viaduct 216
Albany, NY 85
Alhambra, CA 10
Alliance for Downtown New York 160
Amazon 213
American Recovery and Reinvestment
    Act 56
Anaheim, CA 149
Anschläge, terroristische 156
Antiurbanismus 2, 14
Arbeitsplätze 227
Arcadia, CA 10
Armut 56, 121, 125, 126, 134, 227
Armutsrate 29
Asiaten 10
Atlanta, GA 190, 193–196
Atlantic City, NJ 52, 91
Aufenthaltsqualität 113–115, 227
Aufmerksamkeit 112, 113, 220, 226
Aufwärtstrend 3
Austin, TX 36
Automobilindustrie 175, 176
Ave Maria, FL 26

B

back alleys 35
balloon frame house 22
Baltimore, MD 105, 106, 134
BANANA 55
Baugenehmigungen 60
Bedeutungsverlust 92, 93, 106, 153
Bellaire, TX 28
Bennett, E. 165
Beverly Hills, CA 21, 149
Bevölkerungsdichte 38, 64, 65
Bevölkerungsentwicklung 6–9
Bevölkerungsgewinn 9, 73
Bevölkerungsrückgang 2, 40, 178, 180
Big Dig 174
Big-Dig-Produkt 171–174
Birmingham, AL 7, 16, 116
Bloomberg, M. 67
Bodenpreise 25, 92, 151
Boeing 78, 211, 212
Bohemian-Index 85
Bonusprogramme 96, 97, 113
Boston, MA 83, 98, 119, 171–174
BosWash 32
Boulder, CO 85
Brachflächen 34, 44, 98, 120, 166, 227
brain gain 83
Bremeton, WA 214
Bring New Orleans Back Commission 201
Bronx, NY 76
Brookline, MA 38
Brooklyn, NY 52
Brooklyn Heights, NY 132, 133

brownstones 130
Brunswick, GA 190
Bryant Park 139
Buckhead, GA 194
Buffalo, NY 44, 85
Burbanks, CA 28
Bürgermeister 49, 50, 102, 165, 226
Bürgerrechte 95, 140
Burnham, D. 17, 165
Burnham-Plan 17, 165
Bürostandort 30, 95
business improvement districts 104, 105

C

Camden, NJ 28
Carter, J. 2
Castro Art-déco-Stil, F. 184
Celebration, FL 26
census 5, 7, 127, 145, 200
census tracts 6, 92, 95
Central Artery 172
central business district (CBD) 92
Central Park 16, 17, 114
Charles Center 106
Charter of New Urbanism 35, 36
charter school 128
Chicago, IL 16, 76, 78, 81, 120, 125, 131,
    150, 156, 163–167, 169–171
Chicago School 149, 151
Child, D. 161
Chinatowns 124
Chinesen 10, 124, 171, 216
City Beautiful-Bewegung 17, 22
city perches 143
Civil Rights 26
Civil Rights Act 18, 122
Cleveland, OH 64
common interest developments (CIDs) 26,
    143
Community Development Block Grant Pro-
    gram (CDBG) 28, 56
community gardens 68, 69
Concord, NH 14
counter-urbanisation 25
counties 6
culture of heteropolis 153
Cupertino, CA 40

D

Daley, R. J. 165
Daley, R. M. 50, 103, 165
Dallas, TX 28, 98, 127
Dayton, OH 85
Dearborn, MI 10, 176, 178
de Blasio, B. 49
Deindustrialisierung 2, 17, 51, 76, 132
Denver, CO 34, 113
Department of Homeland Security
    (DHS) 197
Deregulierung 48, 226

Detroit, MI 9, 42, 43, 69, 100, 174–176,
    178–181, 183, 184, 226
developer 22, 26, 143, 226
Dezentralisierung 18, 19, 80, 193, 194
Dienstleistungen 29, 31, 95, 160, 190, 193–
    196, 226
disneyfication 37, 124, 201
Dissimilaritätsindex 127
Downtown 92–106, 108, 110–115, 119, 120,
    195, 196, 226
drosscape 34
Duany, A. 35
Dukakis, M. 173

E

Earthworks 69, 70
East St. Louis, IL 28
edge cities 31, 153, 194
edgeless cities 31
Einfamilienhäuser 25
Einwohnerdichte 6, 32, 38
Einwohnerentwicklung 93–95
Einwohnerzahl 3, 6, 15, 38, 42, 120
Einzelhandel 115, 116, 119
Elend 222
elusive cities 31
entertainment district 88, 101, 102, 153
entertainment machines 88
Erdbeben 51, 53
Ethnien 9–11, 26, 95, 153, 185, 186, 200,
    226
ethnoburb 10
Everett, WA 214
expopolis 31

F

farmers market 119
Federal Emergency Management Agency
    (FEMA) 197
Federal Fair Housing Act 210
Federal Highway Act 23
Federal Housing Act 55
Federal Housing Administration (FHA) 24
Federal Road Act 23
Federal Urban Homesteading Program 134
Fells Point, MD 134
festival market 88, 91, 106, 119, 171
Fillmore District, CA 123, 124
FIRE-Sektor 51
Fisher Island, FL 186
Flint, MI 42, 45
floor area ratio 97
food deserts 69
Ford, H. 23, 175
Förderung, öffentliche 134, 135
Fort Collins, CO 85
Fort Worth, TX 96
Fragmentierung 26, 81, 152, 155, 227
Freizeitangebot 88, 171
French Quarter, LA 196, 198, 201

frostbelt 7
Fußabdruck, ökologischer 3, 65

G

gambling 216, 217
Garden District, LA 197, 198, 200
gated communities 137, 142–145, 226
gateway cities 9
GaWC 51
Gay-Index 85
Gehry, F. 112, 161, 167
Gemeinden, incorporated 6
Genesee County, MI 45
gentrification 73, 79, 86, 129, 130, 132–135, 156, 227
gentrifier 130, 132–134, 136
gerotopia 209
Gewerkschaften 18, 25, 38, 50, 176, 222
Giuliani, R. 50, 69, 102
global city 51, 73, 74, 76–79, 171, 187, 188
Globalisierung 2, 50–52, 80, 226
Gold Coast 125, 130
Golden Gate Park 17, 140
Graffiti 41, 103
Greenwich Village, NY 58
Großstädte 6, 14, 19, 32
Ground Zero 160–162
growth management plan 34
Grundriss 14, 206

H

Haight-Ashbury, CA 130
Haushaltseinkommen 32, 197, 210
Hauspreise 24
Headquarter 30, 51, 73, 74
Highland Park, MI 21, 175
High Line Park 67
Hightech 38, 85, 210–215
hispanic 9, 185
historic district 54, 60, 91, 132
Hoboken, NJ 158
Hochhäuser 16, 107, 108, 226
Hollywood, CA 153
homeowner associations (HOA) 26
Honolulu, HI 86
Hoover Dam 217
Housing Act 56
Housing for Older Persons Act 210
Houston, TX 38, 54, 110
hub 32, 51, 188, 190
Hurrikan 51, 52, 94, 156, 163, 196–201, 204
hyperghettos 126
Hyperrealität 218–220

I

Immigranten 15, 74, 82, 150
Indianapolis, IN 28, 50
Indian Creek Village, FL 186
Industrialisierung 2, 14, 15, 80, 81, 111
Industriestädte 15–17, 92, 121, 226
Inglewood, CA 149
Inner Harbour 106, 107

Interstate Highway Act 29
Irvine, CA 149

J

Jacobs, J. 57, 59, 155
Japaner 123, 124
Jefferson, T. 14
Jersey City, MJ 50
Johnson, L. B. 56

K

Kalamazoo, MI 66
Kansas City, MO 22, 29, 102
Kasinos 91, 181, 216, 217, 220
Kentlands, MD 35–37
Kernstadt 9, 24, 64, 226
King Farm, MD 27
Klasse, kreative 84, 85
Konsumentenstädte 87, 88, 90, 163–169, 171, 226
Koolhaas, R. 113
Kriminalität 18, 55, 125, 139, 216
Kubaner 184–186
Kunstwerke 43, 89, 115, 167

L

Lake Pontchartrain, LA 197
land bank 44
Landerwerb 14, 22
Landmarks Preservation Commission 59
Las Vegas, NV 38, 91, 216–220, 222
leapfrog development 34
Lebensstil 27, 87, 121, 133, 145
Levitt, W. 25
Levittown, AZ 207
Levittown, NY 25
Libeskind, D. 113, 161
Little Havanna, FL 186
Llewellyn Park, NJ 22, 29
Lofts 110, 111, 132, 156, 226
Long Beach, CA 149
loop 92, 150, 165
Los Angeles, CA 64, 66, 78, 102, 127, 149–156
Los Angeles School of Urbanism 151–155
Louisiana Purchase 196
Lower East Side, NY 121, 139
Lower Manhattan, NY 156, 157, 159, 160, 163
Luftrechte 97

M

Madison, WI 85
mall walking 138
Manhattan, NY 60, 67, 102
Manhattan Revitalization Plan 160
manufacturing belt 15, 17–19
Masterpläne 25
master planned community 22, 26
mcjobs 51

Medien 188
Megastrukturen 98–101, 226
Megatrends 226, 227
metroplex 31
metropolitan areas 7, 27, 94, 127
Miami, FL 30, 184–189
Miami Beach, FL 86
Microsoft 213
Millennium Park 167
Millionenstädte 6
Milwaukee, WI 69
Minneapolis, MN 98
Mission District, CA 135
mixed use developments 34
mobster 217
Model Cities Bill 56
Monterey Park, CA 10
Moses, R. 2, 57, 62
Mountain View, CA 40

N

National Register of Historic Places (NRHP) 60
National September 11 Memorial 161
neighborhood 6, 22, 27, 37, 121, 127, 136, 226
– verfallene 79, 130, 134, 227
Neoliberalismus 48, 49, 198, 226
nerdistan 27
Newark, NJ 50, 55
New Orleans, LA 52, 196–198, 200–202, 204
New Orleans. Blueprint for the next 20 Years 201
new suburbanism 37, 180
new urbanism 35, 37, 121, 227
New York, NY 7, 10, 18, 52, 62, 74, 76, 97, 108, 136, 139, 156, 157, 160, 163
New York School 155
NIMBY 55
NIMTOO 55
Null-Toleranz-Politik 48

O

Obama, B. 3
Obdachlose 140
office parc 30, 65
Oklahoma City, OK 102
Olmos Park, TX 29
Olmsted, F. L. 16, 22
Olympische Spiele 170, 190
outer cities 31
O'Neill, T. 173

P

Palmer Woods, MI 123
Palo Alto, CA 40, 82, 83
Paradigmenwechsel 2, 34, 59, 62, 100, 113, 173, 227
Paradise, NV 217
Parks 16, 113, 114, 139
Pasadena, CA 149

Pearl Harbour, HI 39, 123
Pentagon 52
People's Park 140
Percent for Art Ordinance 115
Personennahverkehr, öffentlicher 34, 64
Philadelphia, PA 44, 63, 96, 98, 103, 111,
 121
Phoenix, AZ 33, 116, 205–210
Pioneer Courthouse Square 114
Pittsburgh, PA 42
Plater-Zyberk, E. 35
Plätze, innerstädtische 138
Portland, OR 62, 113, 114
Postmoderne 152, 154, 219, 220
postsuburbia 31
Privatisierung 48, 136–140, 142–144, 171,
 226
privatopias 153
Prohibition 50, 187
projects 55, 202
pro-sprawl 37
Prototyp 31, 151, 154, 155, 187
Pruitt-Igoe 55
public housing 55, 126
public private partnerships 56, 88, 129, 226
Public Water Code 33
Puget Sound, WA 210, 211, 213, 215

Q

Quasi-Urbanisierung 28
Queens, NY 52
Quincy Market 106, 172

R

Raleigh, NC 83, 102
Rassenunruhen 18, 41, 176
Raum
– suburbaner 10, 18, 21–32, 41, 190, 193–
 196, 226
– urbanisierter 6
Reagan, R. 48
redlining 151
Rekonstruktierung 80, 81
Renaissance Center 98, 180
rent gap 130
Residence District Ordinance 54, 149
resort hotel 218, 222
restrictive convenants 122, 123
Restrukturierung 50, 73, 74, 76–79, 81–83,
 85–89, 91–106, 108, 110–116, 119–130,
 132–140, 142–144, 226
retirement communities 127, 207, 209, 210,
 227
Reurbanisierung 73, 74, 76–83, 85–89, 91–
 106, 108, 110–116, 119–130, 132–140,
 142–144, 167, 169, 171, 226
Revitalisierung 73, 95–98, 100–102, 106,
 156, 165, 180
Richmond, VA 91
Riverside, IL 22
Robert Taylor Homes 55
Roosevelt, F. D. R. 24, 55
Rosemont, IL 32
Roxbury, MA 22

rural 8
Rüstungsindustrie 39, 210, 211

S

Sacramento, CA 65
Salt Lake City, UT 96, 116
San Antonio, TX 144
San Diego, CA 39, 41
San Fernando Valley, CA 55, 149
San Francisco, CA 82, 90, 105, 123, 135
San Jose, CA 81, 83, 116, 226
Santa Barbara, CA 85
Santa Monica, CA 149
Sarasota, FL 85
Säuberung 43, 101–103
Savannah, GA 190
Schwarze 92, 121, 124, 127
Scottsdale, AZ 143
Sears Tower 156, 165
Seaside, FL 35
Seattle, WA 210–215
secondary downtowns 30
Segregation 121, 127, 128, 145, 185
– demographische 127
– ethnische 121–124, 127, 153, 185, 227
– sozioökonomische 125–127
Segregationsindex 127
Senioren 205, 207–210
Seniorensiedlung 205, 207, 209, 210, 227
Servicemen's Readjustment Act 24
shelter 140
Shopping Center 29, 99, 100, 115, 117, 138,
 194, 226
Sicherheit 105, 136, 138, 142–144, 226
silicon landscapes 31
Silicon Playa, FL 188
Silicon Valley, CA 40, 64, 82, 83
simulacra 153
skyscraper 16, 108, 109
skyways 138
Slums 55, 92
smart cities 80–82
smart growth 34, 43
SoHo, NY 57, 59, 110, 132
Sportstadien 101, 102, 226
sprawl 32–37, 154, 227
St. Louis, MO 42, 43, 45, 89, 112, 114, 116,
 226
St. Paul, MN 98
Städte
– autogerechte 57, 61, 149
– erfolgreiche 82
– kreative 82, 83, 85, 86, 226
– lebenswerte 62
– postfordistische 17, 18
– postmoderne 18, 19, 152
– schrumpfende 7, 40, 42–44, 175, 226
– vorindustrielle 14
– wachsende 7, 38–40, 205, 226
Stadtentwicklung 14–19
Stadterhaltung 56–60
Stadterneuerung 56–60
Städtesystem 2, 188, 226
Stadtmodelle 73, 149, 151, 155, 156
Stadtplanung 53–60, 123, 129

Starbucks 213, 214
starchitecture 112
Staten Island, NY 52
Steuereinnahmen 18, 25, 37, 42
subdivision 21, 144
suburban downtowns 31
Suburbanisierung 21, 24–26, 49, 76, 154
suburbs 21, 24, 27, 29
– äußere 28
– innere 28, 29
– streetcar 21, 29
Subventionen 23, 34, 110
sunbelt 7, 38, 127, 217
Sun City, AZ 205, 207–210
Sun City West, AZ 207, 208
super-gentrification 133
superstar cities 40
suptopias 23

T

Tacoma, WA 213
Taft-Hartley Act 18
technoburbs 31
Technologien, neue 80–82
technoloples 31
The Big Dig 175
The Castro, CA 130, 133
Thoreau, H. D. 14
Times Square 65, 102–104
Times Square Alliance 105
Toledo, OH 91
Tompkins Square Park 140
Tornados 52
Tourismus 86, 89, 101, 162, 188
townhouses 38

U

Übergangszone 119, 120, 150
Überwachung 48, 136, 153
Umweltschutz 64–67, 69, 215, 227
Unified New Orleans Plan 201
Universitäten 82, 84, 88, 210
urban clusters 6
urban entertainment center 106, 153
urban governance 48
urban government 226
urban growth boundaries (UGBs) 34
Urbaniten 89, 95, 135, 226
urban prairie 180
urban renewal 56, 96
urban villages 31
Utopia, arkadisches 21
utopias 23

V

van der Rohe, M. 113
Vaux, C. 16
Verfallsprozess 2, 43, 92, 103, 122, 130,
 178, 180
Verkehr 61, 62, 64
Verkehrsmittelwahl 63, 64
Verletzlichkeit 51–53, 226

vulgaria 27

W

Waikiki, HI 86
Washington, D.C. 32, 38, 54, 79, 102
Wasserrechte 33
waterfronts 105, 106

Water Tower Place 99
Weiße 92, 121, 123, 127
Westchester County, NY 28, 63
white flight 26
Willis Tower 165
Wohlhabende 14, 21, 23, 40, 194, 227
Wohnraum 40, 109–112, 134, 161, 227
working poor 55, 126

world city regions 51
World Trade Center 52, 156, 157, 159, 160

Z

Zersiedelung 3, 23, 32–34, 37, 38, 149, 216
zone of transition 92
zoning 25, 54, 121

Printed in the United States
by Baker & Taylor Publisher Services